泛函分析及其在通信网与信号分析等中的应用

陆传赉 编著

U0303998

北京邮电大学出版社
www. buptpress. com

内 容 简 介

本书共分5章.第1章介绍距离空间及其性质,压缩映射原理和不动点定理在通信网理论及在计算机形式语义中的应用.第2章介绍线性空间、映射以及巴拿赫空间在IP网管、电信管理网和信道编码中的应用.第3章介绍希尔伯特空间以及正交性、正交变换在通信系统、数字图像处理和滤波器组理论中的应用.第4章介绍线性算子、线性泛函和哈恩-巴拿赫定理的若干应用以及自伴算子在光通信中的应用.第5章介绍有界线性算子、紧线性算子和自伴算子的谱论,同时介绍算子谱论在MIMO系统的容量分析及在UWB(超宽带)通信波形研究中的应用.各章末附有一定的习题,书后给出各章的习题提示或解答.

本书可作为工科专业研究生和理科数学专业本科生教材,也可供有关工程人员参考.

图书在版编目(CIP)数据

泛函分析及其在通信网与信号分析等中的应用 / 陆传赉编著. -- 北京 : 北京邮电大学出版社, 2015.1
ISBN 978-7-5635-4268-0

Ⅰ. ①泛… Ⅱ. ①陆… Ⅲ. ①泛函分析—应用—通信系统—信号处理—研究 Ⅳ. ①O177 ②TN911.7

中国版本图书馆CIP数据核字(2014)第303814号

书　　名:泛函分析及其在通信网与信号分析等中的应用
著作责任者:陆传赉　编著
责 任 编 辑:刘　颖
出 版 发 行:北京邮电大学出版社
社　　址:北京市海淀区西土城路10号(邮编:100876)
发 行 部:电话:010-62282185　传真:010-62283578
E-mail:publish@bupt.edu.cn
经　　销:各地新华书店
印　　刷:北京源海印刷有限责任公司
开　　本:787 mm×960 mm　1/16
印　　张:15.5
字　　数:341千字
印　　数:1—1 500册
版　　次:2015年1月第1版　2015年1月第1次印刷

ISBN 978-7-5635-4268-0

定　价:35.00元

· 如有印装质量问题,请与北京邮电大学出版社发行部联系 ·

前　　言

目前,国内已出版多种供本科或研究生使用的泛函分析教材,其中绝大多数是理论性地讲述相关的知识,极少涉及泛函分析应用方面的内容.对于工程(或管理)的学生来说,这些高度概括的抽象思维内容,初学好比读天书,腾云驾雾似的,更不知道如何运用其中的知识解决工科(或管理)专业中的问题.本人曾在北京邮电大学和中国科学院自动化研究所为硕士、博士生讲授近20年泛函分析,其间,学生们纷纷提出希望有一本既有高度抽象、概括的内容,又有具体如何应用于工科(或管理)实际的泛函分析教材,以便学习起来有较强的针对性.本人历经多年的素材搜集与积累,编写出这本既有较系统的理论知识,又能将泛函分析有关内容具体应用于光通信、超宽带通信、通信网理论、信号分析、信道编码、MIMO(多入多出)系统的容量分析、数字图像处理、IP网络管理以及计算机形式语义分析等内容的泛函分析及其应用的教材,期望能为若干工科(或管理)专业的学生提供一些泛函分析应用方面的参考.这是一本抛砖引玉的教材.更希望有关教师能编写出更多、更好的应用教材以满足更多工科(或管理或经济)领域人才的需要.

本书在编写过程中曾得到王蕴辉、兰淑平、王民、孙军涛、王艳鹏、邱小玲、丁玉江等同志在素材的取所,书稿的整理、打印以及例题的解答等方面的许多帮助,作者在此一并向他们表示诚挚的谢意.

限于作者的水平,不妥或错漏之处在所难免,恳请广大读者不吝赐教,以期提高和完善.

作　者

目　　录

第1章 距离空间

1.1 距离空间的基本概念

众所周知,极限运算是初等微积分中重要运算之一. 设$\{x_n\}$是一个实数列,x是一个实数,如果对任意给定的$\varepsilon>0$,存在自然数N,当$n>N$时,$|x_n-x|<\varepsilon$,我们就说当$n\to\infty$时,$\{x_n\}$以x为极限. 此处$|x_n-x|$表示直线$\mathbf{R}$上的点x_n与点x之间的"距离",于是可重新说成对任意给定的$\varepsilon>0$,存在自然数N,当$n>N$时,x_n与x之间的"距离"小于ε. 类似地,平面$\mathbf{R}^2$上的点列$x_n=(\xi_n,\eta_n)$当$n\to\infty$时以点$x=(\xi,\eta)$为极限的定义是对于充分大的自然数n,点x_n与点x的"距离"$\sqrt{(\xi_n-\xi)^2+(\eta_n-\eta)^2}$可以任意小. 那么,对于一般(非空)集合中的两点$x$与$y$,如何定义它们之间的距离呢? 数学家们经过几十年不断地探索,经历无数次试验,经历无数失败和总结,最终提炼出一套公理化的方法,其优点是掌控事物最本质的东西,忽略具体问题中非本质的内容;它不仅联接各个数学分支之间的关系,而且成为解决具体问题的得力手段. 于是,人们将"距离"最基本的性质抽象化就得到下述的距离空间的概念.

定义 1.1 设X是非空集合,对于X中任意的两个元素x与y,按某一法则都对应唯一的实数$d(x,y)$,而且满足下述三条公理:

(1) (非负性)$d(x,y)\geqslant 0$〔$d(x,y)=0$,当且仅当$x=y$〕;

(2) (对称性)$d(x,y)=d(y,x)$;

(3) (三角不等式)对于任意的$x,y,z\in X$,恒有

$$d(x,y)\leqslant d(x,z)+d(y,z).$$

则称$d(x,y)$为x与y的**距离**,并称X是以d为距离的**距离空间**,记作(X,d). 通常,在距离已被定义的情况下,(X,d)可以简单地将X中的元素称为X中的点.

例 1.1 设X是n元实数组全体,定义

$$d(x,y)=\sqrt{\sum_{k=1}^{n}(\xi_k-\eta_k)^2},$$

其中,$x=(\xi_1,\xi_2,\cdots,\xi_n)$;$y=(\eta_1,\eta_2,\cdots,\eta_n)$.

我们证明(X,d)是一个距离空间，为此我们需要验证 d 满足距离的三条公理. (1)、(2)显然成立，关键是证明三角不等式成立，我们先证明以下的柯西-许瓦兹(Cauchy-Schwarz)不等式：对任意实数 $a_k, b_k (k=1,\cdots,n)$，我们有

$$\left(\sum_{k=1}^{n} a_k b_k\right)^2 \leqslant \left(\sum_{k=1}^{n} a_k^2\right)\left(\sum_{k=1}^{n} b_k^2\right).$$

事实上，任取实数 α，则

$$\sum_{k=1}^{n}(a_k+\alpha b_k)^2=\sum_{k=1}^{n} a_k^2+2\alpha\sum_{k=1}^{n} a_k b_k+\alpha^2\sum_{k=1}^{n} b_k^2 \geqslant 0,$$

上面不等式左端是 α 的一个二次三项式，于是它的判别式不大于 0，即柯西-许瓦兹不等式成立.

现在证明三角不等式成立，由柯西-许瓦兹不等式，得

$$\begin{aligned}\sum_{k=1}^{n}(a_k+b_k)^2 &= \sum_{k=1}^{n} a_k^2+2\sum_{k=1}^{n} a_k b_k+\sum_{k=1}^{n} b_k^2 \\ &\leqslant \sum_{k=1}^{n} a_k^2+2\left[\left(\sum_{k=1}^{n} a_k^2\right)\left(\sum_{k=1}^{n} b_k^2\right)\right]^{\frac{1}{2}}+\sum_{k=1}^{n} b_k^2 \\ &= \left[\left(\sum_{k=1}^{n} a_k^2\right)^{\frac{1}{2}}+\left(\sum_{k=1}^{n} b_k^2\right)^{\frac{1}{2}}\right]^2.\end{aligned}$$

设 $x=(\xi_1,\xi_2,\cdots,\xi_n)$；$y=(\eta_1,\eta_2,\cdots,\eta_n)$；$z=(\zeta_1,\zeta_2,\cdots,\zeta_n)$是任意 X 的三点，在以上不等式中令 $a_k=(\xi_k-\zeta_k)$，$b_k=(\zeta_k-\eta_k)$，则

$$\left[\sum_{k=1}^{n}(\xi_k-\eta_k)^2\right]^{\frac{1}{2}} \leqslant \left[\sum_{k=1}^{n}(\xi_k-\zeta_k)^2\right]^{\frac{1}{2}}+\left[\sum_{k=1}^{n}(\zeta_k-\eta_k)^2\right]^{\frac{1}{2}},$$

即

$$d(x,y)\leqslant d(x,z)+d(z,y).$$

所以(X,d)是一个距离空间，以后把这个空间简记为 $\mathbf{R}^n$，本节开头提到的 $\mathbf{R}$，$\mathbf{R}^2$ 都是 $\mathbf{R}^n$ 的特殊情形.

例 1.2 考虑区间$[a,b]$上所有连续函数集，设 $x(t)$，$y(t)$是$[a,b]$上任意两个连续函数，定义

$$d(x,y)=\max_{a\leqslant t\leqslant b}|x(t)-y(t)|,$$

由于 $x(t)-y(t)$也是$[a,b]$上的连续函数，因此有最大值. 距离公理(1)、(2)显然成立. 设 $x(t)$，$y(t)$，$z(t)$是$[a,b]$上任意三个连续函数，则 $\forall\, t\in[a,b]$，

$$\begin{aligned}|x(t)-y(t)| &\leqslant |x(t)-z(t)|+|z(t)-y(t)| \\ &\leqslant \max_{a\leqslant t\leqslant b}|x(t)-z(t)|+\max_{a\leqslant t\leqslant b}|z(t)-y(t)| \\ &= d(x,z)+d(z,y),\end{aligned}$$

所以

$$d(x,y)=\max_{a\leqslant t\leqslant b}|x(t)-y(t)|\leqslant d(x,z)+d(z,y).$$

$[a,b]$上的连续函数全体赋以上述距离 d 是一个距离空间,记它为 $C[a,b]$.

例 1.3　空间 s.

考虑实数列(ξ_k)的全体.设 $x=(\xi_k)$,$y=(\eta_k)$是两个实数列,定义

$$d(x,y)=\sum_{k=1}^{\infty}\frac{1}{2^k}\cdot\frac{|\xi_k-\eta_k|}{1+|\xi_k-\eta_k|}.$$

上式右边的$\frac{1}{2^k}$是一个收敛因子,保证级数收敛,距离公理的(1)、(2)显然成立,为证三角不等式,考虑$(0,\infty)$上的函数

$$\psi(t)=\frac{t}{1+t},$$

易见 $\psi'(t)=\frac{1}{(1+t)^2}>0$,所以 $\psi(t)$是单增的.由此,设 $x=(\xi_k)$,$y=(\eta_k)$,$z=(\zeta_k)$.由于

$$|\xi_k-\eta_k|\leqslant|\xi_k-\zeta_k|+|\zeta_k-\eta_k|,$$

则有

$$\begin{aligned}\frac{|\xi_k-\eta_k|}{1+|\xi_k-\eta_k|}&\leqslant\frac{|\xi_k-\zeta_k|+|\zeta_k-\eta_k|}{1+|\xi_k-\zeta_k|+|\zeta_k-\eta_k|}\\&=\frac{|\xi_k-\zeta_k|}{1+|\xi_k-\zeta_k|+|\zeta_k-\eta_k|}+\frac{|\zeta_k-\eta_k|}{1+|\xi_k-\zeta_k|+|\zeta_k-\eta_k|}\\&\leqslant\frac{|\xi_k-\zeta_k|}{1+|\xi_k-\zeta_k|}+\frac{|\zeta_k-\eta_k|}{1+|\zeta_k-\eta_k|}.\end{aligned}$$

在上面不等式两边乘以$\frac{1}{2^k}$并求和,则得

$$\begin{aligned}d(x,y)&=\sum_{k=1}^{\infty}\frac{1}{2^k}\cdot\frac{|\xi_k-\eta_k|}{1+|\xi_k-\eta_k|}\\&\leqslant\sum_{k=1}^{\infty}\frac{1}{2^k}\cdot\frac{|\xi_k-\zeta_k|}{1+|\xi_k-\zeta_k|}+\sum_{k=1}^{\infty}\frac{1}{2^k}\cdot\frac{|\zeta_k-\eta_k|}{1+|\zeta_k-\eta_k|}\\&=d(x,z)+d(z,y).\end{aligned}$$

这个距离空间记为 s.

由此例易知,若 $d(x,y)$为 X 中的一个距离,则 $\sigma(x,y)=\frac{d(x,y)}{1+d(x,y)}$也是 X 的一个距离.

例 1.4　有界数列空间(l^∞空间).

设 X 是所有有界数列 $x=(\xi_1,\xi_2,\cdots,\xi_n,\cdots)=(\xi_i)$所成的集合,就是说对每一个 $x\in X$ 都存在一个常数 K_x,使得$|\xi_i|\leqslant K_x(i=1,2,\cdots)$.设 $x=(\xi_i)$,$y=(\eta_i)\in X$,则令

$$d_\infty(x,y)=\sup_i|\xi_i-\eta_i|.$$

易知它满足距离公理(1)与(2).再设 $z=(\zeta_i)$,则

$$\begin{aligned}|\xi_i-\eta_i| &\leqslant |\xi_i-\zeta_i|+|\zeta_i-\eta_i| \\ &\leqslant \sup_i|\xi_i-\zeta_i|+\sup_i|\zeta_i-\eta_i| \\ &= d_\infty(x,z)+d_\infty(z,y).\end{aligned}$$

再取上确界得：$d_\infty(x,y)=\sup_i|\xi_i-\eta_i|\leqslant d_\infty(x,z)+d_\infty(z,y)$，所以 d_∞ 满足公理(3). 通常称(X,d_∞)为**有界数列空间**或 l^∞.

例 1.5 $l^p(p\geqslant 1)$空间.

设 X 是满足 $\sum\limits_{i=1}^{\infty}|\xi_i|^p<\infty$ 的所有数列 $x=(\xi_i)=(\xi_1,\xi_2,\cdots,\xi_n\cdots)$的集合. 又设 $y=(\eta_i)\in X$，则定义距离为

$$d_p(x,y)=\left(\sum_{i=1}^{\infty}|\xi_i-\eta_i|^p\right)^{1/p}.$$

容易证明它满足距离三公理. 这个空间称为 l^p 空间.

例 1.6 离散空间 D.

设 X 是任一非空集，在 X 中定义 d 如下：

$$d(x,y)=\begin{cases}0, & x=y,\\ 1, & x\neq y.\end{cases}$$

不难验证 d 是一个距离，从而(X,d)是一个距离空间，称这个空间为离散空间，用 D 表示.

由上可知我们可以随意地定义距离，特别地，距离不是唯一的，即使同一集也可以引进不同的距离，从而得到不同的距离空间. 例如在$[a,b]$区间上所有连续函数集中，如果我们定义

$$d_1(x,y)=\int_a^b|x(t)-y(t)|\,\mathrm{d}t.$$

不难验证 d_1 是一个距离，于是我们得到一个新的距离空间，我们认为这个空间与例 1.2 中的空间 $C[a,b]$是两个不同的距离空间. 实际上，距离的定义是任意的，但是对每一个具体问题，选择这样或那样的距离总是依据所研究的极限过程的需要而引入的.

1.2 距离空间中的点集

本节在一般的距离空间 X 中给出开球、闭球、球面、开集、闭集等概念，这些概念都离不开预先定义的距离. 与欧氏空间 $\mathbf{R}$ 相比较，这里用抽象的距离 $d(x,y)$代替 $\mathbf{R}$ 中的绝对值$|x-y|$，用开球 $B(x_0,r)$代替 $\mathbf{R}$ 中的对称开区间(x_0-r,x_0+r).

定义 1.2 设(X,d)为距离空间，则可依次定义概念：

(1) **开球**：设 $x_0\in X$，$r>0$，称 X 中的点集

$$B_r(x_0)=B(x_0,r)=\{x:d(x,x_0)<r,x\in X\}$$

是以 x_0 为中心，以 r 为半径的**开球**；又称为 x_0 的 r **邻域**.

(2) **闭球**：设 $x_0\in X,r>0$，称

$$\overline{B}_r(x_0)=\overline{B}(x_0,r)=\{x:d(x,x_0)\leqslant r,x\in X\}$$

是以 x_0 为中心，以 r 为半径的**闭球**.

(3) **球面**：设 $x_0\in X,r>0$，称

$$S_r(x_0)=S(x_0,r)=\{x:d(x,x_0)=r,x\in X\}.$$

是以 x_0 点为中心，以 r 为半径的**球面**.

(4) **内点**：设 $E\subset X,x_0\in E$. 若存在 x_0 的 r 邻域 $B_r(x_0)\subset E$，则称点 x_0 为 E 的内点. E 的内点全体称为 E 的**内部**记为 $\mathring{E}$.

(5) **开集**：设 $G\subset X$. 若 G 中每一点都是其内点，则称 G 为**开集**.

(6) **闭集**：设 $F\subset X$. 若 $X-F$ 为开集，则称 F 为闭集.

(7) **邻域**：包含 $x_0\in X$ 的任一开集均称为 x_0 的一个邻域. 特别称 $B(x_0,r)$ 是 x_0 的**球形邻域**，有时也简称**邻域**.

(8) **聚点**：设 $E\subset X,x_0\in X$. 若 x_0 的每一个邻域中均含有 E 的无穷多个点，则称 x_0 为 E 的**聚点**或**极限点**. E 的聚点可以在 E 中也可不在 E 中. x_0 为 E 的聚点可等价定义为：x_0 的每个邻域中含有 E 的点 x，但 $x\neq x_0$.

(9) **导集**：E 的聚点的全体称为 E 的**导集**，记为 E'.

(10) **闭包**：设 $E\subset X$. E 的**闭包** $\overline{E}$ 定义为

$$\overline{E}=E\cup E',$$

$\overline{E}$ 中的点又称为 E 的**接触点**. 可以知道 $x_0\in\overline{E}$ 的充要条件是 $d(x_0,E)=0$，因此 E 的**闭包** $\overline{E}$ 又可定义为与 E 的距离为 0 的一切点的全体. E 的**聚点**(**极限点**)必是 E 的**接触点**，反之则不然.

若用 $\hat{E}$ 记不含在 E 中的 E 的聚点集合，则有

$$\hat{E}=E'-E;\qquad \overline{E}=E\cup\hat{E}\text{(其中 }E\cap\hat{E}=\varnothing\text{)}.$$

(11) **孤立点**：设 $E\subset X,x_0\in E$. 若 x_0 的某一邻域中没有除 x_0 以外的 E 的其他点，则称 x_0 为 E 的**孤立点**.

(12) **边界、有界集、直径**：称 $\partial E=\overline{E}\backslash\mathring{E}$ 为 E 的**边界**；设 $E\subset X$，若 $E\subset B_r(x_0)$，则称 E 为**有界集**；称 $d(E)=\sup\{d(x,y):\forall\, x,y\in E\}$ 为 E 的**直径**. 如果 $E\subset X$ 的直径 $d(E)<\infty$，则 E 是**有界集**.

例 1.7 求证距离空间 (X,d) 中的开球 $B(x_0,\delta)$ 是开集.

证明 设 $x_1\in B(x_0,\delta)$，只需证 x_1 是 $B(x_0,\delta)$ 的内点即可.

取 $\delta_1\leqslant\delta-d(x_0,x_1)$，作开球 $B(x_1,\delta_1)$，可以证明 $B(x_1,\delta_1)\subset B(x_0,\delta)$. 事实上，设 $x\in B(x_1,\delta_1)$，则 $d(x,x_1)<\delta_1$，故

$$d(x,x_0)\leqslant d(x,x_1)+d(x_1,x_0)<\delta_1+d(x_1,x_0)$$

$$\leqslant \{\delta - d(x_0, x_1)\} + d(x_1, x_0) = \delta$$

所以 $x \in B(x_0, \delta)$.

例 1.8 求证距离空间(X,d)中闭球 $\overline{B}_\delta(x_0)$是闭集.

证明 设 $E = X - \overline{B}_\delta(x_0) = \{x : x \in X, d(x, x_0) > \delta\}$,我们证明 E 是开集. 取 $x_1 \in E$,则 $d(x_1, x_0) > \delta$. 取 $\delta_1 \leqslant d(x_1, x_0) - \delta$,可证 $B(x_1, \delta_1) \subset E$,从而 x_1 是 E 的内点. 由 $x_1 \in E$ 的任意性知 E 是开集. 事实上,设 $x \in B(x_1, \delta_1)$,则

$$\begin{aligned} d(x, x_0) &\geqslant d(x_1, x_0) - d(x, x_1) > d(x_1, x_0) - \delta_1 \\ &\geqslant d(x_1, x_0) - \{d(x_1, x_0) - \delta\} = \delta. \end{aligned}$$

所以 $x \in E$.

例 1.9 试问在距离空间(X,d)中,开球 $B_r(x_0)$的闭包是闭球,对吗?

解 易知在 $\mathbf{R}, \mathbf{R}^2, \mathbf{R}^3$ 中有$\overline{B_r(x_0)}$是闭球. 但在离散距离空间 D(见例 1.6)中,因为开球 $B_1(x_0) = \{x_0\}$,它的闭包也为$\{x_0\}$,但是闭球为$\{x : d(x, x_0) \leqslant 1, x \in X\} = X \neq \{x_0\}$. 所以在一般的距离中,命题:开球的闭包是闭球,并不成立.

下面给出几个关于开集、闭集性质的定理.

定理 1.1 设 X 是距离空间,则 X 中的开集具有以下基本性质:

(1) 全空间 X 与空集$\varnothing$是开集;

(2) 任意个开集的并集是开集;

(3) 任意有穷多个开集的交集是开集.

证明 (1) 显然.

设 $G = \bigcup\limits_{\alpha \in \mathbf{I}} G_\alpha$,其中 $\forall \alpha \in \mathbf{I}, G_\alpha$ 是开集,$\forall x \in G$,则存在 $\alpha_0 \in \mathbf{I}$,使得 $x \in G_{\alpha_0}$,由于 G_{α_0} 是开集,存在开球 $B(x, r) \subset G_{\alpha_0}$,从而 $B(x, r) \subset G$,即 G 是开集,(2)得证. 以下证明(3).

设 $G = \bigcap\limits_{k=1}^{n} G_k$,其中每一个 $G_k (k = 1, 2, \cdots, n)$是开集,$\forall x \in G$,对于每一个 k,存在开球 $B(x, r_k)$,使得

$$B(x, r_k) \subset G_k (k = 1, 2, \cdots, n).$$

取

$$r = \min_{1 \leqslant k \leqslant n} \{r_k\},$$

则 $B(x, r) \subset B(x, r_k) \subset G_k (k = 1, 2, \cdots, n)$. 即

$$B(x, r) \subset G,$$

所以 G 是开集.

定理 1.2 设 A, B 是距离空间 X 的子集,则

(1) $A \subset \overline{A}$;

(2) $\overline{\overline{A}} = \overline{A}$;

(3) $\overline{A \cup B} = \overline{A} \cup \overline{B}$;

(4) $\overline{\varnothing} = \varnothing$.

证明 (1)、(4)显然.

由(1),$\overline{A}\subset\overline{\overline{A}}$,所以为证明(2),只需证明 $\overline{\overline{A}}\subset\overline{A}$. $\forall x_0\in\overline{\overline{A}}$,则 $\forall\varepsilon>0$,球 $B(x_0,\varepsilon)$ 中含有 $\overline{A}$ 中点,设 y_0 是这样的一点,则 $\delta=\varepsilon-d(x_0,y_0)>0$,且 $B(y_0,\delta)$ 中含 A 中点. 而 $B(y_0,\delta)\subset B(x_0,\varepsilon)$,所以 $B(x_0,\varepsilon)$ 中含有 A 中点,即 $x_0\in\overline{A}$,所以 $\overline{\overline{A}}=\overline{A}$.

由于 $A\subset A\cup B$,所以 $\overline{A}\subset\overline{A\cup B}$,同理 $\overline{B}\subset\overline{A\cup B}$,因此 $\overline{A}\cup\overline{B}\subset\overline{A\cup B}$. 为证明(3)只需证明反向包含关系. $\forall x_0\in\overline{A\cup B}$,则 $\forall\varepsilon>0$,

$$B(x_0,\varepsilon)\cap(A\cup B)\neq\varnothing.$$

我们证明这时或 $x_0\in\overline{A}$ 或 $x_0\in\overline{B}$. 因为如不然,必存在正数 $\varepsilon_1,\varepsilon_2$,使得

$$B(x_0,\varepsilon_1)\cap A=\varnothing \text{ 且 } B(x_0,\varepsilon_2)\cap B=\varnothing.$$

取 $\varepsilon_0=\min\{\varepsilon_1,\varepsilon_2\}$,则

$$B(x_0,\varepsilon_0)\cap(A\cup B)=\varnothing,$$

矛盾. 所以 $\overline{A\cup B}=\overline{A}\cup\overline{B}$.

设 A 是距离空间 X 中的集,如果 $A=\overline{A}$,则称 A 为**闭集**.

由以上定理,任一集的闭包 $\overline{A}$ 是闭集,它是包含集 A 的最小闭集.

由于在一个距离空间中,任一开集的余集是闭集,任一闭集的余集是开集. 因此,由德·摩根(de Morgan)公式立刻可得闭集的基本性质.

定理 1.3 设 X 是距离空间,则

(1) 全空间 X 及空集 $\varnothing$ 是闭集;

(2) 任意个闭集的交集是闭集;

(3) 任意有穷个闭集的并集是闭集.

定理 1.4 在距离空间 (X,d) 中,$E\subset X$ 是闭集的充要条件是:

$$\text{(a)}\quad E'\subset E;\quad \text{或(b)}\quad \overline{E}=E;\quad \text{或(c)}\quad \hat{E}=\varnothing$$

证明 我们只证(a)而把(b)、(c)的证明留给读者. 依定义有:E 为闭集的充要条件是它的余集 E^c 为开集. 而 $E'\subset E$ 的充要条件是 $E^c\subset(E')^c$. 下面我们证本定理(a)的等价命题:

$$E^c \text{ 为开集的充要条件是 } E^c\subset(E')^c \tag{1.1}$$

必要性:任取 $x\in E^c$. 因 E^c 为开集,所以存在开球 $B(x,\delta)\subset E^c$,即在 x 的 δ 邻域中没有 E 的点,从而 $x\notin E'$,即 $x\in(E')^c$. 由 x 在 E^c 中的任意性,便有 $E^c\subset(E')^c$.

充分性:任取 $x\in E^c$. 因 $E^c\subset(E')^c$,故 $x\in(E')^c$,即 $x\notin E'$. 这说明 x 不是 E 的聚点(注意 $x\notin E$),从而存在 $B(x,\delta)$ 使其不含 E 的点,即 $B(x,\delta)\subset E^c$. 这表明 x 是 E^c 的内点. 注意 $x\in E^c$ 的任意性. 便知 E^c 是开集,式(1.1)得证.

由此定理可直接给出:

推论 1.5 距离空间 (X,d) 中任意集合 $E\subset X$ 的导集 E' 是闭集.

提示:只要证明 $(E')'\subset E'$ 即可.

推论 1.6 距离空间中任何集合 E 的闭包都是闭集.

提示:利用定理 1.2 与定理 1.4 即可.

1.3 稠密性与可分性

类似于空间$(\mathbf{R},d)$中有理数集 $\mathbf{Q}$ 在$(\mathbf{R},d)$中稠密,而$(\mathbf{R},d)$是可分的一样.对于一般的距离空间(X,d)也可引入如下的定义.

定义 1.3 (1) **稠密**:设 A,B 都是距离空间(X,d)中的两个集合.如果 $\overline{A}\supset B$,则称 A 在 B 中**稠密**.

(2) **稠密集**:如果 $\overline{A}=X$,则称 A 为 X 中的**稠密集**.

(3) **稠密子集**:若 $A\subset B\subset\overline{A}$,则称 A 为 B 的**稠密子集**.

注 1. A 在 B 中稠密,当且仅当下述三个条件中任意一条成立:

(1°) 对于任意的 $x\in B$ 以及任意的 $\varepsilon>0$,存在 A 中的点 y 使得 $d(x,y)<\varepsilon$;

(2°) 对于任给的 $\varepsilon>0$,以 A 中的每个点为中心,以 ε 为半径的全部开球的并包含 B;

(3°) 对于任意的 $x\in B$,存在 A 中的点列$\{x_n\}$收敛于 x.

注 2. 在稠密性的定义中,A 不必包含在 B 中甚至不必与 B 相交.

(4) **可分空间**:若距离空间(X,d)中含有一个可列的稠密子集,则称(X,d)为**可分空间**.

例 1.10 复数集 $\mathbf{C}$ 是可分的.因为集合

$$A=\{a+bi: a、b\in\mathbf{Q}\}\subset\mathbf{C}$$

是可列的,且在 $\mathbf{C}$ 中稠密.

例 1.11 $C[a,b]$是可分的.

由外尔斯托拉斯(Weierstrass)定理,对于$[a,b]$上的任一连续函数 $x(t)$,存在多项式列$\{p_n(t)\}$,在$[a,b]$上一致收敛于 $x(t)$,每一多项式 $p(t)=a_0+a_1t+\cdots+a_nt^n$ 可用有理系数多项式一致逼近,而有理系数多项式集是可数集,所以 $C[a,b]$是可分的.

例 1.12 空间(l^p,d_p)是可分的.

事实上,令

$$\mathbf{M}=\{(r_1,r_2,\cdots r_n,0,\cdots): r_i\in\mathbf{Q},i=1,2,\cdots,n,n\in\mathbf{N}\}.$$

很明显 $\mathbf{M}$ 是可数的.下面证明 $\mathbf{M}$ 在 l^p 中稠密.我们仅需证明对于任意点 $x=(x_1,x_2,\cdots)\in l^p$,$x$ 的任意 ε 邻域内包含 $\mathbf{M}$ 的元素即可.因为 $x\in l^p$,所以 $\sum\limits_{i=1}^{\infty}|x_i|^p<\infty$,故对于任意的 $\varepsilon>0$,存在自然数 n_0,使得

$$\sum_{i=n_0+1}^{\infty}|x_i|^p<\frac{\varepsilon^p}{2}.$$

对如此选定的自然数 n_0，对于 n_0 个实数 $x_1, x_2, \cdots, x_{n_0}$，取 n_0 个有理数点列 $r_i^{(k)}$，使得 $r_i^{(k)} \to x_i (k \to \infty)$，$i=1,2,\cdots,n_0$，因此，存在自然数 K，使得当 $k \geqslant K$ 时，对于 $i=1,2,\cdots,n_0$，有

$$|r_i^{(k)} - x_i| < \frac{\varepsilon}{(2n_0)^{1/p}},$$

从而

$$\sum_{k=1}^{n_0} |r_i^{(k)} - x_i|^p < \frac{\varepsilon^p}{2}.$$

令 $r^{(k)} = (r_1^{(k)}, r_2^{(k)}, \cdots, r_{n_0}^{(k)}, 0, \cdots) \in \mathbf{M} \subset l^p$，则

$$d(r^{(k)}, x) = \left(\sum_{i=1}^{n_0} |r_i^{(k)} - x_i|^p + \sum_{i=n_0+1}^{\infty} |x_i|^p \right)^{1/p} < \varepsilon,$$

这说明在 x 的 ε 邻域内必包含 $\mathbf{M}$ 中的点，故 $\mathbf{M}$ 在 l^p 中稠密，也就是说 l^p 有一个可数稠密子集，因此，(l^p, d_p)是可分的.

注 3. 可分概念是与距离、集合有关的. 对于同一集合，若定义的距离不同，它在一种距离下可分，而在另一种距离下就不一定是可分的.

例 1.13 设 $X=[0,1]$，对任意的 $x, y \in [0,1]$，定义它们之间的距离如下：

$$d(x,y) = \begin{cases} 0, & x = y, \\ 1, & x \neq y, \end{cases}$$

则(X,d)是一个距离空间，但不是可分的.

证明 反证法. 假若(X,d)可分，则存在可数子集 $B=\{x_1, x_2, \cdots\}$在 X 中稠密，因为对于任意的 $\delta > 0$，$\bigcup_{n=1}^{\infty} B(x_n, \delta) \supset X$，特别取 $\delta = 1/3$，下面说明这是不可能的. 事实上，由于 $X=[0,1]$不可数，那么在可数个球 $B(x_n, 1/3)(n=1,2,\cdots)$中至少有一个球 $B(x_{n_0}, 1/3)$中含有 X 中的两个不同点 x, y，即 $x, y \in B(x_{n_0}, 1/3)$，而且 $x \neq y$. 又因为

$$d(x,y) \leqslant d(x, x_{n_0}) + d(x_{n_0}, y) < \frac{1}{3} + \frac{1}{3} < 1,$$

这与 $x \neq y$ 时，$d(x,y)=1$ 相矛盾，因此 $X=[0,1]$在此处距离下不是可分的.

例 1.14 有界数列空间 $l^\infty = (l^\infty, d_\infty)$是不可分的.

由于证明过程中涉及可能未学的连续统的势，故略.

1.4 距离空间的完备性

1. 基本列与完备性

借鉴微积分中柯西(Cauchy)序列的定义及 $\mathbf{R}$ 是一个完备空间的概念，我们在一般的距离空间中给出下述的定义.

定义 1.4　柯西列(基本列)：设$\{x_n\}$是距离空间 X 中的点列，如果对任意的 $\varepsilon>0$，存在自然数 N，当 $m,n>N$ 时，$d(x_m,x_n)<\varepsilon$，称$\{x_n\}$是一个**柯西列(基本列)**.

完备的距离空间：若距离空间(X,d)中的每一个基本点列都收敛于(X,d)中的某一元素，则称(X,d)是**完备的距离空间**.

由上定义可得以下结论：

(1) 距离空间中任一收敛点列是柯西列；反之，柯西列未必收敛.

(2) 完备距离空间的任一子空间也是完备的充要条件，它是闭集.

(1) **之证明**　设 $x_n\to x_0(n\to\infty)$，则对于任意给定的 $\varepsilon>0$，存在自然数 N，只要 $n>N$ 就有 $d(x_n,x_0)<\varepsilon/2$. 任取 $m>N$，同理也有，$d(x_m,x_0)<\varepsilon/2$，因此，当 $m,n>N$ 时，有

$$d(x_n,x_m)\leqslant d(x_n,x_0)+d(x_m,x_0)<\frac{\varepsilon}{2}+\frac{\varepsilon}{2}=\varepsilon.$$

故收敛点列必为基本点列. 反之未必为真，请看下例.

例 1.15　取 $X=\mathbf{R}-\{0\}$，其距离为通常的距离，则$\{1/n\}$是(X,d)中的基本点列，但它在(X,d)中没有极限.

证明　因为

$$d(x_n,x_m)=\left|\frac{1}{n}-\frac{1}{m}\right|\to 0(n,m\to\infty),$$

所以$\{1/n\}$是(X,d)中的基本点列，但它在(X,d)中没有极限，故$\{1/n\}$不是收敛点列.

(2) **之证明**. 必要性：设 $\mathbf{M}$ 为 X 中的完备子空间，$\{x_n\}$为 $\mathbf{M}$ 中的收敛点列. 不妨假定当 $n\to\infty$时，$x_n\to x$，则$\{x_n\}$必定是 $\mathbf{M}$ 中的基本点列. 由 $\mathbf{M}$ 的完备性知，存在 $y\in\mathbf{M}$，使得当 $n\to\infty$时，$x_n\to y$. 由极限的唯一性可知，$x=y\in\mathbf{M}$，故 $\mathbf{M}$ 是闭的.

充分性. 设 $\mathbf{M}$ 为 X 的闭子集，而且$\{x_n\}$为 $\mathbf{M}$ 中的基本点列，则$\{x_n\}$也是 X 中的基本点列. 由于 X 是完备的，所以，存在 $x\in X$，而且 $x_n\to x(n\to\infty)$. 考虑到 $\mathbf{M}$ 为闭集，故 $x\in\mathbf{M}$. 因此，$\mathbf{M}$ 是完备的.

例 1.16　$(\mathbf{R}^n,d_2)$是完备的距离空间 .

事实上，设$\{x_k\}$是$(\mathbf{R}^n,d_2)$中的基本点列，$x_k=(x_1^{(k)},x_2^{(k)},\cdots,x_n^{(k)})$，因此，对于任意给定的 $\varepsilon>0$，始终存在自然数 N，当 $m,k>N$ 时，有

$$d_2(x_m,x_k)=\sqrt{\sum_{i=1}^{n}\left|x_i^{(m)}-x_i^{(k)}\right|^2}<\varepsilon.$$

由上式，对 $i=1,2,\cdots,n$，只要 $m,k>N$，就有$\left|x_i^{(m)}-x_i^{(k)}\right|<\varepsilon$. 这表明对于任意的 $i=1,2,\cdots,n$，$\{x_i^{(k)}\}$皆为基本点列，由实数 $\mathbf{R}$ 的完备性可知，对于任意的 $i=1,2,\cdots,n$，$\lim\limits_{k\to\infty}x_i^{(k)}=x_i$. 由此就确定了元素 $x=(x_1,x_2,\cdots,x_n)$. 再在上式中令 $m\to\infty$，可以得到

$$d_2(x_k,x)=\sqrt{\sum_{i=1}^{n}\left|x_i^{(k)}-x_i\right|^2}\leqslant\varepsilon.$$

这就说明，对于任意给定的 $\varepsilon>0$，存在自然数 N，只要 $k>N$，就有 $d_2(x_k,x)\leqslant\varepsilon$. 故 x 为

$\{x_k\}$的极限点，因而，$(\mathbf{R}^n, d_2)$是完备的距离空间.

例 1.17　空间$(C([a,b]), d_\infty)$是完备的距离空间.

证明　设$\{x_n(t)\}\subset C([a,b])$是$(C([a,b]), d_\infty)$中的基本点列，则对于任意给定的$\varepsilon>0$，存在自然数$N$，使得当$m,n>N$时，就有

$$d_\infty(x_m, x_n)=\max_{a\leqslant t\leqslant b}|x_m(t)-x_n(t)|<\varepsilon,$$

即对于任意给定的$t\in[a,b]$，都有$|x_m(t)-x_n(t)|<\varepsilon$. 这就是函数列$\{x_n(t)\}$一致收敛的充分和必要条件，故存在函数$x(t)$，使得当$n\to\infty$时，$x_n(t)$在$[a,b]$上一致收敛于$x(t)$. 根据有界闭区间上连续函数列$\{x_n(t)\}$一致收敛时必定收敛于连续函数知$x(t)\in C([a,b])$，从而$(C([a,b]), d_\infty)$完备.

注 4. $C([a,b])$按照距离d_∞是一个完备的距离空间，但是按照距离d_1所构成的距离空间并不是完备的. 请看下例.

例 1.18　约定距离$d_1(x,y)=\int_0^1|x(t)-y(t)|\mathrm{d}t$所得距离空间$C[0,1]$是不完备的.

事实上，令

$$x_n(t)=\begin{cases}0, & 0\leqslant t\leqslant \frac{1}{2}-\frac{1}{n},\\ 1, & \frac{1}{2}+\frac{1}{n}\leqslant t\leqslant 1,\\ \text{线性函数}, & \frac{1}{2}-\frac{1}{n}\leqslant t<\frac{1}{2}+\frac{1}{n},\end{cases}$$

则$x_n(t)$是$[0,1]$上的连续函数，其次设

$$x(t)=\begin{cases}0, & 0\leqslant t<\frac{1}{2},\\ \frac{1}{2}, & t=\frac{1}{2},\\ 1, & \frac{1}{2}<x\leqslant 1,\end{cases}$$

则$\int_0^1|x_n(t)-x(t)|\mathrm{d}t=\frac{1}{2n}\to 0(n\to\infty)$，所以

$$\begin{aligned}d_1(x_m,x_n)&=\int_0^1|x_m(t)-x_n(t)|\mathrm{d}t\\&\leqslant\int_0^1|x_m(t)-x(t)|\mathrm{d}t+\int_0^1|x(t)-x_n(t)|\mathrm{d}t\\&=\frac{1}{2}\left(\frac{1}{m}+\frac{1}{n}\right)\to 0(m,n\to 0).\end{aligned}$$

即$\{x_n\}$是一个柯西序列，现在假设存在$[0,1]$上的连续函数$y(t)$，使得$d_1(x_n,y)\to 0(n\to\infty)$，则由三角形不等式，得

$$\int_0^1 |x(t)-y(t)|\mathrm{d}t \leqslant \int_0^1 |x(t)-x_n(t)|\mathrm{d}t + \int_0^1 |x_n(t)-y(t)|\mathrm{d}t,$$

上式右端，当 $n\to\infty$ 时趋于 0，因此，$\int_0^1 |x(t)-y(t)|\mathrm{d}t=0$. 然而 $x(t)-y(t)$ 除去 $t=\frac{1}{2}$ 外连续，因此 $x(t)$ 与 $y(t)$ 只在 $t=\frac{1}{2}$ 不同. 所以 $0\leqslant t<\frac{1}{2}$ 时，$y(t)=0$；$\frac{1}{2}<t\leqslant 1$ 时，$y(t)=1$，显然这与 $y(t)$ 连续相矛盾.

最后，不加证明地指出下列距离空间都是完备的.

(1) 有界数列空间 (l^∞, d_∞)，其中

$$d_\infty(x,y)=\sup_i |\xi_i-\eta_i|;$$

(2) $(l^p, d_p)(p\geqslant 1)$，其中

$$d_p(x,y)=\left(\sum_{i=1}^\infty |x_i-y_i|^p\right)^{1/p};$$

(3) $(L^p[a,b], d_p)$，其中

$$L^p[a,b]=\left\{x(t):\left(\int_a^b |x(t)|^p\mathrm{d}t\right)^{1/p}<\infty\right\},$$

并且

$$d_p(x(t),y(t))=\left(\int_a^b |x(t)-y(t)|^p\mathrm{d}t\right)^{1/p}, p\geqslant 1.$$

(4) 收敛实数列构成的空间 (c, d_∞).

2. 闭球套定理与贝尔(Baire)纲定理

由于贝尔纲定理的证明需要闭球套定理的结论，故先介绍闭球套定理.（它类似于数学分析中的闭区间套定理.）

定理 1.7 设 X 是完备的距离空间，$S_n=\bar{B}(x_n,r_n)(n=1,2,\cdots)$ 是 X 中一列闭球套：

$$S_1\supset S_2\supset\cdots\supset S_n\supset\cdots,$$

且半径 $r_n\to 0(n\to\infty)$，则存在唯一的点 $x\in\bigcap_{n=1}^\infty S_n$.

证明 设 $\{x_n\}$ 是球心所组成的点列，$\forall\,\varepsilon>0$，由于 $r_n\to 0(n\to\infty)$，存在 N，使得当 $n>N$ 时，$r_n<\varepsilon$. 由此，对任意的 $m\geqslant n>N$，

$$d(x_n,x_m)<r_n<\varepsilon.$$

因此 $\{x_n\}$ 是一个柯西列，由于空间是完备的，存在 $x\in X$，使得 $x_n\to x(n\to\infty)$，在上式令 $m\to 0$，则得当 $n>N$ 时

$$d(x,x_n)\leqslant r_n,$$

即 $x\in S_n$，因此 $x\in\bigcap_{n=1}^\infty S_n$.

如果存在 $y\in\bigcap_{n=1}^\infty S_n$，则 $\forall\, n$，

$$d(x,y)\leqslant d(x,x_n)+d(x_n,y)\leqslant 2r_n$$

令 $n\to\infty$，则 $d(x,y)=0$，即 $x=y$.

注5. 此定理的逆命题也是对的，即如果距离空间 (X,d) 中任一半径趋于零的闭球套都有非空的交，则空间 (X,d) 是完备的.

设 (X,d) 是一个完备的距离空间，A 是 X 中满足某一条件 P 的对象之全体. 人们自然要问满足条件 P 的对象在 X 中具有一般性吗？又如何引入一种模式去刻画稀有性和一般性？发现引入下述的第一纲(或类型)集和第二纲(或类型)集比较适宜. 为此，有下述定义.

定义 1.5　疏集(或稀疏集)：设 A 是距离空间 X 中的点集，如果 A 不在 X 中任何开集中稠密，则称 A 是**疏集(或稀疏集)**.

第一纲集：如果距离空间 X 的子集 A 可以表示成至多可列个稀疏集的并，则称 A 是**第一纲(或第一类型)集**. 凡不是第一类型的集均称为**第二纲集**.

例 1.19　(1) 空间 $\mathbf{R}^n$ 中的任一有限子集是稀疏集. 特别地，任一单元素集是稀疏集，故 $\mathbf{R}^n$ 中的任一可数集是第一纲集.

(2) 设 $X=\{1,2,\cdots\}$，$d(x,y)=|x-y|$. 因为 $B(x,1/2)=\{x\}$，故 $\{x\}$ 在 $B(x,1/2)$ 中稠密，于是 $\{x\}$ 不是稀疏集. 因此，包含在 $\{x\}$ 中的任一稀疏集必为空集. 如果 $\{x\}$ 是可数个稀疏集的并，则 $\{x\}$ 必为空集，这样就产生了矛盾. 因此，$\{x\}$ 为第二纲集.

自然要问，稀疏集有什么特性？假定 A 是距离空间 (X,d) 的一个稀疏子集，由定义知 A 在 X 的开球 $B(x_0,r)$ 中不稠密，即 $\overline{A}\not\supset B(x_0,r)$，于是 $\exists\, x\in B(x_0,r)\backslash\overline{A}$. 由于 $B(x_0,r)\backslash\overline{A}$ 是开集，故 $\exists\,\delta>0$，使 $B(x,\delta)\subset B(x_0,r)\backslash\overline{A}\subset B(x_0,r)$，并且 $B(x,\delta)\cap A=\varnothing$.

反之，如对任意开球 $B(x_0,r)$，存在另一个含于 $B(x_0,r)$ 中的开球 $B(x,\delta)$ 使有 $B(x,\delta)\cap A=\varnothing$，说明 A 在任一非空开球中不稠密，故 A 是稀疏集.

以下的定理称为贝尔纲定理.

定理 1.8　完备距离空间是第二纲集.

证明　用反证法. 设完备距离空间 X 是第一纲集，即 $X=\bigcup\limits_{k=1}^{\infty}A_k$，其中每个 A_k 是疏集. 对于疏集 A_1，必有一开球与 A_1 不相交，开球内有闭球 $\overline{B}(x_1,\delta_1)$，故必 $\overline{B}(x_1,\delta_1)\cap A_1=\varnothing$，可令 $\delta_1<1$. 同理，对于疏集 A_2，开球 $B(x_1,\delta_1)$ 内有闭球 $\overline{B}(x_2,\delta_2)$，使得 $\overline{B}(x_2,\delta_2)\cap A_2=\varnothing$，可令 $\delta_2<\dfrac{1}{2}$，继续这个过程，得到一个闭球套.

$$\overline{B}(x_1,\delta_1)\supset\overline{B}(x_2,\delta_2)\supset\overline{B}(x_3,\delta_3)\supset\cdots\left(\delta_n<\frac{1}{n}\right)$$

由闭球套定理 1.7，存在唯一点 $x\in\bigcap\limits_{n=1}^{\infty}\overline{B}(x_n,\delta_n)$. 因对任意 n，$\overline{B}(x_n,\delta_n)\cap A_n=\varnothing$，故 $x\overline{\in}A_n$，从而 $x\overline{\in}\bigcup\limits_{n=1}^{\infty}A_n=X$，得出矛盾. 所以 X 是第二纲集.

在距离空间中，第一纲集与第二纲集，在某种意义上，类似于在测度空间中的零测度集与正测度集. 在第 4 章中,我们将给出贝尔纲定理的重要应用.

3. 距离空间的完备化

已知有理数集合 $\mathbf{Q}$ 是不完备的,但是能够扩大为完备空间 $\mathbf{R}$,且 $\mathbf{Q}$ 在 $\mathbf{R}$ 中稠密. 类似地,对于不完备的距离空间 X 也可以"扩大",使其成为某个完备空间的稠密子空间. 换言之,可以用某种方法(且本质上是唯一的)把不完备的 X 嵌入到一个完备距离空间中. 为此先介绍几个概念.

定义 1.6 设 (X,d),(X_1,d_1) 是距离空间,$f:X\to X_1$ 是一个映射,如果对任意的 x,$y\in X$,有

$$d_1(f(x),f(y))=d(x,y)$$

则称 f 是一个**等距映射**.

对于已给的两个距离空间 (X,d) 和 (X_1,d_1),如果存在一个满射(即 $f(X)=X_1$)的**等距映射** $f:X\to X_1$,则称 (X,d) 与 (X_1,d_1) 是**空间等距**的.

由以上定义可知在等距空间之间没有实质的差别,至多是它们的元素的特征有所不同,故可将两个等距的距离空间视作同一个空间.

定理 1.9 (完备化定理)对于每一个距离空间 (X,d),必存在一个完备的距离空间 $(\tilde{X},\tilde{d})$,使得 (X,d) 与 $(\tilde{X},\tilde{d})$ 的一个稠密子空间等距,并且在等距意义下,这样的空间 $(\tilde{X},\tilde{d})$ 是唯一的. 称空间 $(\tilde{X},\tilde{d})$ 为 (X,d) 的完备化.

定理的证明方法,与康托(Cantor)的实数理论中,把无理数加到有理数域中的思想是一样的. 证明稍长,但简洁. 可分成(a)～(d)四个步骤.

(a) 构造新距离空间 $(\tilde{X},\tilde{d})$.

(b) 构造 X 到 $\tilde{X}_0\subset\tilde{X}$ 的等距映射 f,且 $\tilde{X}_0$ 在 $\tilde{X}$ 中稠密.

(c) 证明 $(\tilde{X},\tilde{d})$ 的完备性.

(d) 证明 $(\tilde{X},\tilde{d})$ 的唯一性.

详细证明如下:

(a) 用 $\tilde{X}$ 表示空间 (X,d) 中所有柯西列之全体,其中,如果两个柯西列 $\{x_n\}$,$\{y_n\}$ 满足

$$d(x_n,y_n)\to 0\quad(n\to\infty),$$

我们认为它们是 $\tilde{X}$ 中的同一元,对于任意 $\tilde{X}$ 中元 $\tilde{x}=\{x_n\}$,$\tilde{y}=\{y_n\}$,定义

$$\tilde{d}(\tilde{x},\tilde{y})=\lim_{n\to\infty}d(x_n,y_n).$$

由于 $\{x_n\}$,$\{y_n\}$ 是 X 中的柯西列,$\forall\varepsilon>0$,存在 N,当 $m,n>N$ 时,$d(x_n,x_m)<\dfrac{\varepsilon}{2}$,同时 $d(y_n,y_m)<\dfrac{\varepsilon}{2}$,于是

$$|d(x_n,y_n)-d(x_m,y_m)|\leqslant d(x_n,x_m)+d(y_n,y_m)$$
$$<\frac{\varepsilon}{2}+\frac{\varepsilon}{2}=\varepsilon.$$

这表明,极限$\lim\limits_{n\to\infty}d(x_n,y_n)$存在.此外,如果$\{x'_n\}=\{x_n\}$,$\{y'_n\}=\{y_n\}$,其中$\{x'_n\}$,$\{y'_n\}$也是$X$中的柯西列,由于

$$|d(x_n,y_n)-d(x'_n,y'_n)|\leqslant d(x_n,x'_n)+d(y_n,y'_n)$$
$$\to 0(n\to\infty),$$

所以,$\lim\limits_{n\to\infty}d(x_n,y_n)=\lim\limits_{n\to\infty}d(x'_n,y'_n)$,总之,$\widetilde{X}$中定义的$\widetilde{d}$是无歧义的.

由$\widetilde{d}$的定义,易见$\widetilde{d}$是$\widetilde{X}$中的一个距离.

(b) 设$\widetilde{X}_0$是由于X中元作成的常驻列$\{x\}$的全体,显然,$\widetilde{X}_0\subset\widetilde{X}$而且是$\widetilde{X}$的一个子空间.令

$$x\to\{x\},\quad x\in X.$$

易见,这是(X,d)到$(\widetilde{X}_0,\widetilde{d})$上的一个等距映射.

我们证明$(\widetilde{X}_0,\widetilde{d})$在$(\widetilde{X},\widetilde{d})$中稠密,任取$\widetilde{x}=\{x_n\}\in(\widetilde{X}_0,\widetilde{d})$,由于$\{x_n\}$是$(X,d)$中的柯西列,$\forall\varepsilon>0$,存在$N$,当$m,n>N$时,$d(x_n,x_m)<\varepsilon$,命$\widetilde{x}_k=\{x_k\}\in\widetilde{X}_0$,则当$n>N$时,

$$\widetilde{d}(\widetilde{x}_n,\widetilde{x})=\lim_{m\to\infty}d(x_n,x_m)\leqslant\varepsilon,$$

所以$\lim\limits_{n\to\infty}\widetilde{d}(\widetilde{x}_n,\widetilde{x})=0$,即$(\widetilde{X}_0,\widetilde{d})$在$(\widetilde{X},\widetilde{d})$中稠密.

(c) 证明$(\widetilde{X},\widetilde{d})$是完备的.

设$\{\widetilde{x}_n\}$是$(\widetilde{X},\widetilde{d})$中的任一柯西列,因为$(\widetilde{X}_0,\widetilde{d})$在$(\widetilde{X},\widetilde{d})$中稠密,对于每一个$\widetilde{x}_n$,存在$\widetilde{y}_n=\{y_n\}\in\widetilde{X}_0$,使得

$$\widetilde{d}(\widetilde{x}_n,\widetilde{y}_n)<\frac{1}{n},(n=1,2,\cdots),$$

由此,

$$\begin{aligned}d(y_n,y_m)&=\widetilde{d}(\widetilde{y}_n,\widetilde{y}_m)\\&\leqslant\widetilde{d}(\widetilde{y}_n,\widetilde{x}_n)+\widetilde{d}(\widetilde{x}_n,\widetilde{x}_m)+\widetilde{d}(\widetilde{x}_m,\widetilde{y}_m)\\&<\frac{1}{n}+\frac{1}{m}+\widetilde{d}(\widetilde{x}_n,\widetilde{x}_m)\to 0\quad(n,m\to\infty),\end{aligned}$$

所以$\widetilde{y}=\{y_n\}$是(X,d)中的一个柯西列,即$\widetilde{y}\in(\widetilde{X},\widetilde{d})$,且由于

$$\widetilde{d}(x_n,y)\leqslant\widetilde{d}(\widetilde{x}_n,\widetilde{y}_n)+\widetilde{d}(\widetilde{y}_n,\widetilde{y})<\frac{1}{n}+\widetilde{d}(\widetilde{y}_n,y),$$

$\widetilde{x}_n\to\widetilde{y}(n\to\infty)$,$(\widetilde{X},\widetilde{d})$完备.

(d) 证明唯一性. 设 $\tilde{Y}$ 也是 X 的完备化,于是存在 $\tilde{Y}$ 的稠密子空间 $\tilde{Y}_0$ 与 X 等距,因此 $\tilde{X}_0$ 与 $\tilde{Y}_0$ 等距,设这个等距映射为 φ,任取 $\tilde{x}\in\tilde{X}$,则存在 $\tilde{x}_n\in\tilde{X}_0$,使得 $\tilde{x}_n\to\tilde{x}(n\to\infty)$,设 $\tilde{x}_n$ 在映射 φ 下的象为 $\tilde{y}_n$,则 $\tilde{y}_n$ 是 $\tilde{Y}$ 中的收敛点列,即存在 $\tilde{y}\in\tilde{Y}$,使得 $\tilde{y}_n\to\tilde{y}(n\to\infty)$,定义

$$\tilde{x}\to\tilde{y},\quad \tilde{x}\in\tilde{X},$$

易见,这是 $\tilde{X}$ 到 $\tilde{Y}$ 上的一个等距映射. 因此,在等距意义下,完备化是唯一的.

1.5 列紧性、紧性与全有界性

实数域 **R** 中的每一个有界无限集至少有一个聚点,这正是所谓的聚点原理. 其等价的命题是所谓的外尔斯托拉斯定理:**R** 中任一有界列一定有收敛子列. 但是在一般的距离空间(即使是完备的距离空间)中,并非每一个有界无限集都有聚点,说明一般的距离空间远比实数域复杂. 此外,**R** 中有限覆盖定理仅适用于特殊的集合:有界闭区间. 本节将上述的 **R** 的特性推广到一般距离空间上,先介绍几个基本概念.

定义 1.7　列紧集:设 A 是距离空间 X 的子集,如果 A 中的任何点列都含有子列收敛于 X 中的某一点,则称 A 为**列紧的**.

自列紧集(或紧集):如果 A 中每一个点列都含有子列收敛于 A 中的某一点,则称 A 是**自列紧集(或紧集)**.

紧距离空间:若距离空间 X 是列紧的(因而是紧的),则称 X 是**紧距离空间**.

例 1.20　(1) 任何距离空间中的有限集都是紧集.

(2) 若 $X=\mathbf{R}$,$B=[a,b]$,其中 $a,b\in\mathbf{R}$. 则 B 为 X 中的紧集.

(3) 设 $X=\mathbf{R}$,则 X 非紧. 因为点列 $\{n\}(n=1,2,\cdots)$ 不含任何收敛子列.

(4) $L^2([-\pi,\pi])$ 中的三角函数系:

$$\left\{\frac{1}{\sqrt{2\pi}},\frac{1}{\sqrt{\pi}}\cos t,\frac{1}{\sqrt{\pi}}\sin t,\cdots,\frac{1}{\sqrt{\pi}}\cos(nt),\frac{1}{\sqrt{\pi}}\sin(nt),\cdots\right\}$$

是有界的,但其中任意两个元素间的距离都等于 $\sqrt{2}$,故不可能存在收敛的子列,因此它不是列紧集.

(5) **R** 中的无限有界集都是列紧的.

(6) **R** 中列紧集均有界. 故在 **R** 中,有界与列紧是等价概念. 但在一般距离空间上不是这样的,请见下例.

例 1.21　考察 $C[0,1]$ 中连续函数列

$$f_n(x)=\begin{cases}0, & \frac{1}{n}\leqslant x\leqslant 1,\\ 1-nx, & 0\leqslant x<\frac{1}{n}.\end{cases}$$

显然 $d_\infty(0,f_n)=\max\limits_{0\leqslant x\leqslant 1}|f_n(x)|=1$(其中 0 为[0,1]上恒为 0 的函数),故知$\{f_n(x)\}\subset \bar{B}_1(0)=\{f(t):d_\infty(0,f(t))\leqslant 1,f(t)\in C[0,1]\}$,于是$\{f_n(x)\}$是 $C[0,1]$中的有界列. 但不可能有子列在 $C[0,1]$中收敛. 因若有 $f_{n_k}(x)\xrightarrow{d_\infty}f(x)\in C[0,1]$,则这种收敛一定是一致收敛的,从而是逐点收敛的,应有

$$f(x)=\lim_{k\to\infty}f_{n_k}(x)=\lim_{k\to\infty}\begin{cases}0, & \frac{1}{n_k}\leqslant x\leqslant 1,\\ 1-n_kx, & 0\leqslant x<\frac{1}{n_k},\end{cases}$$

$$=\begin{cases}0, & 0<x\leqslant 1,\\ 1, & x=0.\end{cases}$$

这与 $f(x)\in C[0,1]$相矛盾. 所以在 $C[0,1]$中,有界闭集 $\bar{B}_1(0)$及有界集$\{f_n(x)\}$都不是列紧集;$C[0,1]$也不是列紧空间.

此例表明在一般距离空间(X,d)中,从集合有界推不出列紧. 反过来,不加证明地给出下述的定理.

定理 1.10 在距离空间(X,d)中,列紧集是有界的.

为进一步阐明列紧集的性质,需要引入下列的定义.

定义 1.8 **ε-网**:设 A,B 是距离空间 X 中的点集,$\varepsilon>0$,如果对每一 $x\in A$,存在 $y\in B$,使得 $d(x,y)<\varepsilon$,则称 B 是 A 的一个 **ε-网**.

全有界集:设 $A\subset X$,如果对于任意 $\varepsilon>0$,A 有有穷 ε-网,则称 A 是**全有界集**.

全有界集 A 具有以下性质.

(1) A 是有界集.

事实上,设$\{x_1,\cdots,x_n\}$是 A 的有穷 1-网,则对于每一点 $x\in A$,存在 $x_k(1\leqslant k\leqslant n)$,使得

$$d(x,x_k)<1,$$

所以

$$d(x,x_n)\leqslant d(x,x_k)+d(x_k,x_n)<1+\max_{1\leqslant k\leqslant n}d(x_k,x_n).$$

即 A 是有界集.

(2) 对于每一 $\varepsilon>0$,A 的有穷 ε-网可取为 A 的子集.

因为设$\{x_1,\cdots,x_n\}$是 A 的 $\frac{\varepsilon}{2}$ -网,取 $\bar{x}_k\in A\cap B\left(x_k,\frac{\varepsilon}{2}\right)$,$k=1,2,\cdots,n$,则显然,$\{\bar{x}_1,\bar{x}_2,\cdots,\bar{x}_n\}\subset A$,且是 A 的 ε-网.

(3) A 是可分的.

对于每一个 n,设 B_n 是 A 的有穷 $\frac{1}{n}$-网,且由(2)不妨设 $B_n \subset A$. 命

$$B=\bigcup_{n=1}^{\infty} B_n,$$

则 B 是 A 的可数子集并且对于每一 $x \in A$,存在 $x_n \in B_n$,使得 $d(x,x_n)<\frac{1}{n}$,因此 B 在 A 中稠密,所以 A 是可分的.

由以上性质(3),如果距离空间是全有界的,则它具有可数基.

列紧集与全有界集之界的关系由下述定理给出.

定理 1.11 (1) 设距离空间 X 的子集 A 是列紧的,则 A 是全有界的.

(2) 若 X 是完备的距离空间,则当 A 是全有界集时,A 必定是列紧的. 因此,在完备的距离空间中,列紧性与全有界性等价.

证明 (1) 设 A 为距离空间 X 的列紧集. 如果 A 不是全有界的,则必存在某个 $\varepsilon_0>0$,使得 A 没有有限的 ε_0 网. 于是对于任意抽取的 $x_1 \in A$,必存在 $x_2 \in A$ 使得 $d(x_1,x_2) \geqslant \varepsilon_0$,否则 $\{x_1\}$ 就是 A 的一个有限 ε_0 网. 同理,存在 $x_3 \in A$ 使得 $d(x_i,x_3) \geqslant \varepsilon_0 (i=1,2)$,否则 $\{x_1,x_2\}$ 就是 A 的一个有限 ε_0 网,这样可以一直进行下去,于是我们得到一个点列 $\{x_n\}$ 使得当 $m \neq n$ 时,$d(x_m,x_n) \geqslant \varepsilon_0$,$\{x_n\}$ 显然没有收敛的子列,与 A 的列紧性相矛盾,故 A 为全有界的.

(2) 设 A 为完备的距离空间,$A \subset X$ 为全有界集. 任取 A 中的一个点列 $\{x_n\}$. 如果 $\{x_n\}$ 中只有有限个互不相同的元素,则 $\{x_n\}$ 显然含有收敛的子列. 因此,可设 $\{x_n\}$ 中有无限多个互不相同的元素,记这些元素构成的集合为 B_0. B_0 是全有界的. 于是 X 中存在有限个以 $1/2$ 为半径的开球使得这些开球的并包含 B_0. 因此它们中至少有一个开球包含了 B_0 中无限多个元素,这些元素构成的集合记为 B_1,这个开球记为 S_1,即 $B_1=B_0 \cap S_1$,则 $B_1 \subset S_1$ 且 B_1 是无穷集. B_1 本身也是全有界的,将以上的论证应用于 B_1,则存在 B_1 的子集 B_2,使得 B_2 中含有 B_1 中无限多个元素且 B_2 的直径不大于 $1/2$. 依此类推,我们可以找到一系列的集合 $B_1,B_2,\cdots,B_k,\cdots$ 满足如下条件:$B_1 \supset B_2 \supset \cdots \supset B_k \supset \cdots$,而且 B_k 的直径不大于 $1/2^{k-1}$,每个 B_k 均含有 B_{k-1} 中无限多个元素. 注意到每个 B_k 中的所有元素都是 $\{x_n\}$ 中的某些项,对于 $k=1$,可取 $\{x_n\}$ 中的某一项 x_{n_1} 使得 $x_{n_1} \in B_1$. 对于 $k=2$,可取 $\{x_n\}$ 中的某一项 x_{n_2} 使得 $x_{n_2} \in B_2$ 且可设 $n_1<n_2$. 依此类推,便得到 $\{x_n\}$ 的一个子列 $\{x_{n_k}\}$ 使得 $x_{n_k} \in B_k$. 根据 B_k 的性质,$\{x_{n_k}\}$ 是基本点列,又因为 X 是完备的,故 $\{x_{n_k}\}$ 在 X 中收敛,于是 A 是列紧的.

推论 1.12 距离空间 X 中的列紧集是有界的、可分的. 特别地,紧集是有界的、可分的.

下面定理给出刻画紧集的一个重要准则.

定理 1.13 距离空间 X 的子集 A 为紧集的充分必要条件是在 A 的任何一个开覆盖

中必可选出一个有限子覆盖.

证明 必要性. 设 A 为紧集,并设 $\{G_\alpha\}_{\alpha\in\Lambda}$ 是 A 的一个开覆盖. 我们先证明存在 $\varepsilon_0>0$ 使得对一切 $x\in A$,开球 $B(x,\varepsilon_0)$ 必包含在某个 G_α 中. 若不然,则对每个自然数 n,存在 $x_n\in A$,使得开球 $B(x_n,1/2^n)$ 不包含在任何 G_α 中. 由于 A 是紧的,故 $\{x_n\}$ 中含有收敛于 A 中某一点 x_0 的子列 $\{x_{n_k}\}$. 又由于 $\{G_\alpha\}_{\alpha\in\Lambda}$ 覆盖 A,故存在 G_{α_0} 使得 $x_0\in G_{\alpha_0}$. 于是存在开球 $B(x_0,r_0)$ 使得 $B(x_0,r_0)\subset G_{\alpha_0}$. 再取 k 充分大使得 $B(x_{n_k},1/2^{n_k})\subset B(x_0,r_0)$,故 $B(x_{n_k},1/2^{n_k})\subset G_{\alpha_0}$,这就同假设矛盾,因此,确实存在 $\varepsilon_0>0$ 使得对一切 $x\in A$,开球 $B(x,\varepsilon_0)$ 必包含在某个 G_α 中,但因 A 是紧的,从而 A 全有界,故从诸 $B(x,\varepsilon_0)$ 中可取出有限个,无妨设为 $B(x_1,\varepsilon_0),B(x_2,\varepsilon_0),\cdots,B(x_l,\varepsilon_0)$ 使得 $\{B(x_k,\varepsilon_0)\}_{k=1}^{l}$ 覆盖 A. 将 $\{G_\alpha\}_{\alpha\in\Lambda}$ 中包含 $B(x_k,\varepsilon_0)$ 的开集中随便取出一个并且记为 $G_k(k=1,2,\cdots,l)$ 于是 $\{G_k\}_{k=1}^{l}$ 覆盖 A.

充分性. 设定理的条件成立,并设 $\{x_n\}$ 是包含在 A 中的一个点列. 若 $\{x_n\}$ 中没有子列在 A 中收敛,则对每个 $y\in A$,存在 $\delta_y>0$,以及自然数 n_y 使得当 $n\geqslant n_y$ 时,$x_n\notin B(y,\delta_y)$. 显然 $\{B(y,\delta_y):y\in A\}$ 覆盖 A. 于是存在 $y_1,y_2,\cdots,y_l\in A$ 使得 $\{B(y_k,\delta_{y_k})\}_{k=1}^{l}$ 覆盖 A. 另一方面,当 $n\geqslant\max\{n_{y_1},n_{y_2},\cdots,n_{y_l}\}$ 时,x_n 不属于任何 $B(y_k,\delta_{y_k})$,因此 x_n 不属于 A,这便同 $\{x_n\}\subset A$ 相矛盾,这表明 $\{x_n\}$ 必有子列在 A 中收敛,故 A 为紧集.

由此定理可以引入紧集的等价定义如下:

定义 1.9 设 A 是 (X,d) 中的子集,若 A 的每一个开覆盖中均能选出有限个开集覆盖 A,则 A 为**紧集**.

这样,我们不加证明地叙述紧集与列紧集之间关系的结果如下:

定理 1.14 距离空间 X 中的子集 A 是紧集的充分必要条件为 A 是列紧闭集.

对于分析中重要的距离空间 $C[a,b]$ 中集合的列紧性有以下判别法.

定理 1.15 (阿尔采拉-Arzela)空间 $C[a,b]$ 中的子集 A 是列紧的,当且仅当,A 中函数一致有界且等度连续. 即存在常数 K,使得对于每一点 $t\in[a,b]$ 及一切 $x\in A$,

$$|x(t)|\leqslant K;$$

并且对任意 $\varepsilon>0$,存在 $\delta>0$,使得当 $|t_1-t_2|<\delta$ 时对每一 $x\in A$,

$$|x(t_1)-x(t_2)|<\varepsilon.$$

证明 设 A 是列紧集,由定理 1.11,对任意 $\varepsilon>0$,在 A 中存在有穷 $\frac{\varepsilon}{3}$-网 $\{x_1,x_2,\cdots,x_n\}$. 其中每一个 x_i 作为 $[a,b]$ 上的连续函数是有界的,即 $|x_i(t)|\leqslant K_i$. 令

$$K=\max_{1\leqslant i\leqslant n}K_i+\frac{\varepsilon}{3}.$$

对于每一 $x\in A$,存在 x_i,使得

$$d(x,x_i)=\max_{a\leqslant t\leqslant b}|x(t)-x_i(t)|\leqslant\frac{\varepsilon}{3}.$$

所以

$$|x(t)| \leqslant |x_i(t)| + \frac{\varepsilon}{3} \leqslant K_i + \frac{\varepsilon}{3} \leqslant K.$$

即 A 中函数是一致有界的.

由于$[a,b]$上的连续函数是一致连续的,所以对每一个 x_i,存在 δ_i,使得当$|t_1-t_2|<\delta_i$ 时

$$|x_i(t_1)-x_i(t_2)|<\frac{\varepsilon}{3}.$$

令

$$\delta=\min_{1\leqslant i\leqslant n}\delta_i.$$

对任意 $x\in A$,选取 x_i,使得 $d(x,x_i)<\frac{\varepsilon}{3}$. 于是,当$|t_1-t_2|<\delta$ 时

$$\begin{aligned}|x(t_1)-x(t_2)| &\leqslant |x(t_1)-x_i(t_1)|+|x_i(t_1)-x_i(t_2)|+|x_i(t_2)-x(t_2)| \\ &<\frac{\varepsilon}{3}+\frac{\varepsilon}{3}+\frac{\varepsilon}{3}=\varepsilon.\end{aligned}$$

即 A 中函数等度连续.

设 A 中函数一致有界且等度连续. 只需证明,对任意 $\varepsilon>0$,A 有有穷 ε-网. 设对于每一 $x\in A$,$|x(t)|\leqslant K$. 并选取 $\delta>0$,使得当 $|t_1-t_2|<\delta$ 时,对于每一 $x\in A$,$|x(t_1)-x(t_2)|<\frac{\varepsilon}{5}$. 作$[a,b]$的分割:

$$t_0=a<t_1<t_2<\cdots<t_n=b,$$

使得每一个子区间的长小于 δ,并通过这些分点引 t 轴的垂直线. 在 x 轴上作区间$[-K,K]$的分割:

$$y_0=-K<x_1<x_2<\cdots<x_m=K$$

使得每一子区间的长小于$\frac{\varepsilon}{5}$,并通过这些分点引垂直于 x 轴的水平线. 这样,矩形 $a\leqslant t\leqslant b$,$-k\leqslant x\leqslant k$ 被分成水平边长小于 δ,垂直边长小于$\frac{\varepsilon}{5}$的小矩形. 现在对每一 $x\in A$,构造一个顶点在(x_k,x_i),且与函数 x 的偏差小于$\frac{\varepsilon}{5}$的折线函数 $\bar{x}$.

由以上构造,$|x(t_k)-\bar{x}(t_k)|<\frac{\varepsilon}{5}$,$|x(t_{k+1})-\bar{x}(t_{k+1})|<\frac{\varepsilon}{5}$,$|\bar{x}(t_k)-\bar{x}(t_{k+1})|<\frac{\varepsilon}{5}$,所以

$$|x(t_k)-x(t_{k+1})|<\frac{3}{5}\varepsilon.$$

由于 t_k 与 t_{k+1} 之间函数 $\bar{x}(t)$ 是线性的,所以对每一 $t\in[t_k,t_{k+1}]$,

$$|\bar{x}(t_k)-\bar{x}(t)|<\frac{3}{5}\varepsilon.$$

设 $t\in[a,b]$，t_k 是上面选取的分点中从左边最接近 x 的一个分点，则有

$$|x(t)-\bar{x}(t)|\leqslant|x(t)-x(t_k)|+|x(t_k)-\bar{x}(t_k)|+|\bar{x}(t_k)-\bar{x}(t)|\leqslant\varepsilon.$$

因此，折线函数集 $\{\bar{x}\}$ 构成 A 的 ε-网，$\{\bar{x}\}$ 显然是有穷集，因此 A 全有界，由于 $C[a,b]$ 完备，所以 A 是列紧集.

综上所述，本节有关概念之间的关系如下：在距离空间 (X,d) 中，若 $A\subset X$，则

$$A\text{ 有界}\leftarrow A\text{ 全有界}\underset{\longleftarrow}{\overset{+X\text{完备}}{\dashrightarrow}}A\text{ 列紧}\underset{\longleftarrow}{\overset{+A\text{闭}}{\dashrightarrow}}A\text{ 紧}.$$

但在 $\mathbf{R}^n$ 中，若 $A\subset\mathbf{R}^n$，则有：

$$A\text{ 有界}\Longleftrightarrow A\text{ 全有界}\Longleftrightarrow A\text{ 列紧}\underset{\longleftarrow}{\overset{+A\text{闭}}{\dashrightarrow}}A\text{ 紧}.$$

1.6　压缩映射原理及其应用

1.6.1　压缩映射原理

本节讨论完备距离空间中的非线性映射，即压缩映射. 压缩映射原理又称为巴拿赫(Banach)不动点定理，是证明分析中各类方程解的存在性与唯一性的一个重要定理. 它给出了压缩映射不动点的存在与唯一的充分条件，同时也提供了逼近不动点的迭代过程和误差界限. 为此，先给出下列定义.

定义 1.10　设 (X,d) 是距离空间，$T:X\to X$ 为 X 到自身中的映射(称为自映射). 如果存在点 $x^*\in X$，满足 $T(x^*)=x^*$，则称 x^* 为映射 T 的一个**不动点**.

例如，平面上的旋转有一个**不动点**，即其旋转中心. 空间中绕一轴旋转有无穷多个**不动点**，即其旋转轴上的所有点均是**不动点**.

函数 $\varphi(x)=x^2+x+1$ 的不动点是方程 $x^2+x+1=x$ 的解. 它仅在复数中有两个**不动点** $\pm i$.

考虑方程 $\varphi(x)=0$(其中 $\varphi(x)$ 是一实函数)，它与方程 $x-r\varphi(x)=x$(其中 r 是非零常数)同解. 而求后一方程解的问题，等同于求辅助函数 $f(x)\triangleq x-r\varphi(x)$ 的**不动点**问题. 由此可见，解方程与求**不动点**实质上是同一个问题.

定义 1.11　设 (X,d) 是距离空间，T 是 X 到 X 中的映射. 如果存在一个常数 $\theta(0\leqslant\theta<1)$，使得对所有的 $x,y\in X$，满足下述不等式：

$$d(Tx,Ty)\leqslant\theta d(x,y),$$

则称 T 是 X 上的一个**压缩映射**. θ 称为 T 的**压缩系数(因子)**.

压缩映射必定是连续映射. 因当 $x_n\to x$ 时，有

$$d(Tx_n,Tx)\leqslant\theta d(x_n,x)\to 0.$$

定理 1.16　(巴拿赫**压缩映射原理**)设 (X,d) 是完备距离空间，$T:X\to X$，并且对任

$x,y\in X$,不等式

$$d(Tx,Ty)\leqslant\theta d(x,y)$$

成立,其中 $0<\theta<1$,则存在唯一的 $x^*\in X$,使得 $Tx^*=x^*$.

证明 首先 T 是一个**压缩映射**,故是连续映射.其次,任取 $x_0\in X$,令 $x_1=Tx_0,x_2=Tx_1,\cdots,x_{n+1}=Tx_n,\cdots$,我们得到 X 中的点列 $\{x_n\}$,从关系式

$$x_{n+1}=Tx_n\quad n=0,1,2,\cdots \tag{1.2}$$

可以看出,如果 $\{x_n\}$ 收敛,则由 T 的连续性,这个序列的极限就是 T 的一个**不动点**.

事实上,由

$$\begin{aligned}d(x_1,x_2)&=d(Tx_0,Tx_1)\\&\leqslant\theta d(x_0,Tx_0),\\d(x_2,x_3)&=d(Tx_1,Tx_2)\\&\leqslant\theta d(x_1,x_2)\\&\leqslant\theta^2 d(x_0,Tx_0),\\&\cdots\cdots\end{aligned}$$

一般地,归纳可得

$$d(x_n,x_{n+1})\leqslant\theta^n d(x_0,Tx_0),\quad n=1,2,\cdots.$$

于是,对任意自然数 p,

$$\begin{aligned}d(x_n,x_{n+p})&\leqslant d(x_n,x_{n+1})+d(x_{n+1},x_{n+2})+\cdots+d(x_{n+p-1},x_{n+p})\\&\leqslant(\theta^n+\theta^{n+1}+\cdots+\theta^{n+p-1})d(x_0,Tx_0)\\&=\frac{\theta^n(1-\theta^p)}{1-\theta}d(x_0,Tx_0)\leqslant\frac{\theta^n}{1-\theta}d(x_0,Tx_0),\end{aligned} \tag{1.3}$$

由 $0<\theta<1$,可知 $\{x_n\}$ 是一个柯西序列,因为 X 是完备的,所以存在 $x^*\in X$,使得 $x_n\to x^*(n\to\infty)$.在式(1.2)的两边令 $n\to\infty$ 并注意到 T 的连续性,即得 $\lim\limits_{n\to\infty}x_n=Tx^*$,从而 $Tx^*=x^*$.

下证唯一性.假设还有 $y^*\in X$,使得 $Ty^*=y^*$,则

$$d(x^*,y^*)=d(Tx^*,Ty^*)\leqslant\theta d(x^*,y^*),$$

由于 $\theta<1$,必有 $d(x^*,y^*)=0$,即 $x^*=y^*$.得证唯一性.

关于压缩映射原理有以下值得注意的几个方面:

(1) 方程 $Tx=x$ 的**不动点** x^* 在大多数情况下实际上不易求得,因此往往用 x_n 作为其近似值.这样就要估计 x_n 与 x^* 的误差.若用 x_n 近似代替 x^*,由于 $x_n=Tx_{n-1}$,则其误差为(在式(1.3)中令 $p\to\infty$)

$$d(x_n,x^*)\leqslant\frac{\theta^n}{1-\theta}d(x_0,Tx_0). \tag{1.4}$$

这就是误差估计式.该误差与 x_0 的选取有关,当选 x_0 与 Tx_0 愈近时,误差精度愈好.如果事先要求精度为 $d(x_n,x^*)\leqslant\varepsilon$,则从 $\frac{\theta^n}{1-\theta}d(x_0,Tx_0)\leqslant\varepsilon$ 可求出迭代次数 n.

如果在式(1.4)中取 $n=1$,由 $x_1=Tx_0$ 得

$$d(Tx_0,x^*)\leqslant\frac{\theta}{1-\theta}d(x_0,Tx_0).$$

上式对任意的初始值均成立.取 $x_0=x_{n-1}$,则有

$$d(x_n,x^*)\leqslant\frac{\theta}{1-\theta}d(x_{n-1},x_n).\tag{1.5}$$

此式称为后验估计.即从 x_n 与其前一步迭代结果 x_{n-1} 之间距离去估计 x_n 与 x^* 之间的误差.

(2) 在 T 满足 $d(Tx,Ty)<d(x,y),x\neq y$ 的条件下,T 在 X 上不一定存在**不动点**.

(3) **压缩映射**原理中距离空间的完备性不能少.

从应用的观点来看,因为映射 T 常常不是定义在整个空间 X 上的,而仅仅定义在 X 的子集 X_0 上,而且其像可能不在 X_0 中,因而要对初值 x_0 加以限制.

定理 1.17 设 X 是完备的距离空间,$T:X\to X$.若在闭球 $\bar{B}(x_0,r)=\{x\in X:d(x_0,x)\leqslant r\}$ 上,$d(Tx,Ty)\leqslant\theta d(x,y)$ 而且 $d(x_0,Tx_0)<(1-\theta)r$,其中 $0<\theta<1$,则 T 在 $\bar{B}(x_0,r)$ 上有唯一的**不动点**.

证明 仅需说明

$$T(\bar{B}(x_0,r))\subset\bar{B}(x_0,r),\quad \forall x\in\bar{B}(x_0,r).$$

因为

$$\begin{aligned}d(x_0,Tx)&\leqslant d(x_0,Tx_0)+d(Tx_0,Tx)\\&\leqslant(1-\theta)r+\theta d(x_0,x)\\&\leqslant(1-\theta)r+\theta r=r.\end{aligned}$$

所以 $Tx\in\bar{B}(x_0,r)$,故 $T(\bar{B}(x_0,r))\subset\bar{B}(x_0,r)$,即 $T:\bar{B}(x_0,r)\to\bar{B}(x_0,r)$,而且 T 在 $\bar{B}(x_0,r)$ 上是压缩的,此即说明 T 在 $\bar{B}(x_0,r)$ 上有唯一的**不动点**.

有时映射 T 不满足**压缩映射**原理的条件,但是 T 的某次幂却满足这些条件.下面将定理 1.17 拓广到这种情形.

定理 1.18 设 (X,d) 是完备的距离空间,X_0 是 X 中的非空闭子集,$T:X_0\to X_0$.若存在自然数 n_0,使得对于所有的 $x,y\in X_0$,都有

$$d(T^{n_0}x,T^{n_0}y)\leqslant\theta d(x,y),$$

其中,$0\leqslant\theta<1$.则 T 在 X_0 上一定存在唯一的**不动点**.

证明 因为 T^{n_0} 满足**压缩映射**原理的条件,于是应用定理 1.17,T^{n_0} 在 X_0 上有唯一的**不动点** x^*,也就是 $T^{n_0}x^*=x^*$.由于

$$T^{n_0}(Tx^*)=T(T^{n_0}x^*)=Tx^*,$$

于是 Tx^* 也是 T^{n_0} 的**不动点**,但是 T^{n_0} 的不动点是唯一的,所以 $Tx^*=x^*$,故 x^* 也是 T 的**不动点**.

下面来证明唯一性.设 y^* 是 T 的另一个**不动点**,则

$$T^{n_0}y^* = T^{n_0-1}y^* = \cdots = y^*,$$

因而 y^* 也是 T^{n_0} 的**不动点**，由于 T^{n_0} 的**不动点**唯一，所以 $x^*=y^*$.

1.6.2 压缩映射原理的某些应用

例 1.22 求方程 $x^7+x-1=0$ 的一个根.

解 令 $f(x)=x^7+x-1$. 易知 $f(x)$ 在 $[0,1]$ 中连续且单调递增，并且 $f(0)=-1$，$f(1)=1$，所以方程 $x^7+x-1=0$ 在 $[0,1]$ 内有且仅有一个根.

当取初值 $x_0=0$，且由 $x_n=1-x_{n-1}^7$ 进行迭代，则有近似解 $x_{2n}=0$，$x_{2n+1}=1$，$n=0,1,2,\cdots$，但是 $\{x_n\}$ 不收敛. 显然，这是因为映射 $Tx=1-x^7$ 在 $[0,1]$ 上不是**压缩映射**.

现在改进迭代公式，引进参数 α. 当 $\alpha\neq 0$ 时，方程 $x=(1-\alpha)x+\alpha(1-x^7)$ 与原方程 $x^7+x-1=0$ 等价. 故不妨取 $\alpha=\dfrac{1}{8}$，定义如下映射：

$$T:[0,1]\to[0,1],T(x)=\frac{7}{8}x+\frac{1}{8}(1-x^7).$$

因为 $[0,1]$ 按照实直线 $\mathbf{R}$ 上的距离是一个完备的距离空间，并且 $|T'(x)|=\left|\dfrac{7}{8}-\dfrac{7}{8}x^6\right|\leqslant\dfrac{7}{8}$，故映射 T 是压缩的，由定理 1.16 T 在 $[0,1]$ 中存在唯一的**不动点** x^*. 故可用下述的迭代公式

$$x_n=\frac{7}{8}x_{n-1}+\frac{1}{8}(1-x_{n-1}^7),$$

当取 $x_0=0.5$，可得 $x_1=0.561\,5$，$x_2=0.616\,1$，$x_3=0.659\,9$，$x_4=0.695\,6$，$x_5=0.723\,8$，$x_6=0.745\,3$，$x_7=0.761\,2$，$x_8=0.772\,5$，$x_9=0.780\,4$，$x_{10}=0.785\,8$，$x_{11}=0.789\,5$，$x_{12}=0.791\,9$，$x_{13}=0.793\,5$，$x_{14}=0.794\,6$，$x_{15}=0.795\,3$，$x_{16}=0.795\,7$，$x_{17}=0.796\,0$，$x_{18}=0.796\,2$，$x_{19}=0.796\,3$，$x_{20}=0.796\,4$，$x_{21}=0.796\,5$，$x_{22}=0.796\,5$，… 故取近似解 $x_{22}=0.796\,5$ 时的误差为

$$|0.796\,5-x^*|\leqslant\frac{\left(\frac{7}{8}\right)^{22}}{1-\frac{7}{8}}|0.561\,5-0.5|<0.000\,47.$$

例 1.23 （微分方程解的存在性与唯一性）考虑问题

$$\begin{cases}\dfrac{\mathrm{d}x}{\mathrm{d}t}=f(x,t),\\ x|_{t=t_0}=x_0.\end{cases}\tag{1.6}$$

其中，$f(x,t)$ 在平面上连续并且对变量 x 满足李普希兹(Lipschitz)条件：

$$|f(x,t)-f(y,t)|\leqslant K|x-y|,$$

$K>0$ 为常数，则定解问题(1.6)有唯一解.

证明 分三步来证明.

(1) 定解问题(1.6)有解与积分方程

$$x(t)=x_0+\int_{t_0}^{t} f(x(\tau),\tau)\mathrm{d}\tau \tag{1.7}$$

有连续解是等价的.

事实上,若(1.6)有解 $x=x(t)$,则它满足微分方程和初始条件

$$\frac{\mathrm{d}x(t)}{\mathrm{d}t}=f(x(t),t),\quad x(t_0)=x_0.$$

对其两端积分可得

$$x(t)-x(t_0)=\int_{t_0}^{t} f(x(\tau),\tau)\mathrm{d}\tau$$

即

$$x(t)=x_0+\int_{t_0}^{t} f(x(\tau),\tau)\mathrm{d}\tau. \tag{1.8}$$

此就说明 $x(t)$是积分方程(1.7)的解.

反之,若函数 $x=x(t)$是积分方程(1.7)的解,即式(1.8)成立.由此可得 $x(t_0)=x_0$.由连续性可知 $x(t)$是可微的,对式(1.8)求导可得

$$\frac{\mathrm{d}x(t)}{\mathrm{d}t}=f(x(t),t),$$

这表明 $x=x(t)$满足微分方程与定解条件.

(2) 我们取 $\delta>0$,使得 $K\delta<1$,在 t_0 的 δ 邻域$(t_0-\delta,t_0+\delta)$内式(1.6)有唯一连续解.用 $C[t_0-\delta,t_0+\delta]$表示在区间$[t_0-\delta,t_0+\delta]$上的全部连续函数组成的空间.在 $C[t_0-\delta,t_0+\delta]$内定义映射 T 为

$$(Tx)(t)=x_0+\int_{t_0}^{t} f(x(\tau),\tau)\mathrm{d}\tau.$$

则

$$\begin{aligned} d(Tx,Ty) &= \max_{|t-t_0|\leqslant\delta}\left|\int_{t_0}^{t}[f(x(\tau),\tau)-f(y(\tau),\tau)]\mathrm{d}\tau\right| \\ &\leqslant \max_{|t-t_0|\leqslant\delta}\int_{t_0}^{t} K|x(\tau)-y(\tau)|\mathrm{d}\tau \\ &\leqslant K\delta\max_{|t-t_0|\leqslant\delta}|x(t)-y(t)|=K\delta d(x,y). \end{aligned}$$

因 $K\delta<1$,则 T 就是 $C[t_0-\delta,t_0+\delta]$上的**压缩映射**,由**压缩映射**原理知,一定存在唯一的 $x_0^*(t)\in C[t_0-\delta,t_0+\delta]$,使得 $Tx_0^*=x_0^*$,因此,$x_0^*(t)$是定解问题(1.6)在$(t_0-\delta,t_0+\delta)$内的解,并且在$(t_0-\delta,t_0+\delta)$内只有一个满足定解条件的解.

(3) 解的延拓,即证明在$(-\infty,\infty)$内定解问题(1.6)有唯一解.再以 $t_0+\delta$(或 $t_0-\delta$)作为初始时刻,求解初值问题

$$\begin{cases}\dfrac{\mathrm{d}x}{\mathrm{d}t}=f(x,t),\\ x|_{t=t_0+\delta}=x_0^*(t_0+\delta).\end{cases} \tag{1.9}$$

可以把解延拓到$[t_0,t_0+2\delta]$，而在$[t_0,t_0+\delta]$上，由于解的存在唯一性，(1.6)与(1.9)的解是相等的. 这样继续下去可以将解延拓到$[t_0-2\delta,t_0+2\delta]$上. 依此类推，于是可以将解延拓到整个实直线上.

注 在定解问题的存在性与唯一性的证明中还提供了求近似解的方法：

$$x_1(t)=(Tx_0)(t)=x_0+\int_{t_0}^{t}f(x_0(\tau),\tau)\mathrm{d}\tau$$

$$x_2(t)=(Tx_1)(t)=x_0+\int_{t_0}^{t}f(x_1(\tau),\tau)\mathrm{d}\tau$$

$$\vdots$$

$$x_n(t)=(Tx_{n-1})(t)=x_0+\int_{t_0}^{t}f(x_{n-1}(\tau),\tau)\mathrm{d}\tau.$$

例 1.24 （第二类弗里达霍姆(Fredholm)积分方程的解）设第二类弗里达霍姆线性积分方程

$$x(t)=f(t)+\lambda\int_a^b K(t,s)x(s)\mathrm{d}s, \tag{1.10}$$

其中，λ 为参数，对充分小的$|\lambda|$，则

(1) 当 $f\in C[a,b]$，$K(t,s)$是定义在 $a\leqslant t\leqslant b,a\leqslant s\leqslant b$ 内的连续函数时，式(1.10)有唯一的连续解 $x(t)\in C[a,b]$，而且 $x(t)$是迭代序列

$$x_n(t)=f(t)+\lambda\int_a^b K(t,s)x_{n-1}(s)\mathrm{d}s,\quad n=0,1,2,\cdots$$

的极限，其中，$x_0(t)$可取 $C[a,b]$中的任意函数.

(2) 当 $f\in L^2[a,b]$，积分核 $K(t,s)$是定义在 $a\leqslant t\leqslant b,a\leqslant s\leqslant b$ 内的可测函数，满足

$$\int_a^b\int_a^b|K(t,s)|^2\mathrm{d}t\mathrm{d}s<\infty,$$

($K(t,s)$是定义在 $a\leqslant t\leqslant b,a\leqslant s\leqslant b$ 内的 L^2 可积函数)时，式(1.10)有唯一的解 $x\in L^2[a,b]$.

证明 (1) 令 $T:C[a,b]\to C[a,b]$为

$$(Tx)(t)=f(t)+\lambda\int_a^b K(t,s)x(s)\mathrm{d}s.$$

由于 $f(t)$，$K(t,s)$分别在$[a,b]$和$[a,b]\times[a,b]$上连续，当 $x\in C[a,b]$时，$Tx\in C[a,b]$，即 T 是 $C[a,b]$到自身中的映射，并且算子 T 的**不动点** x^* 就是积分方程的解. 一般情况下，T 不是**压缩映射**. 但当$|\lambda|<1/[M(b-a)]$时，T 为**压缩映射**，其中 $M=\max\limits_{a\leqslant t,s\leqslant b}|K(t,s)|$. 事实上，对 $C[a,b]$中的任意两元素 x,y 有

$$\begin{aligned}d(Tx,Ty)&=\max_{a\leqslant t\leqslant b}|(Tx)(t)-(Ty)(t)|\\&=\max_{a\leqslant t\leqslant b}\left|\lambda\int_a^b K(t,s)[x(s)-y(s)]\mathrm{d}s\right|\\&\leqslant\max_{a\leqslant t\leqslant b}|\lambda|\int_a^b|K(t,s)\|x(s)-y(s)|\mathrm{d}s\end{aligned}$$

$$\leqslant M|\lambda|\max_{a\leqslant s\leqslant b}|x(s)-y(s)|\cdot(b-a)$$
$$=M(b-a)|\lambda|d(x,y).$$

可见，当 $\theta=M(b-a)|\lambda|<1$ 时，T 为**压缩映射**，由于 $C[a,b]$ 为完备空间，故 T 存在唯一的**不动点** x^*，因此，当 $|\lambda|<1/[M(b-a)]$ 时，积分方程(1.10)有唯一的连续解.

(2) 令 $T:L^2[a,b]\to L^2[a,b]$ 为

$$(Tx)(t)=f(t)+\lambda\int_a^b K(t,s)x(s)\mathrm{d}s.$$

由

$$\int_a^b\left|\int_a^b K(t,s)x(s)\mathrm{d}s\right|^2\mathrm{d}t\leqslant\int_a^b\left[\int_a^b|K(t,s)|^2\mathrm{d}s\cdot\int_a^b|x(s)|^2\mathrm{d}s\right]\mathrm{d}t$$
$$=\int_a^b\int_a^b|K(t,s)|^2\mathrm{d}s\mathrm{d}t\cdot\int_a^b|x(s)|^2\mathrm{d}s<\infty$$

及 T 的定义可知，T 是由 $L^2[a,b]$ 到其自身的映射，取 $|\lambda|$ 充分小使得

$$\theta=|\lambda|\left[\int_a^b\int_a^b|K(t,s)|^2\mathrm{d}s\mathrm{d}t\right]^{1/2}<1,$$

于是

$$d(Tx,Ty)=\left\{\int_a^b|(Tx)(t)-(Ty)(t)|^2\mathrm{d}t\right\}^{1/2}$$
$$=\left\{\int_a^b\left|\lambda\int_a^b K(t,s)(x(s)-y(s))\mathrm{d}s\right|^2\mathrm{d}t\right\}^{1/2}$$
$$\leqslant|\lambda|\left\{\int_a^b\left[\int_a^b|K(t,s)||x(s)-y(s)|\mathrm{d}s\right]^2\mathrm{d}t\right\}^{1/2}$$
$$\leqslant|\lambda|\left\{\int_a^b\int_a^b|K(t,s)|^2\mathrm{d}t\mathrm{d}s\cdot\int_a^b|x(s)-y(s)|^2\mathrm{d}s\right\}^{1/2}$$
$$=|\lambda|\left[\int_a^b\int_a^b|K(t,s)|^2\mathrm{d}t\mathrm{d}s\right]^{1/2}d(x,y)=\theta d(x,y).$$

故 T 为**压缩映射**，由**不动点**原理知，T 存在唯一的**不动点** $x^*\in L^2[a,b]$，即积分方程(1.10)有唯一的平方可积解.

例 1.25　如果矩阵 (a_{ij}) 满足条件

$$\sum_{i=1}^n\sum_{j=1}^n a_{ij}^2<1,\tag{1.11}$$

则方程组

$$\xi_i-\sum_{j=1}^n a_{ij}\xi_j=b_i,\quad i=1,2,\cdots,n\tag{1.12}$$

有唯一解 $x_0=\{\xi_1^{(0)},\xi_2^{(0)},\cdots,\xi_n^{(0)}\}$.

事实上，令

$$(Tx)_i=\sum_{j=1}^n a_{ij}\xi_j+b_i,\quad i=1,2,\cdots,n,$$

$$x=\{\xi_1,\xi_2,\cdots,\xi_n\},x_i=\{\xi_1^{(i)},\xi_2^{(i)},\cdots,\xi_n^{(i)}\},\quad i=1,2,\cdots,n,$$

则 T 是 $\mathbf{R}^n$ 到自身的一个映射. 因为

$$\begin{aligned}d(Tx_1,Tx_2)&=\sqrt{\sum_{i=1}^{n}\Big\{\sum_{j=1}^{n}a_{ij}(\xi_j^{(1)}-\xi_j^{(2)})\Big\}^2}\\&\leqslant\sqrt{\sum_{i=1}^{n}\Big\{\sum_{j=1}^{n}a_{ij}^2\sum_{j=1}^{n}(\xi_j^{(1)}-\xi_j^{(2)})^2\Big\}}\\&=\sqrt{\sum_{i=1}^{n}\sum_{j=1}^{n}a_{ij}^2}\,d(x_1,x_2).\end{aligned}$$

故由式(1.11)知 T 是**压缩映射**,从而 T 存在唯一的不动点 $x^*=\{\xi_1^*,\xi_2^*,\cdots,\xi_n^*\}$ 即方程组(1.12)存在唯一的解.

例 1.26 〔沃尔塔兰(Volterra)积分方程的解〕设 $K(t,s)$ 是定义在 $a\leqslant t\leqslant b,a\leqslant s\leqslant t$ 上的连续函数,则沃尔塔兰积分方程

$$x(t)=f(t)+\lambda\int_a^t K(t,s)x(s)\mathrm{d}s\tag{1.13}$$

对任意的 $f\in C[a,b]$ 以及任意常数 λ 存在唯一的解 $x_0\in C[a,b]$.

证明 作 $C[a,b]$ 到其自身的映射 T:

$$(Tx)(t)=f(t)+\lambda\int_a^t K(t,s)x(s)\mathrm{d}s,$$

用 M 表示 $|K(t,s)|$ 在 $a\leqslant t\leqslant b,a\leqslant s\leqslant t$ 上的最大值,d 表示 $C[a,b]$ 中的距离. 对于任意的 $x,y\in C[a,b]$,则有

$$\begin{aligned}|(Tx)(t)-(Ty)(t)|&=|\lambda|\left|\int_a^t K(t,s)[x(s)-y(s)]\mathrm{d}s\right|\\&\leqslant|\lambda|\int_a^t|K(t,s)|\,|x(s)-y(s)|\mathrm{d}s\\&\leqslant|\lambda|M(t-a)\max_{a\leqslant s\leqslant b}|x(s)-y(s)|\\&=|\lambda|M(t-a)d(x,y),\end{aligned}$$

下面用归纳法来证明

$$|T^nx(t)-T^ny(t)|\leqslant(|\lambda|^nM^n(t-a)^n/n!)d(x,y).\tag{1.14}$$

当 $n=1$ 时,不等式(1.14)已经证明. 现设 $n=k$ 时,不等式(1.14)成立,则当 $n=k+1$ 时,有

$$\begin{aligned}|T^{k+1}x(t)-T^{k+1}y(t)|&=|\lambda|\left|\int_a^t K(t,s)[T^kx(s)-T^ky(s)]\mathrm{d}s\right|\\&\leqslant(|\lambda|^{k+1}M^{k+1}/k!)\left|\int_a^t(s-a)^k\mathrm{d}s\right|d(x,y)\\&=(|\lambda|^{k+1}M^{k+1}(t-a)^{k+1}/(k+1)!)d(x,y),\end{aligned}$$

故不等式(1.14)对 $n=k+1$ 也成立,于是对一切自然数 n 成立. 由(1.14)

$$
\begin{aligned}
d(T^n x, T^n y) &= \max_{a \leqslant t \leqslant b} |T^n x(t) - T^n y(t)| \\
&\leqslant (|\lambda|^n M^n (b-a)^n / n!) d(x, y).
\end{aligned}
$$

因为对任何常数 λ 有，$\lim\limits_{n\to\infty}|\lambda|^n[M^n(b-a)^n]/n! =0$，故可选取足够大的自然数 n 使得，$|\lambda|^n M^n(b-a)^n/n! <1$. 因此，$T^n$ 是**压缩映射**，故由定理 1.18 知方程(1.13)在 $C[a,b]$上有唯一的解.

注　式(1.13)与式(1.10)的区别在于前者积分上限是 $t(\leqslant b)$，后者则是 b.

1.7　不动点定理在通信网理论及计算机形式语义中的应用

1.7.1　不动点定理在通信网理论中的应用

在通信、信息领域，泛函分析已被广泛应用于信号与系统、数字信号处理、自动控制、图像处理等方面. 在通信网理论基础中，泛函分析也是一个必不可少的数学工具，下面举例加以说明.

1. 生灭矩阵生成压缩半群的条件

由于通信网中的业务流量总是随机的，因此我们必须从这种随机性出发，进行通信网的业务分析，进而考察网的性能. 众知网内业务分析的理论基础是排队论，而且对排队系统的研究则经常用到生灭过程.

现在，考查一个生灭过程$\{X(t),t\geqslant 0\}$，其状态空间为 $E=\{0,1,2,\cdots\}$，又相应的 $\boldsymbol{Q}$ 矩阵为

$$
\boldsymbol{Q}=(q_{ij})=\begin{pmatrix}
-\lambda_0 & \lambda_0 & 0 & 0 & \cdots \\
\mu_1 & -(\lambda_1+\mu_1) & \lambda_1 & 0 & \cdots \\
0 & \mu_2 & -(\lambda_2+\mu_2) & \lambda_2 & \cdots \\
\vdots & \vdots & \vdots & \vdots &
\end{pmatrix}
$$

其中，$\lambda_i\geqslant 0,\mu_{i+1}\geqslant 0,i=0,1,2,\cdots$. 在文献[11]中，作者运用泛函分析方法，对生灭矩阵 $\boldsymbol{Q}$ 何时在 l^1 空间中存在压缩半群做了研究，并得到了一个充分必要的条件.

令 $\boldsymbol{P}=(p_{ij})$，$p_{ij}=q_{ij}$，i、$j=0,1,2,\cdots$，则矩阵 $\boldsymbol{P}$、$\boldsymbol{Q}$ 分别是 l^1 和 l^∞ 上的算子. 令 $\boldsymbol{e}_i=(\delta_{ij})_{j=0}^{\infty}$，$i=0,1,2,\cdots$是 l^1 上的标准正交基，又 $\boldsymbol{Y}=\mathrm{span}\{\boldsymbol{e}_i\}$是由$\{\boldsymbol{e}_i\}$生成的线性空间，那么易知$\boldsymbol{Y}$ 在 l^1 中稠，但不在 l^∞ 上稠. 在 l^1 和 l^∞ 上分别定义算子 $\boldsymbol{P}_0$、$\boldsymbol{Q}_0$ 为

$$D(\boldsymbol{P}_0)=D(\boldsymbol{Q}_0)=\boldsymbol{Y}$$

及

$$\boldsymbol{P}_0 y=\boldsymbol{P}y,\quad \boldsymbol{Q}_0 y=\boldsymbol{Q}y,\quad y\in\boldsymbol{Y}$$

若用 $\bar{\boldsymbol{P}}_0$ 表示 $\boldsymbol{P}_0$ 在 l^1 上的闭包，作者在文献[11]中给出如下的命题：

命题 1.19 下列各条等价：

(1) $\bar{\boldsymbol{P}}_0$ 在 l^1 上生成一个压缩 C_0-半群.

(2) 算子 $\mathbf{I}-\mathbf{Q}$ 在 l^∞ 上是单射的.

(3) 若(ⅰ)$\{\lambda_{n_k}\}$是$\{\lambda_n\}$的子列，有 $\lambda_{n_k}=0$；或

(ⅱ)$M=\sup\{n:\lambda_n=0\}<\infty$，则

$$R=\sum_{n=m+1}^{\infty}\left(\frac{1}{\lambda_n}+\frac{\mu_n}{\lambda_n\lambda_{n-1}}+\cdots+\frac{\mu_n\mu_{n-1}\cdots\mu_{m+2}}{\lambda_n\lambda_{n-1}\cdots\lambda_{m+1}}\right)=\infty.$$

若(1)～(3)中任一个成立，且 $\mu_0=0$，则由 $\bar{\boldsymbol{P}}_0$ 生成的半群 $\boldsymbol{T}(t)$必是正定的.

2. $M/M/1$ 排队模型在 l^1 上动态解的稳定性

在通信网中经常用到 $M/M/1$ 排队模型. 即顾客到达系统的时间间隔和服务窗为顾客的服务时间均为指数分布的单窗口不拒绝系统. 记顾客的平均到达率为 λ，而窗口的平均服务率为 μ. 又令 $p_0(t)$表示在时刻 t 系统是空的概率，$p_n(t)$表示在时刻 t 系统里有 n 个顾客的概率. 假定 $\lambda>0$，$\mu>0$，那么 $M/M/1$ 排队模型的常微分方程形成可写为

$$\begin{cases}p'_0(t)=-\lambda p_0(t)+\mu p_1(t);\\ p'_n(t)=-(\lambda+\mu)p_n(t)+\lambda p_{n-1}(t)+\mu p_{n+1}(t),n\geqslant 1;\\ p_i(0)=p_i,i\geqslant 0.\end{cases}$$

记

$$\boldsymbol{A}=\begin{pmatrix}-\lambda & \mu & 0 & 0 & \cdots\\ 0 & -(\lambda+\mu) & \mu & 0 & \cdots\\ 0 & 0 & -(\lambda+\mu) & \mu & \cdots\\ 0 & 0 & 0 & -(\lambda+\mu) & \cdots\\ \vdots & \vdots & \vdots & \vdots & \end{pmatrix},\quad \boldsymbol{B}=\begin{pmatrix}0 & 0 & 0 & 0 & \cdots\\ \lambda & 0 & 0 & 0 & \cdots\\ 0 & \lambda & 0 & 0 & \cdots\\ 0 & 0 & \lambda & 0 & \cdots\\ \vdots & \vdots & \vdots & \vdots & \end{pmatrix}$$

$$\boldsymbol{M}=\boldsymbol{A}+\boldsymbol{B}$$

取 l^1 为状态空间，对 $p=(p_0,p_1,\cdots)\in l^1$，定义范数 $\|p\|=\sum_{n=0}^{\infty}|p_n|<\infty$，则方程可改写为抽象的柯西问题：

$$\frac{\mathrm{d}p(t)}{\mathrm{d}t}=\boldsymbol{M}p(t),$$

$$p(0)=p.$$

假定服务强度 $\rho=\dfrac{\lambda}{\mu}<1$，那么在文献[12]中证明了由矩阵 $\boldsymbol{M}$ 生成正压缩 C_0 半群 $\boldsymbol{T}(t)$，接着，文献[13]在文献[12]基础上，运用泛函理论证明了由矩阵 $\boldsymbol{M}$ 生成的正压缩 C_0-半群 $\boldsymbol{T}(t)$具有稳定性，即有下述的命题(详见文献[13]).

命题 1.20 在 l^1 的范数意义下，对每一个 $p=(p_0,p_1,\cdots)\in l^1$，有

$$\lim_{t\to\infty}\boldsymbol{T}(t)p=\alpha\boldsymbol{C},$$

其中，$\boldsymbol{C}=(1,\rho,\rho^2,\cdots,\rho^n,\cdots)\in l^1$ 与 p 无关，并且 $\alpha=(1-\rho)\sum_{i=0}^{\infty}p_i$ 是与 p 有关的数.

对实际模型来说，初始值 $p(0)$ 应满足 $p_i(0)\geqslant 0$，$\|p_i(0)\|=1$，此时 $\alpha=1-\rho$ 与 p 的选取无关.

3. 支持分级服务和最小带宽保证的改进 TCP（传输控制协议）算法的理论分析

目前，Internet 只对用户提供单一等级的“Best-Effort”服务，既没有对服务质量进行量化分级，也没有对用户做出任何最小传输带宽的保证. 随着 Internet 的迅速发展，对具有不同要求的用户提供不同质量的服务已成为 Internet 发展的必然趋势.

众所周知，实现服务质量分级和最小带宽保证的关键技术是合理的资源分配方案. 目前的资源分配主要在用户端进行，即利用 TCP 在用户端进行端到端的、分布式的流量控制，文献[14]中提出了一种新的 TCP 改进算法，它在传统的 TCP 算法中引入最小拥塞窗口来对最小吞吐量进行保证，引用慢启动阈值跳变系数来实现服务质量的分级，并用理论验证了该算法的有效性.

下面采用流体流分析模型：设 N 个连接经过一个带宽为 μ，缓冲区大小为 B 的路由器，该路由器是这 N 个连接的共同瓶颈，各个连接对网络的拥塞情况同时做出反应. 由于在传输通路中丢包率极低（$\leqslant 1\%$），故可假定传输通路是理想的，即仅仅因为缓冲区发生溢出才产生丢包. 在这种分析模型下，每个连接窗口的动态行为可以用下述方程刻画：

$$\begin{cases}\dfrac{\mathrm{d}W_i(t)}{\mathrm{d}t}=\dfrac{1}{\mathrm{rtti}(t)},\\ g(t)=B\Rightarrow W_i(t^+)=\mathrm{rs}_i+r_i(W_i(t)-\mathrm{rs}_i),\end{cases}$$

其中，$W_i(t)$ 为在时刻 t 连接 i 的拥塞窗口 cwnd 的大小，$\mathrm{rtti}(t)$ 为在时刻 t 连接 i 的往返时间，$g(t)$ 是此路由器缓冲区在时刻 t 时的队长，r_i 为连接 i 的跳变系数，rs_i 为连接 i 的最小拥塞窗口. 此外，又假设各个连接的传输延时相同，均为 τ，吞吐量为 $\lambda_i(t)$.

利用巴拿赫不动点定理，可以证明当跳变系数 $r_i\in(0,0.5]$ 时，在上述 TCP 改进算法控制下，各个连接能达到稳态. 在达到稳态后，连接 i 的拥塞窗口 cwnd 在两个稳定值之间周期性变化，可以解出连接 i 在 t 时刻的瞬时吞吐量 $\lambda_i(t)$、瞬时发送窗口 $W_i(t)$、周期 T 及平均吞吐量 TP_i，即

$$T=\frac{L^2N+2L^2\sum\limits_{j=1}^{N}\dfrac{r_j}{1-r_j}+2L^2\sum\limits_{j=1}^{N}\mathrm{rs}_j}{2\mu}$$

$$\mathrm{TP}_i=\frac{L^2(1+r_i)}{2T(1-r_i)}+\frac{L}{T}\cdot\mathrm{rs}_i$$

其中

$$L=\frac{(\mu\tau+B)+\sum\limits_{i=1}^{N}\mathrm{rs}_i}{N+\sum\limits_{j=1}^{N}\dfrac{r_j}{1-r_j}}$$

容易证明平均吞吐量 TP_i 是 r_i 和 rs_i 的递增函数，即可以通过增加 r_i 和 rs_i 的方法来使连接 i 的平均吞吐量增加；同样，通过设置适当的 r_i 和 rs_i 可以保证连接 i 的最小吞吐量. 因此，通过对不同 TCP 连接，设置不同的 r_i 和 rs_i 即可实现对弹性业务平均吞吐量的分级，并保证 TCP 连接的最小吞吐量.

1.7.2 不动点定理在计算机形式语义中的应用

不动点定理主要用于研究特殊的非线性映射，即**压缩映射**，它是证明方程解的存在性和唯一性的一个重要定理.

形式语义研究计算机程序设计语言的语义. 它以数学为工具，运用符号和公式，严格的解释计算机程序设计语言的语义，使语义形式化. 由于形式化中侧重面和使用的数学工具不同，形式语义可分为四大类：操作语义、指称语义、代数语义和公理语义.

1. 不动点

再将定义 1.10 复述如下：

设 X 为一个集合，$T:X\to X$ 为 X 到自身中的映射(称为自映射). 如果存在 $x_0\in X$，使得 $Tx_0=x_0$，则称 x_0 为映射 T 的一个**不动点**.

不是所有的函数都有**不动点**. 例如，$\mathbf{N}\to\mathbf{N}$ 中的函数$(x+1)$在 $\mathbf{N}$ 中就没有**不动点**. 有些函数的**不动点**也不是唯一. 例如，恒等函数，定义域中的任何元素都是它的**不动点**.

为了研究问题方便，这里不讨论抽象的巴拿赫空间的**不动点**问题. 而是只讨论完全偏序集上的连续函数的**不动点**问题. 下面简单介绍一下完全偏序集.

2. 完全偏序集

定义 1.12 设$\leqslant$是集合 P 上的二元关系，若$\leqslant$满足：

(1) (自反性)对任意 $d\in P$，$d\leqslant d$；

(2) (传递性)对任意 $d_1,d_2,d_3\in P$，若 $d_1\leqslant d_2$，且 $d_2\leqslant d_3$，则 $d_1\leqslant d_3$；

(3) (反对称性)对任意 $d_1,d_2\in P$，若 $d_1\leqslant d_2$，且 $d_2\leqslant d_1$，则 $d_1=d_2$；

则称$(P,\leqslant)$为一个偏序集，记为 po(partial order).

定义 1.13 设$(P,\leqslant)$为一个偏序集，X 是 P 的一个子集，p 是 P 中的一个元素，

(1) 如果对任意 $q\in X$，都有 $q\leqslant p$，称 p 是 X 的一个上界；

(2) 如果 p 是最小上界，即：

(i) p 是 X 的一个上界；

(ii) 若 q 也是 X 的一个上界，则 $p\leqslant q$；

则称 p 为 X 的上确界，记为$\bigcup X$.

定义 1.14 设$(P,\leqslant)$为一个偏序集，X 是 P 的一个子集，p 是 P 中的一个元素，

(1) 如果对任意 $q\in X$，都有 $p\leqslant q$，称 p 是 X 的一个下界；

(2) 如果 p 是最大下界，即：

（ⅰ）p 是 X 的一个下界；

（ⅱ）若 q 也是 X 的一个下界，则 $q \leqslant p$；

则称 p 为 X 的下确界，记为 $\bigcap X$.

定义 1.15 设 $(P, \leqslant)$ 为一个偏序集，若 P 中元素 b 满足：对任意 $p \in P$，$b \leqslant p$，则称 b 为 P 的最小元，记为 $\perp$. 对偶的，可以定义最大元，记为 $\top$.

定义 1.16 设 $(P, \leqslant)$ 为一个偏序集，P 中元素的一个升链

$$d_1 \leqslant d_2 \leqslant \cdots \leqslant d_n \leqslant \cdots$$

称为 P 中的一个 ω 链.

定义 1.17 设 $(P, \leqslant)$ 为一个偏序集，

(1) 若 P 的每一个 ω 链 $d_1 \leqslant d_2 \leqslant \cdots \leqslant d_n \leqslant \cdots$ 都有上确界 $\bigcup d_n (n \in \omega)$，则称 $(P, \leqslant)$ 为一个完全偏序集，记为 cpo(complete partial order).

(2) 若 $(P, \leqslant)$ 是一个 cpo，且有最小元 $\perp$，则称 $(P, \leqslant)$ 为一个带底的 cpo，此时常称 $\perp$ 为底元素.

可以证明，完全偏序集上的连续函数都有**不动点**.

3. 完全偏序集上的连续函数

定义 1.18 设 D, E 是两个 cpo，$f: D \to E$ 是一个函数.

(1) 称 f 是单调的，如果对任意 $d_1, d_2 \in D$，若 $d_1 \leqslant d_2$，则 $f(d_1) \leqslant f(d_2)$；

(2) 称 f 是连续的，如果

（ⅰ）f 是单调的；

（ⅱ）对 D 中任意 ω 链 $d_1 \leqslant d_2 \leqslant \cdots \leqslant d_n \leqslant \cdots$

$$f\left(\bigcup d_n\right) = \bigcup f(d_n), \quad n \in \omega.$$

4. 最小不动点算子 fix

定义 1.19 $f: D \to D$ 是带底 cpo D 上的连续函数，则

$$\mathrm{fix}(f) = \bigcup f^n(\perp)$$

是 f 的最小**不动点**. 其中 $f^n(\perp)$ 代表 f 在 $\perp$ 上的 n 次复合.

5. 命令的指称语义

这里的命令是指计算机程序中使用的命令或语句，包括空语句、赋值语句、顺序执行语句、条件语句和循环语句. 与表达式相比，命令 C 的指称语义比较复杂. 命令的指称为从状态集合到状态集合的一个映射，即在前一个状态下执行命令 C 时程序终止，且终止时的状态为后一个状态. 但并不是每个命令(imp)程序在任意状态下都会终止，有些命令(imp)程序在某些状态下并不终止，所有命令 C 的指称应为从状态集合到状态集合的一个部分映射，即 $\Sigma \rightharpoonup \Sigma$ 中的一个元素. 命令的指称语义定义是对每个命令都指出其指称，即要定义映射：

$$\mathrm{C}: \mathrm{Com} \to (\Sigma \rightharpoonup \Sigma).$$

Com 的指称：

(1) $C【\text{skip}】(\delta)=\delta$；

(2) $C【X:=a】(\delta)=\delta(a/X)$；

(3) $C【c_1;c_2】(\delta)=C【c_2】(C【c_1】(\delta))=(C【c_2】\cdot C【c_1】)(\delta)$；

(4) $C【\text{if } b \text{ then } c_0 \text{ else } c_1】(\delta)=\begin{cases} C【c_0】(\delta), & \text{if } B【b】(\delta)=\mathrm{T}, \\ C【c_1】(\delta), & \text{if } B【b】(\delta)=\mathrm{F}; \end{cases}$

(5) $C【\text{while } b \text{ do } c】(\delta)=\begin{cases} \delta, & \text{if } B【b】(\delta)=\mathrm{F}, \\ C【\text{while } b \text{ do } c】(C【c】(\delta)), & \text{if } B【b】(\delta)=\mathrm{T}, \end{cases}$

$$=\begin{cases} \delta, & \text{if } B【B】(\delta)=\mathrm{F}, \\ (C【\text{while } b \text{ do } c】\cdot C【c】(\delta)), & \text{if } B【b】(\delta)=\mathrm{T}. \end{cases}$$

从上面的语义定义可以看出，除 while b do c 的语义定义不是归纳定义外，其他都是归纳定义. 这样对其他语句的指称的存在性和唯一性没有疑问. 但 while b do c 的语义函数不是归纳定义，这样的函数是否存在和唯一？

为了考虑 $C【\text{while } b \text{ do } c】$的存在性和唯一性，定义如下函数：

$$F:(\Sigma \rightharpoonup \Sigma)\to(\Sigma \rightharpoonup \Sigma),$$

$$F(\phi)(\delta)=\begin{cases} \delta, & \text{if } B【b】(\delta)=\mathrm{F}, \\ (\phi \cdot C【c】(\delta)), & \text{if } B【b】(\delta)=\mathrm{T}; \end{cases}$$

对任意 $\phi\in(\Sigma \rightharpoonup \Sigma)$和 $\delta\in\Sigma$.

则 $F(C【\text{while } b \text{ do } c】)(\delta)=C【\text{while } b \text{ do } c】(\delta)$，对任意 $\delta\in\Sigma$ 成立，从而

$$F(C【\text{while } b \text{ do } c】)=C【\text{while } b \text{ do } c】,$$

所以 $C【\text{while } b \text{ do } c】$是 F 的一个**不动点**. 这样将函数 $C【\text{while } b \text{ do } c】$的存在性和唯一性问题转化为 F 的不动点问题的存在性和唯一性问题.

可以证明命令的状态集合 Σ 是一个 cpo，则 $\Sigma \rightharpoonup \Sigma$ 也是 cpo，$(\Sigma \rightharpoonup \Sigma)\to(\Sigma \rightharpoonup \Sigma)$也是 cpo，且 F 为 cpo 上的连续函数. 完全偏序集上的连续函数都有**不动点**.

因此上式定义的**不动点**存在且唯一，即上面定义的循环语句的指称语义是正确的.

习题 1

1. 设 X 是非空集合，对任意自然数 k，有 $X\times X$ 上的函数 $\rho_k(x,y)$，满足：

(1) 对任何 $x,y\in X$，$\rho_k(x,y)\geqslant 0$，$\rho_k(x,x)=0$；

(2) 对任何 $x,y,z\in X$，有

$$\rho_k(x,y)\leqslant\rho_k(x,z)+\rho_k(y,z),$$

又假定对一切自然数 k，当 $\rho_k(x,y)=0$ 时，必有 $x=y$. 证明：

$$d(x,y)=\sum_{k=1}^{\infty}\frac{1}{2^k}\frac{\rho_k(x,y)}{1+\rho_k(x,y)}$$

是定义在 X 上的距离. 且对 $\{x_n\}\subset X$, $\{x_n\}$ 按距离 d 收敛于 x 的充要条件是对一切 k, 均有 $\rho_k(x_n,x)\to 0(n\to\infty)$.

2. 判断在 $\mathbf{R}$ 上, 下列 $d(x,y)$ 是否为距离:

(1) $d(x,y)=(x-y)^2$;

(2) $d(x,y)=\sqrt{|x-y|}$.

3. 设 $d(x,y)$ 是 X 上的距离, 试证 $\forall$ X 中的四点 x,y,z,t 有

$$|d(x,z)-d(y,t)|\leqslant d(x,y)+d(z,t).$$

4. 设 f 是 $\mathbf{R}$ 上连续实函数, $\forall\, x,y\in\mathbf{R}$, 令 $d(x,y)=|f(x)-f(y)|$. 试证 d 是 $\mathbf{R}$ 上距离的充要条件是 f 为严格单调函数.

5. 记 $C[a,b]$ 是 $[a,b]$ 上的连续函数全体, 对于 $x,y\in C[a,b]$, 定义 $d(x,y)=\max\limits_{a\leqslant t\leqslant b}|x(t)-y(t)|$, 已知它是 $C[a,b]$ 上的一个距离. 令 B 是 $[a,b]$ 的子集, α 是正常数,

$$A=\{x: x\in C[a,b],\text{且 } t\in B \text{ 时}, |x(t)|<\alpha\}$$

试证: A 是开集的充要条件 B 是闭集.

6. 设 E 和 F 是距离空间 X 中的点集, 试证下列命题等价:

(1) E 在 F 中稠密; (2) $\bar{E}\supset F$; (3) $\forall\, x\in F$, 有 E 中点列 $\{x_n\}$, 使 $x_n\to x(n\to\infty)$.

7. 定义在 $[a,b]$ 上的有界函数全体记为 $B[a,b]$, 它是一个距离空间. 试证 $B[a,b]$ 是不可分的.

8. 试证多项式全体在 $C^k[a,b]$ 中稠密, 其中 $C^k[a,b]$ 为 $[a,b]$ 上 k 次连续可微函数全体, 距离定义为

$$d(x,y)=\sum_{j=0}^{k}\max_{a\leqslant t\leqslant b}|x^{(j)}(t)-y^{(j)}(t)|.$$

9. 在 $\mathbf{R}=(-\infty,\infty)$ 上定义距离

$$d(x,y)=|\arctan x-\arctan y|,\quad x,y\in\mathbf{R}$$

试证: $\mathbf{R}$ 是不完备的.

类似地, 在正整数全体的空间 $\mathbf{N}$ 上定义距离 $d(m,n)=\left|\dfrac{1}{m}-\dfrac{1}{n}\right|$, 则 $\mathbf{N}$ 不完备.

10. 试证空间 s(见例 1.3)中的子集 A 列紧的充要条件是对每个 $n(\geqslant 1)$, $\exists\, C_n>0$, 使对一切的 $x=(\xi_1,\xi_2,\cdots,\xi_n,\cdots)\in A$, 有

$$|\xi_n|\leqslant C_n,\quad (n\geqslant 1).$$

11. 设 (X,d) 是距离空间, $A\subset X$, $A\neq\varnothing$. 对于任意的 $x\in X$, 定义 $f(x)=\inf\limits_{y\in A}d(x,y)$, 证明 $f(x)$ 是连续函数.

12. 设 A,B 为距离空间 (X,d) 中的两个不相交的闭集, 试证明存在 X 上的连续函数 $f(x)$ 使得当 $x\in A$ 时, $f(x)=0$; 当 $x\in B$ 时, $f(x)=1$.

13. 设 X 和 Y 都是距离空间，A 在 X 中稠密，$f:X\to Y$ 是连续映射，证明 $f(A)$ 在 $R(f)=f(X)$ 中稠密.

14. 如果距离空间 X 是紧的，证明 X 是完备的，试说明完备性不蕴涵紧性.

15. 举例说明全有界集不一定是列紧集.

16. 在距离空间中举例说明，对于紧性而言全有界性是必要的，但不是充分的.

17. 如果距离空间 (X,d) 是紧的，证明对于任意的 $\varepsilon>0$，空间 X 都有一个有限子集 M，使得每一点 $x\in X$ 到 M 的距离 $d(x,M)=\inf\limits_{y\in M} d(x,y)<\varepsilon$.

18. 如果 A,B 为紧集，试证：$\exists a\in A, b\in B$，使得 $d(a,b)=d(A,B)=\inf\limits_{x\in A, y\in B} d(x,y)$.

19. 试证：若 A 为紧集，B 为闭集，$d(A,B)=0$，则 $A\cap B\neq\varnothing$.

20. 试证：若 A 为紧集，B 为闭集，则 $A+B$ 是闭集.

21. 试证：设 X 完备，$B_n\subset X$ 是非空闭集，$B_1\supset B_2\supset\cdots$，$\operatorname{diam} B_n\to 0$，则 $\bigcap B_n$ 仅含一点.

22. 试证：设 $A,B\subset X$ 是互不相交的闭集，则存在开集 G,H，使得 $A\subset G$，$B\subset H$，$G\cap H=\varnothing$.

23. 试证：$C[a,b]$ 中的非负函数之集是第二纲集.

24. 试证：$L^p[0,1]$ 中的非负函数之集是疏集 $(1\leqslant p<\infty)$.

25. 试证：$C[-1,1]$ 中的偶函数之集是疏集.

26. 试证：距离空间 X 完备 $\Leftrightarrow X$ 中任何全有界集必为相对紧集.

27. 试证：$l^p\ (1\leqslant p<\infty)$ 中的有界集 A 相对紧 $\Leftrightarrow$ 对 $x=(x_i)\in A$ 一致地有 $\sum_n^\infty |x_i|^p\to 0\ (n\to\infty)$.

28. 举例说明不动点定理中完备性条件是不可缺少的.

29. 如果 T 是压缩的，证明 $T^n\ (n\in\mathbf{N})$ 也是压缩的. 如果 $T^n\ (n>1)$ 是压缩的，证明 T 未必是压缩的.

30. 在高等数学中，迭代序列 $x_n=f(x_{n-1})$ 收敛的一个充分条件是 f 是连续可微的，而且 $|f'(x)|\leqslant\alpha<1$，试用巴拿赫不动点定理来验证它.

31. 设 (X,d) 是距离空间，其中 $X=[1,\infty)$，d 是通常的距离，定义映射 T 为

$$Tx=\frac{x}{2}+\frac{1}{x}.$$

证明 T 是一个压缩映射，对于 T 来说，请问最小的压缩系数和不动点是什么？

32. 设 (X,d) 是一个距离空间，对于任意的 $x,y\in X$，$x\neq y$，T 满足下面的弱压缩条件：

$$d(Tx,Ty)<d(x,y),$$

(1) 证明 T 最多有一个不动点；

(2) 证明 T 可能没有不动点.

33. 请证明用迭代公式 $x_n=g(x_{n-1})=(1+x_{n-1}^2)^{-1}$,能够解方程 $f(x)=x^3+x-1=0$. 对于 $x_0=1$ 计算 x_1,x_2,x_3,并且给出 $d(x,x_n)$的估计.

34. 映射 $T:[a,b]\to[a,b]$称为在$[a,b]$上满足李普希兹条件是指存在一个常数 K 使得对于任意的 $x,y\in[a,b]$,满足下式:

$$|T(x)-T(y)|\leqslant K|x-y|.$$

(1) T 是否为一个压缩映射?

(2) 若 $T(x)$有连续导数,试证明 T 满足李普希兹条件.

35. 设 A 是 $\mathbf{R}^2$ 中的有界闭集,T 是 A 到 A 的算子. 对于任意的 $x,y\in A$,有 $d(Tx,Ty)<d(x,y)$. 试证明 T 在 A 中存在唯一的不动点.

36. 设(X,d)是完备的距离空间,T 是 X 到 X 的算子. 如果

$$\alpha_n=\sup_{x,y\in X}\frac{d(T^nx,T^ny)}{d(x,y)}\to 0(n\to\infty),$$

证明 T 在 X 中有唯一的不动点.

37. 设 $f(t)\in C[0,1]$,求出方程

$$x(t)=f(t)+\lambda\int_0^t x(s)\mathrm{d}s,\quad t\in[0,1]$$

的连续解.

38. 设有线性方程组 $\boldsymbol{x}=\mathbf{C}\boldsymbol{x}+\boldsymbol{b}$,其中 $\mathbf{C}=(C_{ij})$是 n 阶方阵,$\boldsymbol{b}=(b_1,b_2,\cdots,b_n)^{\mathrm{T}}$ 是未知向量,证明:若矩阵 $\mathbf{C}$ 满足 $\sup\sum\limits_{j=1}^{n}|C_{ij}|<1,\ i=1,2,\cdots,n$,则方程组 $\boldsymbol{x}=\mathbf{C}\boldsymbol{x}+\boldsymbol{b}$ 有唯一解.

39. 验证方程 $x^3+4x+2=0$ 在$[0,1]$上有实根,并用迭代法求其近似解.

40. 设 $K(x,\tau)=\begin{cases}x, & 0\leqslant x<t,\\ t, & t\leqslant x\leqslant 1,\end{cases}$ 求方程

$$\varphi(x)-\frac{1}{10}\int_0^1 K(x,t)\varphi(t)\mathrm{d}t=1$$

的近似连续解,使其误差小于 10^{-4}.

第2章　巴拿赫空间

2.1　线 性 空 间

在线性代数中已学过 $\mathbf{R},\mathbf{R}^2,\cdots,\mathbf{R}^n$ 等有限维向量空间.其中有两种基本运算,即向量加法,向量与数的乘法,而在实际问题中,常遇到所考察的量、状态、对象往往满足叠加原理,故可将它们看成满足向量加法和数乘规律的向量,并把所考察的对象作为整体来研究其性质.首先我们复习一下线性空间的概念.

定义 2.1　设 X 是一非空集合.$\mathbf{F}$ 是实数域 $\mathbf{R}$ 或复数域 $\mathbf{C}$,X 称为 $\mathbf{F}$ 上的**线性空间**,如果满足以下条件:

(1) 对于任意两个元素 $x,y\in X$,可唯一确定一个 X 中元素,称为 x,y 的和,并记作 $x+y$,且满足以下的规律,$\forall x,y,z\in X$,

1°　(加法交换律) $x+y=y+x$;

2°　(加法结合律) $x+(y+z)=(x+y)+z$;

3°　(零元的存在性) 在 X 中存在零元素 0(或记作 θ),使得 $\forall x\in X$,有 $x+0=x$;

4°　(相反元素的存在性) 对每一个 $x\in X$,存在相反元素(负元素)$-x\in X$,使得 $x+(-1)=0$.

(注:在集合上定义了上述的加法(+),且满足以上四条规律,就称此集合为**加法交换群**.)

(2) 对于任一数 $\alpha\in\mathbf{F}$ 及任一元素 $x\in X$,可唯一确定元素 $\alpha x\in X$,称为数 α 乘以元素 x 的乘积.而且满足以下的规律,$\forall\alpha,\beta\in\mathbf{F}$,$\forall x,y\in X$,

1°　(数乘结合律) $\alpha(\beta x)=(\alpha\beta)x$;

2°　$1x=x$;

3°　(分配律) $(\alpha+\beta)x=\alpha x+\beta x$;

4°　(分配律) $\alpha(x+y)=\alpha x+\alpha y$.

如果 $\mathbf{F}=\mathbf{R}$,就称 X 为**实线性空间**.如果 $\mathbf{F}=\mathbf{C}$,称 X 为**复线性空间**.注意,对于每一个复线性空间,如果在其中只考虑用实数乘以元素的乘法,那么它就可以看作实线性空间.

线性空间的元素称为向量或点，如 $\mathbf{R}^n$ 中点 $x=(x_1,x_2,\cdots,x_n)$，即对应于由零点 $O=(0,0,\cdots,0)$引向 x 点的向量$\overrightarrow{Ox}$.

由定义可以证明零元素(零向量)是唯一的，x 的相反元素$-x$ 也是由 x 唯一确定的.

下面给出线性空间的例子.

例 2.1　所有的 n 个实数组 $x=(\xi_1,\xi_2,\cdots,\xi_n)$的全体构成线性空间，其中加法与数乘按以下公式定义.

$$(\xi_1,\xi_2,\cdots,\xi_n)+(\eta_1,\eta_2,\cdots,\eta_n)=(\xi_1+\eta_1,\xi_2+\eta_2,\cdots,\xi_n+\eta_n),$$
$$\alpha(\xi_1,\xi_2,\cdots,\xi_n)=(\alpha\xi_1,\alpha\xi_2,\cdots,\alpha\xi_n).$$

这种空间叫作实 n 维空间 $\mathbf{R}^n$. 类似地，n 维复空间 $\mathbf{C}^n$ 定义为 n 个复数组的全体.

例 2.2　$[a,b]$上连续函数构成线性空间 $C[a,b]$，其中的加法即函数的加法，数乘即数乘以函数.

例 2.3　空间 l^p，$1\leqslant p<\infty$，它的元素为满足条件

$$\sum_{n=1}^{\infty}|\xi_n|^p<\infty$$

的(实或复)数列 $x=(\xi_1,\xi_2,\cdots,\xi_n,\cdots)$，其中的运算为

$$(\xi_1,\xi_2,\cdots,\xi_n,\cdots)+(\eta_1,\eta_2,\cdots,\eta_n,\cdots)=(\xi_1+\eta_1,\xi_2+\eta_2,\cdots,\xi_n+\eta_n,\cdots),$$
$$\alpha(\xi_1,\xi_2,\cdots,\xi_n,\cdots)=(\alpha\xi_1,\alpha\xi_2,\cdots,\alpha\xi_n,\cdots).$$

由离散情形的闵可夫斯基不等式，如 $x,y\in l^p$，则 $x+y\in l^p$，因此 l^p 是线性空间.

例 2.4　按坐标进行加法和数乘运算的收敛序列 $x=(\xi_1,\xi_2,\cdots)$构成线性空间，记作 c.

例 2.5　按坐标进行加法和数乘运算的收敛于 0 的序列也构成线性空间，记作 c_0.

例 2.6　具有与例 2.3～例 2.5 同样的加法与数乘运算的一切有界数列的全体 l^∞ 也是线性空间.

例 2.7　具有与例 2.3～例 2.6 同样的加法与数乘运算的所有实数列 $\mathbf{R}^\infty$ 也是线性空间.

例 2.8　E 上勒贝格(Lebesgue)可积函数全体组成的空间 $L(E)$按通常加法及数乘以函数的运算也是线性空间. 这种空间中把几乎处处相等的函数看成是同一个元素. 几乎处处等于 0 的函数作为零元素.

例 2.9　空间 $L^p(E)$，$1\leqslant p<\infty$，其中元素是 E 上可测函数 f 且$|f|^p$ 是勒贝格可积. 加法与数乘运算与例 2.8 相同. 由闵可夫斯基(Minkowski)不等式，如 $f\in L^p(E)$，$g\in L^p(E)$，则 $f+g\in L^p(E)$. 所以 $L^p(E)$是线性空间.

例 2.10　空间 $L^\infty(E)$，其中元素是 E 上几乎处处有界的可测函数 f，即存在零测集 E_0(可因 f 而异)，f 在 $E\setminus E_0$ 上有界，即 $\sup\{|f(x)|:x\in E\setminus E_0\}<\infty$. 加法与数乘与例 2.9相同.

定义 2.2　设 X 与 Y 是同一数域 $\mathbf{F}$ 上的线性空间，映射 $f:X\to Y$ 称为**线性映射或线**

性算子(线性变换),如果$\forall \alpha,\beta\in \mathbf{F}$,$\forall x_1,x_2\in X$,有$f(\alpha x_1+\beta x_2)=\alpha f(x_1)+\beta f(x_2)$.当$Y=$数域$\mathbf{F}$时,称线性映射$f$为**线性泛涵**.

例 2.11 恒等算子$I:X\to X$,$Ix=x$是线性算子.

例 2.12 如果$T:X\to Y$是映射:$\forall x\in X$,$Tx=0$(Y中零元素),则称T为零算子,它是线性算子.

定义 2.3 同一数域$\mathbf{F}$上两线性空间X与Y称为同构的,如果存在某个从X到Y上的一一对应的线性映射f,此映射称为X到Y上的(线性)**同构映射**.

同构关系是一种等价关系.

1° X同构于X,只要取恒等映射$\mathbf{I}:X\to X$,$\mathbf{I}:x=x$作为同构映射;

2° 如X同构于Y,则Y同构于X.因为如果$f:X\to Y$是同构映射,则$f^{-1}:Y\to X$也是同构映射;

3° 如X同构于Y,Y同构于Z,则X同构于Z.因为如果$f:X\to Y$,$g:Y\to Z$分别是同构映射,则复合映射$g\circ f:X\to Z$是X到Z上的同构映射.

定义 2.4 设$x\in X$,如果存在数$\alpha_1,\alpha_2,\cdots,\alpha_n\in\mathbf{F}$,$x_1,x_2,\cdots,x_n\in X$,使得

$$x=\alpha_1x_1+\alpha_2x_2+\cdots+\alpha_nx_n,$$

则称x是$x_1,x_2,\cdots,x_n$的**线性组合**.

设$x_1,x_2,\cdots,x_n\in X$,如果存在不全为零的数$\alpha_1,\alpha_2,\cdots,\alpha_n$,使得

$$\alpha_1x_1+\alpha_2x_2+\cdots+\alpha_nx_n=0, \tag{2.1}$$

则称向量组$x_1,x_2,\cdots,x_n$是**线性相关**的.否则称为**线性无关**的.也就是说,如果式(2.1)成立,必有$\alpha_1=\alpha_2=\cdots=\alpha_n=0$,则$x_1,x_2,\cdots,x_n$是线性无关的.

定义 2.5 如果在线性空间X中可找到n个线性无关的向量,而该空间的任意$n+1$个向量都线性相关,则称X的维数为n,记作$\dim X=n$.如果对所有的自然数m,X中有m个线性无关的向量,则称X是**无限维**的.记作$\dim X=\infty$.n维空间X中由n个向量组成的线性无关向量组称为X的**一组基**.

实空间$\mathbf{R}^n$(或复空间$\mathbf{C}^n$)中,$e_1=(1,0,\cdots,0)$,$e_2=(0,1,0,\cdots,0)$,$\cdots$,$e_i=(0,\cdots,1,0,\cdots,0)$,$\cdots$,$e_n=(0,0,\cdots,1)$就是一组基,任一$x=(\xi_1,\xi_2,\cdots,\xi_n)\in\mathbf{R}^n$,可唯一地表示成$e_1,e_2,\cdots,e_n$的线性组合$x=\sum\limits_{i=1}^{n}\xi_ie_i$,因而$\mathbf{R}^n$中任意$n+1$个向量是线性相关的,所以$\mathbf{R}^n$(或$\mathbf{C}^n$)具有维数$n$.

易证n维的实线性空间X都与$\mathbf{R}^n$同构.因为X中可取由n个线性无关向量$\varepsilon_1,\varepsilon_2,\cdots,\varepsilon_n$组成的一组基,$\forall x\in X$,可唯一地表示成$\varepsilon_1,\varepsilon_2,\cdots,\varepsilon_n$的线性组合$x=\sum\limits_{i=1}^{n}\xi_i\varepsilon_i$,于是$x\to(\xi_1,\xi_2,\cdots,\xi_n)\in\mathbf{R}^n$,这样定义映射$T:X\to\mathbf{R}^n$,由$Tx=(\xi_1,\xi_2,\cdots,\xi_n)$.易验证$T$是同构映射,因而$X$与$\mathbf{R}^n$同构.同样地,$n$维复线性空间都与$\mathbf{C}^n$同构.

定义 2.6 如果线性空间X的非空子集L按照X中的加法与数乘运算构成一线性

空间,则 L 称为 X 的**线性子空间**,简称**子空间**.

如果 $\forall x,y\in L$, $\forall \alpha,\beta\in \mathbf{F}$,有 $\alpha x+\beta y\in L$,则 L 是 X 的线性子空间.

X 和 $\{0\}$ 也是 X 的子空间. 异于 X 和 $\{0\}$ 的子空间称为真子空间.

设 A 是线性空间 X 的子集,作所有可能的 A 中向量的线性组合 $\sum\limits_{i=1}^{n}\alpha_i x_i$,其中 $\alpha_i\in \mathbf{F}$, $x_i\in A$,以及自然数 n 都是任意的. 易验证这种线性组合的全体构成的集合是 X 的一个线性子空间,而且是 X 中包含 A 的最小的线性子空间,称为由 A 张成的子空间或由 A 生成的子空间,记作 $\text{span}A$,也称它是 A 的线性包.

例 2.13　设 X 是线性空间,$x\in X$,集合 $\{\lambda x:\lambda\in \mathbf{F}\}$ 是子空间,当 $x\neq 0$ 时是由 x 生成的一维子空间.

例 2.14　$C[a,b]$ 是 $[a,b]$ 上 L 可积函数空间 $L([a,b])$(简记作 $L[a,b]$)的子空间,$[a,b]$ 上一切多项式的全体 $P[a,b]$ 是 $C[a,b]$ 的子空间,次数 $\leqslant n$ 的多项式全体是 $P[a,b]$ 的子空间. 但 n 次多项式的全体不是线性子空间.

定义 2.7　线性空间 X 的一个子空间 $\mathbf{L}$ 对某个向量 $x_0\in X$ 的平移称为**线性流形**或**仿射集**,即

$$\mathbf{M}\triangleq \mathbf{L}+x_0\triangleq \{x+x_0:x\in \mathbf{L}\}$$

是 X 中线性流形.

线性空间 X 的极大仿射集 $\mathbf{M}$ 称为 X 的超平面即 $\mathbf{M}=\mathbf{L}+x_0$,其中 $\mathbf{L}$ 是 X 的极大子空间. $\mathbf{L}$ 是极大指除线性空间 X 本身外没有其他 X 的子空间包含 $\mathbf{L}$.

例 2.15　$\mathbf{R}^3$ 中不经过零点的直线和平面都是仿射集. $\mathbf{R}^2$ 中的超平面是直线;$\mathbf{R}^3$ 中的超平面是平面.

定义 2.8　设 x,y 是线性空间 X 中的两个点,则集合 $\{\lambda x+(1-\lambda)y:0\leqslant\lambda\leqslant 1\}$ 称为以 x,y 为端点的**区间**或**线段**,记作 $[x,y]$,也称它是联结两点 x,y 的线段.

设 A 是线性空间 X 的一个子集,如果 $\forall x,y\in A$, $\forall \lambda\in[0,1]$, $\lambda x+(1-\lambda)y\in A$,即联结 x,y 的线段都在 A 中,则称 A 为**凸集**.

定义 2.9　设 $f:X\to Y$ 是线性算子,则集合 $\{x\in X:f(x)=0\}$ 称为 f 的**核**或 f 的**零空间**,记作 $\ker f$ 或 $N(f)$. 易验证它是 X 的子空间.

线性算子 f 的值域 $R(f)=\{f(x):x\in X\}$ 称为**值空间**,它是 Y 中的子空间.

在线性算子 f 的映射下,线性相关的向量组映成线性相关的向量组,如 $\dim X=n$,则 $\dim R(f)\leqslant n$.

f 是单射,当且仅当 $\ker f=\{0\}$. 此时把 f 看成 $X\to R(f)$ 的映射,则有逆映射 f^{-1}: $R(f)\to X$,而且 f^{-1} 也是线性算子. 事实上,$\forall y_1,y_2\in R(f)$,$\exists x_1,x_2\in X$,使得 $y_1=f(x_1)$,$y_2=f(x_2)$,因而 $y_1+y_2=f(x_1)+f(x_2)=f(x_1+x_2)$,从而 $f^{-1}(y_1+y_2)=x_1+x_2=f^{-1}(y_1)+f^{-1}(y_2)$. 同理,$\forall \alpha\in \mathbf{F}$,有 $f^{-1}(\alpha y_1)=\alpha f^{-1}(y_1)$,所以 f^{-1} 是线性算子.

定义 2.10　当线性算子 $f:X\to Y$ 中的 $Y=$ 数域 $\mathbf{F}$ 时,f 称为线性泛函,即 $f:X\to \mathbf{F}$.

当 $\mathbf{F}=\mathbf{R}$ 时称**实线性泛函**,$\mathbf{F}=\mathbf{C}$ 时称**复线性泛函**.

例 2.16 $\mathbf{R}^n$ 中,变元 $x=(\xi_1,\xi_2,\cdots,\xi_n)$,而 $a=(a_1,a_2,\cdots,a_n)$是 n 个确定数.则

$$f(x)=\sum_{i=1}^{n}a_i\xi_i$$

是 $\mathbf{R}^n$ 中的线性泛函.

例 2.17 空间 $C[a,b]$中,积分

$$H(x)=\int_a^b x(t)\mathrm{d}t,\quad x(\cdot)\in C[a,b]$$

是线性泛函.

例 2.18 设 $y_0(\cdot)$是$[a,b]$上某一确定的连续函数,$\forall x(\cdot)\in C[a,b]$,令

$$G(x)=\int_a^b x(t)y_0(t)\mathrm{d}t,$$

则由积分运算的基本性质推出这个泛函是线性的.

例 2.19 $l^p,(1\leqslant p\leqslant\infty)$中,$\forall x=(\xi_1,\xi_2,\cdots,\xi_n,\cdots)\in l^p$,令 $f_k(x)=\xi_k$,则 f_k 是线性泛函.

2.2 赋范线性空间与巴拿赫空间

定义 2.11 设 X 是数域 $\mathbf{F}$ 上的一个线性空间.如果对于 X 中每个元素 x,按照一定的法则对应于一个实数 $\|x\|$,而且对于任意的 $x,y\in X$ 和 $\alpha\in\mathbf{F}$,下述三条范数公理被满足:

(1)(正定性)$\|x\|\geqslant 0$;而且 $\|x\|=0\Leftrightarrow x=0$.

(2)(绝对齐次性)$\|\alpha x\|=|\alpha|\,\|x\|$.

(3)(三角不等式)$\|x+y\|\leqslant\|x\|+\|y\|$.

则称$(X,\|\cdot\|)$为**赋范线性空间**,$\|x\|$称为元素 x 的**范数**.在赋范线性空间 X 中,我们可以用 $d(x,y)=\|x-y\|$,定义元素 x 与 y 之间的距离.显然,$(X,\|\cdot\|)$成为一个距离空间.

赋范空间 X 中可以定义极限和收敛.如果序列$\{x_n\}\subset X$,$x\in X$,当$\lim\limits_{n\to\infty}\|x_n-x\|=0$ 时,称$\{x_n\}$**依范数收敛于 x**,有时也称$\{x_n\}$**强收敛于 x**,记作$\lim\limits_{n\to\infty}x_n=x$,或 $x_n\xrightarrow{\text{强}}x(n\to\infty)$.

有了范数,就可以定义**柯西列**,序列$\{x_n\}\subset X$ 称为**柯西列**,如果 $\lim\limits_{n,m\to\infty}\|x_n-x_m\|=0$,也就是说,$\forall\varepsilon>0$,$\exists n_0\in N$,当 $n,m\geqslant n_0$,$\|x_n-x_m\|<\varepsilon$.

定义 2.12 如果赋范空间中每一柯西列都收敛,则称此赋范空间是**完备**的.完备的赋范空间称为**巴拿赫(Banach)空间**.

有了极限的定义,就可以定义连续性.如果 X,Y 是两赋范空间,映射 $T:X\to Y$,$x_0\in$

X,如果对所有收敛于 x_0 的序列$\{x_n\}$,有 $Tx_n \to Ax_0$,则称映射 T 在 x_0 点**连续**.这等价于:$\forall \varepsilon>0$,$\exists \delta>0$,当$\|x-x_0\|<\delta$时,有$\|T_x-T_{x_0}\|<\varepsilon$.如果 T 在 X 的每一点连续,则称 T 在 X 上连续.

命题 2.1　设 X 是赋范空间,则

1°　加法是连续的,即由$(x,y)\mapsto x+y$ 定义的 $X\times X\to X$ 的映射是连续的,即当$x_n\to x$,$y_n\to y$ 时,$x_n+y_n\to x+y$.

2°　数乘是连续的,即由$(a,x)\mapsto ax$ 定义的 $\mathbf{F}\times X\to X$ 的映射是连续的.

3°　$\forall x,y\in X$,有$|\|x\|-\|y\||\leqslant\|x-y\|$.

4°　范数是连续的,即当 $x_n\to x$ 时,$\|x_n\|\to\|x\|$.

因证明比较简单,故留作练习.

定义 2.13　如果$\|\cdot\|_1$ 和$\|\cdot\|_2$ 是线性空间 X 上的两个**范数**,它们称为**等价**的,如果它们定义相同的收敛性,即$\|x_n-x\|_1\to 0\Leftrightarrow\|x_n-x\|_2\to 0$.

定理 2.2　如果$\|\cdot\|_1$,$\|\cdot\|_2$ 是 X 上两个范数,则这两个范数等价的必要充分条件是存在正常数 C_1,C_2,使得$\forall x\in X$,

$$C_1\|x\|_1\leqslant\|x\|_2\leqslant C_2\|x\|_1. \tag{2.2}$$

证明　充分性.如果上式成立,则当$\|x_n-x\|_1\to 0$ 时,$\|x_n-x\|_2\leqslant C_2\|x_n-x\|_1\to 0$.当$\|x_n-x\|_2\to 0$ 时,$\|x_n-x\|_1\leqslant\dfrac{1}{C_1}\|x_n-x\|_2\to 0$.所以这两个范数定义同样的收敛性,即它们是等价的.

必要性.若$\|\cdot\|_1$,$\|\cdot\|_2$ 等价.如果不存在 $C_2>0$,使得$\forall x\in X$,$\|x\|_2\leqslant C_2\|x\|_1$,则$\forall n\in\mathbf{N}$,$\exists x_n\in X$,使得$\|x_n\|_2>n\|x_n\|_1$,则

$$\|x_n/\|x_n\|_2\|_2>n\|x_n/\|x_n\|_2\|_1,$$

令 $y_n=x_n/\|x_n\|_2$,则$\|y_n\|_2>n\|y_n\|_1$,且$\|y_n\|_2=1$,$\|y_n\|_1<\dfrac{1}{n}$,因而$\|y_n-0\|_1\to 0$,而$\|y_n-0\|_2=1$ 不趋于 0,与$\|\cdot\|_1$,$\|\cdot\|_2$ 等价矛盾.所以存在 $C_2>0$,使得$\forall x\in X$,$\|x\|_2\leqslant C_2\|x\|_1$.同样可证,$\exists C_1'>0$,使得$\forall x\in X$,$\|x\|_1\leqslant C_1'\|x\|_2$,令 $C_1=1/C_1'$,则 $C_1\|x\|_1\leqslant\|x\|_2$.

为了引进一类常用的赋范空间 $L^p(E)(p\geqslant 1)$,我们需要证明下面的赫尔德(Hölder)不等式与闵可夫斯基(Minkowski)不等式.

引理 2.3　设 p,q 是正数,且满足

$$\frac{1}{p}+\frac{1}{q}=1,\quad p>1 \tag{2.3}$$

且对任意数 a,b

$$|ab|\leqslant\frac{|a|^p}{p}+\frac{|b|^q}{q}. \tag{2.4}$$

证明 不妨设 a,b 都是正数，记 $s=\frac{1}{p}$. 考虑 $(0,\infty)$ 上的函数

$$\varphi(t)=t^s-st.$$

由于 $\varphi'(t)=s(t^{s-1}-1)$，所以当 $t=1$ 时 $\varphi(t)$ 取最大值. 因此当 $t>0$ 时，$\varphi(t)\leqslant\varphi(1)$. 由此 $t^s-1\leqslant s(t-1)$. 用 $t=\frac{a^p}{b^q}$ 代入这个不等式则得

$$ab^{-\frac{q}{p}}-1\leqslant\frac{1}{p}(a^pb^{-q}-1).$$

在上式两边乘 b^q，并注意 $q-\frac{q}{p}=1$，即得不等式(2.4).

引理 2.4 (赫尔德不等式)设 E 是勒贝格可测集，$x(t)$，$y(t)$ 是 E 上的可测函数. 则有不等式

$$\int_E|x(t)y(t)|\mathrm{d}t\leqslant\left(\int_E|x(t)|^p\mathrm{d}t\right)^{\frac{1}{p}}\left(\int_E|y(t)|^q\mathrm{d}t\right)^{\frac{1}{q}},\tag{2.5}$$

其中，p,q 满足式(2.3).

证明 记 $A^p=\int_E|x(t)|^p\mathrm{d}t$，$B^q=\int_E|y(t)|^q\mathrm{d}t$，则不妨设 $0<A^p<\infty$ 且 $0<B^q<\infty$，因为如果 A^p，B^q 中有一个为 0 或无穷，不等式(2.5)显然成立.

对于每一 $t\in E$，由不等式(2.4)得

$$\frac{|x(t)y(t)|}{AB}\leqslant\frac{1}{p}\left|\frac{x(t)}{A}\right|^p+\frac{1}{q}\left|\frac{y(t)}{B}\right|^q.$$

对上式两边积分，则得

$$\begin{aligned}\frac{1}{AB}\int_E|x(t)y(t)|\mathrm{d}t&\leqslant\frac{A^{-p}}{p}\int_E|x(t)|^p\mathrm{d}t+\frac{B^{-q}}{q}\int_E|y(t)|^q\mathrm{d}t\\&=\frac{1}{p}+\frac{1}{q}=1.\end{aligned}$$

所以

$$\int_E|x(t)y(t)|\mathrm{d}t\leqslant AB=\left(\int_E|x(t)|^p\mathrm{d}t\right)^{\frac{1}{p}}\left(\int_E|y(t)|^q\mathrm{d}t\right)^{\frac{1}{q}}.$$

引理 2.5 (闵可夫斯基不等式)设 E 是勒贝格可测集，$x(t)$，$y(t)$ 是 E 上可测函数，$p\geqslant1$，则有不等式

$$\left(\int_E|x(t)+y(t)|^p\mathrm{d}t\right)^{\frac{1}{p}}\leqslant\left(\int_E|x(t)|^p\mathrm{d}t\right)^{\frac{1}{p}}+\left(\int_E|y(t)|^p\mathrm{d}t\right)^{\frac{1}{p}}.\tag{2.6}$$

证明 只需证明 $p>1$ 的情形. 如果式(2.6)右边有一个积分为无穷，则不等式(2.6)显然成立. 其次，由于对任意数 a,b

$$(|a|+|b|)^p\leqslant(2\max(|a|,|b|))^p\leqslant2^p(|a|^p+|b|^p),$$

则有

$$\int_E |x(t)+y(t)|^p \mathrm{d}t \leqslant 2^p\left(\int_E |x(t)|^p \mathrm{d}t + \int_E |y(t)^p \mathrm{d}t|\right).$$

由此，如果(2.6)式左边为无穷则右边的积分至少有一个为无穷.因此，可以认为所有积分是有穷的.应用赫尔德不等式，并注意$\frac{1}{p}+\frac{1}{q}=1$，则有

$$\begin{aligned}
&\int_E |x(t)+y(t)|^p \mathrm{d}t \\
&\leqslant \int_E |x(t)||x(t)+y(t)|^{p-1}\mathrm{d}t + \int_E |y(t)||x(t)+y(t)|^{p-1}\mathrm{d}t \\
&\leqslant \left(\int_E |x(t)|^p \mathrm{d}t\right)^{\frac{1}{p}}\left(\int_E |x(t)+y(t)|^{q(p-1)}\mathrm{d}t\right)^{\frac{1}{q}} \\
&\quad + \left(\int_E |y(t)|^p \mathrm{d}t\right)^{\frac{1}{p}}\left(\int_E |x(t)+y(t)|^{q(p-1)}\mathrm{d}t\right)^{\frac{1}{q}}.
\end{aligned}$$

所以

$$\left(\int_E |x(t)+y(t)|^p \mathrm{d}t\right)^{\frac{1}{p}} \leqslant \left(\int_E |x(t)|^p \mathrm{d}t\right)^{\frac{1}{p}} + \left(\int_E |y(t)|^p \mathrm{d}t\right)^{\frac{1}{p}}.$$

类似地，对离散空间 l^p 也有相应的赫尔德不等式和闵可夫斯基不等式.即对 l^p 中的任一实(或复)数列$\{x_n\}$与$\{y_n\}$有

赫尔德不等式：

$$\sum_{k=1}^{\infty}|x_n y_n| \leqslant \left(\sum_{n=1}^{\infty}|x_n|^p\right)^{\frac{1}{p}}\left(\sum_{n=1}^{\infty}|y_n|^p\right)^{\frac{1}{p}}.$$

闵可夫斯基不等式：

$$\left(\sum_{n=1}^{\infty}|x_n+y_n|^p\right)^{\frac{1}{p}} \leqslant \left(\sum_{n=1}^{\infty}|x_n|^p\right)^{\frac{1}{p}} + \left(\sum_{n=1}^{\infty}|y_n|^p\right)^{\frac{1}{p}}.$$

(证明略去.)

例 2.20　设 $C[a,b]$是$[a,b]$上实值或复值连续函数的全体.对 $f\in C[a,b]$，定义

$$\|f\|=\sup\{|f(x)|: x\in[a,b]\}.$$

并且在 $C[a,b]$中，规定元素 $f(x)$与 $g(x)$的相加以及标量 α 与 $f(x)$的数乘为

$$(f+g)(x)=f(x)+g(x), \quad (\alpha f)(x)=\alpha f(x).$$

容易知道，$C([a,b])$是一个线性空间.易证$\|f\|$是范数，现证 $C[a,b]$是巴拿赫空间.

证明　只需证明其完备性.设$\{f_n\}$是 $C[a,b]$中的柯西列.则$\forall \varepsilon>0$，$\exists N=N_\varepsilon$，当 n，$m\geqslant N_\varepsilon$，$\varepsilon>\|f_n-f_m\|=\sup\{|f_n(x)-f_m(x)|: x\in[a,b]\}$.因此，$\forall x\in[a,b]$，

$$|f_n(x)-f_m(x)|\leqslant\|f_n-f_m\|<\varepsilon. \tag{2.7}$$

所以对任何固定的 $x\in[a,b]$，$\{f_n(x)\}$是柯西数列，由实数或复数的完备性，必定收敛，记极限值$\lim\limits_{n\to\infty} f_n(x)=f(x)$.对于 $x\in[a,b]$，在(2.7)式中令 $m\to\infty$，则当 $n\geqslant N_\varepsilon$，

$$|f_n(x)-f(x)|\leqslant\varepsilon.$$

N_ε 不依赖于 x，故当 $n\geqslant N_\varepsilon$，$\|f_n-f\|\leqslant\varepsilon$.

已证明了当 $n\to\infty$，$\|f_n-f\|\to 0$. 由此推出 $f_n(x)\to f(x)$ 在 $[a,b]$ 上一致收敛. 所以 f 是连续函数，$f\in C[a,b]$，$C[a,b]$ 是完备的，是巴拿赫空间.

易见巴拿赫空间的闭线性子空间也是巴拿赫空间.

例 2.21 对 $p\geqslant 1$，$L^p(E)\triangleq\{f: f$ 是 E 上可测函数，且 $\int_E|f(t)|^p\mathrm{d}t<\infty\}$，按范数

$$\|f\|=\left[\int_E|f(t)|^p\mathrm{d}t\right]^{1/p}$$

是巴拿赫空间.

证明 因为 $L^p(E)$ 表示所有 E 上 p 次幂可积函数的全体，其中两个几乎处处相等的函数看作是同一元，在 $L^p(E)$ 中按通常方式定义线性运算，$L^p(E)$ 是线性空间. 由闵可夫斯基不等式

$$\begin{aligned}\|f+g\|&=\left[\int_E|f(t)+g(t)|^p\mathrm{d}t\right]^{1/p}\\&\leqslant\left[\int_E|f(t)|^p\mathrm{d}t\right]^{1/p}+\left[\int_E|g(t)|^p\mathrm{d}t\right]^{1/p}\\&=\|f\|+\|g\|.\end{aligned}$$

这样定义的 $\|\cdot\|$ 确是范数，因而 $L^p(E)$ 成为赋范空间. 下面用勒贝格积分的知识证明它是完备的，因而是巴拿赫空间.

事实上，设 $\{f_n\}$ 是 $L^p(E)$ 中任意柯西序列，从 $\{f_n\}$ 中可选出子列 $\{f_{n_k}\}$，使得

$$\|f_{n_{k+1}}-f_{n_k}\|<\frac{1}{2^k},\quad k=1,2,\cdots \tag{2.8}$$

由赫尔德不等式，对于每个具有有穷测度的可测集 $E_1\subset E$，

$$\int_{E1}|f_{n_{k+1}}(t)-f_{n_k}(t)|\mathrm{d}t\leqslant(m(E_1))^{\frac{1}{q}}\|f_{n_{k+1}}-f_{n_k}\|. \tag{2.9}$$

其中，$m(E_1)$ 为 E_1 的勒贝格测度，应用法都(Fatou)引理，并注意式(2.8)、式(2.9)，则有

$$\begin{aligned}\int_{E1}\varliminf_{n\to\infty}\sum_{k=1}^{n}|f_{n_{k+1}}(t)-f_{n_k}(t)|\mathrm{d}t&\leqslant\varliminf_{n\to\infty}\int_{E1}\sum_{k=1}^{n}|f_{n_{k+1}}(t)-f_{n_k}(t)|\mathrm{d}t\\&=\sum_{k=1}^{\infty}\int_{E1}|f_{n_{k+1}}(t)-f_{n_k}(t)|\mathrm{d}t<\infty.\end{aligned}$$

因此级数

$$|f_{n_1}(t)|+|f_{n_2}(t)-f_{n_1}(t)|+\cdots+|f_{n_{k+1}}(t)-f_{n_k}(t)|+\cdots$$

在 E_1 上几乎处处收敛. 但是 $E_1\subset E$ 是任意有穷测度可测子集. 所以实际上，它在 E 上几乎处处收敛，从而级数

$$f_{n_1}(t)+(f_{n_2}(t)-f_{n_1}(t))+\cdots+(f_{n_{k+1}}(t)-f_{n_k}(t))+\cdots$$

在 E 上几乎处处收敛，即 $\{f_{n_k}(t)\}$ 在 E 上几乎处处收敛，设

$$f_{n_k}(t)\to f(t)\quad(k\to\infty),\ a.e.$$

我们证明 $f\in L^p(E)$ 并且 $\|f_n-f\|\to 0\quad(n\to\infty)$.

由于$\{f_n\}$是柯西序列，对任意$\varepsilon>0$，存在N，当$m,n>N$时

$$\|f_n-f_m\|<\varepsilon.$$

再次应用法都引理，则有

$$\int_E \lim_{m\to\infty}|f_n(t)-f_m(t)|^p\mathrm{d}t\leqslant \varliminf_{m\to\infty}\int_E|f_n(t)-f_m(t)|^p\mathrm{d}t\leqslant\varepsilon^p.$$

所以当$n>N$时，

$$\|f_n-f\|\leqslant\varepsilon,$$
$$f=(f-f_n)+f_n\in L^p(E),$$

并且

$$\|f_n-f\|\to 0\quad(n\to\infty).$$

例 2.22　对$p\geqslant 1$，$l^p\triangleq\{x=(\xi_1,\xi_2,\cdots):\xi_i\in\mathbf{F},\sum_{i=1}^{\infty}|\xi_i|^p<\infty\}$，按范数$\|x\|=\left(\sum_{i=1}^{\infty}|\xi_i|^p\right)^{1/p}$是巴拿赫空间.

证明　按坐标定义线性运算，l^p是线性空间，由离散情形的闵可夫斯基不等式，对$x=(\xi_1,\xi_2,\cdots),y=(\eta_1,\eta_2,\cdots)\in l^p$，

$$\begin{aligned}\|x+y\|&=\left(\sum_{i=1}^{\infty}|\xi_i+\eta_i|^p\right)^{1/p}\\&\leqslant\left(\sum_{i=1}^{\infty}|\xi_i|^p\right)^{1/p}+\left(\sum_{i=1}^{\infty}|\eta_i|^p\right)^{1/p}\\&=\|x\|+\|y\|.\end{aligned}$$

易验证$\|\alpha x\|=|\alpha|\,\|x\|$，$\|x\|\geqslant 0$，$\|x\|=0\Leftrightarrow x=0$，所以这样定义的$\|\cdot\|$是范数，因而$l^p$是赋范空间. 以下证明$l^p$是完备的，设$\{x_n\}$是$l^p$中的柯西列，$x_n=(\xi_1^{(n)},\xi_1^{(n)},\cdots)$. $\forall\varepsilon>0$，$\exists N=N_\varepsilon$，当$m,n\geqslant N$，$\|x_n-x_m\|<\varepsilon$，即

$$\left[\sum_{i=1}^{\infty}|\xi_i^{(m)}-\xi_i^{(n)}|^p\right]^{1/p}<\varepsilon.\tag{2.10}$$

对每个$i=1,2,\cdots$，当$m,n\geqslant N$时，有

$$|\xi_i^{(m)}-\xi_i^{(n)}|<\varepsilon.$$

对固定的i，$\{\xi_i^{(1)},\xi_i^{(2)},\cdots\}$是柯西数列. 由于$\mathbf{R}$和$\mathbf{C}$是完备的，此序列收敛，即当$m\to\infty$时，$\xi_i^{(m)}\to\xi_i\in\mathbf{F}$. 用这些极限值定义$x=(\xi_1,\xi_2,\cdots)$. 由式(2.10)，当$m,n\geqslant N$时，$\forall k\in N$，

$$\sum_{i=1}^{k}|\xi_i^{(m)}-\xi_i^{(n)}|^p<\varepsilon^p,$$

令$m\to\infty$，当$n\geqslant N$时，$\forall k\in N$，

$$\sum_{i=1}^{k}|\xi_i-\xi_i^{(n)}|^p\leqslant\varepsilon^p.$$

令$k\to\infty$，当$n\geqslant N$时，有

$$\sum_{i=1}^{\infty}|\xi_i-\xi_i^{(n)}|^p\leqslant\varepsilon^p. \tag{2.11}$$

这证明了 $x-x_n\in l^p$，因 $x_n\in l^p$，由闵可夫斯基不等式，有

$$x=x_n+(x-x_n)\in l^p.$$

又由式(2.11)，当 $n\geqslant N$ 时，$\|x_n-x\|\leqslant\varepsilon$. 即当 $n\to\infty$ 时，$x_n\to x$. 所以 l^p 中所有柯西列都收敛，它是完备的，是巴拿赫空间.

例 2.23 有界数列空间 $l^\infty=\{x=(\xi_1,\xi_2,\cdots):\xi_i\in\mathbf{F},\sup\{|\xi_i|:i\in\mathbf{N}\}<\infty\}$，按范数 $\|x\|=\sup\{|\xi_i|:i\in\mathbf{N}\}$ 是巴拿赫空间.

证明 如 $x=(\xi_i),y=(\eta_i)\in l^\infty$，则

$$\begin{aligned}\|x+y\|&=\sup\{|\xi_i+\eta_i|:i\in\mathbf{N}\}\\&\leqslant\sup\{|\xi_i|:i\in\mathbf{N}\}+\sup\{|\eta_i|:i\in\mathbf{N}\}\\&=\|x\|+\|y\|.\end{aligned}$$

因而易证这样定义的 $\|\cdot\|$ 是 l^∞ 上的范数. 现证完备性. 设 l^∞ 中任一柯西列，$\{x_n=(\xi_1^{(n)},\xi_2^{(n)},\cdots)\}$，$\forall\varepsilon>0$，$\exists N$，当 $m,n\geqslant N$，$\|x_n-x_m\|<\varepsilon$，即

$$\sup\{|\xi_i^{(n)}-\xi_i^{(m)}|:i\in\mathbf{N}\}<\varepsilon. \tag{2.12}$$

因此对每一个固定的 i，当 $m,n\geqslant N$，

$$|\xi_i^{(n)}-\xi_i^{(m)}|<\varepsilon. \tag{2.13}$$

所以 $\{\xi_i^{(1)},\xi_i^{(2)},\cdots\}$ 是柯西数列，当 $m\to\infty$ 时，$\xi_i^{(m)}\to\xi_i\in\mathbf{F}$. 令 $x=(\xi_1,\xi_2,\cdots)$. 在式(2.13)中令 $m\to\infty$，则当 $n\geqslant N$，$\forall i\in\mathbf{N}$，

$$|\xi_i^{(n)}-\xi_i|\leqslant\varepsilon. \tag{2.14}$$

$$|\xi_i|\leqslant|\xi_i-\xi_i^{(n)}|+|\xi_i^{(n)}|\leqslant\varepsilon+\|x_n\|,\quad\forall i,$$

所以 $x\in l^\infty$. 又由式(2.14)对所有的 i 成立，当 $n\geqslant N$，$\sup\{|\xi_i^{(n)}-\xi_i|:i\in\mathbf{N}\}\leqslant\varepsilon$，即 $\|x_n-x\|\leqslant\varepsilon$. 因而当 $n\to\infty$ 时，$x_n\to x$. 所以 l^∞ 中所有柯西列收敛，l^∞ 是完备的，是巴拿赫空间.

定义 2.14 如果 X 和 Y 是赋范空间，如果有一个从 X 到 Y 上的线性的，保范的(等距的)满射 $T:X\to Y$，即 T 是线性的满射，且 $\forall x\in X$，$\|Tx\|=\|x\|$，则称 X 和 Y 是**保范同构(等距同构)**的.

保范同构的赋范空间，作为线性空间而具有的代数性质和由范数而产生的性质都是相同的，可以看成是同一个赋范空间.

注 对于赋范线性空间，都可以由范数引入距离：$d(x,y)=\|x-y\|$，使其成为距离空间，并且这个距离一定满足条件

$$d(x,y)=d(x-y,\theta),d(\alpha x,\theta)=|\alpha|d(x,\theta). \tag{2.15}$$

自然问，一般的距离空间都能成为赋范线性空间吗？因为在一般的距离空间中元素之间并不一定有线性运算，因此，一般的距离空间不一定是赋范线性空间. 具有线性运算的距离空间称为线性距离空间. 式(2.15)是线性距离空间成为赋范线性空间的充分必要条件，

但应当注意,线性距离空间中的距离不一定都满足式(2.15).

例 2.24　所有数列构成的线性距离空间 s 不能成为赋范线性空间.

证明　因为 s 中的距离为

$$d(x,y)=\sum_{k=1}^{\infty}\frac{1}{2^k}\frac{|x_k-y_k|}{1+|x_k-y_k|}.$$

取 $x=(1,1,\cdots),\theta=(0,0,\cdots)$,则

$$2x=(2,2,\cdots),\quad d(x,\theta)=\sum_{k=1}^{\infty}\frac{1}{2^k}\frac{1}{1+1}=\frac{1}{2}.$$

$$d(2x,\theta)=\sum_{k=1}^{\infty}\frac{1}{2^k}\frac{2}{1+2}=\frac{2}{3},$$

由此可以得到

$$d(2x,\theta)\neq 2d(x,\theta).$$

故空间 s 按上述距离构成的线性距离空间不能成为赋范线性空间.

2.3　赋范空间中的列紧性与紧性

类似于第 1 章,我们可以在赋范空间中,对集合定义列紧性与紧性如下.

定义 2.15　赋范空间 X 中集合 A 称为列紧集,如果 A 中每一序列有某个收敛子序列.如果 A 中每一个序列有某个收敛于 A 中点的子序列,则称 A 是**自列紧集**.

赋范空间 X 中集合 A 称为**有界集**.如果 $\exists$ 常数 $C>0$,使得 $\forall x\in A,\|x\|\leqslant C$,也即实数集$\{\|x\|:x\in A\}$是有界数集.$A$ 是有界$\Leftrightarrow A$ 被某一球 $B(x_0,R)$所包含$\Leftrightarrow A$ 的直径 $\operatorname{diam} A\triangleq\sup\{\|x-x'\|:x,x'\in A\}<\infty$.

关于列紧集,有以下的简单性质,它可写成如下的定理.

定理 2.6　设 A 是赋范空间 X 中的集合,则

(1) A 自列紧$\Leftrightarrow A$ 是闭的列紧集;

(2) A 是列紧集$\Rightarrow\overline{A}$ 是自列紧集;

(3) 列紧集的子集是列紧集;

(4) 列紧集都有界.

证明　(1) 由定义知道,自列紧集 A 必是列紧集.如果$\{x_n\}\subset A,x_n\to x$,而$\{x_n\}$有子序列$\{x_{n_k}\}$收敛于 A 中的点 a,即 $x_{n_k}\to a\in A$.另一方面,收敛序列的子序列仍收敛于同一极限,即 $x_{n_k}\to x$,由极限的唯一性,$x=a\in A$.由此 A 是闭集.

反之,如果 A 是闭的列紧集,A 中任一序列$\{x_n\}$有收敛子序列$\{x_{n_k}\}$,$x_{n_k}\to b$,由于 A 是闭集,$b\in A$,所以 A 自列紧.

(2) 设 A 是列紧集,$\overline{A}$ 中任一序列$\{x_n\}$,因 $x_n\in\overline{A}$,$\exists a_n\in A$ 使得$\|x_n-a_n\|<1/n$,

$\{a_n\}\subset A$，有收敛子序列 $a_{n_k}\to b\in\overline{A}$，

$$\begin{aligned}\|x_{n_k}-b\|&\leqslant\|x_{n_k}-a_{n_k}\|+\|a_{n_k}-b\|\\&\leqslant\frac{1}{n_k}+\|a_{n_k}-b\|\to 0(\text{当 } k\to\infty).\end{aligned}$$

所以 $x_{n_k}\to b$，因此 $\overline{A}$ 中任一序列 $\{x_n\}$ 有收敛子序列且收敛于 $\overline{A}$ 中的点，所以 $\overline{A}$ 是自列紧集.

(3) 由定义直接推出.

(4) 只需证明无界集不列紧. 设 A 无界，任取 $x_1\in A$，必 $\exists x_2\in A$，使得 $\|x_2\|>\|x_1\|+1$，$\exists x_3\in A$，使得 $\|x_3\|>\max(\|x_1\|,\|x_2\|)+1,\cdots$，用数学归纳法，$\exists x_n\in A$，使得 $\|x_n\|>\max(\|x_1\|,\cdots,\|x_{n-1}\|)+1$. 这样得到 A 中序列 $\{x_n\}$，当 $i>j$ 时，$\|x_i-x_j\|\geqslant\|x_i\|-\|x_j\|>1$. $\{x_n\}$ 的任意子序列不是柯西列，一定不收敛，因而 A 不列紧.

例 2.25 **R** 或 **C** 中的有界集 A 都是列紧集. 由于 A 中序列是有界序列，因而有收敛子序列，所以有界集是列紧集.

为了进一步刻画列紧集，我们引进全有界集的概念.

定义 2.16 设 A 是赋范空间 X 的子集，$\varepsilon>0$，若有有限点集 $F=\{x_1,\cdots,x_n\}\subset X$，使得 $\bigcup_{i=1}^{n}B(x_i,\varepsilon)\supset A$，则称 F 是 A 的一个有限 ε 网.

如果 $\forall\varepsilon>0$，A 都有有限 ε 网，则称 A 是**全有界集**.

显然全有界集是有界集. 全有界集还有以下的性质：1°如果 A 是 X 中的全有界集，则 $\forall\varepsilon>0$，必存在 A 的有限 ε 网 $F\subset A$；2°全有界集必是可分的.（令 $d(x,y)=\|x-y\|$，$x,y\in X$，则 X 就成距离空间).

证明 1° $\forall\varepsilon>0$，A 有有限的 $\varepsilon/2$ 网 $F_1=\{x_1,\cdots,x_n\}\subset X$，使得 $\bigcup_{i=1}^{n}B\left(x_i,\frac{\varepsilon}{2}\right)\supset A$. 不妨假设，$\forall i$，$B\left(x_i,\frac{\varepsilon}{2}\right)\cap A\neq\varnothing$，因为如果对某些 i，$B\left(x_i,\frac{\varepsilon}{2}\right)\cap A=\varnothing$，可以从 F_1 中把这种 x_i 删除. 取 $y_i\in B(x_i,\varepsilon/2)\cap A$，则 $\|x_i-y_i\|<\varepsilon/2$，且 $F=\{y_1,\cdots,y_n\}\subset A$，$\forall x\in A$，$\exists x_i\in F_1$，使得 $\|x-x_i\|<\varepsilon/2$，因而

$$\|x-y_i\|\leqslant\|x-x_i\|+\|x_i-y_i\|<\varepsilon/2+\varepsilon/2=\varepsilon,$$

所以 $x\in B(y_i,\varepsilon)$，因而 $\bigcup_{i=1}^{n}B(y_i,\varepsilon)\supset A$，所以 F 是 A 的有限 ε 网.

2° 对 $\varepsilon=1/n$，存在 A 的有限 $1/n$ 网 $F_n=\{x_1^{(n)},\cdots,x_{k_n}^{(n)}\}\subset A$，则 $\bigcup_{n=1}^{\infty}F_n$ 是 A 中的可数子集，且在 A 中稠密，所以 A 可分.

定理 2.7 在赋范空间 X 中，列紧集是全有界集，在巴拿赫空间中全有界集是列紧集.

证明 设 A 是列紧集而不全有界，则 $\exists\varepsilon_0>0$，使得 A 没有有限 ε_0 网. 任取 $x_1\in A$，$\exists x_2\in A\setminus B(x_1,\varepsilon_0)$，$\exists x_3\in A\setminus[B(x_1,\varepsilon_0)\cup B(x_2,\varepsilon_0)],\cdots$，$\exists x_n\in A\setminus\bigcup_{i=1}^{n-1}B(x_i,\varepsilon_0),\cdots$. 这

样得到 A 中无穷点列 $\{x_n\}$，当 $m\neq n$ 时，有 $\|x_m-x_n\|\geqslant\varepsilon_0$，$\{x_n\}$ 的子序列都不是柯西列，因而 $\{x_n\}$ 没有收敛子序列，与 A 是列紧集相矛盾. 所以列紧集必是全有界集.

反之，设 A 是巴拿赫空间 X 中的全有界集，$\{x_n\}$ 是 A 中任一序列. 如果把 $\{x_n\}$ 看成集合是有限集，则必有无穷多个指标 $n_1<n_2<\cdots$ 使得 $x_{n_1}=x_{n_2}=\cdots$，此时 $\{x_{n_k}\}$ 是收敛子序列. 现在设 $\{x_n\}$ 是无穷集. 对 $\varepsilon=1/n$，$F_n=\{y_1^{(n)},\cdots,y_{k_n}^{(n)}\}$ 是 A 的有限 $1/n$ 网. 对 $\varepsilon=1$，$\bigcup\limits_{i=1}^{k_1}B(y_i^{(1)},1)\supset A\supset\{x_n\}$，由于有限多个球 $B(y_i^{(1)},1)$，$1\leqslant i\leqslant k_1$ 包含无穷点列，其中至少有一个球 $B(y_{i_1}^{(1)},1)$ 包含 $\{x_n\}$ 的一个无穷子列 $\{x_n^{(1)}\}$. 对 $\varepsilon=1/2$，$\bigcup\limits_{i=1}^{k_2}B\left(y_i^{(2)},\dfrac{1}{2}\right)\supset A\supset\{x_n^{(1)}\}$，其中至少有一个球 $B\left(y_{i_2}^{(2)},\dfrac{1}{2}\right)$ 包含 $\{x_n^{(1)}\}$ 的一个无穷子列 $\{x_n^{(2)}\}$，…，继续这个程序，得到一列开球 $B\left(y_{i_k}^{(k)},\dfrac{1}{k}\right)$，$k=1,2,\cdots$，分别包含无穷子列 $\{x_n^{(k)}:n\in\mathbf{N}\}$，且 $\{x_n^{(k)}\}$ 是 $\{x_n^{(k-1)}\}$ 的子列，列出如下：

$$\begin{aligned}
&\{x_n^{(1)}\}:x_1^{(1)},x_2^{(1)},\cdots,x_n^{(1)},\cdots\\
&\{x_n^{(2)}\}:x_1^{(2)},x_2^{(2)},\cdots,x_n^{(2)},\cdots\\
&\cdots\quad\cdots\quad\cdots\\
&\{x_n^{(k)}\}:x_1^{(k)},x_2^{(k)},\cdots,x_k^{(k)},\cdots,x_n^{(k)},\cdots\\
&\cdots\quad\cdots\quad\cdots
\end{aligned}$$

取对角线序列 $\{x_k^{(k)}:k\in\mathbf{N}\}$，它是 $\{x_n\}$ 的子序列，且当 $m,n\geqslant k$ 时，$x_m^{(m)},x_n^{(n)}\in B\left(y_{i_k}^{(k)},\dfrac{1}{k}\right)$，

$$\begin{aligned}
\|x_m^{(m)}-x_n^{(n)}\|&\leqslant\|x_m^{(m)}-y_{i_k}^{(k)}\|+\|y_{i_k}^{(k)}-x_n^{(n)}\|\\
&<\frac{1}{k}+\frac{1}{k}=\frac{2}{k}\to 0,\text{当 } k\to\infty.
\end{aligned}$$

所以 $\{x_k^{(k)}\}$ 是柯西列，在巴拿赫空间中是收敛的. A 中任一序列 $\{x_n\}$ 有收敛子序列，故 A 是列紧集.

定理 2.8　有限维欧氏空间 $\mathbf{R}^d$ 中集合 A 为列紧集的充分必要条件是 A 为有界集.

证明　如 A 是列紧集，由前面的定理，A 是全有界集，因而是有界集. 现在证明充分性. 对维数 d 作数学归纳法，$d=1$，$\mathbf{R}^1$ 中由波尔察诺-外尔斯托拉斯定理，任一有界实数列必有收敛子序列，因而有界实数集是列紧集. 再假设在 $d-1$ 维欧氏空间 $\mathbf{R}^{d-1}$ 中有界集是列紧集. A 是 $\mathbf{R}^d$ 中有界集，A 中任一序列 $\{x_n\}$，设

$$x_n=(\xi_1^{(n)},\xi_2^{(n)},\cdots,\xi_d^{(n)}),$$

$\exists\, C>0,\forall\, n\in\mathbf{N},\left(\sum\limits_{i=1}^{d}|\xi_i^{(n)}|^2\right)^{1/2}\leqslant C.$ 令

$$y_n=(\xi_1^{(n)},\xi_2^{(n)},\cdots,\xi_{d-1}^{(n)})\in\mathbf{R}^{d-1}.$$

$\forall\, n\in\mathbf{N},\|y_n\|=\left(\sum\limits_{i=1}^{d-1}|\xi_i^{(n)}|^2\right)^{1/2}\leqslant C$，所以 $\{y_n\}$ 是 $\mathbf{R}^{d-1}$ 中的有界序列，由归纳法假设，在

$\mathbf{R}^{d-1}$ 中有收敛子序列 $y_{n_k} \to y=(\xi_1,\xi_2,\cdots,\xi_{d-1})$，即

$$\left(\sum_{i=1}^{d-1} |\xi_i^{(n_k)} - \xi_i|^2\right)^{1/2} \to 0(k \to \infty).$$

现在 $\{\xi_d^{(n_k)}: k=1,2,\cdots\}$ 是 $\mathbf{R}^1$ 中的有界实数列，必有收敛子序列 $\xi_d^{(n_{k_l})} \to \xi_d$，当 $l \to \infty$.

现在 $\{x_{n_{k_l}}: l=1,2,\cdots\}$ 是 $\{x_n\}$ 的子序列，其中 $x_{n_{k_l}}=(\xi_1^{(n_{k_l})},\cdots,\xi_d^{(n_{k_l})})$，令 $x=(\xi_1,\cdots,\xi_{d-1},\xi_d)$ 则

$$\begin{aligned}\|x_{n_{k_l}} - x\| &= \left(\sum_{i=1}^{d} |\xi_i^{(n_{k_l})} - \xi_i|^2\right)^{1/2} \\ &\leqslant \left(\sum_{i=1}^{d-1} |\xi_i^{(n_{k_l})} - \xi_i|^2\right)^{1/2} + |\xi_d^{n_{k_l}} - \xi_d| \to 0. (l \to \infty)\end{aligned}$$

所以 $\{x_n\}$ 有收敛子序列，A 是列紧集.

从以上定理的证明可看出 $\mathbf{R}^d$ 如果不是取欧几里得范数 $\|x\|=\left(\sum_{i=1}^{d}|\xi_i|^2\right)^{1/2}$，而是取范数 $\|x\|_p=\left(\sum_{i=1}^{d}|\xi_i|^p\right)^{1/p}$，$p\geqslant 1$，或 $\|x\|_\infty=\max_{1\leqslant i\leqslant d}|\xi_i|$，定理仍然成立. 这些范数都是等价范数，对等价范数而言，有界集、全有界集、列紧集、开集、闭集、收敛、极限等这些性质是相同的. 更具体地说，如果 $\|\cdot\|_1$，$\|\cdot\|_2$ 是同一线性空间 X 上的两个等价范数，则 A 按 $\|\cdot\|_1$ 是有界集（全有界集、列紧集、开集、闭集）$\Leftrightarrow A$ 按 $\|\cdot\|_2$ 是有界集（全有界集等）. 下一节中证明有限维赋范空间 $\mathbf{R}^d$ 上任意范数都是等价的，因此对任意范数，以上定理成立. 而且对复空间 $\mathbf{C}^d$ 也同样成立.

推论 2.9 $\mathbf{R}^d$ 中集合为自列紧集的充分必要条件是 A 为有界闭集.

以下介绍与列紧集密切相关的紧集概念.

定义 2.17 (1) 设 X 为赋范空间，$A\subset X$，$\{G_\lambda:\lambda\in I\}$ 是 X 中一族开集，如果 $\bigcup_{\lambda\in I} G_\lambda \supset A$，则称 $\{G_\lambda\}$ 是 A 的一个**开覆盖**.

(2) 设 A 是赋范空间 X 的子集，如果 A 的每个开覆盖 $\{G_\lambda\}$ 都存在有限子覆盖，即有 $\{G_\lambda\}$ 的有限子集 $\{G_{\lambda_1},\cdots,G_{\lambda_n}\}\subset\{G_\lambda\}$，使得 $\bigcup_{i=1}^{n} G_{\lambda_i}\supset A$，则称 A 是 X 中的**紧集**.

定理 2.10 在赋范空间中，A 是紧集，当且仅当 A 是自列紧集.

证明 设 A 是紧集而不是自列紧集，则 A 中有序列 $\{x_n\}\subset A$，使得 $\{x_n\}$ 没有收敛于 A 的点的子序列. 此时不可能有无穷多个指标 $n_1<n_2<\cdots<n_k<\cdots$，使得 $x_{n_1}=x_{n_2}=\cdots=x_{n_k}=\cdots$，因为如果这种情况出现，则 $\{x_{n_k}\}$ 收敛于 $x_{n_1}\in A$. 所以最多只有有限多个指标 n_1，$n_2,\cdots,n_k$，使得 $x_{n_1}=x_{n_2}=\cdots=x_{n_k}$. 这样与 x_1 相等的只有有限多个，必有与 x_1 不等的且指标为最小的 x_{m_2}，令 $m_1=1$. 与 x_{m_2} 相等的只有有限多项，因此有指标为最小的 $x_{m_3}\neq x_{m_2}$，$x_{m_3}\neq x_{m_1}$，这样删除重复出现的相等元素后，得到其中元素两两不相等的子序列 $x_{m_1},x_{m_2},x_{m_3},\cdots,m_1<m_2<m_3<\cdots$，可用此序列代替原来的 $\{x_n\}$. 这样我们不妨假设 $C=$

$\{x_n\}$中当 $n\neq m$ 时 $x_n\neq x_m$. $\forall x\in A$,x 不是 C 的聚点,否则 C 中有序列收敛于 A 中的点 x. 由于 x 不是 C 的聚点,$\exists r_x>0$,使得$(B(x,r_x)\backslash\{x\})\cap C=\varnothing$,$B(x,r_x)\cap C$ 至多只含有 x,即至多只含有一个点. 显然 $\bigcup\limits_{x\in A}B(x,r_x)\supset A$,$\{B(x,r_x):x\in A\}$是紧集 A 的开覆盖,必有有限子覆盖:$\{B(x_1,r_{x_1}),\cdots,B(x_n,r_{x_n})\}$,即$\bigcup\limits_{i=1}^{n}B(x_i,r_{x_i})\supset A$. $\bigcup\limits_{i=1}^{n}[B(x_i,r_{x_i})\cap C]\supset A\cap C=C$. $\bigcup\limits_{i=1}^{n}[B(x_i,r_{x_i})\cap C]$至多只含 n 个点,而 C 是无穷集,得出矛盾. 因此紧集 A 一定自列紧.

反之,设 A 自列紧,而 A 不是紧集,则有 A 的某一开覆盖$\{G_\lambda:\lambda\in I\}$,没有有限子覆盖,即不能用有限多个 G_λ 的并来包含 A.

因 A 自列紧,必全有界,$\forall n\in\mathbf{N}$,有有限 $1/n$ 网 $F_n=\{x_1^{(n)},x_2^{(n)},\cdots,x_{k_n}^{(n)}\}\subset A$,$\bigcup\limits_{i=1}^{k_n}B\left(x_i^{(n)},\dfrac{1}{n}\right)\supset A$. $\bigcup\limits_{i=1}^{k_n}\left[B\left(x_i^{(n)},\dfrac{1}{n}\right)\cap A\right]=A$. 如果$\forall i\in\{1,2,\cdots,k_n\}$,$B\left(x_i^{(n)},\dfrac{1}{n}\right)\cap A$ 被有限多个 G_λ 的并所包含,$\bigcup\limits_{j=1}^{m_i}G_{ij}\supset B\left(x_i^{(n)},\dfrac{1}{n}\right)\cap A$,$G_{ij}\in\{G_\lambda\}$,则 $\bigcup\limits_{i=1}^{k_n}\bigcup\limits_{j=1}^{m_i}G_{ij}\supset\bigcup\limits_{i=1}^{k_n}\left[B\left(x_i^{(n)},\dfrac{1}{n}\right)\cap A\right]=A$. 这样 A 就有有限子覆盖,与前面的假设矛盾. 所以至少有一个 $i_n\in\{1,2,\cdots,k_n\}$,$B\left(x_{i_n}^{(n)},\dfrac{1}{n}\right)\cap A$ 不能被有限多个 G_λ 的并所包含.(*).

点列$\{x_{i_n}^{(n)}:n\in\mathbf{N}\}\subset A$,因为 A 是自列紧的,有收敛子序列$\{x_{i_{n_k}}^{(n_k)}\}$,且$\lim\limits_{k\to\infty}x_{i_{n_k}}^{(n_k)}=x_0\in A$. $\exists\lambda_0\in I$,使得 $x_0\in G_{\lambda_0}$. 因为 G_{λ_0} 是开集,$\exists\delta>0$,使得 $B(x_0,\delta)\subset G_{\lambda_0}$. 又$\exists n_0\in\mathbf{N}$,当$k>n_0$ 时,$n_k>2/\delta$,且

$$\|x_{i_{n_k}}^{(n_k)}-x_0\|<\delta/2,\quad \frac{1}{n_k}<\delta/2.$$

$\forall x\in B\left(x_{i_{n_k}}^{(n_k)},\dfrac{1}{n_k}\right)$,$\|x-x_0\|\leqslant\|x-x_{i_{n_k}}^{(n_k)}\|+\|x_{i_{n_k}}^{(n_k)}-x_0\|<\dfrac{1}{n_k}+\dfrac{\delta}{2}<\dfrac{\delta}{2}+\dfrac{\delta}{2}=\delta$,所以 $B\left(x_{i_{n_k}}^{(n_k)},\dfrac{1}{n_k}\right)\subset B(x_n,\delta)\subset G_{\lambda_0}$. 与(*)相矛盾,所以 A 必为紧集.

推论 2.11　$\mathbf{R}^n$ 中集合 A 为紧集的充分必要条件是 A 为有界闭集.

定理 2.12　设 A 是赋范空间 X 中的紧集,Y 是赋范空间,$f:A\to Y$ 连续,则 $f(A)$是 Y 中的紧集.

证明　只须证明 $f(A)$是自列紧集,对 $f(A)$中任何序列$\{y_n\}$,$\exists\{x_n\}\subset A$,使得 $f(x_n)=y_n$,$n=1,2,\cdots$,由于 A 是紧集,$\{x_n\}$有子序列$\{x_{n_k}\}$收敛于 $x_0\in A$,即 $x_{n_k}\to x_0$,由 f 的连续性,$f(x_{n_k})\to f(x_0)$,即 $y_{n_k}\to f(x_0)\in f(A)$. 故 y_n 有子序列 y_{n_k} 收敛于 $f(A)$中的点,故 $f(A)$是自列紧集,因而是紧集.

定理 2.13　设 f 是定义在赋范空间 X 的紧集 A 上的连续实泛函,即 $f:A\to\mathbf{R}$ 连续,则 f 在 A 上取到最大值和最小值.

证明 由上面的定理 $f(A)$是 $\mathbf{R}$ 中紧集，即是 $\mathbf{R}$ 中有界闭集，$\sup f(A)$，$\inf f(A)$存在，且 $\exists a_n\in A$，使得 $f(a_n)\to\sup f(A)$. 因此 $\sup f(A)\in\overline{f(A)}=f(A)$，$\exists a\in A$ 使得 $f(a)=\sup f(A)$，即 f 在 A 上可取到最大值，同样可证在 A 上可取到最小值.

定理 2.14 (阿尔采拉-阿斯科里)(Arzela-Ascoli) $C[a,b]$中集合 A 为列紧集的充分必要条件是以下两条件都成立：

1° 点点有界，即 $\forall x\in[a,b]$，$\sup\{|f(x)|:f\in A\}=M_x<\infty$；

2° 等度连续，即 $\forall\varepsilon>0$，$\forall x\in[a,b]$，$\exists\delta=\delta(x,\varepsilon)>0$，使得 $\forall y\in(x-\delta,x+\delta)\cap[a,b]$，$\forall f\in A$，$|f(y)-f(x)|<\varepsilon$.

证明 必要性. 如果 A 是列紧集，则 A 是有界集，即 $\sup\{\|f\|:f\in A\}=\sup\{|f(x)|:x\in[a,b],f\in A\}<\infty$，因而 1°成立. 又列紧集是全有界的，$\forall\varepsilon>0$，存在 A 的有限 $\varepsilon/3$ 网 $F=\{f_1,f_2,\cdots,f_n\}\subset A$，即 $\forall f\in A$，$\exists f_i\in F$，使得$\|f-f_i\|<\varepsilon/3$，$f_i(i=1,2,\cdots,n)$在$[a,b]$上都一致连续，对上述的 $\varepsilon/3$，$\exists\delta_i>0$，当 $x,x'\in[a,b]$，且 $|x-x'|<\delta_i$ 时，$|f_i(x)-f_i(x')|<\varepsilon/3$. 取 $\delta=\min\{\delta_1,\delta_2,\cdots,\delta_n\}$，则当 $x,x'\in[a,b]$，且$|x-x'|<\delta$时，$\forall i\in\{1,2,\cdots,n\}$，$|f_i(x)-f_i(x')|<\varepsilon/3$. 因此，$\forall f\in A$，$\forall x\in[a,b]$，$\forall y\in(x-\delta,x-\delta)\cap[a,b]$，

$$\begin{aligned}|f(y)-f(x)|&\leqslant|f(y)-f_i(y)|+|f_i(y)-f_i(x)|+|f_i(x)-f(x)|\\&<\|f-f_i\|+\varepsilon/3+\|f-f_i\|\\&<\varepsilon/3+\varepsilon/3+\varepsilon/3=\varepsilon.\end{aligned}$$

从以上证明看出，$C[a,b]$中列紧集 A 不但点点有界，而且一致有界，即 $\sup\{|f(x)|:f\in A,x\in[a,b]\}<\infty$. A 不但等度连续，而且等度一致连续，即以上的 $\delta=\delta(\varepsilon)$，只与 ε 有关，与 x 无关.

充分性. 设 A 满足 1°、2°. $\forall\varepsilon>0$，$\forall x\in[a,b]$，$\exists x$ 的邻域$(x-\delta_x,x+\delta_z)$，$\forall y\in(x-\delta_x,x+\delta_x)\cap[a,b]$，$\forall f\in A$，

$$|f(y)-f(x)|<\varepsilon/3.$$

$\bigcup\limits_{x\in[a,b]}(x-\delta_x,x+\delta_z)\supset[a,b]$. 由于$[a,b]$是紧集，有有限覆盖，设$\bigcup\limits_{i=1}^{n}(x_i-\delta_{x_i},x_i+\delta_{x_i})\supset[a,b]$. 又设

$$\max_{1\leqslant i\leqslant n}\sup\{|f(x_i)|:f\in A\}=\max_{1\leqslant i\leqslant n}M_{x_i}=M'.$$

$\forall x\in[a,b]$，$\exists x_i$ 使得 $x\in(x_i-\delta_{x_i},x_i+\delta_{x_i})\cap[a,b]$. $\forall f\in A$，

$$|f(x)|\leqslant|f(x)-f(x_i)|+|f(x_i)|<\frac{\varepsilon}{3}+M'.$$

即 $\sup\{|f(x)|:x\in[a,b],f\in A\}=M<\infty$，此即 A 是一致有界集(A 是 $C[a,b]$中有界集). 令 $D=[-M,M]$. 对每一个 $f\in A$，对应一个点 $p(f)\in D^n\subset\mathbf{R}^n$，即令

$$p(f)=(f(x_1),\cdots,f(x_n)).$$

集合 $p(A)=\{(f(x_1),\cdots,f(x_n)):f\in A\}$是 $\mathbf{R}^n$ 中有界集，因而是列紧集，也是全有界集，有 $p(A)$中的有限 $\varepsilon/3$ 网，即 $\exists f_1,\cdots,f_n\in A$，使得

$$\bigcup_{j=1}^{m} B(p(f_j),\varepsilon/3) \supset p(A).$$

也就是说，$\forall f \in A$，$\exists f_j \in A, 1 \leqslant j \leqslant m$，使得

$$\| p(f) - p(f_j) \| = \left(\sum_{i=1}^{n} | f(x_i) - f_j(x_i) |^2 \right)^{1/2} < \varepsilon/3.$$

因而，$\forall i \in \{1,\cdots,n\}$，

$$| f(x_i) - f_j(x_i) | < \varepsilon/3.$$

$\forall x \in [a,b]$，$\exists i \in \{x,\cdots,n\}$，使得 $x \in (x_i - \delta_{x_i}, x_i + \delta_{x_i})$，因而

$$| f(x) - f(x_i) | < \varepsilon/3, \quad | f_j(x) - f_j(x_i) | < \varepsilon/3, \quad j=1,\cdots,m,$$

$$\begin{aligned} | f(x) - f_j(x) | &\leqslant | f(x) - f(x_i) | + | f(x_i) - f_j(x_i) | + | f_j(x_i) - f_j(x) | \\ &< \varepsilon/3 + \varepsilon/3 + \varepsilon/3 = \varepsilon. \end{aligned}$$

所以 $\| f - f_j \| = \max\limits_{a \leqslant x \leqslant b} | f(x) - f_j(x) | < \varepsilon$.

于是 $\{f_1, f_2, \cdots, f_m\}$ 是 A 的有限 ε 网，因而 A 是全有界的，由于 $C[a,b]$ 是巴拿赫空间，所以是列紧的.

2.4　有限维赋范空间

一般地说，有限维赋范空间比无限维赋范空间简单. 而且无限维空间中的问题的解往往可用有限维空间中的解来逼近. 因此我们对有限维赋范空间作些讨论.

定理 2.15　如果 X 是数域 $\mathbf{F}$ 上有限维线性空间，则 X 上任意两个范数是等价的.

证明　设 X 是 d 维实线性空间，$\{e_1,\cdots,e_d\}$ 是 X 的一组基. $\forall x \in X$，$x = \sum\limits_{i=1}^{d} \xi_i e_i$，$\xi_i \in \mathbf{R}$. 定义 $\|x\|_2 = \left(\sum\limits_{i=1}^{d} |\xi_i|^2 \right)^{1/2}$. 则易验证 $\|\cdot\|_2$ 是 X 上范数. 设 $\|\cdot\|$ 是 X 上任一范数. 下面证明 $\|\cdot\|$ 与 $\|\cdot\|_2$ 等价.

$$\begin{aligned} \|x\| = \left\| \sum_{i=1}^{d} \xi_i e_i \right\| &\leqslant \sum_{i=1}^{d} |\xi_i| \, \|e_i\| \\ &\leqslant \left(\sum_{i=1}^{d} \|e_i\|^2 \right)^{1/2} \left(\sum_{i=1}^{d} |\xi_i|^2 \right)^{1/2} = C_1 \|x\|_2. \end{aligned}$$

这里 $C_1 = \left(\sum\limits_{i=1}^{d} \|e_i\|^2 \right)^{1/2}$ 是与 x 无关的常数.

另一方面定义 $\mathbf{R}^d$ 上函数，即 d 元函数，

$$f(\xi_1,\cdots,\xi_d) = \left\| \sum_{i=1}^{d} \xi_i e_i \right\| = \|x\|, \quad (\xi_1,\cdots,\xi_d) \in \mathbf{R}^d,$$

这里，$f: \mathbf{R}^d \to \mathbf{R}$. 对 $y = (\eta_1,\cdots,\eta_d) \in \mathbf{R}^d$，

$$|f(\xi_1,\cdots,\xi_d)-f(\eta_1,\cdots,\eta_d)|=\left|\left\|\sum_{i=1}^{d}\xi_ie_i\right\|-\left\|\sum_{i=1}^{d}\eta_ie_i\right\|\right|$$

$$=|\|x\|-\|y\||\leqslant\|x-y\|=\left\|\sum_{i=1}^{d}(\xi_i-\eta_i)e_i\right\|$$

$$\leqslant C_1\left(\sum_{i=1}^{d}|\xi_i-\eta_i|^2\right)^{1/2}.$$

所以 $f(\xi_1,\cdots,\xi_d)$ 是欧氏空间 $\mathbf{R}^d$ 上连续函数. 故在单位球面 $\mathbf{S}=\{(\xi_1,\cdots,\xi_d)\in\mathbf{R}^d:\sum_{i=1}^{d}|\xi_i|^2=1\}$ 上可取到最小值. 设 $f\{\xi_1,\cdots,\xi_d\}$ 在点 $(\xi_1^{(0)},\cdots,\xi_d^{(0)})\in\mathbf{S}$, 取最小值. 则 $\forall x=\sum_{i=1}^{d}\xi_ie_i$, 当 $x\neq0$ 时,

$\left(\dfrac{\xi_1}{\left(\sum_{i=1}^{d}|\xi_i|^2\right)^{1/2}},\cdots,\dfrac{\xi_d}{\left(\sum_{i=1}^{d}|\xi_i|^2\right)}\right)\in\mathbf{S}$, 故

$$f\left(\frac{\xi_1}{\left(\sum_{i=1}^{d}|\xi_i|^2\right)^{1/2}},\cdots,\frac{\xi_d}{\sum_{i=1}^{d}(|\xi_i|^2)^{1/2}}\right)\geqslant f(\xi_1^{(0)},\cdots,\xi_d^{(0)}),$$

即

$$\left\|\sum_{i=1}^{d}\frac{\xi_i}{\|x\|_2}e_i\right\|\geqslant\left\|\sum_{i=1}^{d}\xi_i^{(0)}e_i\right\|. \tag{2.16}$$

令 $C_2=\left\|\sum_{i=1}^{d}\xi_i^{(0)}e_i\right\|$, 则因 $\sum_{i=1}^{d}|\xi_i^{(0)}|^2=1$, $\sum_{i=1}^{d}\xi_i^{(0)}e_i\neq0$, $C_2>0$, 由(2.16)就得到

$$\|x\|=\left\|\sum_{i=1}^{d}\xi_ie_i\right\|\geqslant C_2\|x\|_2.$$

这就证明了 $\|\cdot\|$ 与 $\|\cdot\|_2$ 等价. 当 X 是复线性空间时,同样可以证明.

推论 2.16 任何一个有限维赋范空间都是完备的,即是巴拿赫空间;任一赋范空间的有限维子空间必是闭子空间.

证明 设 X 是有限维赋范空间,维数为 d. 设 $\{e_1,\cdots,e_d\}$ 是 X 中一组基. $\forall x\in X$, $x=\sum_{i=1}^{d}\xi_ie_i$. 令 $\tilde{x}=Tx=(\xi_1,\cdots,\xi_d)\in\mathbf{R}^d$(或 $\mathbf{C}^d$). 则 $T:X\to\mathbf{R}^d$ 是一一对应的线性算子, 即是线性空间之间的同构映射. 如果 $\mathbf{R}^d$ 上赋予欧几里德范数即 $\|\tilde{x}\|=(\xi_1^2+\cdots+\xi_d^2)^{1/2}$, $\|x\|_2=(\xi_1^2+\cdots+\xi_d^2)^{1/2}$ 也是 X 上的等价范数, $\exists C_1,C_2>0$.

$$C_2\|x\|_2\leqslant\|x\|\leqslant C_1\|x\|_2.$$

如果 $\{x_n\}$ 是 X 中任一柯西列, $\forall\varepsilon>0$, $\exists N=N_\varepsilon$, 当 $n,m\geqslant N_\varepsilon$ 时, $\|x_n-x_m\|<C_2\varepsilon$.

如 $x_n=\sum_{i=1}^{d}\xi_i^{(n)}e_i$, 则 $\tilde{x}_n=(\xi_i^{(n)},\cdots,\xi_d^{(n)})\in\mathbf{R}^d$,

$$\|\tilde{x}_n-\tilde{x}_m\|=\|x_n-x_m\|_2\leqslant\frac{1}{C_2}\|x_n-x_m\|<\varepsilon.$$

所以 $\{\tilde{x}_n\}$ 是 $\mathbf{R}^d$ 中的柯西列,由于 $\mathbf{R}^d$ 是巴拿赫空间, $\{\tilde{x}_n\}$ 收敛,设

$$\lim_{n\to\infty}\widetilde{x}_n=\widetilde{x}_0=(\xi_1^{(0)},\cdots,\xi_d^{(0)}).$$

令 $x_0=\sum_{i=1}^{d}\xi_i^{(0)}e_i\in X$，则有

$$\|x_n-x_0\|\leqslant C_1\|x_n-x_0\|_2=C_1\|\widetilde{x}_n-\widetilde{x}_0\|\to 0.$$

所以$\lim_{n\to\infty}x_n=x_0$，于是 X 完备，是巴拿赫空间.

若 Y 是赋范空间 X 的有限维子空间. 则 Y 完备，即 Y 是巴拿赫空间，而完备子集必是闭集. 因为如果 $x\in\overline{Y}$，则存在 Y 中序列$\{y_n\}\subset Y$，$y_n\to x$，则$\{y_n\}$是 X 中柯西列，因而也是 Y 中柯西列，由于 Y 的完备性，$\exists\, y\in Y$，使得 $y_n\to y$. 由于极限的唯一性 $x=y\in Y$，故 $\overline{Y}\subset Y$，即 Y 是闭的.

以上证明中定义的同构映射 $T:X\to\mathbf{R}^d$，由于$\|Tx\|=\|\widetilde{x}\|\leqslant\frac{1}{C_2}\|x\|$，所以是连续映射，又由于$\|T^{-1}\widetilde{x}\|=\|x\|\leqslant C_1\|\widetilde{x}\|$，$T^{-1}$也是连续的. 我们给出以下定义.

定义 2.18　如果赋范空间 X 到赋范空间 Y 上的映射是一一对应，而且 T 和 T^{-1}都是连续的，则 T 称为 X 到 Y 的**同胚映射**.

这里 X 中的开集在映射 T 下映成 Y 中开集，而 Y 中开集也都是 X 中开集在映射 T 下的象. 如果存在某一个 X 到 Y 上的同胚映射，则称 X 和 Y 是**同胚**的. 如果 $T:X\to Y$ 既是同构，又是同胚，则称 X 和 Y 是**拓扑同构**的.

例 2.26　**F** 上所有 n 维赋范线性空间都拓扑同构，更精确地说，n 维赋范线性空间 X 与 $\mathbf{R}^n$ 或 $\mathbf{C}^n$ 拓扑同构.

证明　任取 X 中的一个基$\{e_1,e_2,\cdots,e_n\}$，设 $x=\sum_{k=1}^{n}x_ke_k\in X$，将$(x_1,x_2,\cdots,x_n)$看成 $\mathbf{R}^n$ 或 $\mathbf{C}^n$ 中的点，作 X 到 $\mathbf{R}^n$ 或 $\mathbf{C}^n$ 的映射 $T:Tx=(x_1,x_2,\cdots,x_n)$，显然 T 是 X 到 $\mathbf{R}^n$ 或 $\mathbf{C}^n$ 上的同构映射. 于是 T^{-1}存在，对任何 $x,y\in X$，根据等价范数定理可知存在常数 $C_1,C_2>0$，满足下述不等式：

$$C_1\|x-y\|\leqslant\|Tx-Ty\|\leqslant C_2\|x-y\|.$$

今设$\{x_m\}\subset X$ 收敛于 $x_0\in X$，则有：$\|Tx_m-Tx_0\|\leqslant C_2\|x_m-x_0\|$. 故$\{Tx_m\}$收敛于 Tx_0，即 T 连续. 同样可以证明 T^{-1}也是连续的，故 X 与 $\mathbf{R}^n$ 或 $\mathbf{C}^n$ 既同构又同胚，必是拓扑同构.

定理 2.17　设 X 是有限维赋范空间，而 Y 是任意的赋范空间. 如 $T:X\to Y$ 是线性算子，则 T 是连续的.

证明　在 X 上取一组基$\{e_1,e_2,\cdots,e_d\}$，$\forall x=\sum_{i=1}^{d}\xi_ie_i\in X$，定义$\|x\|_2=(\sum_{i=1}^{d}|\xi_i|^2)^{1/2}$.

$$\|Tx\|=\left\|\sum_{i=1}^{d}\xi_iTe_i\right\|\leqslant(\sum_{i=1}^{d}|\xi_i|^2)^{1/2}(\sum_{i=1}^{d}\|Te_i\|^2)^{1/2}$$

$$= C\|x\|_2,$$

其中，$C=\left(\sum_{i=1}^{d}\|Te_i\|^2\right)^{1/2}$. 这样 T 关于范数 $\|\cdot\|_2$ 是有界的，而 X 上原来的范数 $\|\cdot\|$ 与 $\|\cdot\|_2$ 等价，即 $\exists C_1>0$，$\forall x\in X$，$\|x\|_2\leqslant C_1\|x\|$，因此

$$\|Tx\|\leqslant CC_1\|x\|,$$

故 T 关于原范数也是有界的，因而是连续的.

定理 2.18 有限维赋范空间 X 中，有界闭集是紧集.

证明 设 X 的维数为 d，在取定一组基 $\{e_1,\cdots,e_d\}$ 后，$x=\sum_{i=1}^{d}\xi_i e_i\in X$ 对应到 $\tilde{x}=(\xi_1,\cdots,\xi_d)\in\mathbf{R}^d$ 的映射 $T:(X,\|\cdot\|)\to(\mathbf{R}^d,\|\cdot\|_2)$ 是拓扑同构. X 中有界闭集 A 映射为 $\mathbf{R}^d$ 中有界闭集 $T(A)$. 由推论 2.11，$\mathbf{R}^d$ 中有界闭集是紧集，所以 $T(A)$ 是紧集，由定理 2.12，连续映射把紧集映成紧集，$A=T^{-1}(T(A))$ 是 X 中紧集.

以上定理的逆定理也成立. 即如果赋范空间 X 中所有的有界闭集是紧集，则 X 必是有限维的. 为了证明这定理，先证明以下的很重要的黎斯(Riesz)引理.

黎斯引理 2.19 设 Y 是赋范空间 X 的真闭子空间，则 $\forall\varepsilon>0$，$\exists x_0\in X$，使得 $\|x_0\|=1$，且

$$\inf\{\|y-x_0\|:y\in Y\}\geqslant 1-\varepsilon.$$

证明 因 $Y\neq X$，$\exists x_1\in X\backslash Y$，令

$$d=\inf\{\|x_1-y\|:y\in Y\}.$$

由于 Y 是闭集，$d>0$，因为如果 $d=0$，则 $\exists\{y_n\}\subset Y$，$\|x_1-y_n\|\to 0$，即 $y_n\to x_1\in\overline{Y}=Y$，与 $x_1\overline{\in}Y$ 矛盾. 不妨设 $\varepsilon\in(0,1)$，有

$$d/(1-\varepsilon)>d.$$

由下确界定义，$\exists y_1\in Y$，使得

$$\|x_1-y_1\|<d/(1-\varepsilon).$$

令 $x_0=(x_1-y_1)/\|x_1-y_1\|$，则 $\|x_0\|=1$，$\forall y\in Y$，有

$$\|y-x_0\|=\left\|y-\frac{x_1-y_1}{\|x_1-y_1\|}\right\|$$

$$=\frac{1}{\|x_1-y_1\|}\|(\|x_1-y_1\|y+y_1)-x_1\|,$$

因 $y,y_1\in Y$，故 $\|x_1-y_1\|y+y_1\in Y$，

$$\|(\|x_1-y_1\|y+y_1)-x_1\|\geqslant d,$$

所以

$$\|y-x_0\|\geqslant\frac{d}{\|x_1-y_1\|}>1-\varepsilon,$$

于是 $\inf\{\|y-x_0\|:y\in Y\}\geqslant 1-\varepsilon$.

定理 2.20 如果赋范空间 X 中的单位球面是紧集，则 X 是有限维的.

证明 用反证法，设 X 是无限维的，令 $\mathbf{S}=\{x:\|x\|=1\}$ 为单位球面，取 $x_1\in\mathbf{S}$，$Y_1=$

$\mathrm{span}\{x_1\}$是 1 维闭子空间，由黎斯引理，$\exists\, x_2 \in \mathbf{S}$，使得 $\inf\{\|y-x_2\| : y\in Y_1\}\geqslant\frac{1}{2}$，即 $\forall\, y\in Y_1$，$\|y-x_2\|\geqslant\frac{1}{2}$. 设 $Y_2=\mathrm{span}\{x_1,x_2\}$，$Y_2$ 是 2 维闭子空间，$Y_2\neq X$，再由黎斯引理，$\exists\, x_3\in\mathbf{S}$，使得 $\inf\{\|y-x_3\| : y\in Y_2\}\geqslant\frac{1}{2}$，即 $\forall\, y\in Y_2$，$\|y-x_3\|\geqslant 1/2$. 用数学归纳法，可找到序列$\{x_n : n\in\mathbf{N}\}\subset\mathbf{S}$，使得当 $i\neq j$ 时，$\|x_i-x_j\|\geqslant 1/2$. 此序列的任一子序列都不是柯西列，因而没有收敛子序列. 这与 $\mathbf{S}$ 为紧集的假设矛盾，因此 X 是有限维的.

推论 2.21　对赋范空间，以下四者是等价的：

1°　X 是有限维的；

2°　X 中单位球面 $\mathbf{S}$ 是紧的；

3°　X 中单位闭球 $\bar{B}(0,1)=\{x\in X : \|x\|\leqslant 1\}$是紧集；

4°　X 中所有的有界闭集是紧集.

证　由定理 2.18，1°⇒4°，4°⇒3°⇒2°显然. 由定理 2.20，2°⇒1°.

注　有限维赋范空间之间的线性算子可用矩阵表示.

事实上，设 X 是 n 维赋范空间，$e_1,e_2,\cdots,e_n$ 为它的一组基，$\forall\, x\in X$，$x=\sum_{j=1}^{n}\xi_j e_j$. 设 Y 是 m 维赋范空间，$\varepsilon_1,\cdots,\varepsilon_m$ 是 Y 的一组基，$\forall\, y\in Y$，$y=\sum_{i=1}^{m}\eta_i\varepsilon_i$. 设 $T:X\to Y$ 是线性算子(由定理 2.17，T 必是连续的，即是有界的). $Te_j=\sum_{i=1}^{m}\alpha_{ij}\varepsilon_i$，$j=1,2,\cdots,n$. 用矩阵符号可记成：

$$\begin{aligned} T(e_1,e_2,\cdots,e_n) &= (Te_1,Te_2,\cdots,Te_n) \\ &= (\varepsilon_1,\cdots,\varepsilon_m)\begin{pmatrix}\alpha_{11} & \alpha_{12} & \cdots & \alpha_{1n}\\ \alpha_{21} & \alpha_{22} & \cdots & \alpha_{2n}\\ \vdots & \vdots & & \vdots\\ \alpha_{m1} & \alpha_{m2} & \cdots & \alpha_{mn}\end{pmatrix} \\ &= \left(\sum_{i=1}^{m}\alpha_{i1}\varepsilon_i,\sum_{i=1}^{m}\alpha_{i2}\varepsilon_i,\cdots,\sum_{i=1}^{m}\alpha_{in}\varepsilon_i\right). \end{aligned}$$

把 $m\times n$ 矩阵$(\alpha_{ij})_{m\times n}$记成 $\mathbf{A}$，则

$$T(e_1,e_2,\cdots,e_n)=(\varepsilon_1,\varepsilon_2,\cdots,\varepsilon_m)\mathbf{A},$$

$$Tx=T(e_1,\cdots,e_n)\begin{pmatrix}\xi_1\\ \vdots\\ \xi_n\end{pmatrix}=(\varepsilon_1,\cdots,\varepsilon_m)\mathbf{A}\begin{pmatrix}\xi_1\\ \vdots\\ \xi_n\end{pmatrix},$$

$$y=(\varepsilon_1,\cdots,\varepsilon_m)\begin{pmatrix}\eta_1\\ \vdots\\ \eta_m\end{pmatrix},$$

所以

$$\begin{pmatrix}\eta_1\\ \vdots\\ \eta_m\end{pmatrix}=\boldsymbol{A}\begin{pmatrix}\xi_1\\ \vdots\\ \xi_n\end{pmatrix}.$$

反之,任给 $m\times n$ 矩阵,由上式可定义线性算子 $T:X\to Y$.

如果线性算子 $S:X\to Y$ 对应的矩阵是 $\boldsymbol{B}$,则算子 $T+S$ 对应的矩阵是 $\boldsymbol{A}+\boldsymbol{B}$. 对 $\alpha\in\mathbf{F}$,线性算子 $\alpha\boldsymbol{A}$ 对应的矩阵是 $\alpha\mathbf{A}$. 所以对数域 $\mathbf{F}$ 上 n 维线性空间 X 和 m 维线性空间 Y,线性算子空间 $B(X,Y)$和所有数域 $\mathbf{F}$ 上 $m\times n$ 矩阵构成的线性空间是同构的.

如果 G 是 m 维空间 Y 到 l 维空间 Z 的线性算子,其对应的矩阵是 $l\times m$ 矩阵 $\mathbf{C}$. 定义

$$(GT)(x)=G(Tx),x\in X,$$

即

$$GT=G\cdot T.$$

GT 是映射 T 与 G 的复合映射. 显然 GT 是 $X\to Z$ 中的线性算子,称为线性算子 G 与 T 的相乘或复合(合成),其对应的矩阵是 $l\times n$ 矩阵 $\boldsymbol{CA}$. 所以两线性算子复合,其对应的矩阵相乘.

2.5 泛函分析在 IP 网管、电信管理网以及在信道编码中的应用

2.5.1 用泛函分析方法实现 IP 网络的 SLA 网络管理算法

1. 引言

SLA 是"服务水平协议"的简称,是一种服务提供商与用户签署的法律文件. 它不仅明确了违约方的经济惩罚性条款,而且有助于用户对服务商提供具体服务的能力、可靠性和响应速度进行充分正确的评估和监督. 目前,有实力的 IP 业务提供商和电信运营商都把和用户签署 SLA 作为提高竞争力的手段. 运营商对用户服务质量的保障是靠网络管理系统实现的,运营商是否具有和用户签署 SLA 的势力,很大程度取决于网络管理系统的能力. 目前,很多运营商都在围绕 SLA 来规划、设计和调整网管系统.

基于 SLA 的 IP 网管理系统(以下简称 SLA 网管)可以这样描述:把 IP 网络给用户业务提供的 QoS 描述为 SLA;把 SLA 中与网管有关的内容抽象为 SLA 参数(以后简称为 SLA 参数),对 SLA 参数进行量化;客户和运营商按照合理的方法对 SLA 参数进行检测,并把结果反馈给网络管理系统;根据反馈的结果,按照 SLA 网络管理算法算出网管参数;根据这些参数调整和配置网络. 对 SLA 网络管理系统,网络管理算法是 SLA 网络管理系统的核心,而从 SLA 到网络管理参数的映射是网络管理算法的核心,因此,研究从

SLA 到网络管理的映射具有很重要的意义.

我们利用两次泛函分析来实现从 SLA 到网络管理参数的映射:首先,利用泛函分析实现了从 SLA 参数到服务水平的映射;其次,采用泛函分析实现了从 IP 网络管理参数到服务水平的映射;最后,通过服务水平,建立起从 SLA 到网络管理参数的映射. 根据这样的算法,我们把任务分为两部分:(1)从事 IP 网络业务研究和开发的人员承担第一个映射的映射实现任务;(2)从事网管系统的研究和开发的人员承担第二个映射的实现任务. 这样分任务的方法,目前被大家普遍看好. 利用该方法,我们建立起了比较完善的 IP 网络 SLA 网络管理实验原形系统.

2. IP 网络业务的泛函分析

IP 网络 SLA 管理系统的运作模型如图 2.1 所示。

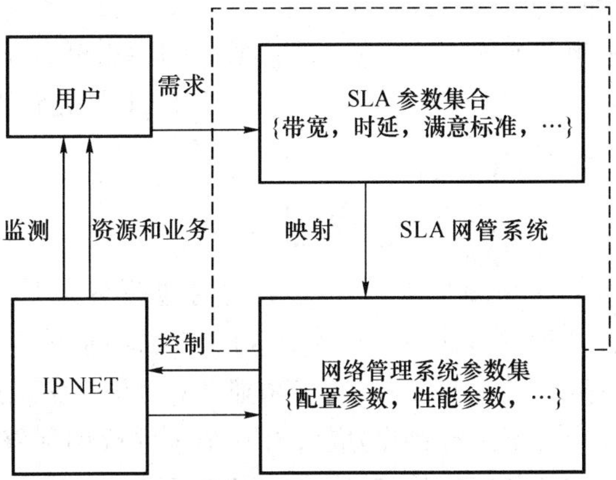

图 2.1　IP 网络 SLA 网管参数流程示意图

我们把 IP 网络 SLA 网管算法问题,抽象成业务向量空间(SLA 参数抽象成的向量空间)到水平数域空间(SLA 对应的服务水平抽象成的空间)和网络管理参数向量空间(IP 网络管理系统参数抽象成的空间)到水平数域空间的映射问题,如图 2.2 所示.

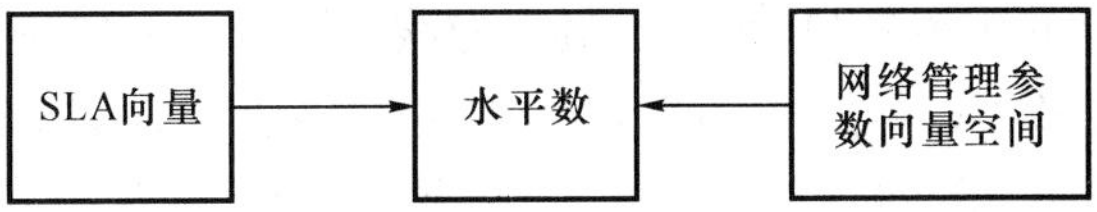

图 2.2　IP 网络空间关系图

下面,我们按照 IP 网业务的业务种类、IP 网络 SLA 参数抽象、IP 网 SLA 向量空间、IP 网络管理的参数抽象、IP 网络管理参数的向量空间、IP 网水平数域向量空间、IP 网 SLA 的泛函分析、IP 网管的泛函分析、IP 网络 SLA 网管的实现进行讨论.

(1) IP 网业务的业务种类

目前以中国电信、中国联通、中国移动和网通等为代表的 Internet 业务运营商主要提供以下的业务:模拟专线、DAS 专线、ATM 专线、DDN、数字专线、Frame Relay、ISDN 接入(专线、准专线、共享接入、一次群接入(如BRI(2B+D))、多次群接入(如PRI(30B+D)))、xDSL(HDSL、VDSL、ADSL)、VPN,其中ADSL(专线、准专线、共享接入)、电缆调制解调技术(Cable Modem)、本地多点分布业务(LMDS)、拨号上网(PSDN)、IP电话、SMS、WAP、GRPS、3G、4G和VPN等.

(2) IP网络SLA参数抽象

对于运营商提供的IP业务,用户关心最多的是业务提供的资源(如带宽等)、服务质量保证(如网络的安全、性能和故障处理保证等)和专项业务(如IP电话、IP TV等)等,而对业务的具体承载形式并不关心.因此,根据这样的特点,可以将IP网业务抽象为如下的SLA参数:带宽、系统/业务可用性、网络故障的修理时间、业务的恢复时间、IP传输时延、延时抖动变化、丢失率、错误率、专项业务(如IP电话和IP视频)和网络安全.

(3) IP网SLA向量空间

由于IP网络SLA被抽象成10个独立的参数,可以把SLA向量空间定义为$\mathbf{R}^{10}$空间,用$\{H,\|\cdot\|_1\}$表示,H的基为$\{\boldsymbol{e}_i:i\in[0,9]\}$,在$H$中量化任意一个元素$x$为:$x\in H$,$x=\{\eta_i:i\in[0,9]\}$.

$$x=\sum_{i=0}^{9}\eta_i\boldsymbol{e}_i \tag{2.17}$$

$\{H,\|\cdot\|_1\}$的基$\{\boldsymbol{e}_i:i\in[0,9]\}$和SLA参数的对应关系如下:$e_0$为带宽;$e_1$为系统/业务可用性;$e_2$为网络故障的修理时间;$e_3$为业务的恢复时间;$e_4$为IP传输时延;$e_5$为延时抖动变化;$e_6$为丢失率;$e_7$为错误率;$e_8$为专项业务;$e_9$为网络安全.

对$\{H,\|\cdot\|_1\}$空间中元素进行量化,应该有一个国内或国际统一的标准.目前,我们已经计划开展标准的研究和制定工作,其内容准备向ITU-T提交文稿.限于篇幅这里只以η_0为例进行说明,即使对于η_0也不能够写完,只能写常见的一部分.

η_0:0为100M专线DDN;1为10M专线DDN;2为2M专线DDN;3为512K专线DDN;4为128K专线DDN;5为64K数据专线(帧中继);6为100M数据专线(帧中继);7为10M数据专线(帧中继);8为2M数据专线(帧中继);9为512K数据专线(帧中继);10为128K数据专线(帧中继);11为64K数据专线(帧中继);12为2M专线PRI ISDN;13为1M专线PRI ISDN;14为128K ISDN专线;15为64K ISDN专线;16为128K ISDN准专线;17为64K ISDN准专线;18为128K共享ISDN;19为64K共享ISDN;20为2M ADSL专线,……

η_1:……

⋮

η_n:……

这样对IP网SLA空间H就有一个完整的定义.

通常的情况下,IP网SLA是以合约表单的格式呈现给用户,表单列出了给用户提供的资源和相应的QoS承诺以及违约的处罚条款,用户填写完表单后,即生成H空间的一个实例向量. IP 网络 SLA 合约表单如图 2.3 所示.

××公司IP业务SLA合约

1.宽带

(1、)DDN 专线

100M(),10M(),2M(),512K(),128K(),64K()

(2、)数据专线

10M(),2M(),……

……

2.系统/业务可能性

……

图 2.3　IP 网络业务 SLA 合约表单形式示意图

(4) IP 网络管理的参数抽象

电信网络可以提供 QoS 保证,电信网络管理技术是一个比较成熟的技术,能和用户签署 SLA 的运营商的 IP 网络也提供 QoS 保证. 因此,我们可以借鉴电信网络管理理论来研究 IP 网络的 SLA 网管. 这里借鉴参考文献[15]《现代网络管理技术》第 3 章“基本网络管理功能”中对网络管理功能模块和管理参数的抽象方法,对 IP 网管的功能模块和管理参数进行抽象. 可描述如下:

(a) 配置管理参数

- 设备状态参数:运行状态、管理状态、测试状态、可用状态.
- 设备间关系参数:服务关系、备份关系、同组关系、继承关系.

(b) 性能管理参数

- 连接参数:建立参数(建立时间、请求次数、完成次数、失败次数、失败原因)、保持参数(保持时间、平均速率、峰值速率、最小速率)、质量参数(传输误码率、传输时延、建立时延、释放时延).
- 负荷参数:吞吐量、使用率.

(c) 故障管理参数

- 故障参数:类型、原因、级别、时间.
- 其他参数:一般描述,备份部件状态、恢复.

(d) 安全管理参数

- 接入状态参数:登录状态、退出状态、拒绝状态.
- 接入控制参数:用户接入权限、密钥参数.

(e) 账务管理参数

- 费率:一般费率、大客户费率.

• 连接详细记录：CoDR(CDR、PDR)、FDR.

这些参数主要用于对网络进行配置管理、性能管理、故障管理、安全管理、账务管理.

(5) IP 网络管理参数的向量空间

IP 网管系统被抽象为有 5 个独立的功能模块，每个功能有两类独立参数，因此，IP 网管系统被抽象出 10 类独立参数. 把 IP 网络管理参数的向量空间定义为 $\mathbf{R}^{10}$ 空间，用$\{S,\|\cdot\|_2\}$来表示，S 的基为$\{\varepsilon_i : i\in[0,1,2,\cdots,9]\}$，$S$ 中的任意一个元素表示 $z\in S$，$z=\{\xi_i : i\in[0,1,2,\cdots,9]\}$.

$$z = \sum_{n=0}^{9} \xi_i \varepsilon_i \tag{2.18}$$

其中，向量空间 S 的基和 IP 网络管理参数的对应关系类似于式(2.18)的定义.

(6) IP 网水平数域向量空间

不同用户的 SLA，应对应不同的 SLA 水平，不同的水平应对应不同的价格. 对 IP 网络所能提供的所有的水平进行量化，组成向量空间$\{\mathbf{R},\|\cdot\|_2\}$，$\mathbf{R}$ 属于实数空间.

选用 80 位二进制数表示 SLA 水平. 80 位二进制数表示分为十段，每段用 8 位二进制表示，段和段之间用"·"隔开，如下：

$$x_1 \cdot x_2 \cdot x_3 \cdot x_4 \cdot x_5 \cdot x_6 \cdot x_7 \cdot x_8 \cdot x_9 \cdot x_{10},$$

其中，$x_i\in[0,1,\cdots,255]$，$i\in[1,2,\cdots,10]$.

可以看出，这样划分的非常类似于 IP 地址的划分. 设计的目的是吸取 IPv4 地址空间匮乏的教训，为 IP 网业务将来的发展和扩展提供充分的空间.

SLA 水平的每一位都有确定的意义：$\mathbf{R}$ 空间中的任一向量的某一段 x_i，对应 SLA 向量空间中的一个向量 η_i，也就是说，每个 SLA 参数有 0～255 个选择值. 这个值是对 IP 网业务来说是很大的，和 IPv6 设计思想类似，完全可以满足未来 IP 业务扩展的需要.

SLA 水平采用这样的方法表示，给开发业务程序和网络管理程序带来了极大的方便，程序可以通过读出每一段的数值来了解用户业务的情况. 对于大的单位和团体用户，可以采用掩码的方法，把用户分为多个子群.

(7) IP 网 SLA 的泛函分析

(3)和(5)定义了 SLA 参数向量空间和水平空间，现在要寻找它们之间的映射关系，即 $H\to\mathbf{R}$. H 属于 $\mathbf{R}^n$ 向量空间，而 $\mathbf{R}$ 属于实数空间，因此映射关系内容属于泛函分析.

$$f: H\to\mathbf{R},\quad f(x) = \sum_{i=0}^{9} \eta_i * (256)^i,\quad x\in\{\eta_i : i\in[0,,1,\cdots,9]\}, \tag{2.19}$$

通过这样 f 实现了 H 到 $\mathbf{R}$ 的映射.

(8) IP 网络管理的泛函分析

(4)和(5)定义了 IP 网络参数向量空间和水平空间，现在来寻找它们之间的映射关系,即 $S\to\mathbf{R}$. S 属于 $\mathbf{R}^n$ 向量空间,而 $\mathbf{R}$ 属于实数空间,因此映射关系的内容属于泛函分析.

$$g:z\to\mathbf{R},\quad g(z)=\sum_{i=0}^{9}\xi_i*(256)^i,\quad z\in\{\xi_i:i\in[0,1,\cdots,9]\},\tag{2.20}$$

通过这样,g 实现了 S 到 $\mathbf{R}$ 的映射.

同样 g 的逆算子

$$g^{-1}:\mathbf{R}\to S,\quad z=g^{-1}(c),c\in\mathbf{R},z\in S\text{ 且 }z\in\{\xi_i:i\in[0,1,\cdots,9]\}.\tag{2.21}$$

(9) IP 网络 SLA 网管系统实现

当网络运营商和网络用户签订了 SLA(服务水平协议)后,按照(3)的方法抽象出 SLA 向量 a,得到对应的关系向量空间的分量值:

$$k_i:i\in[0,1,\cdots,9],\tag{2.22}$$

由式(2.19)算出对应的水平:

$$f(a)=\sum_{i=0}^{9}k_i*(256)^i,\tag{2.23}$$

由式(2.21)算出对应的网络管理参数 p,设 p 在 S 中的分量为 $\{\phi_i:i\in[0,1,\cdots,9]\}$:

$$p=g^{-1}(f(a)),\quad p\in\{\phi_i:i\in[0,1,\cdots,9]\},\tag{2.24}$$

由式(2.24)的结果为用户配置网络.

网络运行后,网络管理系统按照合理的方法准确检测网络中 SLA 内容对应的参数,当发现有偏差 Δa 时:

$$\Delta a=\{\Delta k_i,i\in[0,1,\cdots,9]\}.\tag{2.25}$$

设

$$y=a+\Delta a=\sum_{i=0}^{9}(k_i+\Delta k_i),\tag{2.26}$$

$$y\in\{l_0,l_1,l_2,l_3,l_4,l_5,l_6,l_7,l_8,l_9\},\tag{2.27}$$

则

$$f(y)=l_i*(256)^i,\tag{2.28}$$

$$p'=p+\Delta p=g^{-1}(f(y)),\quad p'\in\{\lambda_i:i\in[0,1,\cdots,9]\},\tag{2.29}$$

$$\Delta p=g^{-1}(f(y))-g^{-1}(f(a)),\tag{2.30}$$

根据式(2.30)的结果,可实现系统的闭环控制.

3. 结论

IP 网的 SLA 实现了对用户的需求的无缝满足,是 IP 业务追求的最高境界,也必将是 IP 网业务的发展方向.将来的 IP 网是一个商业化的网络,网络中所有的活动必将围绕业务展开.因此,作为 SLA 网络管理系统也是将来的 IP 网管的发展方向.这里采用泛函分析方法来实现 IP 网络的 SLA 网络管理算法,不但实现业务和技术研究的分开,而且使系统的开发变得容易、可靠,运算量极大减少.

2.5.2 泛函分析在电信管理网定价方案中的应用

1. 电信网络管理简介

(1) 电信管理网(TMN)的定义

电信管理网(Telecommunication Management Network),根据 ITU-T(国际电信联盟)建议 M.3010 中的定义,电信管理网(TMN)提供手段用来传送和处理与电信网管理有关的信息.

(2) TMN 的管理功能

一个系统的功能定义是一个系统定义的基本要求,对于网管系统,定义系统的功能不仅是系统的定义的基本要求,还是保证网管系统互操作性的基础.

由于通信网上各种业务网的多样性及同一业务网上设备的多样性,导致不同业务网的网管系统、同一业务网内不同层次的网管系统的管理功能的多样性.网管系统的互操作的基础就是管理功能的互操作,因此,为了支持网管系统的互操作性,必须对管理功能进行标准化.ITU-T 为了对网络管理的功能进行标准化,提出了一组各种网管系统共同的、基本的管理功能:性能管理、故障管理、配置管理、账务管理和安全管理,简称 FCAPS.这一组管理功能可以覆盖各种网管系统所需的各种管理功能,即在大多数情况下,一个具体的网管系统的网络管理功能只是这一组管理功能的一个子集.

网管系统实现管理功能的基本方法是:获取网络运行状态、分析网络运行状态、实施对网络的控制.为了获取网络运行状态,必须要确定反映网络运行状态的有关参数和对这些参数进行管理.因此,网管系统的管理功能基本上可能分 5 个部分:确定管理参数、管理参数的管理、获取网络运行状态、分析网络运行状态、实施对网络的控制.下面,就从这 5 个部分分别介绍性能管理、故障管理、配置管理、账务管理和安全管理(FCAPS)如下:①性能管理.网络管理就是对网络的运行状态进行管理,当网络产生故障时,这时,有故障管理进行管理.当网络没有产生故障,或没有产生能让故障管理进行处理的故障,但此时,由于各种原因导致服务质量下降,这时,就要使用性能管理.②故障管理.故障管理是对网络发生异常情况即网络出故障时所采取的一系列管理活动.这一系列活动包括故障管理有关的管理参数的确定、故障指标管理、故障监视、测试和故障定位、故障恢复.③配置管理.网络的配置是网络上各种工作设备、备份设备、设备之间关系的状态.为了保证网络经济、可靠、高效和安全地运行,需要对网络上的配置进行调整.对网络上配置进行调整的管理活动,就是配置管理.④账务管理.账务管理的主要范围是计费及其有关的财务管理.⑤安全监视.安全监视的主要功能有安全告警设置、安全告警报告和检查跟踪.

2. 泛函分析在电信管理网功能中的应用

泛函分析在电信管理网中有着潜在的广泛应用,在其功能 FCAPS(故障、配置、计费、性能、安全)中可能存在的比较重要的应用有:配置管理中拓扑结构的生成和检测,故障管理中故障相关性的检测和识别，计费方案中定价和计费方法的分析应用，性能管理中性能评价的算法制订，以及安全管理中加密算法以及安全性分析中的应用.

电信管理网的五大功能(FCAPS)中，计费(Accounting)管理在网络的实际使用中占重要的地位，网络运营商和设备提供商在搭建应用网络之后，一般把计费管理的部署放在首要地位，对网络的流量等参数进行统计并计费，以收回成本和保持网络的良好运行维护状况.

电信管理网在计费管理方面有着广泛的研究，一般来说，计费管理分为两大部分：计费方案和定价方案的制定. 计费方案从大范围内对网络成本费用、用户的月租费、网络使用的建立费用和网络的使用费用进行权重比较并给出计算方法；定价方案则从用户实际使用的网络流量等入手，结合使用时的网络状况，对计费中最重要的网络使用费进行计算.

下面给出了一个结合泛函分析方法制定的定价方案实例.

3. 泛函分析在电信管理网定价方案中的一个应用实例

在电信管理网计费管理的定价方案研究中，为了满足网络提供商和客户的多样需求，提高网络利用率和网络的成本回收，需要采用市场管理的管理机制，制定灵活有效的定价方案. 在定价方案的研究中，采用了泛函分析的算子理论.

从下一代互联网(Next Generation Internet，NGI)所提供的业务 QoS 参数出发，建立 NGI 的网络 SLA 参数空间$\{H,\|\cdot\|_1\}$、业务费率水平空间$\{R,\|\cdot\|_2\}$和业务价格水平空间$\{S,\|\cdot\|_3\}$. H、R 和 S 都属于 $\mathbf{R}^n$ 向量空间. 用户对 NGI 中 SLA 参数的不同情况的选择构成了 H 空子集 M，M 对应 R 中的一个子集 Y，通过分析 NGI 的 SLA 参数值，建立 H 空间和以数字表示的业务费率空间 R 之间的泛函 $p:H\to R$. 然后根据推导出来的泛函算子 p，得到 H 空间子集 N 和价格空间 S 之间的泛函 $g:H\to S$(价格空间 S 以实数表示).

(1) 一种新的基于使用的定价方案

基于 QoS 的下一代互联网的从某种意义上说是提供 QoS 保证的多业务的 IP 网络，为了满足网络提供商和客户的多样需求，提高网络利用率和网络的成本回收，需要采用市场管理的管理机制，制定灵活有效的定价方案.

定价方案的目的是生成相关业务的单元价格，它要满足三方面的需求：一是满足网络提供商业务成本的回收，基于这种需求的定价方案中每单元业务的价格会在很长时间内保持不变，显示出一种静态行为；二是需要基于使用的、动态的定价方案解决目前普遍存在的网络拥塞状况；三是定价方案也应当能够提供对用户合理使用网络资源的激励措施，并能反应客户对于网络资源的需求程度. 固定费率定价方案在今天的广泛应用，对有 QoS 保证的业务发展是一个很明显的障碍，为了对业务的 QoS 提供保证，近几年一些关于 Internet 区分服务的定价方案被提出来，如 Priority pricing，Paris-Metro pricing，Smart-Market pricing，Edge pricing，Expected capacity pricing，Responsive pricing，

Effective bandwidth pricing,Proportional fairness pricing 等.但这些方案都只能解决部分问题,要么不能满足用户对于透明性和可预测性的需求,要么不能满足技术可行性的需求,并不能满足下一代互联网对定价方案的全部要求.

这里引入了一种定价方案来解决这种矛盾,它很好地把基于成本回收的静态定价和基于拥塞控制的动态定价结合到一起,以满足网络提供商的经济利益和客户对网络资源的实际需求,制订合适的业务单元价格.另外,为了实现这个定价方案,此处还提出了一种新的定价机制,为定价方案提供了完善的运行环境.定价方案中定价机制的基本控制流程可以被这样描述:①数据采集收集底层的计费测量数据和 QoS 参数,提交给价格计算模块;②价格计算模块根据下层数据,根据选定的定价方案为某种业务计算业务单元价格,这个价格也会受到 ISP 和客户的策略影响;③价格通过价格通信传递给客户;④客户通过某种途径对这些价格进行反应,对服务的价格设定产生一定的要求,这种要求间接和部分的影响下一个循环的价格设定.定价机制的体系结构如图 2.4 所示。

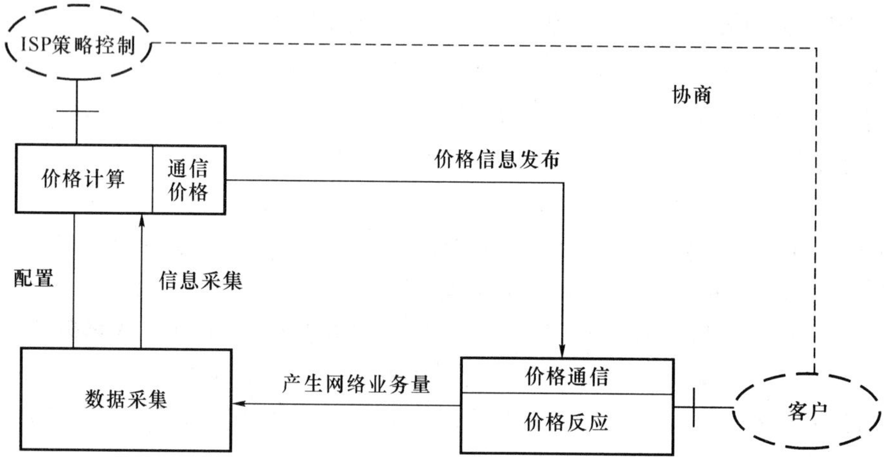

图 2.4　定价机制体系结构

(2) NGI 业务的 SLA 参数泛函抽象

根据用户对 NGI 业务的需求分析,可以将 NGI 业务抽象为如下的 SLA 参数有:带宽、系统/业务可用性、网络故障的修理时间、业务的恢复时间、IP 传输时延、延时抖动变化、丢失率、错误率、专项业务(如 IP 电话和 IP 视频)、网络安全.

根据对 SLA 业务的抽象,把 SLA 的向量空间定义为 $\mathbf{R}^{10}$ 空间,用$\{H,\|\cdot\|_1\}$来表示,H 的基为$\{e_i:i\in[0,1,\cdots,9]\}$,$H$ 中的任意一个元素表示 $x\in H$,$x=\{h_0,h_1,h_2,h_3,h_4,h_5,h_6,h_7,h_8,h_9\}$.

$$x=\sum_{n=0}^{9}h_ie_i,$$

其中,向量空间 H 的基和 SLA 参数的对应关系如下:e_0 为带宽;e_1 为系统/业务可用性;

e_2 为网络故障的修理时间；e_3 为业务的恢复时间；e_4 为 IP 传输时延；e_5 为延时抖动变化；e_6 为丢失率；e_7 为错误率；e_8 为专项业务；e_9 为网络安全；e_i 对向量空间 H 中每个元素的每一个成员进行量化，则每个成员的不同的分量对应不同的 IP 网业务.

(3) NGI 业务费率函数

这里讨论的费率函数中，选择 NGI 中 SLA 参数 H 空间子集 $M\{e_0\}$（业务使用带宽），M 对应 R 中的一个子集 Y，通过分析 NGI 的 SLA 参数值，建立 H 空间和以数字表示的业务费率空间 R 之间的泛函 $p:H\rightarrow R$，并得出费率算子表达式：$p(x)=\dfrac{1}{\sqrt{x}}$.

定价方案的起点是一个 ISP 和客户之间初始的合约，它可以是一种 SLA 的形式. 在这个合约中，客户需要指定所期望的资源需求，提供商也要为这个带宽需求提供一个固定费率 $p(x)$. 图 2.5 显示了 $p(x)$的一般形式，以及总费用根据带宽 x_0 到 x_1 的增长. 如果超出了客户所预期的需求，这个函数也应该可以用来判断客户最终所要支付的额外费用.

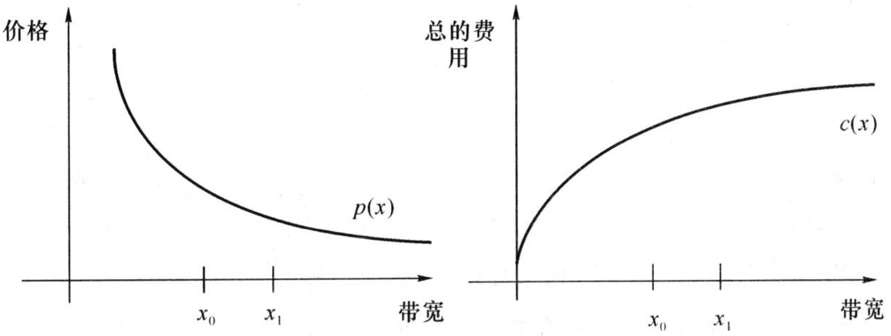

图 2.5　费率和总费用函数图

设客户的预期资源消耗是 x_0，然而测量到的资源消耗等于 $x_1>x_0$. 我们使用带宽定价的例子. 如果带宽 x（带宽的单位为 Mbit/s）已经协商完毕，那么 $p(x)$代表每带宽单元价格，并定义：

$$c(x)=x\cdot p(x). \tag{2.31}$$

$c(x)$作为带宽资源消耗的总费用. 一般来说要有一个函数描述使用资源的总费用，在本例子中这个函数等于资源消耗的数量和每单元价格的乘积.

如果测量的客户需求与预期需求相差：

$$\delta=x_1-x_0. \tag{2.32}$$

在累计够一定数目的红色 CP 点之后，客户需要被收取一定的额外费用. 这个额外费用显然应该基于他的需求差值 δ，因此 $p(\delta)$便是累计 CP 点周期内的额外费用. 为了提供正确的经济激励，总的复合费用必须超过正确描述需求的费用，它们之间的差值作为"惩罚函数"$\Psi(x_0,x_1)$：

$$\Psi(x_0,x_1)=c(x_1)-[c(x_0)+c(x_1)]=x_1\cdot p(x_1)-[x_0\cdot p(x_0)+x_1\cdot p(x_1)]. \tag{2.33}$$

对费率函数有如下需求：

(a) $p(x)>0$ 是一个单调递减的正函数，因为一般资源消耗数量越大提供的折扣就越大.

(b) $c(x)=x\cdot p(x)$ 是一个单调递增的函数. 也就是说，带宽消耗越高，总的费用就越高(参看图 2.5$c(x)$和 $p(x)$之间的关系).

(c) $\Psi(x_0,x_1)<0$，若 $x_0\neq x_1$；且 $\Psi(x_0,x_1)=0$，若 $x_0=x_1$. 也就是说，如果预期值与测量值不相一致的话，用户会受到惩罚，因此正确的描述资源消耗的值会使得最终惩罚结果值最小.

(d) $\Psi(x_0,x_0+\delta)$在 $\delta=x_1-x_0$ 中是单调递增的. 也就是说，与预期需求 x_0 偏离越大，惩罚函数的值就越大.

(e) $|\Psi(x_0,x_1)|<|\Psi(\beta x_0,\beta x_1)|\leqslant\beta\cdot|\Psi(x_0,x_1)|$，若 $\beta>1$. 也就是说，对于同样的相对估计错误，高带宽产生的惩罚值要高于低带宽(因为绝对偏移值较大)，但是每单元偏移的惩罚值没有低带宽的高.

需求(a)～(d)比较直接，而需求(e)需要进行讨论. 为了得到一个更好的知觉认识，假定，$\Psi(x_0,x_0+\delta)$是惩罚函数，对错误的估计预期资源需求偏移为$\frac{\delta\cdot 100}{x_0}\%$的客户进行惩罚. 把同样的相对错误用在一个大数量级的预期资源需求，比如 $100\cdot x_0$ 上，应该产生一个超过原来低带宽惩罚值 100 倍的值，因此 $\Psi(100x_0,100(x_0+\delta))\leqslant 100\cdot\Psi(x_0,x_0+\delta)$，这样把需求分割为较小的资源单位可以带来一定利益.

事实上，缩放应该符合一个平方根规则，也就是说，$\Psi(\beta x_0,\beta x_1)=\sqrt{\beta}\cdot\Psi(x_0,x_1)$. 假定一个资源的需求平均值是 x_0，它的“不确定性”由一个标准的偏移值 σ_0 表示. 根据标准的概率理论，N 个互相独立的这种资源会得出一个聚合的资源，这个资源的平均值是$N\cdot x_0$，标准偏移是$\sqrt{N}\cdot\sigma_0$. 现在，如果我们假定惩罚值 $\Psi(x_0,x_0+\delta)$应该和相关的估计错误和标准偏移比值是成比例的，也就是说 $\Psi(x_0,x_0+\delta)\sim\frac{\delta}{\delta_0}$，那么应用两次这个相关性会产生：

$$\Psi(Nx_0,N(x_0+\delta))=\Psi(Nx_0,Nx_0+N\delta)-\frac{N\delta}{\sqrt{N}\cdot\sigma_0}=\sqrt{N}\frac{\delta}{\sigma_0}-\sqrt{N}\cdot\Psi(x_0,x_0+\delta) \tag{2.34}$$

考察不同的 $p(x)$备选方案，例如 $p(x)=1$，$p(x)=ax+b$，$p(x)=\frac{1}{x}$，$p(x)=\frac{1}{x^2}$等，前人的研究显示可能的备选方案类型应该为：$p(x)=\frac{1}{x^{\alpha}}$，$0<\alpha<1$. 在需求(e)的前提下，我们最终建议如下费率函数的形式：

$$p(x)=\frac{1}{\sqrt{x}}. \tag{2.35}$$

这种情况下，

$$\Psi(x_0,x_1)=\sqrt{x_1}-(\sqrt{x_0}+\sqrt{x_1-x_0})=\sqrt{x_1}-\sqrt{x_0}-\sqrt{x_1-x_0}.$$

命题 2.22　上述 $p(x)$满足需求(a)～(e).

证明：

$p(x)=\dfrac{1}{\sqrt{x}}$是严格的反序函数且恒为正数，而且根据需求(b)得到 $c(x)=\sqrt{x}$. 现在我们设：$\delta=x_1-x_0>0$. 因为$(a+b)^2>a^2+b^2$，若 $a,b>0$；$(\sqrt{x_0}+\sqrt{\delta})^2>x_0+\delta$，也就是说，$\sqrt{x_0}+\sqrt{\delta}>\sqrt{x_0+\delta}$，并因此 $\Psi(x_0,x_1)=\sqrt{x_1}-\sqrt{x_0}-\sqrt{x_1-x_0}<0$. 所以，需求(c)是满足的.

根据关于 δ 的 $\Psi(x_0,x_0+\delta)=\sqrt{x_0+\delta}-(\sqrt{x_0}+\sqrt{\delta})=(\sqrt{x_0+\delta}-\sqrt{\delta})-\sqrt{x_0}$，得到 $\dfrac{\mathrm{d}}{\mathrm{d}\delta}(\sqrt{x_0+\delta}-\sqrt{\delta})=\dfrac{1}{2}\left(\dfrac{1}{\sqrt{x_0+\delta}}-\dfrac{1}{\sqrt{\delta}}\right)$. 由于 $\delta>0$，我们有 $\sqrt{x_0+\delta}>\sqrt{\delta}$，因此$\dfrac{1}{\sqrt{x_0+\delta}}<\dfrac{1}{\sqrt{\delta}}$，因此满足需求(d).

最后，$\Psi(\beta x_0,\beta x_1)=\sqrt{\beta x_1}-[\sqrt{\beta x_0}+\sqrt{\beta\delta}]=\sqrt{\beta}(\sqrt{x_1}-[\sqrt{x_0}+\sqrt{\delta}])=\sqrt{\beta}\cdot\Psi(x_0,x_1)$与需求(e)一致.

注意，如果同样的证明应用到费率函数乘以一个任意正数因子 $\lambda>0$ 之上，即

$$p_\lambda(x)=\frac{\lambda}{\sqrt{x}}. \tag{2.36}$$

这种情况下，我们需要用 $c_\lambda(x)=x\cdot p_\lambda(x)=\lambda\cdot c(x)$和 $\Psi_\lambda(x_0,x_1)=c_\lambda(x_1)-[c_\lambda(x_0)+c_\lambda(\delta)]=\lambda\cdot\Psi(x_0,x_1)$，但是这个线性的缩放不影响证明的有效性. 因此，$\lambda$ 提供了一个附加的自由等级.

(4) NGI 业务价格函数

NGI 业务价格函数中，选择 NGI 中 SLA 参数 H 空间子集 $N\{e_0,e_4,e_5,e_6\}$，N 对应 R 中的一个子集 Z，通过分析 NGI 的 SLA 参数值，建立 H 空间和以数字表示的业务价格空间 S 之间的泛函 $q:H\rightarrow S$，并得出价格算子表达式：

$$q=k\cdot p(x)\cdot V(\pi)=\frac{k\cdot\beta(\pi)}{L(\pi)\cdot d(\pi)}\cdot\frac{1}{\sqrt{x}}.$$

我们考虑如何把 QoS 向量 $\boldsymbol{q}$ 包含到方案中. 根据合约描述的 QoS 参数 $\boldsymbol{q}$，以及带宽 β 和价格 p，可以组成一个三元组：

$$\tau_G=(\beta,G(\boldsymbol{q}),p) \tag{2.37}$$

式(2.37)可以充分地描述客户和提供商之间业务量合约的特性. 这里，QoS 向量 $\boldsymbol{q}=$

$(d,\Delta d,L)$由延迟 d、延迟抖动 Δd 和包丢失率 L 决定，映射 $G=G(\boldsymbol{q})$指出在 QoS 向量上的一套限制（质量需求），β 表示带宽，$p=p(\beta)$对应于在(3).4 部分中的费率函数 p，也就是一个函数判断用户需要付的固定费率以及超出部分的费用（作为 CPC 重新协商的结果，最终的费用）.

CPC 的业务量是由带宽 β、延迟 d 和丢包率 L 所刻画，我们可以把这 3 个参数综合起来，如下：

$$V(\pi)=\frac{1}{L(\pi)\cdot d(\pi)}\cdot\beta(\pi) \tag{2.38}$$

这个等式确切地反映出高带宽、低延迟和低丢包率的同时需求. 因此 V 可以被解释为一个描述业务总体 QoS 的数量（实数），它不涉及更深的单个 QoS 参数的细节.

根据式(2.35)给出的费率公式 $p(x)=\frac{1}{\sqrt{x}}$，把多维的 QoS 参数综合表达式 $V(\pi)=\frac{1}{L(\pi)\cdot d(\pi)}\cdot\beta\pi$ 作为费率表达式的一个系数，再加上一个修正系数 k 来调整业务单元价格（可以根据提供商的策略灵活制订），可以得出客户使用业务在路径 π 的一种业务单元价格 q：

$$q=k\cdot p(x)\cdot V(\pi)=\frac{k\cdot\beta(\pi)}{L(\pi)\cdot d(\pi)}\cdot\frac{1}{\sqrt{x}} \tag{2.39}$$

式(2.39)既考虑了对带宽的定价，又有 QoS 参数定价因素（定性描述），基本满足了下一代互联网计费系统对于定价方案的要求，可以作为计费方案的业务单元价格应用到不同的网络环境和业务类型中，从而帮助实现提供商的成本回收并能有效改善网络的拥塞现状的目标. 由于用户实际使用的网络资源，以及网络状况（具体表现为网络 QoS 参数）不一定和合约的规定相符合，所以需要对业务单元价格进行一定的修正.

4. 结论

首先简介电信网络管理的基本概念，分析并阐述了泛函分析方法在电信网络管理中应用的主要领域，并提出了一种新的定价方案，它是依据电信网络管理的基本原理，利用泛函分析方法，来满足用户在目前和下一代网络实际应用中亟待解决的业务价格制订问题，经过原型系统的实际数据验证，此定价方案具有良好的特性，可满足下一代互联网计费系统中的应用，作为下一代互联网网络管理工程的一个重要组成部分.

2.5.3 线性空间在信道编码中的应用

1. GF(2)上的线性空间

考察具有 n 个分量的有序序列$(a_0,a_1,\cdots,a_{n-1})$，其中每个分量 a_i 是二元域 GF(2)上的元素，即 $a_i\in\{0,1\}$，$0\leqslant i\leqslant n-1$；这个序列一般称作 GF(2)上的 n 重. 由于每个 a_i 都有

两种选择，我们可以构造 2^n 个不同的 n 重，记 V_n 为这 2^n 个不同 n 重的集合.

现在 V_n 上定义加法如下：对 V_n 中任何的 $u=(u_0,u_1,\cdots,u_{n-1})$ 和 $v=(v_0,v_1,\cdots,v_{n-1})$ 令 $u+v=(u_0+v_0,u_1+v_1,\cdots,u_{n-1}+v_{n-1})$，其中 $u_i+v_i(0\leqslant i\leqslant n-1)$ 按模二进行相加，显然 $u+v\in V_n$，故 V_n 在加法运算下封闭. 其次在 V_n 上定义数乘如下：$\forall u\in V_n$ 及 $a\in$ GF(2)，作 $au=(au_0,au_1,\cdots,au_{n-1})$，此处 $au_i(0\leqslant i\leqslant n-1)$ 按模 2 乘法进行，当 $a=0$ 时 $au=(0,0,\cdots,0)\in V_n$，当 $a=1$ 时，$au=(u_0,u_1,\cdots,u_{n-1})\in V_n$，故 V_n 对数乘也封闭. 容易证明 V_n 形成 GF(2) 上的一个线性空间.

例如，当 $n=5$ 时，GF(2) 上 5 重线性空间 V_5 由以下 32 个矢量构成：

(00000)，(00001)，(00010)，(00011)，(00100)，(00101)，(00110)，(00111)，(01000)，(01001)，(01010)，(01011)，(01100)，(01101)，(01110)，(01111)，(10000)，(10001)，(10010)，(10011)，(10100)，(10101)，(10110)，(10111)，(11000)，(11001)，(11010)，(11011)，(11100)，(11101)，(11110)，(11111).

2. GF(2)上的线性子空间

令 S 是域 GF(2) 上线性空间 V_n 的一个非空子集，则当 S 满足下述条件时，它是 V_n 的一个线性子空间.

(1) 对 S 中任意两个矢量 u 和 v，$u+v$ 也是 S 中的矢量.

(2) $\forall a\in$ GF(2) 及 $\forall u\in S$，有 $au\in S$.

例如，对于线性空间 V_5，集合 $S=\{(00000),(00111),(11010),(11101)\}$ 是 V_5 的一个线性子空间.

3. GF(2)上的线性分组码

假定信源输出是二元数字“0”或“1”的序列. 在分组码中，二元信息被分成长度固定的一组组消息，每组消息由 k 个信息数字组成，用 u 表示，总共有 2^k 个不同的消息，编码器按照一定规则将每个输入消息 u 变换成二元 n 重的 v（其中 $n>k$），这二元 n 重 v 看作是消息 u 的码字；所以，相应于 2^k 个可能的消息，就有 2^k 个可能的码字，将这 2^k 个不同码字组成的集合称为分组码.

长度为 n，有 2^k 个码字的分组码当且仅当其 2^k 个码字构成域 GF(2) 上 n 重线性空间 V_n 的一个 k 维线性子空间时，称为是 (n,k) 线性码，记作 C.

事实上，二元分组码是线性的充要条件是两个码字的模 2 加也是码字.

4. 线性分组码的生成矩阵

由于 (n,k) 线性码 C 是 n 重线性空间 V_n 的一个 k 维线性子空间，在 C 中可以找 k 个线性独立码字 $g_0,g_1,\cdots,g_{k-1}$ 使得 C 中每个码字 v 均是这 k 个码字的一种线性组合，即 $v=u_0g_0+u_1g_1+\cdots+u_{k-1}g_{k-1}$，其中 $u_i\in\{0,1\}$，$0\leqslant i\leqslant k-1$. 记 $g_i=(g_{i0},g_{i1},\cdots,g_{i,n-1})$ 则这 k 个线性独立码字作为行可以排列成 $k\times n$ 阶矩阵如下：

$$G=\begin{pmatrix} g_0 \\ g_1 \\ \vdots \\ g_{k-1} \end{pmatrix}=\begin{pmatrix} g_{00} & g_{01} & \cdots & g_{0,n-1} \\ g_{10} & g_{11} & \cdots & g_{1,n-1} \\ \vdots & \vdots & & \vdots \\ g_{k-1,0} & g_{k-1,1} & \cdots & g_{k-1,n-1} \end{pmatrix}$$

若 $u=(u_0,u_1,\cdots,u_{k-1})$是要编码的消息，则相应的码字应为

$$v=uG=u_0g_0+u_1g_1+\cdots+u_{k-1}g_{k-1}.$$

显然，G 的行生成此(n,k)线性码 C. 为此，将矩阵 G 称作 C 的生成矩阵. (n,k)线性码完全由生成矩阵 G 的 k 行给定，编码器只需存储 G 的 k 行，并根据输入消息 u 便可合成这 k 行的一个线性组合.

5. 汉明重量

假设 $v=(v_0,v_1,\cdots,v_{n-1})$是二元 n 重码，即 $v_i\in\{0,1\}$，$0\leqslant i\leqslant n-1$. 称 v 中非零分量的个数，即 v 中分量为 1 的个数为 v 的汉明重量，记为 $W(v)$.

例如，二元 8 重码字 $v=(10010111)$的汉明重量为 $W(v)=5$.

6. 汉明距离

假设有两个二元 n 重码字 $a=(a_0,a_1,\cdots,a_{n-1})$和 $b=(b_0,b_1,\cdots,b_{n-1})$，将 a 和 b 所有对应的 n 位中不相同的位数目称为 a 和 b 之间的汉明距离，记作 $d(a,b)$. 由汉明距离及模 2 加的定义易知两个 n 重码字 a 和 b 之间的汉明距离等于 a 与 b 之和的汉明重量，即 $d(a,b)=W(a+b)$.

例如，有两个二元 10 重码字 $a=(1110011000)$和 $b=(0101010101)$，则易得 $d(a,b)=6$. 由于 $a+b=(1011001101)$，故 $W(a+b)=6=d(a,b)$.

7. 最小汉明距离和最小汉明重量

给定一个分组码 C，其最小汉明距离定义为 $d_{\min}=\min\{d(a,b):a,b\in C \text{ 且 } a\neq b\}$.

若 C 是线性分组码，两个码字之和 $a+b$ 也是一个码字(码矢量)，故由 $d(a,b)=W(a+b)$得出 C 中两个码字的汉明距离等于 C 中第三个码字的汉明重量，于是

$$\begin{aligned} d_{\min}&=\min\{W(a+b):a,b\in C \text{ 且 } a\neq b\} \\ &=\min\{W(v):v\in C,\text{且 } v\neq(0,0,\cdots,0)\}=W_{\min}, \end{aligned}$$

并称 $W_{\min}$是线性分组码 C 的最小汉明重量.

8. 线性分组码的检错、纠错能力

已有的结论是最小距离为 $d_{\min}$ 的线性分组码 C，若用于检测错误，最多可以发现 $d_{\min}-1$ 位差错；若用于纠正错误，最多可以纠正$\frac{d_{\min}-1}{2}$位差错.

9. 线性空间在信道编码中的应用举例

试分析(7,4)线性分组码，并假设已知生成矩阵为

$$G=\begin{pmatrix}g_0\\g_1\\g_2\\g_3\end{pmatrix}=\begin{pmatrix}1101000\\0110100\\1110010\\1010001\end{pmatrix}.$$

(1) 码字集合 C

若 $u=(1100)$是待编码的消息,则相应的码字为

$$v=u_0g_0+u_1g_1+u_2g_2+u_3g_3=g_0+g_1=(1011100).$$

同样地,可以求出所有其他的码字,即码字集合 C 为

(0000000),(1101000),(0110100),(1011100),(1110010),(0011010),(1000110),(0101110),(1010001),(0111001),(1100101),(0001101),(0100011),(1001011),(0010111),(1111111).

(2) 编码电路如图 2.6 所示.

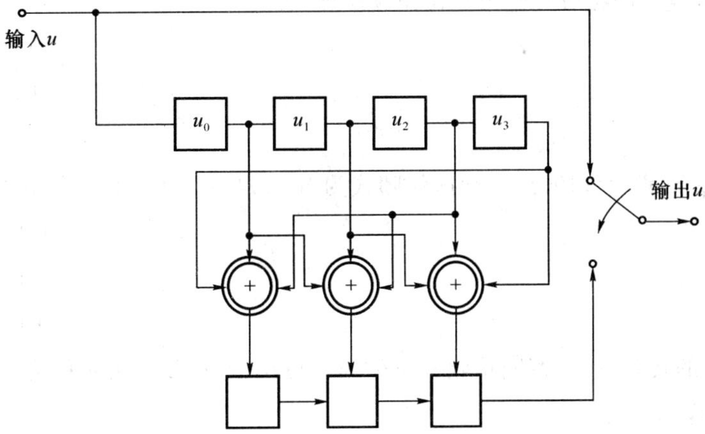

图 2.6

(3) 码字的最小汉明距离及纠错能力

容易导出码字的最小汉明距离,即非零码字的最小重量为 3,所以该码能纠 1 位错误.

(4) 伴随式与一致校验矩阵

设 $r=(r_0,r_1,\cdots,r_6)$是接收矢量,$e=(e_0,e_1,\cdots,e_6)$是错误图样,$v=(v_0,v_1,\cdots,v_6)$是发送码字,则有 $r=v+e$,且伴随式由 $s=(s_0,s_1,s_2)=rH^{\mathrm{T}}=(v+e)H^{\mathrm{T}}=e\cdot H^{\mathrm{T}}$ 给出,因为对码字 v 有 $vH^{\mathrm{T}}=0$,此处 H 为一致校验矩阵.由于生成矩阵可写为 $G=(P|I_4)$,其中

$P=\begin{pmatrix}1&1&0\\0&1&1\\1&1&1\\1&0&1\end{pmatrix}$是 4×3 阶矩阵，$I_4$ 是 4×4 阶单位矩阵，故 H 可写为

$$H=(I_3\,|\,P^{\mathrm{T}})=\begin{pmatrix}1001011\\0101110\\0010111\end{pmatrix}.$$

当接收矢量只出现一位差错，即错误图样 e 中只有一个非零分量时，可计算出相应的伴随式 S：

$$\begin{cases}\text{错误图样 } e:(0000001),(0000010),(0000100),(0001000),(0010000),(0100000),(1000000)\\ \text{伴随式 } S:(101),(111),(011),(110),(001),(010),(100)\end{cases}$$

我们可以利用伴随式 S 找出错误位置，进而纠正错误. 伴随式是一致校验矩阵 H 中第几列的转置，就说明接收矢量第几位出现了错误.

例如，接收矢量 $r=(1001111)$时，伴随式为 $S=rH^{\mathrm{T}}=(1001111)\begin{pmatrix}100\\010\\001\\110\\011\\111\\101\end{pmatrix}=(011)$，它是 H 矩阵第 5 列的转置，所以判断接收矢量的第 5 位出错，即发送矢量应为 $v=(1001011)$.

(5) 标准阵和伴随式译码

表 2.1 给出了(7,4)线性码的标准阵. 可通过计算伴随式进行译码. 译码结果只能纠正一位差错. 译码过程是先计算接收矢量的伴随式 S，在伴随式所在的行找到接收矢量，则接收矢量所在列的第一行码字就是经过纠错得到的正确结果，即为原始发送码字.

例如，发送码字 $u=(1000110)$，错误图样 $e=(0001000)$，则接收码字为 $r=(1001110)$.

(a) 计算伴随式 $S=rH^{\mathrm{T}}=(1000110)\begin{pmatrix}1001011\\0101110\\0010111\end{pmatrix}^{\mathrm{T}}=(110)$.

(b) 在伴随式为(110)的那一行找到接收码字(1001110).

(c) 在接收码字为(1001110)的那一列找到译码结果(1000110)，正好等于发送码字 u，说明译码过程正确.

表 2.1　(7,4)线性码的标准阵

	错误图样																伴随式
译码结果	0000000	1101000	0110100	1011100	1110010	0011010	1000110	0101110	1010001	0111001	1100101	0001101	0100011	1001011	0010111	1111111	000
	0000001	1101001	0110101	1011101	1110011	0011011	1000111	01011111	1010000	0111000	1100100	0001100	0100010	1001010	0010110	1111110	101
	0000010	1101010	0110110	1011110	1110000	0011000	1000100	0101100	1010011	0111011	1100111	0001111	0100001	1001001	0010101	1111101	111
	0000100	1101100	0110000	1011000	1110110	0011110	1000010	0101010	1010101	0111101	1100001	0001001	0100111	1001111	0010011	1111011	011
	0001000	1100000	0111100	1010100	1111010	0010010	1001110	0100110	1011001	0110001	1101101	0000101	0101011	1000011	0011111	1110111	110
	0010000	1111000	0100100	1001100	1100010	0001010	1010110	0111110	1000001	0101001	1110101	0011101	0110011	1011011	0000111	1101111	001
	0100000	1001000	0010100	1111100	1010010	0111010	1100110	0001110	1110001	0011001	1000101	0101101	0000011	1101011	0110111	1011111	010
	1000000	0101000	1110100	0011100	0110010	1011010	0000110	1101110	0010001	1111001	0100101	1001101	1100011	0001011	1010111	0111111	100
	1000100	0101100	1110000	0011000	0110110	1011110	0000010	1101010	0010101	1111101	0100001	1001001	1100111	0001111	1010011	0111011	111

习题 2

1. 设 X 是赋范线性空间,令

$$d(x,y)=\begin{cases}0, & x=y,\\ \|x-y\|+1, & x\neq y,\end{cases}$$

证明:(X,d)是距离空间,但 d 不是由范数导出的度量.

2. 设线性空间 X 按 d 成为距离空间,且 d 满足:

$$d(x-y,0)=d(x,y),\quad d(\alpha x,0)=|\alpha|d(x,0).$$

其中,$x,y\in X,\alpha\in\mathbf{F}$. 证明:$X$ 按照$\|x\|=d(x,0),x\in X$ 成为赋范线性空间.

3. 设 X_0 是赋范线性空间 X 的子空间,证明 $\overline{X}_0$ 也是 X 的子空间.

4. 设 $V[a,b]$是$[a,b]$上有界变差函数的全体,对每个 $f\in V[a,b]$,定义$\|f\|=|f(a)|+\overset{b}{\underset{a}{V}}(f)$,其中 $\overset{b}{\underset{a}{V}}(f)$为 f 在$[a,b]$上的全变差,即

$$\overset{b}{\underset{a}{V}}(f)=\sup_{\pi}\sum_{i=1}^{n}|f(b_i)-f(a_i)|.$$

此处 π 代表$[a,b]$的任一分割 $a=a_1<b_1\leqslant\cdots\leqslant a_n<b_n=b$,$V[a,b]$是线性空间,试证:$V[a,b]$是赋范线性空间.

5. 设 $1<p<q<\infty$,证明:

$$l^1\subset l^p\subset l^q\subset C\subset l^\infty,$$

而且以上的包含关系都是严格的.

6. 设 $1<p<q<\infty$,证明:

$$C[a,b]\subset L^\infty[a,b]\subset L^q[a,b]\subset L^p[a,b]\subset L[a,b],$$

而且包含关系是严格的.

7. 设$(X_1,\|\cdot\|_1)$与$(X_2,\|\cdot\|_2)$是两赋范线性空间,证明:

$$\|x\|=\max(\|x_1\|_1,\|x_2\|_2),\quad x=(x_1,x_2)$$

是乘积空间 $X=X_1\times X_2$ 上的范数.

8. 设 $p,q,r>1$,且$\dfrac{1}{p}+\dfrac{1}{q}+\dfrac{1}{r}=1$,又

$$x=(\xi_1,\xi_2,\cdots,\xi_n,\cdots)\in l^p,$$
$$y=(\eta_1,\eta_2,\cdots,\eta_n,\cdots)\in l^q,$$
$$z=(\zeta_1,\zeta_2,\cdots,\zeta_n,\cdots)\in l^r,$$

证明:

$$\sum_{i=1}^{\infty}|\xi_i\eta_i\zeta_i|\leqslant\|x\|_p\|y\|_q\|z\|_r.$$

9. 记 $\mathbf{C}_0$ 是收敛于零的数列全体,对 $x=(x_1,x_2,\cdots,x_n,\cdots)\in\mathbf{C}_0$,令$\|x\|=\sup\limits_n\|x_n\|$,

证明：$\mathbf{C}_0$ 是 l^{∞} 的闭线性子空间.

10. 设 $\mathbf{M}_0$ 是$[a,b]$上有界函数全体，线性运算的定义如同 $C[a,b]$，在 $\mathbf{M}_0$ 中定义范数

$$\|x\|=\sup_{a\leqslant t\leqslant b}|x(t)|.$$

证明：$\mathbf{M}_0$ 是巴拿赫空间.

11. 设 $\mathbf{C}$ 为一切收敛数列组成的集，线性运算如同 l^p，在 $\mathbf{C}$ 中令

$$\|x\|=\sup_n|\xi_n|,$$

其中，$\boldsymbol{x}=(\xi_1,\xi_2,\cdots,\xi_n,\cdots)\in\mathbf{C}$，证明：$\mathbf{C}$ 是可分的巴拿赫空间.

12. 设 X 是巴拿赫空间，$A\subset X$ 为闭子集，$B\subset X$ 为紧子集，证明：$A+B=\{x+y:x\in A,y\in B\}$是闭的.

13. 设 X 是赋范线性空间，A 是 X 中的有界集，证明：A 是全有界的充要条件是 $\forall\varepsilon>0$，必有 X 的有限维子空间 X_ε，使 A 中每点 x 与 X_ε 的距离均小于 ε.

14. 在 $C^1[a,b]$中，令

$$\|f\|_1=\left[\int_a^b(|f|^2+|f'|^2)\mathrm{d}x\right]^{1/2},\quad\forall f\in C^1[a,b]$$

(1) 求证$\|\cdot\|_1$ 是 $C^1[a,b]$上的范数；

(2) 问$(C^1[a,b],\|\cdot\|_1)$是否完备？

15. 在 $C[0,1]$中，对于每一个 $f\in C[0,1]$令

$$\|f\|_1=\left(\int_0^1|f(x)|^2\mathrm{d}x\right)^{1/2},\quad\|f\|_2=\left(\int_0^1(1+x)|f(x)|^2\mathrm{d}x\right)^{1/2},$$

求证$\|\cdot\|_1$ 和$\|\cdot\|_2$ 是 $C[0,1]$中的两个等价范数.

16. 设 $\mathbf{M}$ 为一切有界数列组成的集，线性运算如同 l^p，在 $\mathbf{M}$ 中令

$$\|x\|=\sup_{n\geqslant 1}|\xi_n|,$$

其中，$x=(\xi_1,\xi_2,\cdots,\xi_n,\cdots)\in\mathbf{M}$，证明：$\mathbf{M}$ 为不可分的巴拿赫空间.

17. 设无穷阵$(\alpha_{ij})(i,j=1,2,\cdots)$满足：

$$\sup_i\sum_{j=1}^{\infty}|\alpha_{ij}|<\infty$$

证明：$y=Tx:\eta_i=\sum\limits_{j=1}^{\infty}\alpha_{ij}\xi_j$，其中，$x=\{\xi_1,\xi_2,\cdots,\xi_n,\cdots\}$，$y=\{\eta_1,\eta_2,\cdots,\eta_n,\cdots\}$是 $\mathbf{M}$ 到 $\mathbf{M}$ 中的有界线性算子，且

$$\|T\|=\sup_i\sum_{j=1}^{\infty}|\alpha_{ij}|.$$

18. 设 X 为赋范线性空间，$X\neq\{0\}$，证明：X 完备的充要条件是单位球面 $\boldsymbol{S}_1=\{x\in X:\|x\|=1\}$完备.

第 3 章　希尔伯特空间

众所周知,在欧氏空间 $\mathbf{R}^2$、$\mathbf{R}^3$ 上有一个重要的特性,就是在其上定义了内积,并由内积可以确定向量的长度、角度,两个向量之间是否正交(垂直)等几何概念.我们欲把这种思维推广到无穷维空间上去,故在本章中引入内积空间和希尔伯特空间的概念,并且建立了希尔伯特空间上的一套傅里叶分析理论.

3.1　内积空间的基本概念

定义 3.1　设 $\mathbf{H}$ 是数域 $\mathbf{F}$ 上的线性空间.若存在映射 $\langle\cdot,\cdot\rangle:\mathbf{H}\times\mathbf{H}\to\mathbf{F}$ 满足下述三个条件:对于任意的 $x,y,z\in\mathbf{H}$,$\alpha,\beta\in\mathbf{F}$,

(1)(对第一变元线性)　$\langle\alpha x+\beta y,z\rangle=\alpha\langle x,z\rangle+\beta\langle y,z\rangle$;

(2)(共轭对称性)　$\langle x,y\rangle=\overline{\langle y,x\rangle}$;

(3)(正定性)　$\langle x,x\rangle\geqslant 0$,而且 $\langle x,x\rangle=0\Leftrightarrow x=0$;

则称 $\langle\cdot,\cdot\rangle$ 是 $\mathbf{H}$ 上的**内积**(inner product),并称 $(\mathbf{H},\langle\cdot,\cdot\rangle)$ 为**内积空间**.通常,在内积已被理解的情况下,$(\mathbf{H},\langle\cdot,\cdot\rangle)$ 可以简单记作 $\mathbf{H}$.当 $\mathbf{F}$ 为实数域时称为**实内积空间**;当 $\mathbf{F}$ 为复数域时称为**复内积空间**.由(1)和(2)可以推出内积还具有以下性质:

(4)(对第二个变元共轭线性)　$\langle x,\alpha y+\beta z\rangle=\bar{\alpha}\langle x,y\rangle+\bar{\beta}\langle x,z\rangle$;

(5) $\langle x,0\rangle=\langle 0,y\rangle=0$.

例 3.1　设 $\mathbf{H}=\mathbf{R}^n$,定义内积为

$$\langle x,y\rangle=\sum_{k=1}^{n}x_k y_k,\quad \forall\, x=(x_1,x_2,\cdots,x_n),\quad y=(y_1,y_2,\cdots,y_n)\in\mathbf{H}.$$

容易验证 $(\mathbf{R}^n,\langle\cdot,\cdot\rangle)$ 是一个实内积空间.

例 3.2　设 $\mathbf{H}=\mathbf{C}^n$,定义内积为

$$\langle x,y\rangle=\sum_{k=1}^{n}x_k\,\overline{y_k},\quad \forall\, x=(x_1,x_2,\cdots,x_n),\quad y=(y_1,y_2,\cdots,y_n)\in\mathbf{H}.$$

容易验证 $(\mathbf{C}^n,\langle\cdot,\cdot\rangle)$ 是一个复内积空间.

例 3.3　设 $\mathbf{H}$ 是实 l^2 空间,定义内积为

$$\langle x,y\rangle = \sum_{k=1}^{\infty} x_k y_k, \quad \forall x=(x_1,x_2,\cdots), \quad y=(y_1,y_2,\cdots)\in \mathbf{H}.$$

由赫尔德不等式，上式中右端的级数是收敛的，并且容易验证$(l^2,\langle\cdot,\cdot\rangle)$是一个内积空间. 当 $\mathbf{H}$ 是复 l^2 空间时，定义内积为

$$\langle x,y\rangle = \sum_{k=1}^{\infty} x_k \overline{y_k}, \quad \forall x=(x_1,x_2,\cdots), \quad y=(y_1,y_2,\cdots)\in \mathbf{H}.$$

容易验证$(l^2,\langle\cdot,\cdot\rangle)$是一个内积空间.

例 3.4　设 $\mathbf{H}$ 是实 $L^2(\Omega)$空间，定义下述内积：

$$\langle f,g\rangle = \int_\Omega f(t)g(t)\mathrm{d}t, \quad \forall f,g\in L^2(\Omega).$$

由赫尔德不等式，$f(t)g(t)$是可积的，并且容易验证$(L^2(\Omega),\langle\cdot,\cdot\rangle)$是一个内积空间. 当 X 是复 $L^2(\Omega)$空间时，此时定义如下的内积：

$$\langle f,g\rangle = \int_\Omega f(t)\overline{g(t)}\mathrm{d}t, \quad \forall f,g\in L^2(\Omega).$$

容易验证$(L^2(\Omega),\langle\cdot,\cdot\rangle)$是一个内积空间.

内积空间$(\mathbf{H},\langle\cdot,\cdot\rangle)$具有下列性质：

性质 1.（柯西-许瓦兹不等式）设$(\mathbf{H},\langle\cdot,\cdot\rangle)$是一个内积空间，则对于任意的 $x,y\in \mathbf{H}$，恒有

$$|\langle x,y\rangle|^2\leqslant\langle x,x\rangle\langle y,y\rangle. \tag{3.1}$$

证明　当 $y=0$ 时式(3.1)显然成立. 当 $y\neq 0$ 时，由内积公理，对于任意的 $\alpha\in \mathbf{F}$ 都有

$$0\leqslant\langle x-\alpha y,x-\alpha y\rangle=\langle x,x\rangle-\alpha\langle y,x\rangle-\bar{\alpha}\langle x,y\rangle+|\alpha|^2\langle y,y\rangle.$$

在上式中令 $\alpha=\dfrac{\langle x,y\rangle}{\langle y,y\rangle}$，就会有

$$\begin{aligned}0&\leqslant\langle x,x\rangle-\frac{\langle x,y\rangle\langle y,x\rangle}{\langle y,y\rangle}-\frac{\langle y,x\rangle\langle x,y\rangle}{\langle y,y\rangle}+\frac{|\langle x,y\rangle|^2}{|\langle y,y\rangle|^2}\langle y,y\rangle\\&=\langle x,x\rangle-\frac{|\langle x,y\rangle|^2}{\langle y,y\rangle},\end{aligned}$$

故式(3.1)成立.

性质 2. 设 $\mathbf{H}$ 是内积空间，对于任意的 $x\in \mathbf{H}$ 定义 $\|x\|=\sqrt{\langle x,x\rangle}$，则 $\|\cdot\|$ 是 $\mathbf{H}$ 上的一个范数，等价地说，对于任意的 $x,y\in \mathbf{H},\alpha\in \mathbf{F}$，有

(1)（正定性）　$\|x\|\geqslant 0$，而且 $\|x\|=0\Leftrightarrow x=0$；

(2)（绝对齐次性）　$\|\alpha x\|=|\alpha|\,\|x\|$；

(3)（三角不等式）　$\|x+y\|\leqslant\|x\|+\|y\|$.

此性质说明内积空间是赋范线性空间，但赋范线性空间是距离空间，因此，我们在赋范线性空间和距离空间中考察的定义、概念和得到的结论也都适用于内积空间中.

3.2 希尔伯特空间

定义 3.2 内积空间 **H** 中点列$\{x_n\}$称为**柯西**列，如果$\forall\varepsilon>0$，$\exists n_0$，当$n\geqslant n_0$，$m\geqslant n_0$时，$\|x_n-x_m\|<\varepsilon$.

命题 3.1 收敛点列$\{x_n\}$是柯西列.

证明 设$x_n\to x$. 则$\forall\varepsilon>0$、$\exists n_0$，当$n,m\geqslant n_0$时，$\|x_n-x\|<\varepsilon/2$，$\|x_m-x\|<\varepsilon/2$，因而

$$\|x_n-x_m\|\leqslant\|x_n-x\|+\|x-x_m\|<\varepsilon/2+\varepsilon/2=\varepsilon.$$

一般的内积空间中，柯西列是否一定收敛呢？这是不一定的.

定义 3.3 如果内积空间中所有的柯西列都收敛，则称此空间为**完备**的. 完备的内积空间称为**希尔伯特**(Hilbert)**空间**. 等价地说，一个巴拿赫空间 **H** 称为希尔伯特空间，如果在 **H** 上存在一个内积$\langle\cdot,\cdot\rangle$，使得 **H** 上的范数正好是由关系式$\|x\|=\langle x,x\rangle^{1/2}$定义的范数.

例 3.5 $\mathbf{R}^n$(或$\mathbf{C}^n$)是希尔伯特空间.

证明 设$x_k=(\xi_1^{(k)},\xi_2^{(k)},\cdots,\xi_n^{(k)})$，$k=1,2,\cdots$是$\mathbf{R}^n$中的柯西点列，即对于任意的$\varepsilon>0$，存在自然数$n_0$，当$k,l\geqslant n_0$时，就会有

$$\varepsilon>\|x_k-x_l\|=[(\xi_1^{(k)}-\xi_1^{(l)})^2+\cdots+(\xi_n^{(k)}-\xi_n^{(l)})^2]^{1/2},\tag{3.2}$$

则有

$$|\xi_i^{(k)}-\xi_i^{(l)}|\leqslant\|x_k-x_l\|<\varepsilon,\quad i=1,2,\cdots,n,$$

从而由实数的完备性知，存在$\xi_i\in\mathbf{R}$，使得

$$\lim_{k\to\infty}\xi_i^{(k)}=\xi_i,\quad i=1,2,\cdots,n.$$

因此$x=(\xi_1,\xi_2,\cdots,\xi_n)\in\mathbf{R}^n$. 在式(3.2)中令$l\to\infty$，则当$k\geqslant n_0$时，有

$$[(\xi_1^{(k)}-\xi_1)^2+\cdots+(\xi_n^{(k)}-\xi_n)^2]^{1/2}\leqslant\varepsilon,$$

即$\|x_k-x\|\leqslant\varepsilon$，故$\lim\limits_{k\to\infty}\|x_k-x\|=0$，也就是说，$\lim\limits_{k\to\infty}x_k=x$. 因此，$\mathbf{R}^n$是希尔伯特空间. 同理可证$\mathbf{C}^n$是希尔伯特空间.

例 3.6 l^2是希尔伯特空间.

证明 设$\{x_n\}$是l^2中的柯西列，$x_n=(\xi_1^{(n)},\xi_2^{(n)},\cdots,\xi_k^{(n)},\cdots)$，因而对于任意的$\varepsilon>0$，存在自然数$n_0$，当$n,m>n_0$时，就有

$$\|x_n-x_m\|=\left(\sum_{k=1}^{\infty}|\xi_k^{(n)}-\xi_k^{(m)}|^2\right)^{1/2}<\varepsilon,$$

因此，对于任意的$k\in\mathbf{N}$，$|\xi_k^{(n)}-\xi_k^{(m)}|<\varepsilon$，这就说明了$\{\xi_k^{(n)}:n\in\mathbf{N}\}$是柯西点列. 根据实数和复数的完备性知，存在$\xi_k\in\mathbf{R}$(或者$\xi_k\in\mathbf{C}$)，使得$\xi_k^{(n)}\to\xi_k$，$k=1,2,\cdots$. 令$x=\{\xi_1,\xi_2,\cdots\}$，对

于任意的 $K\in\mathbf{N}$，当 $n,m>n_0$ 时，有

$$\sum_{k=1}^{K}|\xi_k^{(n)}-\xi_k^{(m)}|^2\leqslant\sum_{k=1}^{\infty}|\xi_k^{(n)}-\xi_k^{(m)}|^2\leqslant\varepsilon^2.$$

令 $m\to\infty$，当 $n>n_0$ 时，有

$$\lim_{m\to\infty}\sum_{k=1}^{K}|\xi_k^{(n)}-\xi_k^{(m)}|^2=\sum_{k=1}^{K}|\xi_k^{(n)}-\xi_k|^2\leqslant\varepsilon^2.$$

但上式对任何自然数 K 都是成立的，因此当 $n\geqslant n_0$ 时，

$$\sum_{k=1}^{\infty}|\xi_k^{(n)}-\xi_k|^2\leqslant\varepsilon^2.$$

所以 $x_n-x\in l^2$，故 $x=(x-x_n)+x_n\in l^2$，而且当 $n>n_0$ 时，$\|x_n-x\|\leqslant\varepsilon$，也就是说 $\lim\limits_{n\to\infty}\|x_n-x\|=0$，即 $\lim\limits_{n\to\infty}x_n=x$，这就说明 l^2 中任何柯西点列都收敛，故 l^2 是希尔伯特空间.

例 3.7　令 $\mathbf{H}=\{\xi$：同一概率空间 $(\boldsymbol{\Omega},\mathbf{F},P)$ 上随机变量 ξ 全体，并且 $E|\xi|^2<\infty\}$，$\forall\,\xi,\eta\in\mathbf{H}$，定义内积

$$\langle\xi,\eta\rangle=E(\xi\bar{\eta})=\int_{\Omega}\xi(\omega)\bar{\eta}(\omega)\mathrm{d}p,$$

由柯西-许瓦兹不等式，有

$$|\langle\xi,\eta\rangle|\leqslant\sqrt{E|\xi|^2\cdot E|\eta|^2}<\infty,$$

故 $\mathbf{H}$ 是内积空间. 设 $\xi_1,\xi_2,\eta,\zeta\in\mathbf{H}$，$c$ 是复常数，则有

(1) $\langle\eta,\zeta\rangle=E(\eta\,\bar{\zeta})=\overline{E(\zeta\,\bar{\eta})}=\overline{\langle\zeta,\eta\rangle}$.

(2) $\langle c\eta,\zeta\rangle=cE(\eta\,\bar{\zeta})=c\langle\eta,\zeta\rangle$，

$\langle\eta,c\zeta\rangle=E(\bar{c}\,\eta\,\bar{\zeta})=\bar{c}\,\langle\eta,\zeta\rangle$.

(3) $\langle\xi_1+\xi_2,\eta\rangle=E[(\xi_1+\xi_2)\,\bar{\eta}]=E(\xi_1\,\bar{\eta})+E(\xi_2\,\bar{\eta})=\langle\xi_1,\eta\rangle+\langle\xi_2,\eta\rangle$，

$\langle\eta,\xi_1+\xi_2\rangle=E[\eta(\bar{\xi}_1+\bar{\xi}_2)]=E(\eta\,\bar{\xi}_1)+E(\eta\,\bar{\xi}_2)=\langle\eta,\xi_1\rangle+\langle\eta,\xi_2\rangle$.

(4) $\langle\eta,\eta\rangle=E|\eta|^2\geqslant 0$，并且 $\langle\eta,\eta\rangle=0\Leftrightarrow\eta\overset{a.e}{=\!=}0$. 这说明 $\mathbf{H}$ 是线性的内积空间. 在 $\mathbf{H}$ 上定义范数为

$$\|\xi\|=\sqrt{\langle\xi,\xi\rangle}=\sqrt{E|\xi|^2},$$

则 $\mathbf{H}$ 是一个线性赋范空间. 可以证明它是完备的，故 $\mathbf{H}$ 不仅是一个希尔伯特空间，而且还是一个巴拿赫空间.

例 3.8　易知 $L^2[a,b]$ 是希尔伯特空间. $L^2[a,b]$ 上的内积为

$$\langle f,g\rangle=\int_a^b f(t)\,\overline{g(t)}\mathrm{d}t.$$

如果令

$$A=\{f:f\text{ 在}[a,b]\text{上绝对连续},f,\frac{\mathrm{d}f}{\mathrm{d}t}\in L^2[a,b],f(a)=f(b)=0\},$$

则 A 是 $L^2([a,b])$ 的稠密子空间. 在 A 上可以定义如下的内积:

$$\langle f,g\rangle_A=\langle f,g\rangle+\left\langle\frac{\mathrm{d}f}{\mathrm{d}t},\frac{\mathrm{d}g}{\mathrm{d}t}\right\rangle.$$

$(A,\langle\cdot,\cdot\rangle_A)$ 是一个希尔伯特空间. 但 A 在 $L^2[a,b]$ 的内积下不是完备的.

例 3.9 设 $\mathbf{H}$ 是区间 $[a,b]$ 上所有复值连续函数全体构成的线性空间, 对任意 $x,y\in\mathbf{H}$, 定义

$$\langle x,y\rangle=\int_a^b x(t)\,\overline{y(t)}\,\mathrm{d}t,$$

则与 $L^2[a,b]$ 类似, $\langle x,y\rangle$ 是一个内积, 由内积产生的范数为

$$\|x\|=\left(\int_a^b|x(t)|^2\mathrm{d}t\right)^{\frac{1}{2}}.$$

$\mathbf{H}$ 是一个内积空间但不是希尔伯特空间.

定理 3.2 设 $\mathbf{H}$ 是内积空间, 则对任意 $x,y\in\mathbf{H}$, 有以下关系式成立.

(1) 平行四边形法则:

$$\|x+y\|^2+\|x-y\|^2=2(\|x\|^2+\|y\|^2).$$

(2) 极化恒等式:

$$\langle x,y\rangle=\frac{1}{4}(\|x+y\|^2-\|x-y\|^2+i\|x+iy\|^2-i\|x-iy\|^2).$$

证明 首先,

$$\|x+y\|^2=\langle x+y,x+y\rangle=\|x\|^2+\langle x,y\rangle+\langle y,x\rangle+\|y\|^2, \tag{3.3}$$

$$\|x-y\|^2=\langle x-y,x-y\rangle=\|x\|^2-\langle x,y\rangle-\langle y,x\rangle+\|y\|^2, \tag{3.4}$$

式(3.3)、式(3.4)相加即得(1)成立.

其次, 式(3.3)减式(3.4)得

$$\|x+y\|^2-\|x-y\|^2=2(\langle x,y\rangle+\langle y,x\rangle),$$

再把 y 换成 iy 得

$$\|x+iy\|^2-\|x-iy\|^2=2(\langle x,iy\rangle+\langle iy,x\rangle).$$

于是

$$\begin{aligned}\langle x,y\rangle&=\frac{1}{2}(\langle x,y\rangle+\langle y,x\rangle+\langle x,y\rangle-\langle y,x\rangle)\\&=\frac{1}{2}(\langle x,y\rangle+\langle y,x\rangle+i\langle x,iy\rangle+i\langle iy,x\rangle)\\&=\frac{1}{4}(\|x+y\|^2-\|x-y\|^2+i\|x+iy\|^2-i\|x-iy\|^2),\end{aligned}$$

即得极化恒等式.

注: (1)的几何意义是平行四边形对角线的平方和等于四边的平方和, 故称它为平行四边形法则. 极化恒等式(2)可以通过范数来表示内积.

前面性质 2 提到，一个内积空间必是一个赋范空间，反之，我们自然要问，是否一个赋范空间都可以引进一个内积，使得由这个内积产生的范数是原来的范数？回答是，一般并非如此，而是有条件的，这个条件就是范数要满足平行四边形法则.

定理 3.3　设 X 是赋范空间，如果范数满足平行四边形法则，则可在 X 中定义一个内积，使得由它产生的范数正数是 X 中原来的范数.

证明　首先我们考虑 X 是实空间的情形. 对于 $x,y\in X$，命

$$\langle x,y\rangle_1=\frac{1}{4}(\|x+y\|^2-\|x-y\|^2). \tag{3.5}$$

我们证明$\langle x,y\rangle_1$ 是 X 上的内积. 由式(3.5)显然

$$\langle x,y\rangle_1=\langle y,x\rangle_1,$$

其次，在式(3.5)中命 $x=y$，则有

$$\langle x,x\rangle_1=\frac{1}{4}\|2x\|^2=\|x\|^2.$$

故知定义 3.1 的(3)成立并且由这个内积产生的范数就是 X 上原来的范数，为证定义 3.1 的(1)在 $\alpha=\beta=1$ 时成立，令 X 上三个变元 x,y,z 的函数 φ 为

$$\begin{aligned}\varphi(x,y,z)&=4(\langle x+y,z\rangle_1-\langle x,z\rangle_1-\langle y,z\rangle_1)\\&=\|x+y+z\|^2-\|x+y-z\|^2-\|x+z\|^2\\&\quad+\|x-z\|^2-\|y+z\|^2+\|y-z\|^2,\end{aligned} \tag{3.6}$$

由于平行四边形法则成立，

$$\|x+y\pm z\|^2=2\|x\pm z\|^2+2\|y\|^2-\|x\pm z-y\|^2. \tag{3.7}$$

把式(3.7)代入式(3.6)，则有

$$\begin{aligned}\varphi(x,y,z)=&-\|x+z-y\|^2+\|x-z-y\|^2+\|x+z\|^2\\&-\|x-z\|^2-\|y+z\|^2+\|y-z\|^2.\end{aligned} \tag{3.8}$$

把式(3.6)、式(3.8)两式相加并再次应用平行四边形法则，得

$$\begin{aligned}\varphi(x,y,z)&=\frac{1}{2}(\|y+z+x\|^2+\|y+z-x\|^2)-\frac{1}{2}(\|y-z+x\|^2\\&\quad+\|y-z-x\|^2)-\|y+z\|^2+\|y-z\|^2\\&=\|y+z\|^2+\|x\|^2-\|y-z\|^2-\|x\|^2-\|y+z\|^2+\|y-z\|^2\\&=0,\end{aligned}$$

因此

$$\langle x+y,z\rangle_1=\langle x,z\rangle_1+\langle y,z\rangle_1. \tag{3.9}$$

类似地，对任意实数 c 及 $x,y\in X$，令

$$\psi(c)=\langle cx,y\rangle_1-c\langle x,y\rangle_1. \tag{3.10}$$

由式(3.5)直接代入，得 $\psi(0)=\psi(-1)=0$. 因此对任意整数 n，有

$$\begin{aligned}\langle nx,y\rangle_1&=\langle \operatorname{sgn} n(x+\cdots+x),y\rangle_1\\&=\operatorname{sgn} n(\langle x,y\rangle_1+\cdots+\langle x,y\rangle_1)\\&=|n|\operatorname{sgn} n\langle x,y\rangle_1=n\langle x,y\rangle_1,\end{aligned}$$

即 $\psi(n)=0$，于是对于任意整数 $n,m(m\neq 0)$，有

$$\langle \frac{n}{m}x,y\rangle_1=n\langle \frac{1}{m}x,y\rangle_1=\frac{n}{m}\cdot m\langle \frac{1}{m}x,y\rangle_1=\frac{n}{m}\langle x,y\rangle_1.$$

即对所有有理数 r，$\psi(r)=0$，显然 $\psi(c)$ 是连续的，因此对所有实数 c，$\psi(c)=0$. 即

$$\langle cx,y\rangle_1=c\langle x,y\rangle_1, \tag{3.11}$$

所以 $\langle x,y\rangle_1$ 是实空间 X 上的内积.

对于 X 是复空间的情形，对任意 $x,y\in X$，令

$$\begin{aligned}\langle x,y\rangle&=\frac{1}{4}(\|x+y\|^2-\|x-y\|^2+i\|x+iy\|^2-i\|x-iy\|^2)\\&=\langle x,y\rangle_1+i\langle x,iy\rangle_1.\end{aligned} \tag{3.12}$$

其中，$\langle x,y\rangle_1$ 是由式(3.5)定义的. 由以上定义及式(3.9)立刻得

$$\langle x+y,z\rangle=\langle x,z\rangle+\langle y,z\rangle,$$

由式(3.11)对任意实数 α，

$$\langle \alpha x,y\rangle=\alpha\langle x,y\rangle,$$

此外由式(3.12)直接代入得

$$\begin{aligned}\langle ix,y\rangle&=\frac{1}{4}(\|ix+y\|^2-\|ix-y\|^2+i\|ix+iy\|^2-i\|ix-iy\|^2)\\&=\frac{1}{4}(\|ix+y\|^2-\|ix-y\|^2+i\|x+y\|^2-i\|x-y\|^2)\\&=i\langle x,y\rangle,\end{aligned}$$

由此及式(3.11)，对任意复数 α，

$$\langle \alpha x,y\rangle=\alpha\langle x,y\rangle.$$

最后，由式(3.12)不难直接验证：

$$\langle x,y\rangle=\overline{\langle y,x\rangle},$$

及

$$\langle x,x\rangle=\|x\|^2.$$

所以 $\langle x,y\rangle$ 是 X 上的内积并且由这个内积产生的范数正是原来 X 上的范数.

例 3.10 在空间 $C\left[0,\frac{\pi}{2}\right]$ 中，取

$$x(t)=\sin t,\quad y(t)=\cos t,$$

则

$$\|x\|=\|y\|=\max_{0\leqslant t\leqslant \frac{\pi}{2}}|\sin t|=\max_{0\leqslant t\leqslant \frac{\pi}{2}}|\cos t|=1,$$

及

$$\|x+y\|=\max_{0\leqslant t\leqslant \frac{\pi}{2}}|\sin t+\cos t|=2\sin\frac{\pi}{4}=\sqrt{2},$$

$$\|x-y\|=\max_{0\leqslant t\leqslant \frac{\pi}{2}}|\sin t-\cos t|=1.$$

因此$\|x+y\|^2+\|x-y\|^2\neq 2(\|x\|^2+\|y\|^2)$.

所以在空间$C\left[0,\frac{\pi}{2}\right]$上不能定义内积，使得由它产生的范数是$C\left[0,\frac{\pi}{2}\right]$的范数.

例 3.11　当 $p\geqslant 1$ 且 $p\neq 2$ 时，$l^p=(l^p,\|\cdot\|_p)$不是内积空间.

证明　不妨取 $x=(1,1,0,\cdots)$，$y=(1,-1,0,\cdots)\in l^p$，则 $\|x\|=\|y\|=2^{1/p}$，$\|x+y\|=\|x-y\|=2$，因此，

$$\|x+y\|^2+\|x-y\|^2=8\neq 4\times 2^{2/p}=2(\|x\|^2+\|y\|^2).$$

这就是说平行四边形法则不成立. 故当 $p\neq 2$ 时，l^p 对范数$\|\cdot\|_p$来说不能定义内积.

例 3.12　当 $p\geqslant 1$ 但 $p\neq 2$ 时，$L^p[a,b]=(L^p[a,b],\|\cdot\|_p)$不是内积空间.

证明　不妨取

$$f(x)\equiv 1,\quad g(x)=\begin{cases}-1, & \text{当 } x\in[a,c],\\ 1, & \text{当 } x\in(c,b],\end{cases}$$

其中，$c=(a+b)/2$，则有

$$\|f\|=\|g\|=(b-a)^{1/p},\quad \|f\pm g\|=2^{(p-1/p)}(b-a)^{1/p},$$

从而，

$$\|f+g\|^2+\|f-g\|^2=2^{(1+2p-2/p)}(b-a)^{2/p}\neq 4(b-a)^{2/p}=2(\|f\|^2+\|g\|^2).$$

这就是说平行四边形法则不成立. 故当 $p\geqslant 2$ 且 $p\neq 2$ 时，$L^p[a,b]$对范数$\|\cdot\|_p$来说不能定义内积.

定义 3.4　设 $\mathbf{H}$ 是内积空间，$A\subset\mathbf{H}$，当$\overline{A}=\mathbf{H}$时，称 A 是 $\mathbf{H}$ 中的**稠集**. 这时 $\mathbf{H}$ 中任意一点可表示成 A 中点列的极限，即可用 A 中点任意逼近. 例如有理数集是实数集 $\mathbf{R}$ 中的稠集. 实数可用有理数任意逼近. 当内积空间 $\mathbf{H}$ 中有可数集 A 为稠集时，即 A 可数且$\overline{A}=\mathbf{H}$时，$\mathbf{H}$ 称为**可分空间**. 如 $A=\{a_1,a_2,\cdots\}$，则 $\mathbf{H}$ 中任意一点可用 A 中点任意逼近.

定理 3.4　内积空间 $\mathbf{H}$ 中，线性子空间 Y 的闭包 $\overline{Y}$ 也是线性子空间.

证明　设 $x,y\in\overline{Y}$，$\alpha,\beta\in\mathbf{F}$，则$\exists\{x_n\}\subset Y$，$x_n\to x$，$\exists\{y_n\}\subset Y$，$y_n\to y$，则 $\alpha x_n+\beta y_n\in Y$，由加法和数乘的连续性，$\alpha x_n+\beta y_n\to\alpha x+\beta y$. 所以 $\alpha x+\beta y\in\overline{Y}$. 故 $\overline{Y}$ 是线性子空间.

定理 3.5　希尔伯特空间 $\mathbf{H}$ 中的闭集 A 是完备的，即 A 中任一柯西列$\{x_n\}$收敛于 A 的点. $\mathbf{H}$ 中的闭子空间是希尔伯特空间.

证明　由于$\{x_n\}$是希尔伯特空间 $\mathbf{H}$ 中的柯西列，$x_n\to x\in\mathbf{H}$，由于$\{x_n\}\subset A$，$x\in\overline{A}=A$.

3.3　正交性和正交系

3.3.1　正交性

类似于向量空间，利用内积可以在内积空间中定义角度、正交性等.

定义 3.5　设 $\mathbf{H}$ 是内积空间.

(1) 对于 $x,y\in\mathbf{H}$ 来说，如果 $\langle x,y\rangle=0$，则称 x,y 是**正交的**，记作 $x\perp y$；

(2) 设 $x\in\mathbf{H},\mathbf{M}\subset\mathbf{H}$，如果向量 x 与 $\mathbf{M}$ 中的任何向量正交，则称 x 与 $\mathbf{M}$ **正交**，记作 $x\perp\mathbf{M}$；

(3) 设 $\mathbf{M},\mathbf{N}\subset\mathbf{H}$，如果对任何 $x\in\mathbf{M},y\in\mathbf{N}$ 恒有 $x\perp y$，则称 $\mathbf{M}$ 与 $\mathbf{N}$ **正交**，记作 $\mathbf{M}\perp\mathbf{N}$；

(4) 若 $\mathbf{M}\subset\mathbf{H}$，则 $\mathbf{H}$ 中与 $\mathbf{M}$ 正交的向量全体，称为 $\mathbf{M}$ 的**正交补**，记作 $\mathbf{M}^\perp$，即就是说 $\mathbf{M}^\perp=\{x:x\in\mathbf{H},x\perp\mathbf{M}\}$.

定理 3.6 (勾股定理)设 $\mathbf{H}$ 是内积空间.

(1) 若 $x,y\in\mathbf{H},x\perp y$，则

$$\|x+y\|^2=\|x\|^2+\|y\|^2;$$

(2) 若 $x_1,x_2,\cdots,x_n\in\mathbf{H}$，而且 $x_i\perp x_j$(当 $i\neq j$)，则有

$$\left\|\sum_{k=1}^n x_k\right\|^2=\sum_{k=1}^n\|x_k\|^2.$$

证明 (1) 因为 $\langle x,y\rangle=0$，因此，

$$\begin{aligned}\|x+y\|^2&=\langle x+y,x+y\rangle=\langle x,x\rangle+\langle x,y\rangle+\langle y,x\rangle+\langle y,y\rangle\\&=\langle x,x\rangle+\langle y,y\rangle=\|x\|^2+\|y\|^2.\end{aligned}$$

(2) 的证明类似.

定理 3.7 设 $\mathbf{H}$ 是内积空间，则内积 $\langle x,y\rangle$ 是 x,y 的连续函数，等价地说，若 $x_n\to x$ 和 $y_n\to y$，那么 $\langle x_n,y_n\rangle\to\langle x,y\rangle(n\to\infty)$.

证明 设 x,y 是 $\mathbf{H}$ 中的点. 又设 $\{x_n\},\{y_n\}\subset\mathbf{H}$，而且 $x_n\to x,y_n\to y(n\to\infty)$，从而 $\|x_n\|\to\|x\|(n\to\infty)$，于是存在 $K>0$，使对任意的正整数 n 有 $\|x_n\|\leqslant K$，故当 $n\to\infty$ 时，就有

$$\begin{aligned}&|\langle x_n,y_n\rangle-\langle x,y\rangle|\\&=|\langle x_n,y_n-y\rangle+\langle x_n-x,y\rangle|\leqslant|\langle x_n,y_n-y\rangle|+|\langle x_n-x,y\rangle|\\&\leqslant\|x_n\|\|y_n-y\|+\|y\|\|x_n-x\|\to0(n\to\infty).\end{aligned}$$

定理 3.8 设 $\mathbf{H}$ 是内积空间，则有

(1) 对任意的 $\mathbf{M}\subset\mathbf{H},\mathbf{M}^\perp$ 为 $\mathbf{H}$ 的闭线性子空间.

(2) 若 $\overline{\mathbf{M}}=\mathbf{H}$，则 $\mathbf{M}^\perp=\{0\}$；反之亦真.

(3) 对任意非空的线性子空间 $\mathbf{M}\subset\mathbf{H}$，恒有 $\mathbf{M}\cap\mathbf{M}^\perp=\{0\}$.

证明 (1) 首先证明 $\mathbf{M}^\perp$ 是 $\mathbf{H}$ 的线性子空间，即证对于任意的 $x,y\in\mathbf{M}^\perp$ 和 $\alpha,\beta\in\mathbf{F}$，有 $\alpha x+\beta y\in\mathbf{M}^\perp$. 因为对于任意的 $z\in\mathbf{M}$ 有 $\langle x,z\rangle=\langle y,z\rangle=0$，故

$$\langle\alpha x+\beta y,z\rangle=\alpha\langle x,z\rangle+\beta\langle y,z\rangle=0.$$

因此，$(\alpha x+\beta y)\perp z$. 依 $z\in\mathbf{M}$ 的任意性知 $(\alpha x+\beta y)\perp\mathbf{M}$. 如果 $\{x_n\}\subset\mathbf{M}^\perp,x_n\to x(n\to\infty)$，则对于任意的 $z\in\mathbf{M}$，有 $\langle x_n,z\rangle=0$. 依内积的连续性得到

$$0=\lim_{n\to\infty}\langle x_n,z\rangle=\langle x,z\rangle.$$

再由 $z\in\mathbf{M}$ 的任意性知 $x\in\mathbf{M}^\perp$，这就说明 $\mathbf{M}^\perp$ 是 $\mathbf{H}$ 的闭线性子空间.

(2) 设 $x\in\mathbf{M}^{\perp}$. 因为 $x\in\mathbf{H}=\overline{\mathbf{M}}$,从而存在$\{x_n\}\subset\mathbf{M}$,使得 $x_n\to x(n\to\infty)$. 由内积的连续性及 $x\in\mathbf{M}^{\perp}$ 知:$\langle x,x\rangle=\langle\lim\limits_{n\to\infty}x_n,x\rangle=\lim\limits_{n\to\infty}0=0$. 由此得到 $x=0$,故 $\mathbf{M}^{\perp}\subset\{0\}$. 又因为 $0\in\mathbf{M}^{\perp}$,故$\{0\}\subset\mathbf{M}^{\perp}$,所以 $\mathbf{M}^{\perp}=\{0\}$. 反之作为读者练习.

(3) 设 $x\in\mathbf{M}\cap\mathbf{M}^{\perp}$,则 $x\in\mathbf{M}$ 而且 $x\in\mathbf{M}^{\perp}$,由此可见$\langle x,x\rangle=0$,故 $x=0$,从而 $\mathbf{M}\cap\mathbf{M}^{\perp}\subset\{0\}$. 又因 $\mathbf{M}$ 是线性子空间并且由(1)知 $0\in\mathbf{M}\cap\mathbf{M}^{\perp}$,故 $\mathbf{M}\cap\mathbf{M}^{\perp}=\{0\}$.

3.3.2　变分原理、投影定理与正交分解定理

设 $\mathbf{H}$ 是一个内积空间,$\mathbf{M}\subseteq\mathbf{H}$ 是非空子集,$x\in\mathbf{H}$ 到 $\mathbf{M}$ 的距离为

$$\delta=d(x,\mathbf{M})=\inf_{y\in\mathbf{M}}\|x-y\|,$$

那么,是否存在 $\hat{y}\in\mathbf{M}$,使得 $\delta=\|x-\hat{y}\|$? 如果存在,这个 $\hat{y}$ 是否唯一? 这是一类存在性与唯一性问题,具有重要的理论和实用价值. 例如,在优化问题中. 往往需要在某个给定的函数集合中唯一确定一个函数,使之与已知函数最优逼近.

设 $\mathbf{M}$ 是内积空间 $\mathbf{H}$ 的子空间,对于 $x\in\mathbf{H}$,若存在 $y\in\mathbf{M}$,使得

$$\|x-y\|=d(x,\mathbf{M})=\inf_{z\in\mathbf{M}}\|x-z\|,$$

则称 y 是 x 在 $\mathbf{M}$ 中的**投影**(或称 y 是 x 在 $\mathbf{M}$ 上的**最佳逼近元**),记作 $y=P_{M}x$. 此定义等价于以下的叙述:设 $\mathbf{M}$ 是内积空间 $\mathbf{H}$ 的子空间,对于 $x\in\mathbf{H}$,若存在 $y\in\mathbf{M}$,$z\in\mathbf{M}^{\perp}$,使得 $x=y+z$,则称其为 x 的**正交分解**,称 y 为 x 在 $\mathbf{M}$ 上的**投影**.

定理 3.9　(变分原理)设 $\mathbf{H}$ 是希尔伯特空间,$\mathbf{M}$ 是 $\mathbf{H}$ 中的一个非空闭凸集. 则对于任意的 $x\in\mathbf{H}$,$\mathbf{M}$ 中存在唯一的点 x_0 使得

$$\|x-x_0\|=\inf\{\|x-z\|:z\in\mathbf{M}\}.$$

证明　由于$\|x-z\|\geqslant 0$,所以非负数集$\{\|x-z\|:z\in\mathbf{M}\}$的下确界是存在的. 先假设 $x=0$,就是要证明存在唯一向量 $x_0\in\mathbf{M}$,使得$\|x_0\|=\inf\{\|z\|:z\in\mathbf{M}\}$,即要找到 $\mathbf{M}$ 中具有最小范数的元素 x_0. 记 $d=\inf\{\|z\|:z\in\mathbf{M}\}$. 由下确界的定义知,存在序列$\{x_n\}\subset\mathbf{M}$,使得$\|x_n\|\to d(n\to\infty)$. 利用平行四边形法则有

$$\left\|\frac{x_n-x_m}{2}\right\|^2=\frac{1}{2}(\|x_n\|^2+\|x_m\|^2)-\left\|\frac{x_n+x_m}{2}\right\|^2.$$

因为 $\mathbf{M}$ 是凸集,从而有$(x_n+x_m)/2\in\mathbf{M}$,因此,$\|(x_n+x_m)/2\|\geqslant d$. 但是$\|x_n\|\to d(n\to\infty)$,所以,对于任意的 $\varepsilon>0$,始终存在自然数 n_0,使得当 $n\geqslant n_0$ 时,有

$$\|x_n\|^2<d^2+\frac{1}{4}\varepsilon^2.$$

因此,当 $n,m\geqslant n_0$ 时,有

$$\left\|\frac{x_n-x_m}{2}\right\|^2<\frac{1}{2}\left(2d^2+\frac{\varepsilon^2}{2}\right)-d^2=\frac{1}{4}\varepsilon^2.$$

即有$\|x_n-x_m\|<\varepsilon$,因而$\{x_n\}$是 $\mathbf{H}$ 中的柯西点列. 但因 $\mathbf{H}$ 是希尔伯特空间,所以存在 $x_0\in$

$\mathbf{H}$ 使得 $x_n \to x_0 (n\to\infty)$. 又因 $\mathbf{M}$ 是闭集，从而 $x_0 \in \mathbf{M}$，而且 $\|x_n - x_0\| \to 0 (n\to\infty)$. 这样一来就有

$$d \leqslant \|x_0\| = \|x_0 - x_n + x_n\| \leqslant \|x_0 - x_n\| + \|x_n\| \to d (n\to\infty),$$

故 $\|x_0\| = d$.

下面证明 x_0 的唯一性. 设 $x_1 \in \mathbf{M}$ 也使得 $\|x_1\| = d$. 由 $\mathbf{M}$ 的凸性知，$(x_0 + x_1)/2 \in \mathbf{M}$，因此

$$d \leqslant \left\| \frac{1}{2}(x_0 + x_1) \right\| = \frac{1}{2}\|x_0 + x_1\| \leqslant \frac{1}{2}(\|x_0\| + \|x_1\|) = d.$$

所以 $\|(x_0 + x_1)/2\| = d$，由平行四边形法则，

$$d^2 = \left\| \frac{x_0 + x_1}{2} \right\|^2 = \frac{1}{2}(\|x_0\|^2 + \|x_1\|^2) - \left\| \frac{x_0 - x_1}{2} \right\|^2 = d^2 - \left\| \frac{x_0 - x_1}{2} \right\|^2,$$

故 $\left\| \frac{x_0 - x_1}{2} \right\|^2 = 0$，立即得 $x_0 = x_1$.

最后考察 $x \neq 0$ 的一般情形. 令 $\mathbf{M} - x = \{z - x : z \in \mathbf{M}\}$，则 $\mathbf{M} - x$ 也是闭凸集. 由已证结论知存在唯一的 $u_1 \in \mathbf{M} - x$，使得

$$\|u_1\| = \inf\{\|z - x\| : z \in \mathbf{M}\}.$$

因此存在唯一的 $x_0 \in \mathbf{M}$，使得 $u_1 = x_0 - x$，这样就完成了证明.

注　此定理说明了最佳逼近元的存在性及唯一性.

定理 3.10　(投影定理)设 $\mathbf{M}$ 是希尔伯特空间 $\mathbf{H}$ 的闭线性子空间，$x \in \mathbf{H}$. 若 x_0 是 $\mathbf{M}$ 中满足于 $\|x - x_0\| = d(x, \mathbf{M})$ 的唯一元素，则有 $(x - x_0) \perp \mathbf{M}$. 反之，如果 $x_0 \in \mathbf{M}$，使得 $(x - x_0) \perp \mathbf{M}$，则 $\|x - x_0\| = d(x, \mathbf{M})$.

证明　记 $d = d(x, \mathbf{M})$. 分两步来证明.

(1) 要证明 $(x - x_0) \perp \mathbf{M}$，即对于任意的 $z \in \mathbf{M}$，都有 $\langle x - x_0, z\rangle = 0$. 当 $z = 0$ 时显然成立. 若 $z \neq 0$，则对任意的 λ，因为 $x_0 + \lambda z \in \mathbf{M}$，因而有

$$\begin{aligned}
d^2 &\leqslant \|x - (x_0 + \lambda z)\|^2 \\
&= \langle (x - x_0) - \lambda z, (x - x_0) - \lambda z\rangle \\
&= \|x - x_0\|^2 + |\lambda|^2 \|z\|^2 - \langle x - x_0, \lambda z\rangle - \overline{\langle x - x_0, \lambda z\rangle} \\
&= \|x - x_0\|^2 + |\lambda|^2 \|z\|^2 - 2\mathrm{Re}(\langle x - x_0, \lambda z\rangle) \\
&= \|x - x_0\|^2 + |\lambda|^2 \|z\|^2 - 2\mathrm{Re}(\bar{\lambda}\langle x - x_0, z\rangle).
\end{aligned}$$

令 $\lambda = \langle x - x_0, z\rangle / \|z\|^2$，得到

$$d^2 \leqslant \|x - x_0\|^2 - \frac{|\langle x - x_0, z\rangle|^2}{\|z\|^2} = d^2 - \frac{|\langle x - x_0, z\rangle|^2}{\|z\|^2}.$$

故 $\langle x - x_0, z\rangle = 0$.

(2) 若 $x_0 \in \mathbf{M}$，使得 $(x - x_0) \perp \mathbf{M}$，显然 $\|x - x_0\| \geqslant d$. 下面再证 $\|x - x_0\| \leqslant d$. 事实上，对任何 $z \in \mathbf{M}$，因为 $x - z = (x - x_0) + (x_0 - z)$，而且 $x - x_0 \in \mathbf{M}^{\perp}$，$x_0 - z \in \mathbf{M}$，由勾股定

理得

$$\|x-z\|^2=\|x-x_0\|^2+\|x_0-z\|^2\geqslant\|x-x_0\|^2.$$

故有 $\|x-z\|\geqslant\|x-x_0\|$，对此式中的 z 在 $\mathbf{M}$ 中取下确界得知，$d\geqslant\|x-x_0\|$.

注　此定理说明了投影与最佳逼近元的等价性及唯一性.

定理 3.11　(正交分解定理)设 $\mathbf{M}$ 是希尔伯特空间 $\mathbf{H}$ 的闭线性子空间，则对于 $\mathbf{H}$ 中任意一个元素 x，恒有唯一的 $x_0\in\mathbf{M}$ 及 $y\in\mathbf{M}^{\perp}$ 使得

$$x=x_0+y$$

或者

$$\mathbf{H}=\mathbf{M}\oplus\mathbf{M}^{\perp}.$$

证明　由于 $\mathbf{M}$ 是希尔伯特空间 $\mathbf{H}$ 的闭线性子空间，故 $\mathbf{M}$ 是完备的. 由定理 3.10，$\forall\, x\in\mathbf{H}$，存在唯一 $x_0\in\mathbf{M}$，满足 $\|x-x_0\|=d(x,\mathbf{M})$，并且 $x-x_0\in\mathbf{M}^{\perp}$ 记 $y=x-x_0$，则有

$$x=x_0+(x-x_0)=x_0+y,\quad x_0\in\mathbf{M},\quad y\in\mathbf{M}^{\perp}\tag{3.13}$$

下证唯一性，设还有 $x=x_1+y_1$，其中 $x_1\in\mathbf{M}$，$y_1\in\mathbf{M}^{\perp}$. 则由式(3.13)得 $x_1-x_0=y-y_1\in\mathbf{M}\cap\mathbf{M}^{\perp}=\{0\}$，所以 $y_1=y$，且 $x_1=x_0$.

作为定理 3.10、3.11 的一个应用我们研究一个逼近问题.

例 3.13　设 $x,x_1,x_2,\cdots,x_n$ 是希尔伯特空间 $\mathbf{H}$ 中的$(n+1)$个元，试求 n 个数 $\alpha_1,\cdots,\alpha_n$，使得

$$\left\|x-\sum_{k=1}^{n}\beta_k x_k\right\|$$

当 $\beta_1,\cdots,\beta_n$ 取遍所有可能的数时达到最小值.

不妨设 $x_1,\cdots,x_n$ 线性无关，设 $\mathbf{M}$ 是由$\{x_1,\cdots,x_n\}$张成的子空间，则 $\mathbf{M}$ 是 $\mathbf{H}$ 的闭子空间，于是由定理 3.10，存在 $x_0=\sum\limits_{k=1}^{n}\alpha_k x_k$，使得

$$\|x-x_0\|=d(x,\mathbf{M}).$$

其次，由定理 3.11，

$$x-x_0\in\mathbf{M}^{\perp},$$

它等价于

$$\langle x-x_0,x_i\rangle=0,\quad(i=1,2,\cdots,n),$$

或者

$$\left\langle\sum_{k=1}^{n}\alpha_k x_k,x_i\right\rangle=\langle x,x_i\rangle,\quad(i=1,2,\cdots,n),$$

因此问题就变成求解如下线性方程组

$$\left\langle\sum_{k=1}^{n}\alpha_k x_k,x_i\right\rangle=\langle x,x_i\rangle,\quad(i=1,2,\cdots,n).$$

由于 x_0 是唯一的，上面方程组的系数行列式不为零，由此可求出 $\alpha_1,\cdots,\alpha_n$ 的值

$$\alpha_k=\frac{\begin{vmatrix}\langle x_1,x_1\rangle & \cdots & \langle x,x_1\rangle & \cdots & \langle x_n,x_1\rangle\\ \langle x_1,x_2\rangle & \cdots & \langle x,x_2\rangle & \cdots & \langle x_n,x_2\rangle\\ \vdots & & \vdots & & \vdots\\ \langle x_1,x_n\rangle & \cdots & \langle x,x_n\rangle & \cdots & \langle x_n,x_n\rangle\end{vmatrix}}{\begin{vmatrix}\langle x_1,x_1\rangle & \cdots & \langle x_k,x_1\rangle & \cdots & \langle x_n,x_1\rangle\\ \langle x_1,x_2\rangle & \cdots & \langle x_k,x_2\rangle & \cdots & \langle x_n,x_2\rangle\\ \vdots & & \vdots & & \vdots\\ \langle x_1,x_n\rangle & \cdots & \langle x_k,x_n\rangle & \cdots & \langle x_n,x_n\rangle\end{vmatrix}},\quad (k=1,\cdots,n).$$

定理 3.12 设 $\mathbf{M}$ 是希尔伯特空间 $\mathbf{H}$ 的闭线性子空间，对于任一 $x\in\mathbf{H}$，令 Px 表示 $\mathbf{M}$ 中满足 $(x-Px)\perp\mathbf{M}$ 的唯一元素，则

(1) P 是 $\mathbf{H}$ 上的线性算子；

(2) 对于任意的 $x\in\mathbf{H}$，$\|Px\|\leqslant\|x\|$；

(3) $P^2=P$，这里 P^2 表示 P 与其自身的复合；

(4) $\ker P=\mathbf{M}^{\perp}$，$R(P)=\mathbf{M}$.

证明 (1) 由定理 3.11 知 $x-Px\in\mathbf{M}^{\perp}$，而且 $\|x-Px\|=d(x,\mathbf{M})$. 设 $x_1,x_2\in\mathbf{H}$，α_1，$\alpha_2\in\mathbf{F}$. 如果 $y\in\mathbf{M}$，则

$$\langle(\alpha_1x_2+\alpha_2x_2)-(\alpha_1Px_1+\alpha_2Px_2),y\rangle=\alpha_1\langle x_1-Px_1,y\rangle+\alpha_2\langle x_2-Px_2,y\rangle=0.$$

由正交投影的唯一性得知，$P(\alpha_1x_1+\alpha_2x_2)=\alpha_1Px_1+\alpha_2Px_2$，所以 P 是线性算子.

(2) 和(3)的证明. 如果 $x\in\mathbf{H}$，则 $x=(x-Px)+Px$，$Px\in\mathbf{M}$，但 $(x-Px)\perp\mathbf{M}^{\perp}$，因而由勾股定理知，$\|x\|^2=\|x-Px\|^2+\|Px\|^2\geqslant\|Px\|^2$. 如果 $y\in\mathbf{M}$，则 $Py=y$. 对 $\mathbf{H}$ 中任意一个 x，都有 $Px\in\mathbf{M}$，故 $P^2x=P(Px)=Px$，即有 $P^2=P$.

(4) 如果 $Px=0$，则 $x=x-Px\in\mathbf{M}^{\perp}$，因此 $\ker P\subseteq\mathbf{M}^{\perp}$. 反之，如果 $x\in\mathbf{M}^{\perp}$，则

$$0=\langle x-Px,Px\rangle=\langle x,Px\rangle-\langle Px,Px\rangle=-\langle Px,Px\rangle=-\|Px\|^2.$$

所以，$Px=0$，因而 $\mathbf{M}^{\perp}\subseteq\ker P$. 由此得到 $\ker P=\mathbf{M}^{\perp}$. 显然有 $R(P)=\mathbf{M}$.

注 此定理中的 P 称为 $\mathbf{M}$ 上的正交投影算子，简称为投影算子.

定义 3.6 设 $\mathbf{H}$ 是希尔伯特空间，$\mathbf{W}\subset\mathbf{H}$. 若 $\mathbf{M}$ 是包含 $\mathbf{W}$ 的最小闭子空间，则称 $\mathbf{M}$ 是由 $\mathbf{W}$ **张成的闭子空间(或闭线性包)**，记作 $\mathbf{M}=\overline{\mathrm{span}(\mathbf{W})}$.

定理 3.13 (1) 设 $\mathbf{M}$ 是希尔伯特空间 $\mathbf{H}$ 的任意子集，则 $(\mathbf{M}^{\perp})^{\perp}$ 是 $\mathbf{M}$ 张成的闭子空间；

(2) 设 $\mathbf{M}$ 是希尔伯特空间 $\mathbf{H}$ 中的闭线性子空间，则 $(\mathbf{M}^{\perp})^{\perp}=\mathbf{M}$；

(3) 设 $\mathbf{M}$ 是希尔伯特空间 $\mathbf{H}$ 中的线性子空间，则 $\mathbf{M}$ 在 $\mathbf{H}$ 中稠密，当且仅当 $\mathbf{M}^{\perp}=\{0\}$.

证明 (1) 设 $\mathbf{W}$ 是包含 $\mathbf{M}$ 的任意闭子空间，对于任意的 $z\in(\mathbf{M}^{\perp})^{\perp}$，由正交分解定理，$z=z_1+z_2$，$z_1\in\mathbf{W}$，$z_2\in\mathbf{W}^{\perp}$. 因为 $\mathbf{M}\subset\mathbf{W}$，则对任意的 $x\in\mathbf{W}^{\perp}$，有 $\langle y,x\rangle=0$，$\forall\, y\in\mathbf{M}$，因此，$\mathbf{W}^{\perp}\subset\mathbf{M}^{\perp}$，所以

$$\langle z_2, x\rangle = \langle z_1, x\rangle + \langle z_2, x\rangle = \langle z_1+z_2, x\rangle = \langle z, x\rangle = 0, \quad \forall x \in \mathbf{W}^{\perp}.$$

特别地，取 $x=z_2$，则 $\langle z_2, z_2\rangle=0$. 因此，$z=z_2\in\mathbf{W}$，这样一来就有 $(\mathbf{M}^{\perp})^{\perp}\subset\mathbf{W}$. 由 $\mathbf{W}$ 的任意性知 $(\mathbf{M}^{\perp})^{\perp}$ 是 $\mathbf{M}$ 张成的闭子空间.

(2) 由(1)直接得到.

(3) 必要性的证明. 由定理 3.8(2)得到.

充分性的证明. 设 $\mathbf{M}^{\perp}=\{0\}$，则 $(\overline{\mathbf{M}})^{\perp}=\mathbf{M}^{\perp}=\{0\}$. 由正交分解定理得 $\mathbf{H}=\overline{\mathbf{M}}$，这就是说 $\mathbf{M}$ 在 $\mathbf{H}$ 中稠密.

3.3.3　正交系

定义 3.7　设 $\mathbf{M}=\{e_\alpha:\alpha\in\mathbf{I}\}$ 是内积空间 $\mathbf{H}$ 的一些非零元素构成的子集. 若 $\mathbf{M}$ 中任何两个不同元素都正交，则称 $\mathbf{M}$ 为 $\mathbf{H}$ 中的一个**正交系**. 进一步，若在正交系 $\mathbf{M}$ 中每个元素的范数均为 1，则称 $\mathbf{M}$ 为 $\mathbf{H}$ 的一个**标准正交系**.

例 3.14　在 $\mathbf{R}^n$ 中，

$$\{e_1=(1,0,0,\cdots,0), e_2=(0,1,0,\cdots,0), \cdots, e_n=(0,0,0,\cdots,0,1)\}$$

是一个标准正交系.

例 3.15　在实 $L^2[-\pi,\pi]$ 中，内积为

$$\langle f,g\rangle = \int_{-\pi}^{\pi} f(x)g(x)\mathrm{d}x, \quad \forall f,g\in L^2[-\pi,\pi],$$

则

$$\{\cos x, \cos(2x), \cos(3x), \cdots\};$$
$$\{\sin x, \sin(2x), \sin(3x), \cdots\};$$
$$\{1, \cos x, \sin x, \cos(2x), \sin(2x), \cdots\}$$

都是正交系，而

$$\left\{\frac{\cos x}{\sqrt{\pi}}, \frac{\cos(2x)}{\sqrt{\pi}}, \frac{\cos(3x)}{\sqrt{\pi}}, \cdots\right\};$$
$$\left\{\frac{\sin x}{\sqrt{\pi}}, \frac{\sin(2x)}{\sqrt{\pi}}, \frac{\sin(3x)}{\sqrt{\pi}}, \cdots\right\};$$
$$\left\{\frac{1}{\sqrt{2\pi}}, \frac{\cos x}{\sqrt{\pi}}, \frac{\sin x}{\sqrt{\pi}}, \frac{\cos(2x)}{\sqrt{\pi}}, \frac{\sin(2x)}{\sqrt{\pi}}, \cdots\right\};$$

都是标准正交系.

例 3.16　在空间 $L^2[0,2\pi]$ 中，命

$$e_n(t)=\frac{1}{\sqrt{2\pi}}e^{\mathrm{i}nt}, \quad (n=0,\pm1,\pm2,\cdots),$$

由于

$$\langle e_n, e_m \rangle = \frac{1}{2\pi}\int_0^{2\pi} e^{int}\overline{e^{imt}}\,\mathrm{d}t = \frac{1}{2\pi}\int_0^{2\pi} e^{i(n-m)t}\,\mathrm{d}t = \begin{cases}1, n = m,\\ 0, n \neq m.\end{cases}$$

因此$\{e_n\}$是一个标准正交系.

已知在线性代数中，对于一组线性无关向量可用格雷姆-休密特(Gram-Schmidt)正交化程序构造出标准正交向量组. 在内积空间中则有下述的定理.

定理 3.14 (格雷姆-休密特正交化程序)设 $\mathbf{H}$ 是内积空间，$\{x_n : n=1,2,\cdots\}$是 $\mathbf{H}$ 中的线性无关子集. 则存在标准正交系$\{e_1, e_2, \cdots\}$，使得对每一个自然数 n，有：$\mathrm{span}\{e_1, e_2, \cdots, e_n\} = \mathrm{span}\{x_1, x_2, \cdots, x_n\}$.

证明 因为 $x_1 \neq 0$，令 $e_1 = x_1/\|x_1\|$，则$\|e_1\|=1$，$\mathrm{span}\{e_1\}=\mathrm{span}\{x_1\}$. 令 $y_2 = x_2 - \langle x_2, e_1\rangle e_1$，则$\langle y_2, e_1\rangle = \langle x_2, e_1\rangle - \langle x_2, e_1\rangle\langle e_1, e_1\rangle = 0$. 因此 $y_2 \perp e_1$，而且 $y_2 \neq 0$，否则 x_2 与 e_1 线性相关，从而 x_2 也与 x_1 线性相关. 令 $e_2 = y_2/\|y_2\|$，则$\{e_1, e_2\}$是标准正交系，而且 $\mathrm{span}\{e_1, e_2\} = \mathrm{span}\{x_1, x_2\}$. 假设已经选择好 $e_1, e_2, \cdots, e_k$ 使得它们构成标准正交系，而且

$$\mathrm{span}\{e_1, e_2, \cdots, e_k\} = \mathrm{span}\{x_1, x_2, \cdots, x_k\}, \tag{3.14}$$

令

$$y_{k+1} = x_{k+1} - \sum_{i=1}^{k}\langle x_{k+1}, e_i\rangle e_i,$$

则对于 $j=1,2,\cdots,k$，有

$$\begin{aligned}\langle y_{k+1}, e_j\rangle &= \langle x_{k+1}, e_j\rangle - \sum_{i=1}^{k}\langle x_{k+1}, e_i\rangle\langle e_i, e_j\rangle \\ &= \langle x_{k+1}, e_j\rangle - \langle x_{k+1}, e_j\rangle = 0,\end{aligned}$$

即 $y_{k+1} \perp e_j$，$j=1,2,\cdots,k$，而且 $y_{k+1} \neq 0$，否则 x_{k+1} 可以表示成 $e_1, e_2, \cdots, e_k$ 的线性组合，由归纳法假设(3.14)知，x_{k+1} 也可以表示成 $x_1, x_2, \cdots, x_k$ 的线性组合，这就与假设 $x_1, x_2, \cdots, x_k, x_{k+1}$ 线性无关相矛盾. 令 $e_{k+1} = y_{k+1}/\|y_{k+1}\|$，显然$\{e_1, e_2, \cdots, e_k, e_{k+1}\}$是标准正交系，而且 e_{k+1} 是 $e_1, e_2, \cdots, e_k, x_{k+1}$ 的线性组合，从而它是 $x_1, \cdots, x_k, x_{k+1}$ 的线性组合，所以

$$\mathrm{span}\{e_1, e_2, \cdots, e_k, e_{k+1}\} \subseteq \mathrm{span}\{x_1, x_2, \cdots, x_k, x_{k+1}\}.$$

另一方面，

$$x_{k+1} = y_{k+1} + \sum_{i=1}^{k}\langle x_{k+1}, e_i\rangle e_i = \|y_{k+1}\| e_{k+1} + \sum_{i=1}^{k}\langle x_{k+1}, e_i\rangle e_i,$$

x_{k+1}是 $e_1, e_2, \cdots, e_k, e_{k+1}$ 的线性组合，所以

$$\mathrm{span}\{x_1, x_2, \cdots, x_{k+1}\} \subseteq \mathrm{span}\{e_1, e_2, \cdots, e_k, e_{k+1}\},$$

故，$\mathrm{span}\{x_1, x_2, \cdots, x_{k+1}\} = \mathrm{span}\{e_1, e_2, \cdots, e_k, e_{k+1}\}$. 因此，对于任意的自然数 n，$\mathrm{span}\{e_1, e_2, \cdots, e_n\} = \mathrm{span}\{x_1, x_2, \cdots, x_n\}$，而且$\{e_n : n \in \mathbf{N}\}$为标准正交系.

注 正交化程序为

$$e_1 = \frac{x_1}{\|x_1\|},$$

$$e_2 = \frac{x_2 - \langle x_2, e_1 \rangle e_1}{\|x_2 - \langle x_2, e_1 \rangle e_1\|},$$

$$\vdots$$

$$e_{j+1} = \frac{x_{j+1} - \sum_{k=1}^{j} \langle x_{j+1}, e_k \rangle e_k}{\left\| x_{j+1} - \sum_{k=1}^{j} \langle x_{j+1}, e_k \rangle e_k \right\|},$$

$$\vdots$$

定理 3.15　内积空间 $\mathbf{H}$ 中的有限维子空间 $\mathbf{M}$ 是闭子空间.

证明　在 $\mathbf{M}$ 中任取一组基 $\varepsilon_1, \varepsilon_2, \cdots, \varepsilon_m$，按格雷姆-休密特正交化过程，做出 $\mathbf{M}$ 的标准正交基 $e_1, e_2, \cdots, e_m$，对于任意的 $x \in \mathbf{M}$，

$$x = \sum_{k=1}^{m} \xi_k e_k, \quad \langle x, e_k \rangle = \left\langle \sum_{k=1}^{m} \xi_k e_k, e_k \right\rangle = \xi_k.$$

设 $x_n = \sum_{k=1}^{m} \xi_k^{(n)} e_k \in \mathbf{M}$，$x_n \to y \in \mathbf{H}(n \to \infty)$，则由内积的连续性知，$\langle x_n, e_k \rangle \to \langle y, e_k \rangle = \eta_k(n \to \infty)$，$k = 1, 2, \cdots, m$. 因而 $\xi_k^{(n)} = \langle x_n, e_k \rangle \to \eta_k(n \to \infty)$. 由加法和数乘的连续性，有

$$x_n = \sum_{k=1}^{m} \xi_k^{(n)} e_k \to \sum_{k=1}^{m} \eta_k e_k (n \to \infty),$$

由序列极限的唯一性得 $y = \sum_{k=1}^{m} \eta_k e_k \in \mathbf{M}$，故 $\mathbf{M}$ 是闭子空间.

定理 3.16　设 $\{e_1, e_2, \cdots, e_m\}$ 是希尔伯特空间 $\mathbf{H}$ 中的一个标准正交系，令 $\mathbf{M} = \mathrm{span}\{e_1, e_2, \cdots, e_m\}$，如果 P 是 $\mathbf{H}$ 到 $\mathbf{M}$ 上的正交投影算子，则对于任意的 $x \in \mathbf{H}$，有

$$Px = \sum_{k=1}^{m} \langle x, e_k \rangle e_k.$$

证明　对于任意的 $x \in \mathbf{H}$，令

$$Qx = \sum_{k=1}^{m} \langle x, e_k \rangle e_k,$$

如果 $1 \leqslant j \leqslant m$，则当 $k \neq j$ 时，有 $\langle e_k, e_j \rangle = 0$，从而

$$\langle Qx, e_j \rangle = \sum_{k=1}^{m} \langle x, e_k \rangle \langle e_k, e_j \rangle = \langle x, e_j \rangle, \quad \langle x - Qx, e_j \rangle = 0,$$

因此，对于任意的 $x \in \mathbf{H}$，$(x - Qx) \perp \mathbf{M}$，很明显 Qx 是 $\mathbf{M}$ 中的元素，但是满足 $(x - x_0) \perp \mathbf{M}$ 的向量 x_0 是唯一的，故对任何 $x \in \mathbf{H}$，$Qx = Px$.

定理 3.17　设 $\{e_k\}$ 是希尔伯特空间 $\mathbf{H}$ 的标准正交系，$\{\alpha_k\}$ 是实（或复）数点列，那么级数 $\sum_{k=1}^{\infty} \alpha_k e_k$ 在 $\mathbf{H}$ 中收敛，当且仅当 $\sum_{k=1}^{\infty} |\alpha_k|^2 < \infty$. 进而还有

$$\left\|\sum_{k=1}^{\infty}\alpha_k e_k\right\|^2=\sum_{k=1}^{\infty}|\alpha_k|^2.$$

证明 设 $S_n=\sum_{k=1}^{n}\alpha_k e_k$，我们将证明 $\{S_n\}$ 是一个柯西列，当且仅当 $\sum_{k=1}^{\infty}|\alpha_k|^2<\infty$. 根据勾股定理知

$$\|S_{n+p}-S_n\|^2=\sum_{k=n+1}^{n+p}|\alpha_k|^2,\quad \forall n,p\in\mathbf{N}.$$

上面的等式表明 $\{S_n\}$ 是柯西列，当且仅当 $\sum_{k=1}^{\infty}|\alpha_k|^2$ 收敛.

进一步，我们有

$$\left\|\sum_{k=1}^{\infty}\alpha_k e_k\right\|^2=\lim_{n\to\infty}\|S_n\|^2=\sum_{k=1}^{\infty}|\alpha_k|^2.$$

定理 3.18 〔贝塞尔(Bessel)不等式〕设 $\{e_k\}$ 是希尔伯特空间 $\mathbf{H}$ 中的标准正交系，则对于任意的 $x\in\mathbf{H}$ 和 $n\in\mathbf{N}$，有

$$\left\|x-\sum_{k=1}^{n}\langle x,e_k\rangle e_k\right\|^2=\|x\|^2-\sum_{k=1}^{n}|\langle x,e_k\rangle|^2\geqslant 0 \tag{3.15}$$

和

$$\sum_{k=1}^{n}|\langle x,e_k\rangle|^2\leqslant\|x\|^2. \tag{3.16}$$

进一步，

$$\sum_{k=1}^{\infty}|\langle x,e_k\rangle|^2\leqslant\|x\|^2, \tag{3.17}$$

而且 $\sum_{k=1}^{\infty}\langle x,e_k\rangle e_k$ 在 $\mathbf{H}$ 中收敛.

证明 令

$$x_n=x-\sum_{k=1}^{n}\langle x,e_k\rangle e_k,$$

则 $x_n\perp e_k$，$1\leqslant k\leqslant n$. 由勾股定理得到

$$\begin{aligned}\|x\|^2&=\|x_n\|^2+\left\|\sum_{k=1}^{n}\langle x,e_k\rangle e_k\right\|^2=\|x_n\|^2+\sum_{k=1}^{n}\|\langle x,e_k\rangle e_k\|^2\\&=\|x_n\|^2+\sum_{k=1}^{n}|\langle x,e_k\rangle|^2\|e_k\|^2\\&=\|x_n\|^2+\sum_{k=1}^{n}|\langle x,e_k\rangle|^2\geqslant\sum_{k=1}^{n}|\langle x,e_k\rangle|^2.\end{aligned}$$

所以，$\sum_{k=1}^{n}|\langle x,e_k\rangle|^2\leqslant\|x\|^2$. 因此根据定理 3.17 可知此定理成立.

推论 3.19 设 $\{e_k:k\in\mathbf{N}\}$ 是希尔伯特空间 $\mathbf{H}$ 中的标准正交系，$x\in\mathbf{H}$. 则有 $\lim_{n\to\infty}\langle x,e_n\rangle=0$.

推论 3.20　设$\{e_k: k\in \mathbf{N}\}$是希尔伯特空间 **H** 中的标准正交系，$\alpha_1,\alpha_2,\cdots,\alpha_n$ 是任意的数. 则

$$\left\| x-\sum_{k=1}^{n}\alpha_k e_k\right\|^2 \geqslant \left\| x-\sum_{k=1}^{n}\langle x,e_k\rangle e_k\right\|^2.$$

证明　注意到对任意的数 $\alpha_1,\alpha_2,\cdots,\alpha_n$，恒有

$$\left\| x-\sum_{k=1}^{n}\alpha_k e_k\right\|^2 = \left\| x-\sum_{k=1}^{n}\langle x,e_k\rangle e_k\right\|^2 + \sum_{k=1}^{n}|\langle x,e_k\rangle-\alpha_k|^2. \tag{3.18}$$

因此得到所要证明的结论.

注　此推论可以看作是最佳逼近定理，即当且仅当 $\alpha_k=\langle x,e_k\rangle\,(k=1,\cdots,n)$时，$\left\| x-\sum_{k=1}^{n}\alpha_k e_k\right\|$ 取最小值.

设$\{e_n\}$是内积空间 **H** 中的标准正交系，$x\in \mathbf{H}$，如果

$$\sum_{k=1}^{\infty}|\langle x,e_k\rangle|^2 = \|x\|^2,$$

称 x 关于$\{e_n\}$巴塞伐尔(Parseval)等式成立.

由定理 3.18 证明中式(3.15)可知，对于 $x\in \mathbf{H}$，x 关于$\{e_n\}$的傅里叶(Fourier)级数收敛，且收敛于 x，当且仅当 x 关于$\{e_n\}$巴塞伐尔等式成立.

如果对于每一个 $x\in \mathbf{H}$，巴塞伐尔等式成立，称$\{e_n\}$是**完备的**.

下面定理给出了一个标准正交系是完备的判别法.

定理 3.21　设$\{e_n\}$是内积空间 **H** 中的一个标准正交系，则$\{e_n\}$是完备的，当仅当$\{e_n\}$张成的子空间 **L** 在 **H** 中稠密.

证　设$\{e_n\}$是完备的，则对任意 $x\in \mathbf{H}$，

$$\left\| x-\sum_{k=1}^{n}\langle x,e_k\rangle e_k\right\| \to 0 \quad (n\to\infty).$$

故$\{e_n\}$张成的子空间 **L** 在 **H** 中稠密.

反之，对任意 $x\in \mathbf{H}$ 及 $\varepsilon>0$，存在 $x_{n_0}=\sum_{k=1}^{n_0}\alpha_k^{(n_0)}e_k$，使得

$$\|x-x_{n_0}\|<\varepsilon,$$

于是由推论 3.20 的注，可得

$$\left\| x-\sum_{k=1}^{n_0}\langle x,e_k\rangle e_k\right\| \leqslant \left\| x-\sum_{k=1}^{n_0}\alpha_k^{(n_0)}e_k\right\| = \|x-x_{n_0}\|<\varepsilon.$$

因此由(3.15)式得，当 $n>n_0$ 时，

$$\left\| x-\sum_{k=1}^{n}\langle x,e_k\rangle e_k\right\| \leqslant \left\| x-\sum_{k=1}^{n_0}\langle x,e_k\rangle e_k\right\| <\varepsilon.$$

所以$\{e_n\}$是完备的.

作为定理 3.21 应用的例，我们证明三角函数系

$$\left\{\frac{1}{\sqrt{2\pi}}e^{int}\right\},\quad n=0,\pm 1,\pm 2\cdots,$$

在 $L^2[0,2\pi]$中是完备的.

为了证明这一点,取 $\mathbf{L}$ 为$\left\{\frac{1}{\sqrt{2\pi}}e^{int}\right\}$,($n=0,\pm 1,\cdots$)张成的子空间,由外尔斯托拉斯定理 $\mathbf{L}$ 在 $L^2[0,2\pi]$中稠密,应用定理 3.21 知$\left\{\frac{1}{\sqrt{2\pi}}e^{int}\right\}$,($n=0,\pm 1,\cdots$)在 $L^2[0,2\pi]$中完备.

与标准正交系的完备性有关还有完全性概念.

定义 3.8 设$\{e_n\}$是内积空间 $\mathbf{H}$ 中的标准正交系,如果 $\mathbf{H}$ 中不存在与所有 e_n 正交的非零元,称$\{e_n\}$是**完全的**.希尔伯特空间 $\mathbf{H}$ 中完全的标准正交集也称为**标准正交基**.

下面定理给出完备性与完全性之间关系.

定理 3.22 设 $\mathbf{H}$ 是希尔伯特空间,$\{e_n\}$是 $\mathbf{H}$ 中的标准正交系,则$\{e_n\}$是完备的,当且仅当$\{e_n\}$是完全的.

证明 设$\{e_n\}$是完备的,如果 $x\in\mathbf{H}$,使得

$$\langle x,e_n\rangle=0,\quad (n=1,2,\cdots).$$

由巴塞伐尔等式

$$\|x\|^2=\sum_{n=1}^{\infty}|\langle x,e_n\rangle|^2=0.$$

因此 $x=0$,所以$\{e_n\}$是完全的.

反之,设$\{e_n\}$是完全的,假设$\{e_n\}$张成的子空间 $\mathbf{M}$ 在 H 中不稠密,于是存在 $x\in\mathbf{H}\backslash\overline{\mathbf{M}}$,由正交分解定理,存在 $x_0\in\overline{\mathbf{M}}$ 及 $y\in\overline{\mathbf{M}}^{\perp}$,使得

$$x=x_0+y.$$

显然 $y\neq 0$ 且 y 与所有 e_n 正交,这与$\{e_n\}$的完全性矛盾,所以 $\overline{\mathbf{M}}=\mathbf{H}$,从而$\{e_n\}$是完备的.

例 3.17 在空间 l^2 中,设

$$\begin{aligned}e_1&=(1,0,\cdots),\\ e_2&=(0,1,0,\cdots),\\ &\vdots\\ e_n&=(0,0,\cdots,1,0,\cdots)\\ &\vdots\end{aligned}$$

显然$\{e_n\}$是 l^2 的一个标准正交系.任取 $x=\{\xi_k\}\in l^2$,设 $x_n=\xi_1e_1+\cdots+\xi_ne_n(n=1,2,\cdots)$,则 $\|x_n-x\|=\left(\sum_{k=n+1}^{\infty}|\xi_k|^2\right)^{\frac{1}{2}}\to 0(n\to\infty)$.所以$\{e_n\}$是 l^2 的一个标准正交基.

例 3.18 三角函数系

$$\mathbf{S}=\left\{\frac{1}{\sqrt{2\pi}},\frac{1}{\sqrt{\pi}}\cos(nx),\frac{1}{\sqrt{\pi}}\sin(nx),n=1,2,\cdots\right\}$$

是希尔伯特空间 $L^2[-\pi,\pi]$中的标准正交基.

证明　如果 $f(x)\in L^2[-\pi,\pi]$，而且 $f(x)$与 $\boldsymbol{S}$ 正交，要证明 $f(x)=0(a.e.)$，即证明 $f(x)$为 $L^2[-\pi,\pi]$中的零元素. 下面分两步进行：

(1) 若 $f(x)$为连续函数，而 $f(x)\neq 0$，则存在 $x_0\in(-\pi,\pi)$，使得 $f(x_0)\neq 0$，不妨设 $f(x_0)>0$，否则可用 $-f(x)$代替 $f(x)$. 由 $f(x)$的连续性知，存在区间$[x_0-\delta,x_0+\delta]\subset(-\pi,\pi)$，使得 $f(x)\geqslant c>0$，构造如下的三角多项式：

$$P(x)=1+\cos(x-x_0)-\cos\delta=1+\cos x_0\cos x+\sin x_0\sin x-\cos\delta.$$

容易知道，当 $x\in[x_0-\delta,x_0+\delta]$时，$|x-x_0|\leqslant\delta$，$P(x)\geqslant 1$，$\forall\, m\in\mathbf{N}$，

$$\int_{x_0-\delta}^{x_0+\delta} f(x)P^m(x)\mathrm{d}x\geqslant\int_{x_0-\delta}^{x_0+\delta} c\,\mathrm{d}x=2c\delta.$$

由于 $f(x)$的连续性，$f(x)$在$[-\pi,\pi]$有界，从而存在 $K>0$，使得对于任意的 $x\in[-\pi,\pi]$，有$|f(x)|\leqslant K$，当 $x\in[x_0-\delta-\varepsilon,x_0-\delta]\cup[x_0+\delta,x_0+\delta+\varepsilon]$时，有$|P(x)|\leqslant 1$，并且当 $\varepsilon<(c\delta)/(2K)$时，则有

$$\left|\int_{x_0-\delta-\varepsilon}^{x_0-\delta} f(x)P^m(x)\mathrm{d}x+\int_{x_0+\delta}^{x_0+\delta+\varepsilon} f(x)P^m(x)\mathrm{d}x\right|\leqslant 2K\varepsilon<c\delta.$$

同时可取 ε 任意小，使得$[x_0-\delta-\varepsilon,x_0+\delta+\varepsilon]\subset[-\pi,\pi]$. 当 $x\in[-\pi,x_0-\delta-\varepsilon]$时，

$$1+\cos(x-x_0)-\cos\delta\leqslant 1+\cos(\delta+\varepsilon)-\cos\delta<1.$$

又因为 $1+\cos(x-x_0)-\cos\delta>-\cos\delta$，所以，

$$|1+\cos(x-x_0)-\cos\delta|\leqslant 1-\beta<1.$$

当 $x\in[x_0+\delta+\varepsilon,\pi]$时，也有上述不等式，因此，当 m 充分大时，有

$$|P^m(x)|\leqslant(1-\beta)^m<\frac{c\delta}{4K\pi}.$$

现在

$$\begin{aligned}
&\left|\int_{-\pi}^{\pi} f(x)P^m(x)\mathrm{d}x\right|\\
=&\left|\int_{x_0-\delta}^{x_0+\delta}+\int_{x_0-\delta-\varepsilon}^{x_0-\delta}+\int_{x_0+\delta}^{x_0+\delta+\varepsilon}+\int_{-\pi}^{x_0-\delta-\varepsilon}+\int_{x_0+\delta+\varepsilon}^{\pi} f(x)P^m(x)\mathrm{d}x\right|\\
\geqslant&\left|\int_{x_0-\delta}^{x_0+\delta} f(x)P^m(x)\mathrm{d}x\right|-\left|\int_{x_0-\delta-\varepsilon}^{x_0-\delta} f(x)P^m(x)\mathrm{d}x+\int_{x_0+\delta}^{x_0+\delta+\varepsilon} f(x)P^m(x)\mathrm{d}x\right|\\
&-\int_{-\pi}^{x_0-\delta-\varepsilon}|f(x)||P^m(x)|\mathrm{d}x-\int_{x_0+\delta+\varepsilon}^{\pi}|f(x)||P^m(x)|\mathrm{d}x\\
\geqslant&\ 2c\delta-c\delta-K(1-\beta)^m 2\pi>c\delta-\frac{c\delta}{2}=\frac{c\delta}{2}.
\end{aligned}$$

另一方面，利用三角恒等式知，$P^m(x)$仍为三角多项式，即它是 $\cos(nx)$，$\sin(nx)$ $(n=0,1,2,\cdots)$的线性组合，也就是说 $P^m(x)\in\operatorname{span}\boldsymbol{S}$. 因为 $f\perp\boldsymbol{S}$，从而得出 $f\perp P^m$，即有

$$\int_{-\pi}^{\pi} f(x)P^m(x)\mathrm{d}x=0,$$

这就得出矛盾，故必有 $f(x)\equiv 0$.

(2) 设 $f(x)\in L^2[-\pi,\pi]$，而且 $f(x)$ 与 $\mathbf{S}$ 正交，由赫尔德不等式得

$$\int_{-\pi}^{\pi}|f(x)|\,\mathrm{d}x\leqslant\left(\int_{-\pi}^{\pi}1^2\,\mathrm{d}x\right)^{1/2}\left(\int_{-\pi}^{\pi}|f(x)|^2\,\mathrm{d}x\right)^{1/2}$$

$$=\sqrt{2\pi}\left(\int_{-\pi}^{\pi}|f(x)|^2\,\mathrm{d}x\right)^{1/2}.$$

因为 $f(x)$ 是勒贝格(Lebesgue)可积的，即 $f(x)\in L[-\pi,\pi]$，因此可以令

$$g(x)=\int_{-\pi}^{x}f(t)\,\mathrm{d}t,\ \forall\, x\in[-\pi,\pi].$$

由勒贝格积分的性质，易知 $g(x)$ 是 $[-\pi,\pi]$ 上的连续函数，而且

$$g(-\pi)=0,\quad g(\pi)=\int_{-\pi}^{\pi}f(x)1\,\mathrm{d}x=0,$$

这是因为 f 与 $1/\sqrt{2\pi}$ 正交. 又由于 $\mathrm{e}^{\mathrm{i}nx}=\cos(nx)+\mathrm{i}\sin(nx)$，故由分部积分公式得

$$0=\int_{-\pi}^{\pi}f(x)\mathrm{e}^{\mathrm{i}nx}\,\mathrm{d}x=g(x)\mathrm{e}^{\mathrm{i}nx}\Big|_{-\pi}^{\pi}-\mathrm{i}n\int_{-\pi}^{\pi}g(x)\mathrm{e}^{\mathrm{i}nx}\,\mathrm{d}x$$

$$=-\mathrm{i}n\int_{-\pi}^{\pi}g(x)\mathrm{e}^{\mathrm{i}nx}\,\mathrm{d}x,\quad n=\pm1,\pm2,\cdots,$$

取

$$g_1(x)=g(x)-\frac{1}{2\pi}\int_{-\pi}^{\pi}g(x)\,\mathrm{d}x,$$

则有

$$\int_{-\pi}^{\pi}g_1(x)\mathrm{e}^{\mathrm{i}nx}\,\mathrm{d}x=0,\quad n=0,\pm1,\pm2,\cdots,$$

因为

$$\cos(nx)=\frac{\mathrm{e}^{\mathrm{i}nx}+\mathrm{e}^{-\mathrm{i}nx}}{2},\quad \sin(nx)=\frac{\mathrm{e}^{\mathrm{i}nx}-\mathrm{e}^{-\mathrm{i}nx}}{2\mathrm{i}},$$

故连续函数 $g_1(x)$ 与三角函数系 $\mathbf{S}$ 正交. 由(1)的证明得，$g_1(x)\equiv0$，$g(x)$ 是勒贝格可积函数 $f(x)$ 的带变动上限的积分，由勒贝格积分的性质，$g(x)$ 是几乎处处可导的，且 $g'_1(x)=g'(x)=f(x)(a.e.)$，所以 $f(x)=0(a.e.)$.

在一般的希尔伯特空间中，标准正交基有下述等价刻画.

定理 3.23 设 $\mathbf{S}=\{e_k:k\in\mathbf{N}\}$ 为希尔伯特空间 $\mathbf{H}$ 中的标准正交系，则下述一些条件等价：

(1) $\boldsymbol{S}$ 是 $\mathbf{H}$ 的完全标准正交系；

(2) $\mathbf{S}^{\perp}=\{0\}$(此条件满足时称 $\mathbf{S}$ 为完备的)；

(3) $\overline{\mathrm{span}\boldsymbol{S}}=\mathbf{H}$；

(4) 对于任意的 $x\in\mathbf{H}$，$x=\sum\limits_{k=1}^{\infty}\langle x,e_k\rangle e_k$；

(5) 对于任意的 $x\in\mathbf{H}$，巴塞伐尔等式成立，即

$$\|x\|^2 = \sum_{k=1}^{\infty} |\langle x, e_k\rangle|^2;$$

(6) 对于任意的 $x, y \in \mathbf{H}$,

$$\langle x, y\rangle = \sum_{k=1}^{\infty} \langle x, e_k\rangle \overline{\langle y, e_k\rangle}.$$

证明

(1) $\Leftrightarrow$(2)直接由定义得出.

(2) $\Leftrightarrow$(3),由于$(\mathrm{span}\boldsymbol{S})^{\perp} = \boldsymbol{S}^{\perp}$,从而

$$\overline{\mathrm{span}\boldsymbol{S}} = \mathbf{H} \Leftrightarrow (\mathrm{span}\boldsymbol{S})^{\perp} = \{0\} \Leftrightarrow \boldsymbol{S}^{\perp} = \{0\}.$$

(2) $\Rightarrow$(4),由于希尔伯特空间中傅里叶级数的收敛性,对于任意的 $x \in \mathbf{H}$,

$$y = x - \sum_{k=1}^{\infty} \langle x, e_k\rangle e_k,$$

有意义,但是对于任意的 $i \in \mathbf{N}$,

$$\langle y, e_i\rangle = \langle x, e_i\rangle - \sum_{k=1}^{\infty} \langle x, e_k\rangle \langle e_k, e_i\rangle = \langle x, e_i\rangle - \langle x, e_i\rangle = 0,$$

故 $y \in \boldsymbol{S}^{\perp}$,从而 $y=0$,这样就可以得到

$$x = \sum_{k=1}^{\infty} \langle x, e_k\rangle e_k.$$

此式是有限维空间(特别是普通的 $\mathbf{R}^2, \mathbf{R}^3$)中向量关于标准正交基的坐标分解式的推广,因此通常称完全标准正交系为标准正交基.

(4) $\Rightarrow$(6),$\forall x, y \in \mathbf{H}$,有

$$x = \sum_{k=1}^{\infty} \langle x, e_k\rangle e_k, \quad y = \sum_{i=1}^{\infty} \langle y, e_i\rangle e_i.$$

由内积的性质,可以得到

$$\begin{aligned}\langle x, y\rangle &= \left\langle \sum_{k=1}^{\infty} \langle x, e_k\rangle e_k, \sum_{i=1}^{\infty} \langle y, e_i\rangle e_i \right\rangle \\ &= \sum_{k=1}^{\infty} \sum_{i=1}^{\infty} \langle x, e_k\rangle \overline{\langle y, e_i\rangle} \langle e_k, e_i\rangle \\ &= \sum_{k=1}^{\infty} \langle x, e_k\rangle \overline{\langle y, e_k\rangle}.\end{aligned}$$

(6) $\Rightarrow$(5),取 $x=y$,则获得

$$\|x\|^2 = \langle x, x\rangle = \sum_{k=1}^{\infty} |\langle x, e_k\rangle|^2.$$

(5) $\Rightarrow$(1),如果 $\boldsymbol{S}$ 不是完全的,则存在单位向量 $e_0 \in \mathbf{H}$,$\|e_0\|^2 = 1$,$e_0 \perp \boldsymbol{S}$,这样就自然会有

$$\sum_{k=1}^{\infty} |\langle e_0, e_k \rangle|^2 = 0,$$

但由(5)知

$$\|e_0\|^2 = \sum_{k=1}^{\infty} |\langle e_0, e_k \rangle|^2,$$

这样就产生了矛盾.

注 由以上定理的(4)表明,在希尔伯特空间中,x 关于标准正交基的傅里叶级数收敛于 x.

推论 3.24 在 $L^2[-\pi,\pi]$中,标准正交系

$$\boldsymbol{S}=\left\{\frac{1}{\sqrt{2\pi}},\frac{\cos x}{\sqrt{\pi}},\frac{\sin x}{\sqrt{\pi}},\frac{\cos(2x)}{\sqrt{\pi}},\frac{\sin(2x)}{\sqrt{\pi}},\cdots\right\},$$

(1) $\boldsymbol{S}$ 是完全系;

(2) $\boldsymbol{S}$ 是完备系;

(3) 对任意的 $f\in L^2[-\pi,\pi]$,都有

$$\|f\|_2^2 = \frac{a_0^2}{2} + \sum_{k=1}^{\infty}(a_k^2+b_k^2);$$

(4) 对于任意的 $f\in L^2([-\pi,\pi])$,

$$f(x) = \frac{a_0}{2} + \sum_{k=1}^{\infty}(a_k\cos(kx)+b_k\sin(kx)),$$

上式右端按 $\|\cdot\|_2$ 范数去理解.

定理 3.25 设 $\mathbf{H}$ 是希尔伯特空间,则下述两条等价:

(1) $\mathbf{H}$ 是可分的;

(2) $\mathbf{H}$ 有一个至多可数的完全标准正交系.

证明 我们仅证明(1)⇒(2)设 $\mathbf{H}$ 是可分的,则 $\mathbf{H}$ 有一个处处稠密的可数子集$\{x_1, x_2,\cdots\}$,其中必存在一个线性无关的子集.具体抽取步骤如下:设$\{x_1,x_2,\cdots\}$中第一个非零向量为 x_{n_1},则取 $y_1=x_{n_1}$.又设在$\{x_1,x_2,\cdots\}$中第一个与 x_{n_1} 线性无关的向量为 x_{n_2},则取 $y_2=x_{n_2}$.利用数学归纳法可取出$\{x_1,x_2,\cdots\}$中线性无关的向量组$\{x_{n_k}\}$,令 $y_k=x_{n_k}$,则$\{y_k\}$为线性无关集,而且 $\text{span}\{x_n\}=\text{span}\{y_k\}$,从而,若$\{y_k\}$为有限集,则 $\text{span}\{x_1,x_2,\cdots\}$为有限维空间,若$\{y_k\}$为可数集,则 $\text{span}\{x_1,x_2,\cdots\}$为无限维空间.再对$\{y_k\}$应用格雷姆-休密特正交化过程,便构造出一个标准正交系$\{e_k\}$,而且 $\text{span}\{e_k\}=\text{span}\{x_k\}=\text{span}\{y_k\}$.又因为 $\overline{\text{span}\{x_n\}}\supset\overline{\{x_n\}}=\mathbf{H}$,因而,$\overline{\text{span}\{e_k\}}=\mathbf{H}$,故$\{e_k\}$是完全标准正交系.

3.4 黎斯表现定理、对偶空间

定理 3.26 设 $\mathbf{H}$ 是数域 $\mathbf{F}$ 上的希尔伯特空间,而 $f:\mathbf{H}\to\mathbf{F}$ 是线性泛函,则以下五者

等价：

1°　f 是连续的；

2°　f 在零点连续；

3°　f 在某一点连续；

4°　$\exists C>0$，使得 $\forall x\in \mathbf{H}$，$|f(x)|\leqslant C\|x\|$；

5°　$\ker f$ 是闭集.

证　显然 1°⇒2°⇒3°，4°⇒2°.

3°⇒1°. 设 f 在某一点 x_0 连续而 x 是 $\mathbf{H}$ 中任一点. 如在 $\mathbf{H}$ 中 $x_n\to x$，则 $x_n-x\to 0$，$x_n-x+x_0\to 0+x_0=x_0$，由假设，$\lim\limits_{n\to\infty}f(x_n-x+x_0)=f(x_0)$，

$$\begin{aligned}\lim_{n\to\infty}f(x_n)&=\lim_{n\to\infty}[f(x_n-x+x_0)+f(x)-f(x_0)]\\&=\lim_{n\to\infty}f(x_n-x+x_0)+f(x)-f(x_0)\\&=f(x_0)+f(x)-f(x_0)=f(x).\end{aligned}$$

2°⇒4°. 由 f 在 0 点连续，对 $\varepsilon=1$，$\exists\delta>0$，当 $\|x\|<\delta$，$|f(x)|<1$. $\forall x\in\mathbf{H}$，如 $x\neq 0$，$\left\|\dfrac{\delta}{2}\dfrac{x}{\|x\|}\right\|=\delta/2<\delta$，$\left|f\left(\dfrac{\delta}{2}\dfrac{x}{\|x\|}\right)\right|<1$，所以 $|f(x)|\leqslant\dfrac{2}{\delta}\|x\|$. 当 $x=0$，上式也成立. 取 $C=2/\delta$，即证得 4°.

1°⇒5°. 如果 $\{x_n\}\subset\ker f$，$x_n\to x$，则 $f(x_n)=0$，$0=\lim\limits_{n\to\infty}f(x_n)=f(x)$，故 $x\in\ker f$，$\ker f$ 是闭集.

5°⇒4°. 如 5°成立而 4°不成立，$\forall n$，$\exists x_n\in\mathbf{H}$，$|f(x_n)|>n\|x_n\|$，令 $y_n=x_n/\|x_n\|$，则 $\|y_n\|=1$，$|f(y_n)|=\dfrac{|f(x_n)|}{\|x_n\|}>n$，从而 $\dfrac{y_n}{f(y_n)}\to 0$.

另一方面，$f\left(\dfrac{y_n}{f(y_n)}-\dfrac{y_1}{f(y_1)}\right)=f\left(\dfrac{y_n}{f(y_n)}\right)-f\left(\dfrac{y_1}{f(y_1)}\right)=1-1=0$，$\dfrac{y_n}{f(y_n)}-\dfrac{y_1}{f(y_1)}\in\ker f$. $\dfrac{y_n}{f(y_n)}-\dfrac{y_1}{f(y_1)}\to-\dfrac{y_1}{f(y_1)}$. 所以 $\dfrac{-y_1}{f(y_1)}\in\overline{\ker f}=\ker f$，而 $f\left(\dfrac{-y_1}{f(y_1)}\right)=-1$，得出矛盾.

定义 3.9　$\mathbf{H}$ 上线性泛函 $f(x)$ 称为**有界线性泛函**，如果存在常数 $C>0$，使得 $\forall x\in\mathbf{H}$，$|f(x)|\leqslant C\|x\|$.

由以上定理可知，线性泛函是有界的，当且仅当它是连续的.

定义 3.10　对有界线性泛函 $f:\mathbf{H}\to\mathbf{F}$，定义 $\|f\|=\sup\{|f(x)|:\|x\|\leqslant 1\}$，由有界线性泛函的定义，$\|f\|<\infty$，$\|f\|$ 称为有界线性泛函 f 的**范数**.

下述命题给出 $\mathbf{H}$ 上的有界线性泛函 f 的范数 $\|f\|$ 有多个不同的表示方式.

命题 3.27　如果 f 是有界线性泛函，则

$$\|f\|=\sup\{|f(x)|:\|x\|=1\}=\sup\left\{\frac{|f(x)|}{\|x\|}:x\in\mathbf{H},x\neq 0\right\}$$

$$=\inf\{c>0:|f(x)|\leqslant c\|x\|,\forall x\in \mathbf{H}\},$$

且 $\forall x\in \mathbf{H}$，$|f(x)|\leqslant\|f\|\|x\|$.

证明

$$\begin{aligned}\{|f(x)|:\|x\|=1\}&=\left\{\left|f\left(\frac{x}{\|x\|}\right)\right|:x\in \mathbf{H},x\neq 0\right\}\\&=\left\{\frac{|f(x)|}{\|x\|}:x\in \mathbf{H},x\neq 0\right\}\subset\{|f(x)|:\|x\|\leqslant 1\},\end{aligned}$$

所以

$$\sup\{|f(x)|:\|x\|=1\}=\sup\left\{\frac{|f(x)|}{\|x\|}:x\in \mathbf{H},x\neq 0\right\}\leqslant\|f\|.$$

另一方面，

$$\begin{aligned}\|f\|&=\sup\{|f(x)|:\|x\|\leqslant 1\}\\&=\sup\{|f(x)|:\|x\|\leqslant 1,x\neq 0\}\\&\leqslant\sup\left\{\frac{|f(x)|}{\|x\|}:\|x\|\leqslant 1,x\neq 0\right\}\\&\leqslant\sup\left\{\frac{f(x)}{\|x\|}:x\in \mathbf{H},x\neq 0\right\},\end{aligned}$$

所以

$$\|f\|=\sup\{|f(x)|:\|x\|=1\}=\sup\left\{\frac{|f(x)|}{\|x\|}:x\in \mathbf{H},x\neq 0\right\}.$$

又令 $\alpha=\inf\{c>0:|f(x)|\leqslant c\|x\|,\forall x\in \mathbf{H}\}$. 要证 $\|f\|=\alpha$. 对 $x\neq 0$，$\|\|x\|^{-1}x\|=1$，$|f(\|x\|^{-1}x)|\leqslant\|f\|$，故 $|f(x)|\leqslant\|f\|\|x\|$；对 $x=0$ 则前式显然成立. 由 α 的定义，$\alpha\leqslant\|f\|$，另一方面，如果 c 满足条件：$\forall x\in \mathbf{H}$，$|f(x)|\leqslant c\|x\|$，则当 $\|x\|\leqslant 1$ 时，$|f(x)|\leqslant c$，$\|f\|=\sup\{|f(x)|:\|x\|\leqslant 1\}\leqslant c$. $\|f\|$ 是所有这样的 c 的集合的一个下界，必不超过其下确界(最大下界)α，故 $\|f\|\leqslant\alpha$. 因而 $\|f\|=\alpha$.

定义 3.11 对有界线性泛函，可按函数的加法和数乘以函数的数乘来定义加法与数乘. 两个有界线性泛函 f_1 与 f_2 的和 f_1+f_2 即

$$(f_1+f_2)(x)=f_1(x)+f_2(x),\quad x\in \mathbf{H}.$$

如 f 是有界线性泛函，$\alpha\in \mathbf{F}$，则定义

$$(\alpha f)(x)=\alpha f(x),\quad x\in \mathbf{H}.$$

零泛函 0 即是恒等于 0 的泛函，

$$0(x)=0,\quad x\in \mathbf{H}.$$

显然 f_1+f_2，αf 仍是有界线性泛函. 这样 $\mathbf{H}$ 上所有有界线性泛函组成的集合，按以上的加法和数乘成为一个线性空间，称为 $\mathbf{H}$ 的**对偶空间或共轭空间**，记作 $\mathbf{H}^*$.

有界线性泛函的范数满足范数定义中所要求的三条件.

1° $\|f_1+f_2\|\leqslant\|f_1\|+\|f_2\|$，$f_1,f_2\in \mathbf{H}^*$；

2° $\|\alpha f\|=|\alpha|\|f\|$，$f\in \mathbf{H}^*$，$\alpha\in \mathbf{F}$；

3° $\|f\|\geqslant 0$,且 $\|f\|=0\Leftrightarrow f=0$.

证明 1° $|(f_1+f_2)(x)|=|f_1(x)+f_2(x)|$

$$\begin{aligned}&\leqslant |f_1(x)|+|f_2(x)|\\&\leqslant \|f_1\|\|x\|+\|f_2\|\|x\|\\&=(\|f_1\|+\|f_2\|)\|x\|,\end{aligned}$$

所以 $\|f_1+f_2\|\leqslant\|f_1\|+\|f_2\|$;

2°
$$\begin{aligned}\|\alpha f\|&=\sup\{|\alpha f(x)|:\|x\|\leqslant 1\}\\&=\sup\{|\alpha||f(x)|:\|x\|\leqslant 1\}\\&=|\alpha|\sup\{|f(x)|:\|x\|\leqslant 1\}=|\alpha|\|f\|;\end{aligned}$$

3° 由定义 $\|f\|\geqslant 0$,$\|0\|=0$,而当 $\|f\|=0$ 时,$\|f\|=\sup\{|f(x)|/\|x\|:x\neq 0\}=0$,当 $x\neq 0$ 时,$|f(x)|/\|x\|=0$,$f(x)=0$,又显然 $f(0)=0$,故 $f=0$.

在本书 2.1 节已举过一些线性泛函的例子,在 $\mathbf{R}^n$ 中,固定 $a=(a_1,a_2,\cdots,a_n)$,对 $x=(\xi_1,\xi_2,\cdots,\xi_n)\in\mathbf{R}^n$,定义 $f(x)=\langle x,a\rangle=\sum_{i=1}^{n}a_i\xi_i$,则 $|f(x)|\leqslant\|a\|\|x\|$,它是 $\mathbf{R}^n$ 上的有界线性泛函.这可以推广到一般的希尔伯特空间.固定 $x_0\in\mathbf{H}$,由 $f(x)=\langle x,x_0\rangle$,$x\in\mathbf{H}$ 定义 $f:\mathbf{H}\to\mathbf{F}$.易见 f 是 $\mathbf{H}$ 上线性泛函.由许瓦兹不等式,$|f(x)|\leqslant\|x_0\|\|x\|$,故 f 是 $\mathbf{H}$ 上有界线性泛函,且 $\|f\|\leqslant\|x_0\|$.又有 $f(x_0/\|x_0\|)=\left\langle\dfrac{x_0}{\|x_0\|},x_0\right\rangle=\|x_0\|$,故 $\|f\|\geqslant\|x_0\|$,因而 $\|f\|=\|x_0\|$.以下的定理说明其逆命题也成立.

定理 3.28 (黎斯表现定理)如 $f:\mathbf{H}\to\mathbf{F}$ 是希尔伯特空间 $\mathbf{H}$ 上的有界线性泛函,则存在唯一的 $x_0\in\mathbf{H}$,使得 $\forall x\in\mathbf{H}$,$f(x)=\langle x,x_0\rangle$,且有 $\|f\|=\|x_0\|$.

证明 令 $\mathbf{M}=\ker f$,则由定理 3.26 知 $\mathbf{M}$ 是 $\mathbf{H}$ 的闭线性子空间,如果 $\mathbf{M}=\mathbf{H}$,则 $f=0$,即 f 是零泛函,取 $x_0=0$ 即可.现设 $\mathbf{M}\neq\mathbf{H}$,由正交分解定理 $\mathbf{M}^\perp\neq\{0\}$,$\exists x_1\in\mathbf{M}^\perp$,$x_1\neq 0$,$x_1\overline{\in}\mathbf{M}$,$f(x_1)\neq 0$,取 $x_2=x_1/f(x_1)$,则 $x_2\in\mathbf{M}^\perp$,$f(x_2)=1$.如 $x\in\mathbf{H}$,则

$$f(x-f(x)x_2)=f(x)-f(x)f(x_2)=0.$$

所以 $x-f(x)x_2\in\mathbf{M}$,

$$0=\langle x-f(x)x_2,x_2\rangle=\langle x,x_2\rangle-f(x)\|x_2\|^2,$$

所以 $f(x)=\langle x,x_2/\|x_2\|^2\rangle$.令 $x_0=x_2/\|x_2\|^2$,则 $\forall x\in\mathbf{H}$,$f(x)=\langle x,x_0\rangle$.

现证唯一性,如 $x'_0\in\mathbf{H}$,使得 $\forall x\in\mathbf{H}$,$f(x)=\langle x,x'_0\rangle$,则 $\langle x,x_0\rangle=\langle x,x'_0\rangle$,即 $\langle x,x_0-x'_0\rangle=0$,由 x 的任意性,令 $x=x_0-x'_0$,得 $\langle x_0-x'_0,x_0-x'_0\rangle=0$,$x_0-x'_0=0$,$x_0=x'_0$.

$\|f\|=\|x_0\|$ 在本定理前的讨论中已证.

推论 3.29 如果 f 是 $\mathbf{R}^n$ 上有界线性泛函,则存在 $(a_1,a_2,\cdots,a_n)\in\mathbf{R}^n$,$\forall x=(\xi_1,\xi_2,\cdots,\xi_n)\in\mathbf{R}^n$,$f(x)=\sum_{i=1}^{n}a_i\xi_i$.

推论 3.30 如果 φ 是实 $L^2(E)$ 上有界线性泛函，则存在唯一的 $g\in L^2(E)$，$\forall f\in L^2(E)$，

$$\varphi(f)=\int_E f(t)g(t)\mathrm{d}t.$$

如果 φ 是复 $L^2(E)$ 上有界线性泛函，则

$$\varphi(f)=\int_E f(t)\,\overline{g(t)}\mathrm{d}t.$$

3.5 希尔伯特空间的同构

定义 3.12 设 $\mathbf{H}_1$ 和 $\mathbf{H}_2$ 是同一数域 $\mathbf{F}$ 上的两个内积空间，如果有 $\mathbf{H}_1$ 到 $\mathbf{H}_2$ 上的一一对应的线性映射 U，使得对所有的 $x,y\in\mathbf{H}_1$，有

$$\langle Ux,Uy\rangle_{\mathbf{H}_2}=\langle x,y\rangle_{\mathbf{H}_1},\tag{3.19}$$

则称 U 为内积空间 $\mathbf{H}_1$ 到 $\mathbf{H}_2$ 上的**同构映射**，此时称 $\mathbf{H}_1$ 与 $\mathbf{H}_2$ **同构**.

其实，由式(3.19)可推出 U 是单射. 因为

$$\begin{aligned}\|U(x-y)\|^2&=\langle U(x-y),U(x-y)\rangle\\&=\langle x-y,x-y\rangle=\|x-y\|^2,\end{aligned}$$

当 $x\neq y$ 时，必有 $Ux\neq Uy$. 由式(3.19)还推出 $\|Ux\|=\|x\|$，即保持范数不变，称为**保范的**.

同构映射 U 建立了 $\mathbf{H}_1$ 和 $\mathbf{H}_2$ 之间的一一对应，这时 $\mathbf{H}_1$ 和 $\mathbf{H}_2$ 作为线性空间是同构的，即保持对应元素之间的线性运算. 用记号$\leftrightarrow$表示元素之间的一一对应. 由 $x\leftrightarrow Ux$，$y\leftrightarrow Uy$ 可推出 $x+y\leftrightarrow Ux+Uy$，$\alpha x\leftrightarrow\alpha Ux$，而且保持内积不变.

如果 U 是 $\mathbf{H}_1\to\mathbf{H}_2$ 的同构映射，则其逆映射 U^{-1} 是 $\mathbf{H}_2\to\mathbf{H}_1$ 的同构映射. 而且同构是希尔伯特空间类中的等价关系，即 $\mathbf{H}$ 同构于 $\mathbf{H}$ 自身；如果 $\mathbf{H}_1$ 同构于 $\mathbf{H}_2$，则 $\mathbf{H}_2$ 同构于 $\mathbf{H}_1$；如果 $\mathbf{H}_1$ 同构于 $\mathbf{H}_2$，$\mathbf{H}_2$ 同构于 $\mathbf{H}_3$，则 $\mathbf{H}_1$ 同构于 $\mathbf{H}_3$.

定理 3.31 n 维实希尔伯特空间都与 $\mathbf{R}^n$ 同构，n 维复希尔伯特空间都与 $\mathbf{C}^n$ 同构.

证明 设 $\mathbf{H}$ 为 n 维实希尔伯特空间，由格雷姆-休密特程序，可构造出完全标准正交集$\{e_1,e_2,\cdots,e_n\}$，作 $\mathbf{H}$ 到 $\mathbf{R}^n$ 的映射 U，对 $x\in\mathbf{H}$，

$$Ux=(\langle x,e_1\rangle,\cdots,\langle x,e_n\rangle)\in\mathbf{R}^n.$$

易验证 U 是 $\mathbf{H}\to\mathbf{R}^n$ 上的一一的线性映射，且保持内积：

$$\langle Ux,Uy\rangle=\sum_{i=1}^{n}\langle x,e_i\rangle\langle y,e_i\rangle=\langle x,y\rangle.$$

因此 $\mathbf{H}$ 和 $\mathbf{R}^n$ 同构.

同样，可证复 n 维希尔伯特空间与 $\mathbf{C}^n$ 同构.

为了研究无穷维可分的希尔伯特空间，先证明下面的黎斯-费歇(Riesz-Fisher)定理.

定理 3.32 (黎斯-费歇)设 $\mathbf{H}$ 是希尔伯特空间，$\{e_n:n\in\mathbf{N}\}$是 $\mathbf{H}$ 中的标准正交系，如

果$(\xi_1,\xi_2,\cdots)\in l^2$,则$\exists x\in \mathbf{H}$,使得

$$x=\sum_{n=1}^{\infty}\xi_n e_n\text{,且 }\xi_n=\langle x,e_n\rangle,\quad n\in\mathbf{N},$$

即 $\sum\limits_{n=1}^{\infty}\xi_n e_n$ 是 x 关于正交系$\{e_n\}$的傅里叶级数.

证明　令 $x_n=\sum\limits_{i=1}^{n}\xi_i e_i$,则

$$\|x_{n+p}-x_n\|^2=\|\xi_{n+1}e_{n+1}+\cdots+\xi_{n+p}e_{n+p}\|^2=\sum_{i=n+1}^{n+p}|\xi_i|^2,$$

因 $\sum\limits_{i=1}^{\infty}|\xi_i|^2$ 收敛,$\|x_{n+p}-x_n\|^2\to 0(n\to\infty)$,$\{x_n\}$为 $\mathbf{H}$ 中柯西列,由 $\mathbf{H}$ 的完备性,$\{x_n\}$收敛于某一元素 $x\in\mathbf{H}$,即

$$x=\sum_{n=1}^{\infty}\xi_n e_n.$$

又 $\langle x,e_n\rangle=\langle\sum\limits_{i=1}^{\infty}\xi_i e_i,e_n\rangle=\sum\limits_{i=1}^{\infty}\xi_i\langle e_i,e_n\rangle=\xi_n$.

定理 3.33　无穷维可分希尔伯特空间与 l^2(实或复的)同构.

证明　$\mathbf{H}$ 中有可数集构成的完全标准正交系$\{e_n:n\in\mathbf{N}\}$,作 $\mathbf{H}$ 到 l^2 中的映射 U,对 $x\in\mathbf{H}$,令

$$Ux=\tilde{x}=(\langle x,e_1\rangle,\langle x,e_2\rangle,\cdots,\langle x,e_n\rangle,\cdots).$$

由贝塞尔不等式,$\sum\limits_{n=1}^{\infty}|\langle x,e_n\rangle|^2\leqslant\|x\|^2$,故 $\tilde{x}\in l^2$.另一方面,$\forall\,\tilde{x}=(\xi_1,\xi_2,\cdots,\xi_n,\cdots)\in l^2$,由黎斯-费歇定理,$x=\sum\limits_{n=1}^{\infty}\xi_n e_n\in\mathbf{H}$ 且 $\xi_n=\langle x,e_n\rangle$,因而 $Ux=\tilde{x}$.这说明:$U:\mathbf{H}\to l^2$ 是满射.显然 U 是线性映射.又

$$\langle Ux,Uy\rangle=\sum_{n=1}^{\infty}\langle x,e_n\rangle\overline{\langle y,e_n\rangle}=\langle x,y\rangle.$$

故 U 是保范的,因而是单射,U 是 $\mathbf{H}\to l^2$ 的同构映射,$\mathbf{H}$ 与 l^2 同构.

令 $\mathbf{H}^*$ 是希尔伯特空间 $\mathbf{H}$ 上所有有界线性泛函构成的空间.由本书 3.4 节黎斯表现定理,$\forall\,f\in\mathbf{H}^*$,存在唯一的 $x_0\in\mathbf{H}$,使得 $f(x)=\langle x,x_0\rangle$,$x_0$ 由 f 唯一确定,记作 Uf,则 $f(x)=\langle x,Uf\rangle$.如 $g\in\mathbf{H}^*$,则 $g(x)=\langle x,Ug\rangle$,$f(x)+g(x)=\langle x,Uf+Ug\rangle$,另一方面,$f(x)+g(x)=(f+g)(x)=\langle x,U(f+g)\rangle$,这样,$\forall\,x\in\mathbf{H}$,

$$\langle x,Uf+Ug\rangle=\langle x,U(f+g)\rangle,$$

所以
$$U(f+g)=Uf+Ug.$$

又有
$$\alpha f(x)=\alpha\langle x,Uf\rangle=\langle x,\bar{\alpha}Uf\rangle,$$

而
$$\alpha f(x)=(\alpha f)(x)=\langle x,U(\alpha f)\rangle,$$

这样,
$$\forall\,x\in\mathbf{H},\langle x,\bar{\alpha}Uf\rangle=\langle x,U(\alpha f)\rangle,$$

所以，
$$U(\alpha f)=\bar{\alpha}Uf.$$

满足$U(f+g)=Uf+Ug$，$U(\alpha f)=\bar{\alpha}Uf$的映射$U:\mathbf{H}^*\to\mathbf{H}$称为**共轭线性**的. 显然$U$是$\mathbf{H}^*\to\mathbf{H}$上的一一对应，这时作为两个线性空间，称为**共轭线性同构**的. 对$f,g\in\mathbf{H}^*$定义

$$\langle f,g\rangle=\overline{\langle Uf,Ug\rangle}=\langle Ug,Uf\rangle, \tag{3.20}$$

则有
$$\begin{aligned}\langle \alpha f_1+\beta f_2,g\rangle&=\langle Ug,U(\alpha f_1+\beta f_2)\rangle\\&=\langle Ug,\bar{\alpha}Uf_1+\bar{\beta}Uf_2\rangle\\&=\alpha\langle Ug,Uf_1\rangle+\beta\langle Ug,Uf_2\rangle\\&=\alpha\langle f_1,g\rangle+\beta\langle f_2,g\rangle.\end{aligned}$$
$$\langle f,g\rangle=\langle Ug,Uf\rangle=\overline{\langle Uf,Ug\rangle}=\overline{\langle g,f\rangle};$$
$$\langle f,f\rangle=\langle Uf,Uf\rangle\geqslant 0;$$

当$\langle f,f\rangle=0$时，$\langle Uf,Uf\rangle=0$，$Uf=0$，$f=0$；所以以上定义的$\langle f,g\rangle$确是$\mathbf{H}^*$上的内积，而$U:\mathbf{H}^*\to\mathbf{H}$是保范的，即

$$\|f\|=\sqrt{\langle f,f\rangle}=\|Uf\|.$$

这样U是共轭同构. $\mathbf{H}^*$上由内积(3.20)定义的范数，即以前定义的有界线性泛函的范数，即

$$\|f\|=\sqrt{\langle f,f\rangle}=\sup\{|f(x)|:\|x\|\leqslant 1\}.$$

如果在$\mathbf{H}^*$上的数乘定义为

$$(\alpha\circ f)(x)\triangleq\bar{\alpha}f(x),\quad x\in\mathbf{H},$$

则$U:\mathbf{H}^*\to\mathbf{H}$是线性同构，而定义

$$\langle f,g\rangle=\langle Uf,Ug\rangle,$$

则$\langle\alpha\circ f,g\rangle=\langle U\alpha\circ f,Ug\rangle=\langle\alpha Uf,Ug\rangle=\alpha\langle Uf,Ug\rangle=\alpha\langle f,g\rangle$. 这样$U$是保内积的，是$\mathbf{H}^*\to\mathbf{H}$上的同构.

3.6 正交性与正交变换在通信系统、数字图像处理以及在滤波器组理论中的应用

3.6.1 正交性在通信系统中的应用

1. 码分通信中的信号分割

目前，多路通信的方式主要有频分、时分及码分等几种. 频分通信是各个不同的信号按照它们在频率参量上的差别来互相分隔，可以用只允许特定频带上的信号通过而抑制其他频率的信号的滤波器来分离这些信号. 在时分通信中，是按照各个信号在时间参量上

的差别来互相分割，可以利用只允许在特定时隙上的信号通过而抑制其他时间通过的信号的门电路来分离它们.而码分通信则是各个信号按照它们的码型结构上的差别来互相分隔，利用只对特定码型的信号起作用而对其他信号不起作用的相关检测器来分离它们.此处就信号分割做一简明讨论.

(1) 线性信号分割

设有 n 个信源，它们产生的消息记为 C_k，$k=1,2,\cdots,n$，为了传送这些消息，通常要把消息 C_k 调制到各自的载波 $\boldsymbol{\Psi}_k(t)$上.若用 $f_k(t)$来表示这些已调振荡，则有

$$f_k(t)=C_k\boldsymbol{\Psi}_k(t),\quad t=1,2,\cdots,n \tag{3.21}$$

这里，把调制过程看作是消息 C_k 与载波 $\boldsymbol{\Psi}_k(t)$相乘是具有一般意义的.这样的 n 个信号经过信道传至对方，假定信道是线性的，这些信号在信道上互相叠加，于是信道的输出总信号为

$$f(t)=\sum_{k=1}^{n}f_k(t)=\sum_{k=1}^{n}C_k\boldsymbol{\Psi}_k(t) \tag{3.22}$$

各个接收机的任务就是要从总信号中分离出自己所需要的消息 C_k，$k=1,2,\cdots,n$.依据该过程建立的模型如图 3.1 中 $D_m(m=1,2,\cdots n)$定义为分离算子，表示第 m 个接收机从 $f(t)$中分离出 C_m 的泛函，则 D_m 应满足：

$$\begin{aligned}D_m\{f(t)\}&=D_m\Big\{\sum_{k=1}^{n}C_k\boldsymbol{\Psi}_k(t)\Big\}=\sum_{k=1}^{n}C_kD_m\{\boldsymbol{\Psi}_k(t)\}\\&=C_mD_m\{\boldsymbol{\Psi}_m(t)\}+\sum_{\substack{k=1\\k\neq m}}^{n}C_kD_m\{\boldsymbol{\Psi}_k(t)\}=C_m.\end{aligned} \tag{3.23}$$

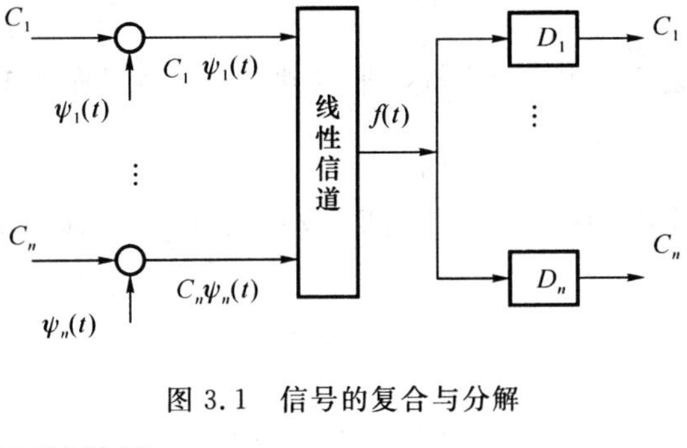

图 3.1　信号的复合与分解

即 D_m 与 $\boldsymbol{\Psi}_k(t)$应满足下述关系：

$$D_m\{\boldsymbol{\Psi}_k(t)\}=\begin{cases}1,k=m\\0,k\neq m\end{cases},$$

因此，要实现：$D_m\Big\{\sum_{k=1}^{n}C_k\boldsymbol{\Psi}_k(t)\Big\}=C_m$，信号集$\{\boldsymbol{\Psi}_k(t)\}$中的各信号必须满足互相线性无关条件.即仅当 C_k，$k=1,2,\cdots,n$ 全部等于 0，才有 $\sum_{k=1}^{n}C_k\boldsymbol{\Psi}_k(t)=0$ 成立，否则，只要任意

一个 $C_k \neq 0$,该和恒不为零.因此,实现完全分离的充分必要条件是:只要有某个或某些 $C_k \neq 0$,恒有:

$$\sum_{k=1}^{n} C_k \Psi_k(t) \neq 0 \tag{3.24}$$

这就是要求$\{\Psi_k(t)\}$互相线性无关.该条件的物理解释为:各个已调信号在信道中叠加时,不应发生相互抵消.这就是线性信号分割所需的基本要求.

(2) 分离算子的确定

假设分离算子具有下述形式:

$$D_m\{f(t)\} = \int f(t)\eta_m(t)\mathrm{d}t = \int\left\{\sum C_k\Psi_k(t)\right\}\eta_m(t)\mathrm{d}t = \beta C_k\int \eta_m(t)\Psi_k(t)\mathrm{d}t \tag{3.25}$$

而函数 $\eta_m(t)$满足:

$$\int \eta_m\Psi_k(t)\mathrm{d}t = \begin{cases} 1, & k = m, \\ 0, & k \neq m, \end{cases} \tag{3.26}$$

即$\{\eta_m(t)\}$应与$\{\Psi_k(t)\}$正交.$\{\eta_m(t)\}$可用$\{\Psi_k(t)\}$表示:

$$\left.\begin{aligned} \eta_1(t) &= a_{11}\Psi_1(t) + a_{12}\Psi_2(t) + \cdots + a_{1n}\Psi_n(t), \\ \eta_2(t) &= a_{21}\Psi_1(t) + a_{22}\Psi_2(t) + \cdots + a_{2n}\Psi_n(t), \\ &\vdots \\ \eta_n(t) &= a_{n1}\Psi_1(t) + a_{n2}\Psi_2(t) + \cdots + a_{nn}\Psi_n(t). \end{aligned}\right\} \tag{3.27}$$

根据式(3.26)的正交条件,可以得到 n^2 个方程,从而可以确定 n^2 个因数 $a_{ij}, i, j = 1, 2, \cdots, n$ 即有:

$$\left.\begin{aligned} \int \eta_1(t)\Psi_1(t)\mathrm{d}t &= a_{11}\int \Psi_1^2(t)\mathrm{d}t + a_{12}\int \Psi_1(t)\Psi_2(t)\mathrm{d}t + \cdots + a_{1n}\int \Psi_1(t)\Psi_n(t)\mathrm{d}t = 1, \\ &\vdots \\ \int \eta_n(t)\Psi_n(t)\mathrm{d}t &= a_{n1}\int \Psi_n(t)\Psi_1(t)\mathrm{d}t + a_{n2}\int \Psi_n(t)\Psi_2(t)\mathrm{d}t + \cdots + a_{nn}\int \Psi_n(t)\Psi_n(t)\mathrm{d}t = 1. \end{aligned}\right\} \tag{3.28}$$

于是,由式(3.28)可以求得:

$$a_{ij} = \frac{\Delta_j^{(i)}}{\Delta^{(i)}}, \quad i, j = 1, 2, \cdots, n \tag{3.29}$$

其中,$\Delta^{(i)}$是对应第 i 组方程的行列式,$\Delta_j^{(i)}$ 是将 $\Delta^{(i)}$ 中的第 i 列的各元素分别以方程右边的各项替换后得到的行列式.这样,就可以确定$\{\eta_m(t)\}$的最终形式.

考虑一个更严格的条件:信号不仅互相线性无关,而且互相正交,即信号$\{\phi_k(t)\} = (k = 1, 2, \cdots, n)$满足:

$$\int_a^b \phi_k(t)\phi_j(t)\mathrm{d}t = \begin{cases} 1, & j = k, \\ 0, & j \neq k. \end{cases} \tag{3.30}$$

可以假定 $\phi_k(t)$是归一化的函数,即:

$$\int \phi_k^2(t)\mathrm{d}t = 1.$$

这时,信道的输出信号为

$$f(t) = \sum_{k=1}^{n} C_k \phi_k(t), \tag{3.31}$$

称这种信号分割为正交分割. 显然正交分割是线性分割的充分条件而不是必要条件. 在正交分割条件下,分离算子将成为

$$D_m\{f(t)\} = \int_a^b f(t)\phi_m(t)\mathrm{d}t = \int_a^b \phi_m(t)\sum_{k=1}^{n} C_k\phi_k(t)\mathrm{d}t = C_m\int_a^b \phi_m^2(t)\mathrm{d}t = C_m. \tag{3.32}$$

由此可知,一切正交函数系都是可分离的函数系,分离算子是这些正交函数与 $f(t)$ 之间的点积积分运算.

(3) 信号分割的几何解释

从几何观点来理解采用分离算子分割信号的意义.

任何在给定区间(t_1, t_2)的时间函数,都可以看作是信号空间的一个矢量. 因此,信道输出的信号矢量 f 可以看作是各个信号矢量 f_k 之和:

$$f = \sum_{k=1}^{n} f_k.$$

这样,分离过程 $D_m\{f\} = |f_m| = C_m$ 就相当于将矢量 f 向矢量 f_k 做投影. 如果各个信号矢量 f_k 互相正交,即

$$\int_{t_1}^{t_2} f_k(t) f_l(t)\mathrm{d}t = \begin{cases} 1, & k = l, \\ 0, & k \neq l. \end{cases} \tag{3.33}$$

那么,信号矢量 f 中的分量 f_k 只在矢量 f_k 上的投影等于1,而在其他任何矢量 f_l 上的投影都等于零. 因此,可以通过投影来实现信号的分离.

信道的输出信号 $f(t)$构成一个信号空间 S. $f(t)$的各个分量信号分别张成相应的子空间 S_k. 如果这些子空间 S_k 互相正交,即子空间 S_k 内的任意一个矢量都于子空间$S_l(l \neq k)$中的所有矢量正交,那么,分离算子的作用就是将空间 S 分别向各个子空间投影.

2. 四时四频信号空间与信号表示

时频组合调制(或简称为时频调制)一直是军用短波通信系统采用的主要调制方式之一. 所以,从不同的角度、用不同的方法对时频调制系统进行性能分析,找到改善系统性能的途径,达到优化整个系统性能的目的,是非常必要的.

基于上述思想,采用基于泛函分析中内积空间理论的思路,建立信号空间,将时频已调信号表示成相互正交的矢量,然后对时频组合调制系统进行性能分析,这种分析方法基本克服了在分析高于二时二频以上的时频调制系统(如四时四频系统)性能时遇到的困

难.在传统的教科书中往往只介绍多时多频的时频调制系统的原理,而不对其进行定量的性能分析,最多只对二时二频非相干解调系统的性能做分析,主要原因在于对多时多频的时频调制系统进行性能分析时,遇到了多个复杂的射频表达式和多维随机变量,使性能分析工作很难进行下去.如果采用等效低通分析方法,无法解决多个射频表达式的简化工作.我们认为,可以利用内积空间理论构造信号空间,把通信系统(包括信号、噪声等)用矢量表示就有可能简化性能分析的过程.有人已在这方面做了大量的工作,他们主要是对多进制的 FSK、PSK 等系统进行了性能分析.用内积空间的方法结合统计理论分析系统的性能,关键的问题就是要将分析的对象——信号和系统表示成矢量形式.

(1) 信号空间

按照不同的方式或从不同的角度对"信号"有不同的理解与不同的分类.此处将从泛函分析理论的角度,把信号视为内积空间(又称为信号空间)中的矢量或点,以达到分析方便的目的.

定义 设 X 是数域 $\mathbf{F}$(实数或复数)上的线性空间,若对 X 中每一个有序元素对 x,y,对应一个数,记为 $\langle x,y\rangle\in\mathbf{F}$,满足:

① $\langle x,x\rangle\geqslant 0,\forall x\in X,\langle x,x\rangle=0\Rightarrow x=0\in X$;

② $\overline{\langle x,y\rangle}=\langle y,x\rangle,\forall x,y\in X$,其中"¯"表示复数共轭;

③ $\langle x,y\rangle$ 对第一变元 x 是线性的,即:

$$\forall x,y\in X,\forall\alpha\in\mathbf{F},$$

有
$$\langle x+y,z\rangle=\langle x,z\rangle+\langle y,z\rangle,\quad (\alpha x,z)=\alpha(x,z),$$

则称 $\langle x,y\rangle\in\mathbf{F}$ 为向量 x 与 y 的内积.定义了内积的线性空间,称为信号空间(或内积空间).空间中的点或向量就定义为信号.

(2) 信号表示

四时四频信号与 00、01、10 和 11 码的对应关系如图 3.2 所示,信号是四进制的,每个符号用四个时隙的四个频率表示.

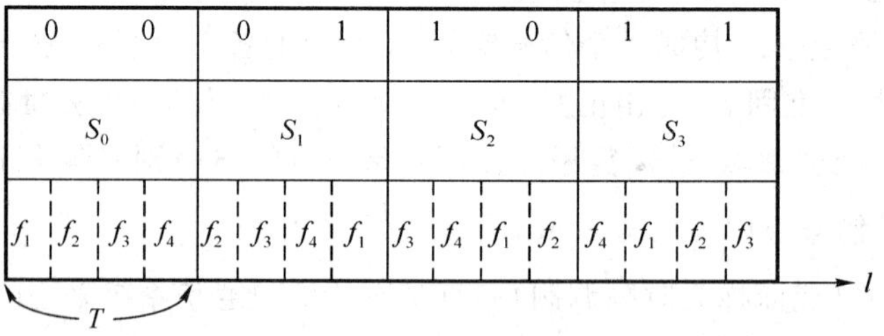

图 3.2 四时四频信号编码关系

① 四时四频信号的一般表示

$$s_0(t)=\begin{cases}A\sqrt{2}\cos 2\pi f_1 t, & 0\leqslant t\leqslant T/4,\\ A\sqrt{2}\cos 2\pi f_2 t, & T/4\leqslant t\leqslant T/2,\\ A\sqrt{2}\cos 2\pi f_3 t, & T/2\leqslant t\leqslant 3T/4,\\ A\sqrt{2}\cos 2\pi f_4 t, & 3T/4\leqslant t\leqslant T,\end{cases}$$

$$s_1(t)=\begin{cases}A\sqrt{2}\cos 2\pi f_2 t, & 0\leqslant t\leqslant T/4,\\ A\sqrt{2}\cos 2\pi f_3 t, & T/4\leqslant t\leqslant T/2,\\ A\sqrt{2}\cos 2\pi f_4 t, & T/2\leqslant t\leqslant 3T/4,\\ A\sqrt{2}\cos 2\pi f_1 t, & 3T/4\leqslant t\leqslant T,\end{cases}$$

$$s_2(t)=\begin{cases}A\sqrt{2}\cos 2\pi f_3 t, & 0\leqslant t\leqslant T/4,\\ A\sqrt{2}\cos 2\pi f_4 t, & T/4\leqslant t\leqslant T/2,\\ A\sqrt{2}\cos 2\pi f_1 t, & T/2\leqslant t\leqslant 3T/4,\\ A\sqrt{2}\cos 2\pi f_2 t, & 3T/4\leqslant t\leqslant T,\end{cases}$$

$$s_3(t)=\begin{cases}A\sqrt{2}\cos 2\pi f_4 t, & 0\leqslant t\leqslant T/4,\\ A\sqrt{2}\cos 2\pi f_1 t, & T/4\leqslant t\leqslant T/2,\\ A\sqrt{2}\cos 2\pi f_2 t, & T/2\leqslant t\leqslant 3T/4,\\ A\sqrt{2}\cos 2\pi f_3 t, & 3T/4\leqslant t\leqslant T.\end{cases}$$

其中，$f_0=1/T$ 为码元速率，A 为常数；$f_1=m_i f_0$，$m_i(i=1,2,3,4)$为正整数，$f_i\neq f_j$，$(i\neq j)$；$f_i-f_j=2kf_0$，$(k=0,\pm1,\pm2,\cdots,i,j=1,2,3,4)$.

② 四时四频信号基于信号空间的表示

设具体信号空间(内积空间)X 是由正交基$\{e_1,e_2,e_3,e_4\}$张成的空间，即

$$X=\mathrm{span}\{e_1,e_2,e_3,e_4\}.$$

其中，$\{e_1,e_2,e_3,e_4\}$为标准正交基，其具体表示如下：

$$e_1(t)=\begin{cases}\sqrt{2}\cos 2\pi f_1 t, & 0\leqslant t\leqslant T/4,\\ \sqrt{2}\cos 2\pi f_2 t, & T/4\leqslant t\leqslant T/2,\\ \sqrt{2}\cos 2\pi f_3 t, & T/2\leqslant t\leqslant 3T/4,\\ \sqrt{2}\cos 2\pi f_4 t, & 3T/4\leqslant t\leqslant T,\end{cases}$$

$$e_2(t)=\begin{cases}\sqrt{2}\cos 2\pi f_2 t, & 0\leqslant t\leqslant T/4,\\ \sqrt{2}\cos 2\pi f_3 t, & T/4\leqslant t\leqslant T/2,\\ \sqrt{2}\cos 2\pi f_4 t, & T/2\leqslant t\leqslant 3T/4,\\ \sqrt{2}\cos 2\pi f_1 t, & 3T/4\leqslant t\leqslant T,\end{cases}$$

$$e_3(t)=\begin{cases}\sqrt{2}\cos 2\pi f_3 t, & 0\leqslant t\leqslant T/4,\\ \sqrt{2}\cos 2\pi f_4 t, & T/4\leqslant t\leqslant T/2,\\ \sqrt{2}\cos 2\pi f_1 t, & T/2\leqslant t\leqslant 3T/4,\\ \sqrt{2}\cos 2\pi f_2 t, & 3T/4\leqslant t\leqslant T,\end{cases}$$

$$e_4(t)=\begin{cases}\sqrt{2}\cos 2\pi f_4 t, & 0\leqslant t\leqslant T/4,\\ \sqrt{2}\cos 2\pi f_1 t, & T/4\leqslant t\leqslant T/2,\\ \sqrt{2}\cos 2\pi f_2 t, & T/2\leqslant t\leqslant 3T/4,\\ \sqrt{2}\cos 2\pi f_3 t, & 3T/4\leqslant t\leqslant T.\end{cases}$$

信号空间中的内积定义为

$$\langle x,y\rangle = \frac{1}{T}\int_0^T x(t)y(t)\mathrm{d}t, \quad \forall\, x,y\in X.$$

不难证明：

$$\langle e_i,e_j\rangle=\begin{cases}1, & i=j,\\ 0, & i\neq j.\end{cases}$$

所以时频信号的基的表示法(矢量表示法)如下：

$$\begin{cases}\boldsymbol{S}_0=(Ae_1 0,0,0)=A\,\boldsymbol{e}_1,\\ \boldsymbol{S}_1=(0,Ae_2,0,0)=A\,\boldsymbol{e}_2,\\ \boldsymbol{S}_2=(0,0,Ae_3,0)=A\,\boldsymbol{e}_3,\\ \boldsymbol{S}_3=(0,0,0,Ae_4)=A\,\boldsymbol{e}_4.\end{cases}$$

每个符号的能量相同，都为：$E=E_i=T\cdot\langle Ae_i,Ae_i\rangle=T\cdot A^2$. 可见，基于信号空间，表示时频信号十分简明、方便.

3.6.2 正交变换在数字图像处理中的应用

在数字图像处理中，二维正交变换有着广泛的应用. 利用某些正交变换可以从图像中提取出一些特征，如在傅里叶变换后，直流分量正比于图像灰度值的平均值，高频分量则表明了图像中目标边缘的强度及方向. 另外，在正交变换的基础上，可以改变图像的能量化布，并通过相应的量化和编码实现数字图像的压缩编码. 现实当中经过采样、量化后的一幅图像或者基本图像可视为一 Hilbert 或者 Banach 空间，而对其进行的正交变换则要用到泛函分析中正交基及酉变换(U 算子)等概念.

1. 正交变换的一般表示

(1) 一维酉变换

一维序列$\{f(x),0\leqslant x\leqslant N-1\}$可以表示成一个 N 维向量 $U=[f(0),f(1),\cdots,f(N-1)]^{\mathrm{T}}$. 其酉变换可以表示为

$$V = AU \text{ 或 } g(u) = \sum_{x=0}^{N-1} a(u,x) f(x), \quad 0 \leqslant u \leqslant N-1.$$

其中,变换矩阵 A 满足 $A^{-1}=A^{*T}$(酉矩阵),若 A 为实数阵,则满足 $A^{-1}=A^{\mathrm{T}}$,称为正交阵. 向量 $V=[g(0),g(1),\cdots,g(N-1)]^{\mathrm{T}}$. 由此,$U$ 可以表示为

$$U = A^{*\mathrm{T}}V \text{ 或 } f(x) = \sum_{u=0}^{N-1} g(u) a^*(u,x), \quad 0 \leqslant x \leqslant N-1.$$

可见,给定基向量 $\overline{a^*}=[a^*(u,x),0\leqslant x\leqslant N-1]^{\mathrm{T}}$,$0\leqslant u\leqslant N-1$,原序列 $f(x)$ 可以由一组系数 $g(u)(0\leqslant u\leqslant N-1)$ 表示,这组系数(变换)可用于滤波、数据压缩、特征提取等.

(2) 二维正交变换

$N\times N$ 图像 $f(x,y)$ 的一般正交级数展开:

$$g(u,v) = \sum_{x=0}^{N-1}\sum_{y=0}^{N-1} f(x,y)\alpha(x,y;u,v), \quad 0 \leqslant u,v \leqslant N-1,$$

$$f(x,y) = \sum_{u=0}^{N-1}\sum_{v=0}^{N-1} g(u,v)\alpha^*(x,y;u,v), \quad 0 \leqslant x,y \leqslant N-1.$$

其中,$\alpha(x,y;u,v)$ 称为正交变换核(正交基),它满足:

① 正交性

$$\sum_{x=0}^{N-1}\sum_{y=0}^{N-1} \alpha(x,y;u,v)\alpha^*(x,y;u',v') = \delta(u-u',v-v');$$

② 完备性

$$\sum_{u=0}^{N-1}\sum_{v=0}^{N-1} \alpha(x,y;u,v)\alpha^*(x',y';u,v) = \delta(x-x',y-y').$$

元素 $g(u,v)$ 称为变换系数,$V=\{g(u,v),0\leqslant u,v\leqslant N-1\}$ 称为变换图像.

(3) 可分离酉变换

定义变换可分离:

$$\alpha(x,y;u,v)=a(x,u)b(y,v),$$

设 $A=\{a(x,u)\}_{N\times N}$,$B=\{b(y,v)\}_{N\times N}$,则它们为酉矩阵. 即

$$AA^{*\mathrm{T}}=A^{\mathrm{T}}A^*=I, \qquad BB^{*\mathrm{T}}=B^{\mathrm{T}}B^*=I.$$

一般地,选 $A=B$,则

$$g(u,v) = \sum_{x=0}^{N-1}\sum_{y=0}^{N-1} a(x,u)f(x,y)a(y,v), \quad 0 \leqslant u,v \leqslant N-1,$$

$$f(x,y) = \sum_{u=0}^{N-1}\sum_{v=0}^{N-1} a^*(x,u)g(u,v)a^*(y,v), \quad 0 \leqslant u,v \leqslant N-1.$$

上两式可写为

$$g(u,v)=\sum_{x=0}^{N-1}\Big[\sum_{y=0}^{N-1}f(x,y)a(y,v)\Big]a(x,u),\quad 0\leqslant u,v\leqslant N-1,$$

$$f(x,y)=\sum_{u=0}^{N-1}\Big[\sum_{v=0}^{N-1}g(u,v)a^*(y,v)\Big]a^*(x,u),\quad 0\leqslant u,v\leqslant N-1.$$

即可以将二维正交变换分解为双重的一维变换,可大幅度降低计算复杂度.

(4) 基本图像(Basis Image)

设 $A^{*\mathrm{T}}=(a_0^*,a_1^*,\cdots,a_u^*,\cdots,a_{N-1}^*)$,其中 a_u^* 为 $N-1$ 维列向量(基向量),则基本图像定义为向量 a_u^* 和 a_v^* 的外积:

$$A_{u,v}^*=a_u^*a_v^{*\mathrm{T}},\quad 0\leqslant u,v\leqslant N-1.$$

我们知道 $N\times N$ 矩阵 $F_1=[f_1(m,n)]_{N\times N}$,$F_2=[f_2(m,n)]_{N\times N}$的内积为

$$\langle F_1,F_2\rangle=\sum_{m=0}^{N-1}\sum_{n=0}^{N-1}f_1(m,n)f_2^*(m,n).$$

则变换系数 $g(u,v)=\langle U,A_{u,v}^*\rangle$,$g(u,v)$又称为图像 U 在第(u,v)个基本图像上的投影.从而图像 U 可以表示成 N^2 个基本图像的线性组合:

$$U=\sum_{u=0}^{N-1}\sum_{v=0}^{N-1}g(u,v)A_{u,v}^*.$$

例如,已知正交矩阵 A 和原图像 U 为

$$A=\frac{1}{\sqrt{2}}\begin{pmatrix}1&1\\1&-1\end{pmatrix},\quad U=\begin{pmatrix}1&2\\3&4\end{pmatrix}.$$

变换图像为

$$V=AUA^{*\mathrm{T}}=\frac{1}{2}\begin{pmatrix}1&1\\1&-1\end{pmatrix}\begin{pmatrix}1&2\\3&4\end{pmatrix}\begin{pmatrix}1&1\\1&-1\end{pmatrix}=\begin{pmatrix}5&-1\\-2&0\end{pmatrix}.$$

计算 $A^{*\mathrm{T}}$的外积可以得到基本图像,如

$$A_{0,0}^*=\frac{1}{2}\begin{pmatrix}1\\1\end{pmatrix}(1\quad 1)=\frac{1}{2}\begin{pmatrix}1&1\\1&1\end{pmatrix},$$

同样有

$$A_{0,1}^*=\frac{1}{2}\begin{pmatrix}1\\1\end{pmatrix}(1\quad -1)=\frac{1}{2}\begin{pmatrix}1&-1\\1&-1\end{pmatrix}=A_{1,0}^*,$$

$$A_{1,1}^*=\frac{1}{2}\begin{pmatrix}1\\-1\end{pmatrix}(1\quad -1)=\frac{1}{2}\begin{pmatrix}1&-1\\-1&1\end{pmatrix}.$$

则反变换为

$$A^{*\mathrm{T}}VA=\frac{1}{2}\begin{pmatrix}1&1\\1&-1\end{pmatrix}\begin{pmatrix}5&-1\\-2&0\end{pmatrix}\begin{pmatrix}1&1\\1&-1\end{pmatrix}=\begin{pmatrix}1&2\\3&4\end{pmatrix}=U.$$

用基本图像的线性组合亦可得到原图像:

$$U=\sum_{u=0}^{1}\sum_{v=0}^{1}g(u,v)A_{u,v}^{*}$$
$$=\frac{5}{2}\begin{pmatrix}1&1\\1&1\end{pmatrix}-\frac{2}{2}\begin{pmatrix}1&-1\\1&-1\end{pmatrix}-\frac{1}{2}\begin{pmatrix}1&-1\\1&-1\end{pmatrix}-\frac{0}{2}\begin{pmatrix}1&-1\\-1&1\end{pmatrix}=\begin{pmatrix}1&2\\3&4\end{pmatrix}.$$

2. 酉变换的性质

(1) 能量守恒和旋转

对于一维酉变换 $V=AU$,有

$$\|V\|^2=\|U\|^2.$$

证明:$\|V\|^2=\sum_{u=0}^{N-1}|g(u)|^2=V^{*\mathrm{T}}V=U^{*\mathrm{T}}A^{*\mathrm{T}}AU=U^{*\mathrm{T}}U=\sum_{x=0}^{N-1}|f(x)|^2=\|U\|^2.$

可知,酉变换是能量守恒的变换,或者说向量 u 在 N 维向量空间的长度在酉变换下保持不变.这意味着酉变换只是向量 u 在 N 维向量空间中简单的旋转.从另一角度讲,酉变换是基坐标的旋转,而新向量 V 的分量是 U 在新基上的投影.同理可证:

$$\sum_{x=0}^{N-1}\sum_{y=0}^{N-1}|f(x,y)|^2=\sum_{u=0}^{N-1}\sum_{v=0}^{N-1}|g(u,v)|^2.$$

(2) 能量集中和变换系数的方差

大部分酉变换趋向于将图像的大部分能量集中到相对少数几个变换系数上.由于整个能量守恒,所以这意味着许多变换系数只含有非常少的能量,假设 μ_f 和 R_f 表示向量 $U=\{f(x)\}$ 的均值与方差,则对应向量 $V=\{g(u)\}$ 的均值与方差如下:

$$\mu_g=E[\mathbf{V}]=E[A\,\mathbf{U}]=A\mu_f,$$
$$R_g=E[(\mathbf{V}-\mu_g)(\mathbf{V}-\mu_g)^{*\mathrm{T}}]=A\{E[(\mathbf{U}-\mu_f)(\mathbf{U}-\mu_f)^{*\mathrm{T}}]\}A^{*\mathrm{T}}=AR_fA^{*\mathrm{T}}.$$

变换系数的方差由 R_g 的对角元素给出,即

$$\sigma_g^2(u)=[R_g]_{u,u}=[AR_fA^{*T}]_{u,u}.$$

由于 A 是酉矩阵,故有

$$\sum_{u=0}^{N-1}|\mu_g(u)|^2=\mu_g{}^{*\mathrm{T}}\mu_g=\mu_f{}^{*\mathrm{T}}A^{*\mathrm{T}}A\mu_f=\sum_{x=0}^{N-1}|\mu_f(x)|^2,$$
$$\sum_{u=0}^{N-1}\sigma_g^2(u)=T_r[AR_fA^{*\mathrm{T}}]=T_r[R_f]=\sum_{x=0}^{N-1}\sigma_f^2(x).$$

(注:n 阶方阵 A 的主对角线上元素之和称为 A 的迹,记作 $T_rA=\sum_{i=1}^{n}a_{ii}$)

从而

$$\sum_{u=0}^{N-1}E[|g(u)|^2]=\sum_{x=0}^{N-1}E[|f(x)|^2].$$

尽管输入序列 $f(x)$ 会均匀分布,但变换系数 $g(u)$ 的平均能量 $\sum_{u=0}^{N-1}E[|g(u)|^2]$ 往往

分布不均匀.

(3) 去相关

当输入向量的元素高度相关时,变换系数趋向于不相关.这意味着方差矩阵 R_V 中非对角元素远比对角元素小.

对于上述两个性质(能量集中和去相关),KL 变换是最佳的,即该变换将最多的平均能量压缩到几个变换系数上,且互不相关.

例如,能量集中和去相关.

对于一个 2×1 维的向量(零均值),酉变换

$$\boldsymbol{V}=\frac{1}{2}\begin{bmatrix}\sqrt{3} & 1\\ -1 & \sqrt{3}\end{bmatrix}\boldsymbol{U},$$

其中,$R_f \triangleq \begin{pmatrix}1 & \rho\\ \rho & 1\end{pmatrix}$, $0<\rho<1$.

参数 ρ 用于度量 $f(0)$ 和 $f(1)$ 之间的相关性,$\boldsymbol{V}$ 的协方差阵为

$$R_g=\begin{pmatrix}1+\frac{\sqrt{3}}{2}\rho & \frac{\rho}{2}\\ \frac{\rho}{2} & 1-\frac{\sqrt{3}}{2}\rho\end{pmatrix}.$$

由 R_f 的定义,有 $\sigma_f^2(0)=\sigma_f^2(1)=1$,即整个能量(设为 2)均匀分布在 $f(0)$ 和 $f(1)$. 由于 $\sigma_g^2(0)=1+\sqrt{3}\rho/2$, $\sigma_g^2(1)=1-\sqrt{3}\rho/2$,所以虽然整个能量仍为 2,但在 $g(0)$ 上的平均能量大于 $g(1)$. 如 $\rho=0.95$,则 91.1%的能量集中到 $g(0)$ 上. $g(0)$ 和 $g(1)$ 的相关性由下式给出:

$$\rho_{g(0,1)}=\frac{E[g(0)g(1)]}{\sigma_g(0)\sigma_g(1)}=\frac{\rho}{2\left(1-\frac{3}{4}\rho^2\right)^{\frac{1}{2}}}.$$

$|\rho_{g(0,1)}|<\rho<1$,若 $\rho=0.95$,有 $\rho_{g(0,1)}=0.83$,即变换系数的相关性降低了.

3. 小结

利用酉变换的性质,通过选择不同的正交基函数对图像进行正交变换,可以实现对数字图像的不同处理,如图像压缩、特征提取等. 常见的具体变换有离散傅里叶变换(DTF)、离散余弦变换(DCT)、小波变换等. 而泛函分析中关于空间和变换的相关理论正是此类数字图像处理方法的数学基础.

3.6.3 正交性在滤波器组理论中的应用

1. 引言

随着信息和通信技术的发展,滤波器组的理论一直受到非常高的重视. 滤波器组首先在语音编码和多路复用技术中得到应用,后来由于子带编码技术的广泛应用,滤波器组理

论在最近三十多年的时间里得到了充分的发展，许多新的理论和新的设计方法不断出现，目的都是通过适当地选择滤波器组中的各个滤波器，完全消除因下采样而出现的混叠现象，为高质量地重建信号提供保证．一开始，有关滤波器组的研究多集中于正交镜像(QMF)及半带滤波器组的设计和实现，选取的滤波器的长度为偶数，采用窗函数法或时域法设计．为了提高滤波器组的运算速度，有人提出了 IIR 正交镜像滤波器及 IIR 滤波器组的概念，并提出了设计 IIR QMF 的方法．到了 20 世纪 80 年代中后期，对滤波器组理论的研究更加活跃，通过适当的设计，不仅可以消除信号中出现的混叠，而且可以保证信号的幅度和相位无失真，并提出了运用谱分解法设计可以无失真地重建原始信号的滤波器的方法．随着研究的不断深入，将滤波器组理论从一维推广到二维，并利用二维可分滤波器组对图像进行子带编码，大大地提高了图像编码的效率，为图像编码开辟了一条新的途径，现在滤波器组被列为信号处理在现代通信中的关键技术之一，足见滤波器组理论的重要地位．这里仅从泛函分析的角度对二通道滤波器组的基本理论进行论述．

2. 二通道滤波器组

图 3.3 为 M 通道滤波器组的结构，↓为 M 倍抽取器，进行下采样，↑为 M 倍零插器，抽取倍数与通道数相等称为最大抽取．$H_0,\cdots,H_{M-1}$ 被称为分析滤波器，$G_0,\cdots,G_{M-1}$ 被称为综合滤波器．当 $y(n)=cx(n-k)$ 时，称为完全重构(Perfect Reconstruction)滤波器组．在实际应用中经常采用二分带树形结构，其基本结构为二通道滤波器组．

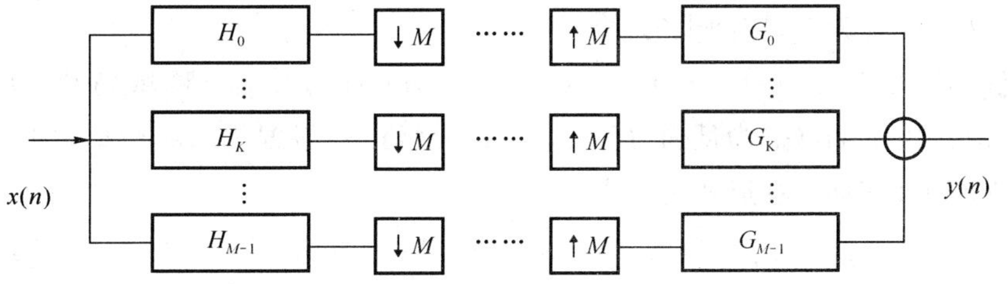

图 3.3　M 通道滤波器组的结构

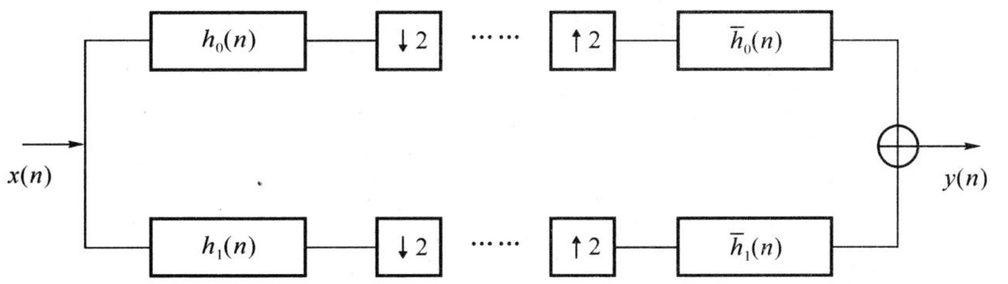

图 3.4　二通道滤波器组的结构

信号 $x(n)$ 为离散时间序列，且绝对平方可和，即 $x(n)\in l^2$，H_0 为低通半带滤波器，对 $x(n)$ 进行滤波，然后进行二倍抽取(删掉奇次编号样本)，假定滤波器是有限冲激响应 FIR

型，其冲激响应为 $h_0(n)=[h_0(0),h_0(1),\cdots,h_0(L-1)]$，因此信号向量 $[\cdots,x(-1),x(0),x(1),\cdots]^{\mathrm{T}}$ 通过滤波器后跟二倍抽取，对应于矩阵 H_0 与信号向量的乘积，H_0 如下：

$$H_0=\begin{bmatrix} \cdots & \cdots & \cdots & \cdots & \cdots & \cdots & \cdots & \cdots & \cdots & \cdots & \cdots & \cdots \\ \cdots & h_0(L-1) & h_0(L-2) & \cdots & \cdots & h_0(0) & 0 & 0 & \cdots & \cdots & \cdots & \cdots \\ \cdots & 0 & 0 & h_0(L-1) & \cdots & \cdots & \cdots & h_0(1)h_0(0) & 0 & 0 & \cdots & \cdots \\ \cdots & \cdots & \cdots & 0 & 0 & h_0(L-1) & \cdots & \cdots & h_0(1)h_0(0) & 0 & 0 & \cdots \\ \cdots & \cdots & \cdots & \cdots & \cdots & \cdots & \cdots & \cdots & \cdots & \cdots & \cdots & \cdots \end{bmatrix} \tag{3.34}$$

进一步假定冲激响应及其偶位移构成一正交基：

$$\langle h_0(n-2l),h_0(n-2k)\rangle=\delta_{kl} \tag{3.35}$$

即，$H_0H_0^*=I$.

为使 $\{h_0(n),n\in Z\}$ 构成正交基，滤波器冲激响应的长度 L 必须为偶数，若 L 为奇数，则 $\langle h_0(n),h_0(n-L+1)\rangle=0$，因而，$L$ 必为偶数.

H_0^* 对应于 2 倍零插器(即相邻样值间插入零值)后跟冲激响应为 $\tilde{h}_0(n)=[h_0(L-1),h_0(L-2),\cdots,h_0(0)]$ 的滤波器. $\tilde{h}_0(n)$ 为 $h_0(n)$ 的时间翻转形式. 若设计信号空间为 V，则由 H_0 的行张成的空间称为 V_0，$V_0\subset V$，信号序列 $x(n)$ 在 V_0 空间上的投影为 $H_0^*H_0x$，$H_0^*H_0$ 称为 V_0 空间上的投影算子.

冲激响应为 $h_1(n)=(-1)^nh_0(L-1-n)$ 的滤波器，频域特性 $|H_1(\omega)|=|H_0(\pi-\omega)|$，由于 $H_0(\omega)$ 为低通，$H_1(\omega)$ 具有高通特性. 根据 $\{h_0(n-2k),k\in\mathbf{Z}\}$ 的正交性，响应 $h_1(n)$ 及其偶平移形式也构成一正交基，即

$$\langle h_1(n-2l),h_1(n-2k)\rangle=\delta_{kl}. \tag{3.36}$$

与前面相似，信号向量 $[\cdots,x(-1),x(0),x(1),\cdots]^{\mathrm{T}}$ 通过滤波器滤波后进行二倍抽取，对应于矩阵 H_1 与信号向量的乘积，其中

$$H_1=\begin{bmatrix} \cdots & \cdots & \cdots & \cdots & \cdots & \cdots & \cdots & \cdots & \cdots & \cdots & \cdots & \cdots & \cdots \\ \cdots & h_1(L-1) & h_1(L-2) & \cdots & \cdots & h_1(0) & 0 & 0 & \cdots & \cdots & \cdots & \cdots & \cdots \\ \cdots & 0 & 0 & h_1(L-1) & \cdots & \cdots & \cdots & \cdots & h_1(1)h_1(0) & 0 & 0 & \cdots & \cdots \\ \cdots & \cdots & \cdots & 0 & 0 & h_1(L-1) & \cdots & \cdots & \cdots & h_1(1)h_1(0) & 0 & 0 & \cdots \\ \cdots & \cdots & \cdots & \cdots & \cdots & \cdots & \cdots & \cdots & \cdots & \cdots & \cdots & \cdots & \cdots \end{bmatrix},$$

$$H_1H_1^*=I.$$

由 H_1 的行张成的空间称为 W_0，$W_0\subset V$，H_1^* 对应于 2 倍零插器(即相邻样值间插入零值)后跟冲激响应为 $\tilde{h}_1(n)=[h_1(L-1),h_1(L-2),\cdots,h_1(0)]$ 的滤波器，信号序列 $x(n)$ 在空间上的投影为 $H_1^*H_1x$，$H_1^*H_1$ 称为 W_0 空间上的投影算子. $h_0(n)$ 与 $h_1(n)$ 相互之间偶位移也具有正交性：

$$
\begin{aligned}
&\langle h_0(n-2l), h_1(n-2k)\rangle \\
&= \sum_{n=-\infty}^{n=\infty} h_0(n-2l)(-1)^{n-2l} h_0(L-1-n+2k) \\
&= \sum_{n\text{为偶数}} h_0(n-2l) h_0(L-1-n+2k) - \sum_{n\text{为奇数}} h_0(n-2l) h_0(L-1-n+2k) \\
&= 0 \qquad (3.37)
\end{aligned}
$$

即，$H_0 H_1^* = 0, V_0 \perp W_0, H_0^* H_0 + H_1^* H_1 = I \Rightarrow H_0^* H_0 x + H_1^* H_1 x = (H_0^* H_0 + H_1^* H_1)x = x, W_0$ 为 V_0 的正交补，于是 $V = V_0 \oplus W_0$，构造矩阵 T，

$$
T = \begin{pmatrix}
\cdots & \cdots & \cdots & \cdots & \cdots & \cdots & \cdots & \cdots & \cdots & \cdots \\
\cdots & h_0(L-1) & h_0(L-2) & \cdots & h_0(0) & 0 & 0 & \cdots & \cdots & \cdots \\
\cdots & h_1(L-1) & h_1(L-2) & \cdots & h_1(0) & 0 & 0 & \cdots & \cdots & \cdots \\
\cdots & 0 & 0 & h_0(L-1) & \cdots & \cdots & h_0(1) h_1(0) & 0 & 0 & \cdots \\
\cdots & 0 & 0 & h_1(L-1) & \cdots & \cdots & h_1(1) h_1(0) & 0 & 0 & \cdots \\
\cdots & \cdots & \cdots & \cdots & \cdots & \cdots & \cdots & \cdots & \cdots & \cdots
\end{pmatrix}
$$

矩阵 T 的行向量构成信号空间的一组正交基，$TT^* = T^* T = I$，具有这样特性的滤波器组为完全重构滤波器组.

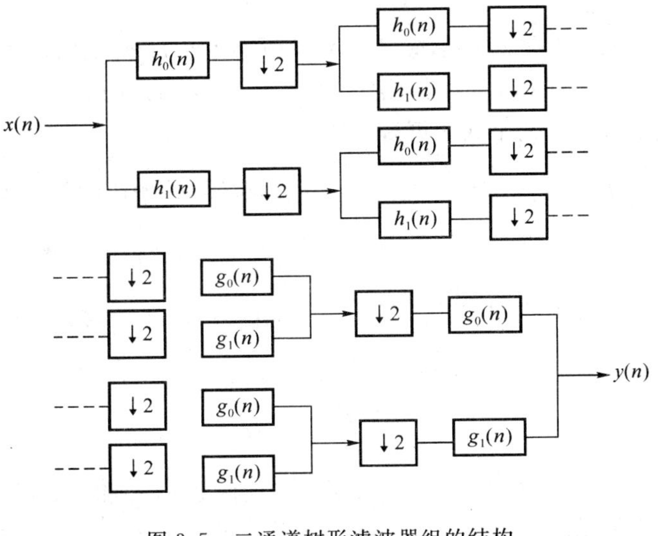

图 3.5 二通道树形滤波器组的结构

采用二通道树形结构滤波器组可以对信号空间划分更细的子带，树形结构的滤波器组可以等效为图 3.3 平行结构的滤波器组.

3. 滤波器组的应用举例

滤波器组在语音和图像处理，以及保密通信等领域有着广泛的应用.

图 3.6 为采用正交镜像滤波器组对图像进行 4 子带的分割，然后对各子带信号分别

进行编码,实现图像的压缩处理.

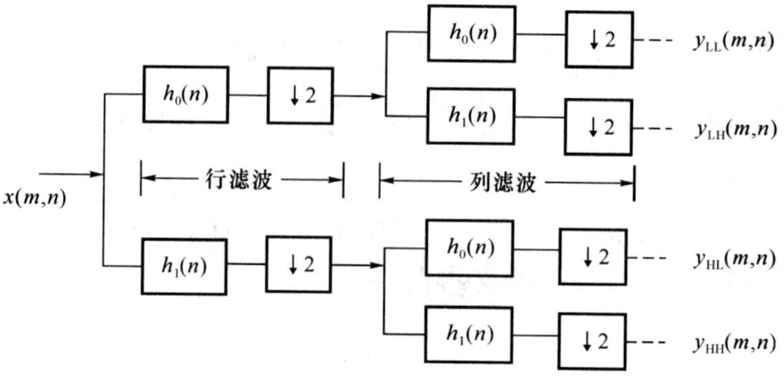

图 3.6 二维图像子带分割

另外,滤波器组在正交小波基的构造中发挥着重要的作用,近些年来滤波器组理论已经成为小波理论中不可缺少的一部分. 当 FIR 滤波器组满足条件: $|H_0(\omega)|^2+|H_0(\omega+\pi)|^2=1$ 时,可以构造正交小波. 令 $H_0(z)$ 的冲激响应为 $h_0(n)=[h_0(0), h_0(1),\cdots,h_0(L-1)]$,构造滤波器 $H^i(z)$:

$$H^i(z)=\prod_{k=0}^{i-1}H(z^{2^k}),\quad i=1,2,\cdots \tag{3.38}$$

其冲激响应设为 $h^i(n)$,构造分段函数 $f^i(x)$,其值在长度为 2^{-i} 间隔内不变:

$$f^i(x)=2^{i/2}h^i(n),\quad 2^{-i}n\leqslant x\leqslant 2^{-i}(n+1) \tag{3.39}$$

综合式(3.38)和式(3.39)两个式子可得

$$f^i(x)=\sqrt{2}\sum_{m=0}^{L-1}h_0(m)f^{i-1}(2x-m),\quad 2^{-i}(n+2^{i-1}m)\leqslant x\leqslant 2^{-i}(n+2^{i-1}m+1) \tag{3.40}$$

当滤波器 $H_0(\omega)$ 满足正则条件 $\left(\dfrac{\mathrm{d}^kH_0(\omega)}{\mathrm{d}\omega^k}\Big|_{\omega=\pi}=0,0\leqslant k\leqslant p-1\right)$ 时,$f^i(x)$ 收敛为某一连续函数,即 $f^i(x)\to\phi(x),i\to\infty$. 再构造带通函数 $\varphi(x)$:

$$\varphi(x)=\sqrt{2}\sum_{m=0}^{L-1}h_1(m)\phi(2x-m) \tag{3.41}$$

其中,$h_1(n)$ 与 $h_0(n)$ 满足式(3.37)的关系. 可以证明函数 $\phi(x)$ 和 $\varphi(x)$ 分别满足尺度函数和小波函数的所有要求.

习题 3

1. 设 **H** 是内积空间,证明: $\forall x,y,z\in\mathbf{H}$,有 $\|z-x\|^2+\|z-y\|^2=\dfrac{1}{2}\|x-y\|^2+$

$2\left\|z-\frac{1}{2}(x+y)\right\|^2$.

2. 设 **H** 是内积空间，$e_1,e_2,\cdots,e_n$ 是 **H** 中元素，满足：

$$\langle e_i,e_j\rangle=\begin{cases}0, & i\neq j,\\ 1, & i=j.\end{cases}$$

证明：$e_1,e_2,\cdots,e_n$ 线性无关.

3. 设 $\{x_n\}$ 是内积空间 **H** 中的一列点，且 $\forall y\in\mathbf{H}$，有 $\langle x_n,y\rangle\to\langle x,y\rangle(n\to\infty)$. 证明：$\lim\limits_{n\to\infty}x_n=x$ 的充要条件是 $\lim\limits_{n\to\infty}\|x_n\|=\|x\|$.

4. 设 **H** 是实内积空间，x,y 是 **H** 中的非零元，证明：$\|x+y\|=\|x\|+\|y\|$ 的充要条件是存在 $\lambda>0$，使得 $y=\lambda x$.

5. 设 $\{x_n\},\{y_n\}$ 是内积空间 **H** 中的两个点列，$\|x_n\|\leqslant 1,\|y_n\|\leqslant 1,n=1,2,\cdots$，且 $\lim\limits_{n\to\infty}\langle x_n,y_n\rangle=1$，证明：

$$\lim_{n\to\infty}\|x_n-y_n\|=0.$$

6. 设 **H** 是复内积空间，$T:\mathbf{H}\to\mathbf{H}$ 是有界线性算子，证明：若 $\forall x\in\mathbf{H}$，有 $\langle Tx,x\rangle=0$，则 $T=0$.

7. 设 **H** 是内积空间，$\mathbf{H}^*$ 是 **H** 的共轭空间，f_y 表示 **H** 上的线性泛函，$f_y(x)=\langle x,y\rangle$，$x\in\mathbf{H}$. 若映射 $T:\mathbf{H}\to\mathbf{H}^*$，$y\to f_y$ 是双射，证明：**H** 是希尔伯特空间.

8. 设 **H** 为内积空间，$y\in\mathbf{H}$，f_y 为 **H** 上的泛函，$f_y(x)=\langle x,y\rangle$，$x\in\mathbf{H}$，证明：$f_y$ 是 **H** 上的连续线性泛函，且 $\|f_y\|=\|y\|$.

9. 设 $x\neq 0,y\neq 0$ 是内积空间 **H** 的两元素，证明：(1)若 $x\perp y$，则 $\{x,y\}$ 是线性无关的；

(2)若 $x_j\neq 0,x_i\perp x_j(i\neq j),i,j=1,2,\cdots,n$，则 $\{x_1,x_2,\cdots,x_n\}$ 是线性无关的.

10. 在内积空间中，证明：

(1) $x\perp y\Leftrightarrow$ 对所有数 α，有 $\|x+\alpha y\|=\|x-\alpha y\|$；

(2) $x\perp y\Leftrightarrow$ 对所有数 α，有 $\|x+\alpha y\|\geqslant\|x\|$.

11. 设 **M** 是内积空间 **H** 的非空子集，证明：(1)$\mathbf{M}^\perp=((\mathbf{M}^\perp)^\perp)^\perp$，(2)$\mathbf{M}^\perp=(\overline{\mathbf{M}})^\perp$.

12. 设 **M** 是希尔伯特空间 **H** 的非空子集，证明：$(\mathbf{M}^\perp)^\perp$ 是 **H** 中包含 **M** 的最小闭子空间.

13. 设 **M** 是希尔伯特空间 **H** 的闭线性子空间，$x\in\mathbf{H}$，证明：

$$\min\{\|x-z\|:z\in\mathbf{M}\}=\max\{|\langle x,y\rangle|:y\in\mathbf{M}^\perp,\|y\|=1\}.$$

14. 设 **M** 是希尔伯特空间 **H** 的凸子集，$\{x_n\}\subset\mathbf{M}$，且 $\|x_n\|\to d=\inf\limits_{x\in M}\|x\|(n\to\infty)$，证明：$\{x_n\}$ 是 **H** 中的收敛点列.

15. 设 **H** 是内积空间，$\mathbf{M}\neq\varnothing$ 是 **H** 的完备凸子集，证明：对于给定的 $x\in\mathbf{H}$，存在唯一的 $y\in\mathbf{M}$，使有

$$\delta=\inf_{z\in\mathbf{M}}\|x-z\|=\|x-y\|.$$

16. 设 $\{e_n\}$ 是内积空间 **H** 中的标准正交系，x、$y\in\mathbf{H}$，证明：

$$\sum_{n=1}^{\infty}|\langle x,e_n\rangle\langle y,e_n\rangle|\leqslant\|x\|\|y\|.$$

17. 设$\{e_\lambda:\lambda\in\Lambda\}$是希尔伯特空间 **H** 的标准正交系，证明：它是完备的充要条件是，$\forall x,y\in\mathbf{H}$，有

$$\langle x,y\rangle=\sum_{\lambda\in\Lambda}\langle x,e_\lambda\rangle\langle e_\lambda,y\rangle.$$

18. 在$L^2[-1,1]$中，将$x_0(t)=1,x_1(t)=t,x_2(t)=t^2$用格雷姆-休密特方法化为标准正交系.

19. 设A,B是希尔伯特空间 **H** 的闭子空间. 若对于任意的$0<\varepsilon<1,a\in A,b\in B$，有

$$|\langle a,b\rangle|\leqslant\varepsilon\|a\|\|b\|.$$

证明：$A+B$是 **H** 的闭子空间.

20. 设 **H** 是希尔伯特空间，

(1) 若 **M** 和 **N** 是 **H** 的闭子空间，试举例说明 $\mathbf{M}+\mathbf{N}$ 不一定是闭的；

(2) 若 **M** 是 **H** 的闭子空间，P是一个正交投影算子，试举例说明$P(\mathbf{M})$不一定是闭的.

21. 设$\{e_k\}$与$\{\varepsilon_k\}$分别为希尔伯特空间 **H** 中的标准正交基与标准正交系，而且$\sum\limits_k\|e_k-\varepsilon_k\|^2<1$，证明$\{\varepsilon_k\}$是$X$中的标准正交基.

22. 设 **H** 是希尔伯特空间，证明：

$$\|x-z\|=\|x-y\|+\|y-z\|.$$

当且仅当对于某个$\alpha\in[0,1]$，使得$y=\alpha x+(1-\alpha)z$.

23. 设$\{e_k\}$与$\{\varepsilon_k\}$分别为希尔伯特空间 **H** 中的标准正交基与标准正交系$\sum\limits_i|\langle e_n,\varepsilon_i\rangle|^2=1(n=1,2,\cdots)$，证明：$\{\varepsilon_n\}$是标准正交基.

24. 设 **H** 是希尔伯特空间，$e_i\in\mathbf{H}$，$\|e_i\|=1(i\in\mathbf{N})$，$\beta^2=\sum\limits_{i\neq j}|\langle e_i,e_j\rangle^2|<\infty$，$x=(\lambda_i)\in l^2$. 证明：

$$(1-\beta)\|x\|_2^2\leqslant\left\|\sum\lambda_ie_i\right\|^2\leqslant(1+\beta)\|x\|_2^2.$$

25. 在内积空间 **H** 中，证明：$x_1,x_2,\cdots,x_n$线性无关的充要条件是矩阵$\mathbf{G}=(\langle x_i,x_j\rangle)$可逆.

26. 证明：$C[0,1]$中的 sup 范数不能由内积定义.

27. 设$C[-1,1]$是实值连续函数空间，定义内积

$$\langle f,g\rangle=\int_{-1}^{1}f(x)g(x)\mathrm{d}x,\quad f,g\in C[-1,1].$$

记 **M** 为$C[-1,1]$中奇函数全体，**N** 为$C[-1,1]$中偶函数全体，证明：

$$C[-1,1]=\mathbf{M}\oplus\mathbf{N}.$$

28. 设$\{\varphi_n\}$是实$L^2[a,b]$中的完备标准正交系，$\{w_n\}$是$L^2[a,b]$中的一个标准正交系. 证明：$\{w_n\}$完备的充要条件是对每一个$\varphi_i(i\geqslant1)$均有

$$\|\varphi_i\|^2=\sum_{n=1}^{\infty}\langle\varphi_i,w_n\rangle^2.$$

第4章 线性算子与线性泛函

线性算子理论构成泛函分析的核心内容，它是泛函分析应用于各个领域的主要工具. 近代数学与工程实际中的许多问题如能看作定义在某空间上的算子或算子方程就可以利用线性算子理论解决问题.

本章主要介绍线性算子与线性泛函的基本概念和性质，在此基础上着重介绍泛函分析的基本定理——逆算子定理、闭图像定理、一致有界原理(或共鸣定理)与哈恩-巴拿赫(Hahn-Banach)定理. 最后讨论对偶空间、自反空间、弱收敛等内容.

4.1 有界线性算子与有界线性泛函

让我们回顾线性算子与线性泛函的有关概念.

定义 4.1 设 X 和 Y 都是数域 $\mathbf{F}$ 上的赋范线性空间，$T:X\to Y$. 如果对于任意的 x，$y\in X$ 有：$T(x+y)=Tx+Ty$，则称 T 是**可加的**. 若对任意的数 $\alpha\in\mathbf{F}$ 及任意的 $x\in X$ 有：$T(\alpha x)=\alpha Tx$，则称 T 是**齐次的**. 可加齐次的映射称为**线性映射**或**线性算子**. X 称为 T 的**定义域**，记作 $D(T)=X$. $R(T):=\{y\in Y: y=Tx, x\in X\}$ 称为 T 的**值域**. X 中使得 $Tx=0$ 的元素 x 的集合称为 T 的**零空间**，记作 $\ker(T)$，即 $\ker(T):=\{x: Tx=0, x\in X\}=T^{-1}(\{0\})$. 特别地，将线性算子 $T:X\to\mathbf{F}$ 称为**线性泛函**.

定义 4.2 设 X 和 Y 都是数域 $\mathbf{F}$ 上的赋范线性空间，$T:X\to Y$ 是一个线性算子，$x_0\in X$. 如果对于 X 中任何收敛于 x_0 的点列 $\{x_n\}$，恒有 $Tx_n\to Tx_0(n\to\infty)$，此时称 T **在点 x_0 处连续**. 若 T 在 X 内每一点都连续，则称 T **在 X 上连续**. 如果存在正常数 K，使得对一切 $x\in X$，有 $\|Tx\|\leqslant K\|x\|$，则称 T 是**有界的**，否则称 T 是**无界的**.

例 4.1 设 X 是赋范线性空间，对于任意的 $x\in X$ 定义算子 $I(x)=x$，则 I 是 X 上的一个有界线性算子，它也是一个连续线性算子，称它为 X 上的**单位算子**或**恒等算子**. 将 X 中每个元映成 0 的算子，称它为**零算子**，零算子既是有界的也是连续的.

定理 4.1 设 X 和 Y 是同一数域 $\mathbf{F}$ 上的两赋范空间，$T:X\to Y$ 是线性算子，则以下条件等价：

1° T 是连续的；

2° T 在 0 点连续；

3° T 在某一点连续；

4° 存在正数 $c>0$，使得 $\forall x\in X$，$\|Tx\|\leqslant c\|x\|$. 即 T 是有界的.

证明与内积空间的情况（第 3 章定理 3.26）完全相同. 因此**连续线性算子**也称为**有界线性算子**. 所有的连续线性算子 $T:X\to Y$ 的集合记作 $B(X,Y)$，当 $X=Y$ 时记作 $B(X)$.

如果 $T\in B(X,Y)$，定义

$$\|T\|=\sup\{\|Tx\|:\|x\|\leqslant 1\},$$

则

$$\begin{aligned}\|T\|&=\sup\{\|Tx\|:\|x\|=1\}\\&=\sup\{\|Tx\|/\|x\|:x\neq 0\}\\&=\inf\{c>0:\forall x\in X,\|Tx\|\leqslant c\|x\|\}.\end{aligned}$$

$\|T\|$ 称为算子 T 的范数. 上式的证明与内积空间的情况相同. $B(X,Y)$ 中的加法和数乘是按点定义的，即如果 T、$S\in B(X,Y)$，$\alpha\in\mathbf{F}$，$x\in X$，

$$(T+S)x=Tx+Sx,$$

$$(\alpha T)x=\alpha Tx,$$

则 $B(X,Y)$ 成为赋范空间

事实上，(1) 如果 T、$S\in B(X,Y)$ 则显然 $T+S$ 是 $X\to Y$ 中的线性算子；又 $\forall x\in X$，有

$$\begin{aligned}\|(T+S)x\|&=\|Tx+Sx\|\leqslant\|Tx\|+\|Sx\|\\&\leqslant\|T\|\|x\|+\|S\|\|x\|=(\|T\|+\|S\|)\|x\|,\end{aligned}$$

所以 $T+S\in B(X,Y)$，并且 $\|T+S\|\leqslant\|T\|+\|S\|$.

(2) 如果 $\alpha\in\mathbf{F}$，$T\in B(X,Y)$，显然 $\alpha T\in B(X,Y)$，

$\|(\alpha T)x\|=\|\alpha(Tx)\|=|\alpha|\|Tx\|=|\alpha|\|Tx\|\leqslant|\alpha|\|T\|\|x\|$，

并且

$$\begin{aligned}\|\alpha T\|&=\sup\{\|(\alpha T)x\|:x\in X,\|x\|\leqslant 1\}\\&=\sup\{|\alpha|\|Tx\|:x\in X,\|x\|\leqslant 1\}\\&=|\alpha|\sup\{\|Tx\|:x\in X,\|x\|\leqslant 1\}\\&=|\alpha|\|T\|.\end{aligned}$$

(3) $\|T\|\geqslant 0$ 显然，当 $\|T\|=0$ 时，就有 $\sup\{\|Tx\|/\|x\|:x\neq 0\}=0$，故当 $x\neq 0$ 时，$\|Tx\|/\|x\|=0$，$Tx=0$，而 $T0=0$，所以 $T=0$.

由于上述(1)、(2)、(3)满足范数定义的三个条件故 $B(X,Y)$ 就是一个赋范线性空间.

定理 4.2 当 Y 是巴拿赫空间时，$B(X,Y)$ 按以上定义的范数也是巴拿赫空间.

证明 上面已经证明 $B(X,Y)$ 是赋范空间. 以下证明 Y 是巴拿赫空间时，$B(X,Y)$ 也是巴拿赫空间.

设 $\{T_n\}$ 是 $B(X,Y)$ 中的柯西列，即 $\forall\varepsilon>0$，$\exists N=N_\varepsilon$，当 $n,m\geqslant N$ 时，有

$$\|T_n-T_m\|<\varepsilon. \tag{4.1}$$

对每一给定的 $x\in X$，当 $x\neq 0$ 时，对 $\dfrac{\varepsilon}{\|x\|}>0$，$\exists N=N(\varepsilon,x)$，当 $n,m\geqslant N$ 时，有

$\|T_n-T_m\|<\varepsilon/\|x\|$. 因而当 $n,m\geqslant N$ 时，

$$\|T_nx-T_mx\|\leqslant\|T_n-T_m\|\|x\|<\frac{\varepsilon}{\|x\|}\|x\|=\varepsilon.$$

当 $x=0$ 时上式显然成立. 故 $\{T_nx\}$ 是 Y 中的柯西序列. 由于 Y 是巴拿赫空间，$\exists y\in Y$，使得 $\lim\limits_{n\to\infty}T_nx=y$，这样就定义了 X 到 Y 中的算子(映射) T，

$$Tx=\lim_{n\to\infty}T_nx,x\in X.$$

因 T_n 是线性算子，$\forall x_1,x_2\in X$，$\forall\alpha,\beta\in\mathbf{F}$，有

$$\begin{aligned}T(\alpha x_1+\beta x_2)&=\lim_{n\to\infty}T_n(\alpha x_1+\beta x_2)\\&=\lim_{n\to\infty}(\alpha T_nx_1+\beta T_nx_2)\\&=\lim_{n\to\infty}\alpha T_nx_1+\lim_{n\to\infty}\beta T_nx_2\\&=\alpha\lim_{n\to\infty}T_nx_1+\beta\lim_{n\to\infty}T_nx_2\\&=\alpha Tx_1+\beta Tx_2.\end{aligned}$$

以上用到了赋范空间中加法和数乘的连续性，证明了 T 是线性算子. 又由式(4.1)，$\forall\varepsilon>0$，$\exists N=N_\varepsilon$，与 x 无关，当 $n,m\geqslant N_\varepsilon$ 时，$\|T_n-T_m\|<\varepsilon$，令 $m\to\infty$，得

$$\|(T-T_n)x\|=\|\lim_{m\to\infty}T_mx-T_nx\|=\lim_{m\to\infty}\|(T_m-T_n)x\|\leqslant\varepsilon\|x\|.$$

(因 $\|(T_m-T_n)x\|\leqslant\|T_m-T_n\|\|x\|\leqslant\varepsilon\|x\|$)

即当 $n\geqslant N_\varepsilon$ 时，$\forall x\in X$，

$$\|(T-T_n)x\|\leqslant\varepsilon\|x\|.\tag{4.2}$$

故 $T-T_n$ 是有界线性算子，从而 $T=(T-T_n)+T_n\in B(X,Y)$，由式(4.2)，对 $n\geqslant N_\varepsilon$，

$$\|T-T_n\|\leqslant\varepsilon,$$

即按 $B(X,Y)$ 中的范数(算子范数) $\|\cdot\|$，$\lim\limits_{n\to\infty}T_n=T$. 因此 $B(X,Y)$ 中所有的柯西列都收敛，所以 $B(X,Y)$ 是巴拿赫空间.

例 4.2　$X=L^p[a,b]$，$p\geqslant1$，φ 是有界连续函数(或有界可测函数)，定义 $M_\varphi:L^p[a,b]\to L^p[a,b]$，对 $f\in L^p[a,b]$，令 $M_\varphi f=\varphi f$，则 $\varphi f\in L^p[a,b]$. 设 $\|\varphi\|_\infty=\sup\limits_{a\leqslant t\leqslant b}|\varphi(t)|$，则

$$\begin{aligned}M_\varphi f&=\left[\int_a^b|\varphi(t)f(t)|^p\mathrm{d}t\right]^{1/p}\leqslant\|\varphi\|_\infty\left(\int_a^b|f(t)|^p\mathrm{d}t\right)^{1/p}\\&=\|\varphi\|_\infty\|f\|.\end{aligned}$$

所以 M_φ 是 $L^p[a,b]$ 上的有界线性算子，且 $\|M_\varphi\|\leqslant\|\varphi\|_\infty$，且可证明 $\|M_\varphi\|=\|\varphi\|_\infty$.

例 4.3　设 $k(t,s)$ 是 $a\leqslant t\leqslant b,a\leqslant s\leqslant b$ 上的连续函数. 令

$$Tx(t)=\int_a^bk(t,s)x(s)\mathrm{d}s\quad(x\in C[a,b]).$$

显然 T 是 $C[a,b]$ 上到 $C[a,b]$ 中的线性算子. 由于

$$\begin{aligned}\|Tx\|&=\max_{a\leqslant t\leqslant b}\left|\int_a^bk(t,s)x(s)\mathrm{d}s\right|\\&\leqslant\left(\max_{a\leqslant t\leqslant b}\int_a^b|k(t,s)|\mathrm{d}s\right)\|x\|=\beta\|x\|.\end{aligned}\tag{4.3}$$

其中，$\beta=\max\limits_{a\leqslant t\leqslant b}\int_a^b|k(t,s)|\mathrm{d}s$. 由此可知，$T$ 是有界算子. 我们证明：

$$\|T\|=\max_{a\leqslant t\leqslant b}\int_a^b|k(t,s)|\mathrm{d}s.$$

由式(4.3)，只需证明 $\|T\|\geqslant\beta$. 由于 $\int_a^b k(t,s)\mathrm{d}s$ 是 t 的连续函数，所以存在 $t_0\in[a,b]$，使得

$$\beta=\int_a^b|k(t_0,s)|\mathrm{d}s.$$

取 $Z_0(s)=\mathrm{sgn}k(t_0,s)$，则 $Z_0(s)$ 可测且 $|Z_0(s)|\leqslant 1$. 由鲁辛(Luzin)定理，对于每一个自然数 n，存在 $[a,b]$ 上的连续函数 $x_n(t)$，使得 $|x_n(t)|\leqslant 1$ 并且除去一个测度小于 $\frac{1}{2Mn}$ 的可测集 E_n 之外，在 $[a,b]\backslash E_n$ 上 $x_n(s)=Z_0(s)$，其中 $M=\max\limits_{a\leqslant t,s\leqslant b}|k(t,s)|$. 于是

$$\begin{aligned}\beta&=\int_a^b|k(t_0,s)|\mathrm{d}s=\left|\int_a^b k(t_0,s)Z_0(s)\mathrm{d}s\right|\\&\leqslant\left|\int_a^b k(t_0,s)x_n(s)\mathrm{d}s\right|+\int_a^b|k(t_0,s)|\,|Z_0(s)-x_n(s)|\mathrm{d}s\\&\leqslant\|T\|\|x_n\|+2MmE_n<\|T\|+\frac{1}{n}.\end{aligned}$$

令 $n\to\infty$，则有 $\beta\leqslant\|T\|$. 再由式(4.3)，$\|T\|=\beta$.（其中 mE_n 为 E_n 的测度）.

例 4.4 对于任何 $x\in L^1[a,b]$，定义

$$(Tx)(t)=\int_a^t x(s)\mathrm{d}s,$$

则 T 为 $L^1[a,b]$ 到其自身的有界线性算子，而且 $\|T\|=b-a$.

证明 对于任意的 $x,y\in L^1[a,b]$，$\alpha,\beta\in\mathbf{C}$，$t\in[a,b]$，有

$$\begin{aligned}[T(\alpha x+\beta y)](t)&=\int_a^t[\alpha x(s)+\beta y(s)]\mathrm{d}s\\&=\alpha\int_a^t x(s)\mathrm{d}s+\beta\int_a^t y(s)\mathrm{d}s\\&=\alpha(Tx)(t)+\beta(Ty)(t)=[\alpha Tx+\beta Ty](t).\end{aligned}$$

故 $T(\alpha x+\beta y)=\alpha Tx+\beta Ty$，这说明 T 是线性算子.

下面证明 T 的有界性以及 $\|T\|=b-a$.

$$\begin{aligned}\|Tx\|_1&=\int_a^b|(Tx)(t)|\mathrm{d}t=\int_a^b\left|\int_a^t x(s)\mathrm{d}s\right|\mathrm{d}t\\&\leqslant\int_a^b\left(\int_a^t|x(s)|\mathrm{d}s\right)\mathrm{d}t\leqslant\int_a^b\left(\int_a^b|x(s)|\mathrm{d}s\right)\mathrm{d}t\\&=\int_a^b\mathrm{d}t\int_a^b|x(s)|\mathrm{d}s=(b-a)\|x\|_1.\end{aligned}$$

所以 T 是有界的，而且 $\|T\|\leqslant b-a$.

另一方面，对于自然数 n 作函数（假定 n 足够大，使得 $a+\frac{1}{n}<b$）

$$x_n(t)=\begin{cases} n, & t\in\left[a,a+\dfrac{1}{n}\right], \\ 0, & t\in\left(a+\dfrac{1}{n},b\right], \end{cases}$$

显然，$x_n\in L^1[a,b]$，而且

$$\|x_n\|_1=\int_a^b|x_n(t)|\,\mathrm{d}t=1,$$

进而有

$$\begin{aligned}\|Tx_n\|_1&=\int_a^b\left|\int_a^t x_n(s)\,\mathrm{d}s\right|\mathrm{d}t\\&=\int_a^{a+\frac{1}{n}}\left|\int_a^t x_n(s)\,\mathrm{d}s\right|\mathrm{d}t+\int_{a+\frac{1}{n}}^b\left|\int_a^t x_n(s)\,\mathrm{d}s\right|\mathrm{d}t\\&=\int_a^{a+\frac{1}{n}}n(t-a)\,\mathrm{d}t+\int_{a+\frac{1}{n}}^b\left|\int_a^{a+\frac{1}{n}}n\,\mathrm{d}s+\int_{a+\frac{1}{n}}^t 0\,\mathrm{d}s\right|\mathrm{d}t\\&=\int_a^{a+\frac{1}{n}}n(t-a)\,\mathrm{d}t+\int_{a+\frac{1}{n}}^b 1\,\mathrm{d}t\\&=(b-a)-\frac{1}{2n}.\end{aligned}$$

故，$\|T\|\geqslant\sup\limits_n\|Tx_n\|_1\geqslant b-a$. 因此，$\|T\|=b-a$.

例 4.5　在 $C[-1,1]$ 上，由

$$f(x)=\int_{-1}^0 x(t)\,\mathrm{d}t-\int_0^1 x(t)\,\mathrm{d}t,\quad\forall\,x(t)\in C[-1,1]$$

定义了线性函数 f，求 $\|f\|$.

解　对 $x(t)\in C[-1,1]$，有

$$|f(x)|\leqslant\int_{-1}^0|x(t)|\,\mathrm{d}t+\int_0^1|x(t)|\,\mathrm{d}t\leqslant 2\|x\|,$$

故 f 是 $C[-1,1]$ 上的有界线性泛函，且 $\|f\|\leqslant 2$.

此外，令

$$x_n(t)=\begin{cases} 1, & -1\leqslant t<-\dfrac{1}{n}, \\ -nt, & -\dfrac{1}{n}\leqslant t<\dfrac{1}{n}, \\ -1 & \dfrac{1}{n}\leqslant t\leqslant 1, \end{cases}$$

则 $x_n(t)\in C[-1,1]$，且 $\|x_n\|=1$，

$$f(x_n)=\int_{-1}^{-\frac{1}{n}}\mathrm{d}t-\int_{-\frac{1}{n}}^0 nt\,\mathrm{d}t+\int_0^{\frac{1}{n}}nt\,\mathrm{d}t+\int_{\frac{1}{n}}^1\mathrm{d}t=2-\frac{1}{n},$$

$$\|f\| \geqslant |f(x_n)| = 2 - \frac{1}{n}, \quad (n = 1,2,\cdots),$$

故 $\|f\| \geqslant 2$，从而 $\|f\| = 2$.

例 4.6 设 $C^1[0,1]$ 表示在 $[0,1]$ 上有一阶连续导函数的函数全体，在 $C^1[0,1]$ 中引入范数

$$\|x\|_1 = \max_{0 \leqslant t < 1} |x(t)| + \max_{0 \leqslant t < 1} |x'(t)|,$$

则 $C^1[0,1]$ 也构成赋范线性空间（注意：此时 $C^1[0,1]$ 并不是 $C[0,1]$ 的子空间），此时把 $T = \frac{\mathrm{d}}{\mathrm{d}t}$ 看作 $C^1[0,1]$ 到 $C[0,1]$ 的算子，则 T 是有界线性算子.

证明 对任意 $x \in C^1[0,1]$，有

$$\begin{aligned}\|Tx\|_\infty &= \max_{0 \leqslant t \leqslant 1} |(Tx)(t)| = \max_{0 \leqslant t \leqslant 1} \left| \frac{\mathrm{d}}{\mathrm{d}t} x(t) \right| \\ &\leqslant \max_{0 \leqslant t \leqslant 1} |x(t)| + \max_{0 \leqslant t \leqslant 1} |x'(t)| = \|x\|_1.\end{aligned}$$

由算子范数的定义知，$\|T\| \leqslant 1$，故 T 是 $C^1[0,1]$ 到 $C[0,1]$ 的有界线性算子.

例 4.7 考虑 n 阶方阵 $(a_{ik})(i,k = 1,\cdots,n)$. 对于每一个 $x \in \mathbf{R}^n$，$x = (\zeta_1, \zeta_2, \cdots, \zeta_n)$. 命

$$\eta_i = \sum_{k=1}^{n} a_{ik} \zeta_k \quad (i = 1,2,\cdots,n).$$

$Tx = y$，其中 $y = (\eta_1, \eta_2, \cdots, \eta_n)$. 显然 T 是 $\mathbf{R}^n$ 上到 $\mathbf{R}^n$ 中的线性算子. 此外，由许瓦兹不等式

$$\begin{aligned}\|Tx\| &= \left(\sum_{i=1}^{n} \left| \sum_{k=1}^{n} a_{ik} \zeta_k \right|^2 \right)^{\frac{1}{2}} \\ &\leqslant \left(\sum_{i=1}^{n} \sum_{k=1}^{n} a_{ik}^2 \right)^{\frac{1}{2}} \left(\sum_{k=1}^{n} |\zeta_k|^2 \right)^{\frac{1}{2}} \\ &= \left(\sum_{i=1}^{n} \sum_{k=1}^{n} a_{ik}^2 \right)^{\frac{1}{2}} \|x\|,\end{aligned}$$

故知 T 是一个有界线性算子.

例 4.8 给定无穷矩阵 $(a_{ik}, i \geqslant 1, k \geqslant 1)$，满足条件：

$$\sum_{i=1}^{\infty} \sum_{k=1}^{\infty} |a_{ik}|^q < \infty \quad (q > 1),$$

对于每一个 $x \in l^p (p > 1)$，$x = \{\xi_k\}$，$\frac{1}{p} + \frac{1}{q} = 1$，令

$$\eta_i = \sum_{k=1}^{\infty} a_{ik} \xi_k \quad (i = 1,2,\cdots),$$

$Tx = y$，$y = (\eta_i)$. 则 T 是空间 l^p 到空间 l^q 上的一个有界线性算子.

事实上，对于每一个 $x \in l^p$，由离散情形的赫尔德不等式，有

$$\begin{aligned}\sum_{i=1}^{\infty}|\eta_i|^q &= \sum_{i=1}^{\infty}\Big|\sum_{k=1}^{\infty}a_{ik}\xi_k\Big|^q \\ &\leqslant \sum_{i=1}^{\infty}\Big\{\Big(\sum_{k=1}^{\infty}|\xi_k|^p\Big)^{\frac{1}{p}}\Big(\sum_{k=1}^{\infty}|a_{ik}|^q\Big)^{\frac{1}{q}}\Big\}^q \\ &= \Big(\sum_{i=1}^{\infty}\sum_{k=1}^{\infty}|a_{ik}|^q\Big)\|x\|^q < \infty.\end{aligned}$$

故对每一个 $x\in l^p$，$y=(\eta_i)\in l^q$，并且

$$\|Tx\| = \Big(\sum_{i=1}^{\infty}|\eta_i|^q\Big)^{\frac{1}{q}} \leqslant \Big(\sum_{i=1}^{\infty}\sum_{k=1}^{\infty}|a_{ik}|^q\Big)^{\frac{1}{q}}\|x\| < \infty.$$

显然，T 是一个线性算子，所以 T 是 l^p 到 l^q 上的一个有界线性算子.

下面给出无界线性算子的例子

例 4.9　设 X 是仅含有限个非零项的数列全体，它作为 l^∞ 的子空间是一个赋范线性空间. 对于任给的 $x=(x_k)\in X$，定义线性算子 $T:X\to X$ 如下：

$$Tx = \Big(\sum_{k=1}^{\infty}kx_k, 0, 0, \cdots\Big),$$

我们将证明 T 是无界的.

证明　以 e_k 表示第 k 项是 1 其余项为零的数列，则 $e_k\in X$，$\|e_k\|_\infty=1$，但是对于任意的正整数 k，$\|Te_k\|_\infty=k$，所以 T 是一个无界算子.

4.2　有限维赋范线性空间上的线性算子

若要具体地描述一个线性算子 T，必须对 T 的定义域中每一个向量 x，都能具体说出 Tx 是什么. 当 T 定义在一般的线性空间中，这个问题很难解决，但当 T 的定义域为有限维赋范线性空间时，较容易解决.

设 X 与 Y 都是同一数域上的有限维赋范线性空间，又设 X 是 n 维，Y 是 m 维，从而可以选择$\{e_1,e_2,\cdots,e_n\}$作为 X 的一个基，而$\{f_1,f_2,\cdots,f_m\}$是 Y 的一个基. 于是，对任意的 $x\in X$，都有唯一的表示

$$x = \sum_{k=1}^{n}\xi_k e_k,\quad \xi_k\in \mathbf{F}.$$

故 $Tx=\sum\limits_{k=1}^{n}\xi_k Te_k$. 因此，如果 $Te_1,Te_2,\cdots,Te_n$ 都知道了，那么 Tx 也就知道了. 所以，要具体描述 T，只要知道定义域中一个基$\{e_1,e_2,\cdots,e_n\}$的像 $Te_1,Te_2,\cdots,Te_n$ 就可以了.

定理 4.3　设 X 和 Y 都是有限维赋范线性空间，$T:X\to Y$ 是一个线性算子，X 的一个基为$\{e_1,e_2,\cdots,e_n\}$，Y 的一个基为$\{f_1,f_2,\cdots,f_m\}$，并且已知 $e_k(k=1,2,\cdots,n)$的像为

$$Te_k = \sum_{j=1}^{m} t_{jk} f_j, \quad \text{系数 } t_{jk} \text{ 均为已知}, \tag{4.4}$$

则定义域 X 中任意元 $x = \sum_{k=1}^{n} \xi_k e_k$ 的像 $Tx = \sum_{k=1}^{m} \eta_k f_k$ 中的系数 η_k 为

$$\eta_k = \sum_{j=1}^{n} t_{kj} \xi_j, \quad k = 1,2,\cdots,m, \tag{4.5}$$

式(4.5)中的矩阵恰为式(4.4)中矩阵的转置.

证明 因为

$$\begin{aligned} Tx &= T\Big(\sum_{k=1}^{n} \xi_k e_k\Big) = \sum_{k=1}^{n} \xi_k Te_k \\ &= \sum_{k=1}^{n} \xi_k \sum_{j=1}^{m} t_{jk} f_j = \sum_{j=1}^{m} \Big(\sum_{k=1}^{n} t_{jk} \xi_k\Big) f_j \\ &= \sum_{k=1}^{m} \Big(\sum_{j=1}^{n} t_{kj} \xi_j\Big) f_k. \end{aligned}$$

再由假设 $Tx = \sum_{k=1}^{m} \eta_k f_k$，比较 Tx 的两个表达式中 f_k 的系数，就有

$$\eta_k = \sum_{j=1}^{n} t_{kj} \xi_j, \quad k = 1,2,\cdots,m.$$

式(4.4)与式(4.5)的矩阵形式为

$$\begin{pmatrix} Te_1 \\ Te_2 \\ \vdots \\ Te_n \end{pmatrix} = (t_{jk})_{n\times m} \begin{pmatrix} f_1 \\ f_2 \\ \vdots \\ f_m \end{pmatrix}, \tag{4.6}$$

$$\begin{pmatrix} \eta_1 \\ \eta_2 \\ \vdots \\ \eta_m \end{pmatrix} = (t_{kj})_{m\times n} \begin{pmatrix} \xi_1 \\ \xi_2 \\ \vdots \\ \xi_n \end{pmatrix}. \tag{4.7}$$

注 (1) 由定理可知，有限维赋范线性空间上的线性算子 T，当定义域与值域中的基确定之后，它与矩阵 $(t_{kj})_{m\times n}$ 是一一对应的，记作 $T \sim (t_{kj})_{m\times n}$.

(2) 在有限维赋范线性空间 $\mathbf{F}^n$ 上，当 $p \geqslant 1$ 时，定义 p 范数 $\|\cdot\|_p$ 为：对任意的 $x = (\xi_1, \xi_2, \cdots, \xi_n) \in \mathbf{F}^n$，定义 $\|x\|_p = \Big(\sum_{k=1}^{n} |\xi_k|^p\Big)^{1/p}$，也可以定义 $\|x\|_\infty = \max\limits_{1\leqslant k\leqslant n} |\xi_k|$，容易验证 $\|\cdot\|_p$ 和 $\|\cdot\|_\infty$ 都是 $\mathbf{F}^n$ 上的范数，而且 $(\mathbf{F}^n, \|\cdot\|_p)$ 和 $(\mathbf{F}^n, \|\cdot\|_\infty)$ 都是巴拿赫空间. $(\mathbf{F}^n, \|\cdot\|_p)$ 可以看作 $(l^p, \|\cdot\|_p)$ 的子空间. 仅需将 $x \in \mathbf{F}^n$ 等同于 l^p 中的元 $(x_1, x_2, \cdots, x_n, 0, \cdots)$.

例 4.10 设

$$A=\begin{pmatrix} a_{11} & a_{12} & \cdots & a_{1n} \\ a_{21} & a_{22} & \cdots & a_{2n} \\ \vdots & \vdots & & \vdots \\ a_{m1} & a_{m2} & \cdots & a_{mn} \end{pmatrix},\quad x=\begin{pmatrix} x_1 \\ x_2 \\ \vdots \\ x_n \end{pmatrix},\quad y=\begin{pmatrix} y_1 \\ y_2 \\ \vdots \\ y_m \end{pmatrix}.$$

令 $y=Ax$,由于矩阵乘法是线性运算,所以 A 是 $\mathbf{R}^n\to\mathbf{R}^m$ 的线性算子,在 $\mathbf{R}^n,\mathbf{R}^m$ 中分别定义范数 $\|x\|_\infty:=\max\limits_{1\leqslant k\leqslant n}|x_k|$,$\|y\|_\infty:=\max\limits_{1\leqslant k\leqslant m}|y_k|$,则 A 是有界线性算子,而且算子 A 的范数 $\|A\|_\infty$ 为

$$\|A\|_\infty=\max_{1\leqslant k\leqslant m}\sum_{j=1}^n|a_{kj}|. \tag{4.8}$$

证明 算子 A 的线性是显然的.今证明 A 的有界性以及等式(4.8).令 $\alpha=\max\limits_{1\leqslant k\leqslant m}\sum\limits_{j=1}^n|a_{kj}|$,则

$$\begin{aligned}\|Ax\|_\infty&=\max_{1\leqslant k\leqslant m}|y_k|=\max_{1\leqslant k\leqslant m}\left|\sum_{j=1}^n a_{kj}x_j\right|\\&\leqslant\max_{1\leqslant k\leqslant m}\sum_{j=1}^n|a_{kj}||x_j|\leqslant\max_{1\leqslant k\leqslant m}|x_j|\max_{1\leqslant k\leqslant m}\sum_{j=1}^n|a_{kj}|\\&=\alpha\|x\|_\infty.\end{aligned}$$

故 A 是有界的,而且 $\|A\|_\infty\leqslant\alpha$.

另一方面,令

$$\sum_{j=1}^n|a_{pj}|=\max_{1\leqslant k\leqslant m}\sum_{j=1}^n|a_{kj}|,$$

取 $x_0=(\operatorname{sgn}(a_{p1}),\operatorname{sgn}(a_{p2}),\cdots,\operatorname{sgn}(a_{pn}))^{\mathrm T}$,则 $\|x_0\|_\infty=1$,而且有

$$\begin{aligned}\|Ax_0\|_\infty&=\max_{1\leqslant k\leqslant m}\left|\sum_{j=1}^n\operatorname{sgn}(a_{pj})a_{kj}\right|\geqslant\left|\sum_{j=1}^n\operatorname{sgn}(a_{pj})a_{pj}\right|\\&=\sum_{j=1}^n|a_{pj}|=\max_{1\leqslant k\leqslant m}\sum_{j=1}^n|a_{kj}|=\alpha.\end{aligned}$$

从而可知等式(4.8)成立.

例 4.11 已知线性算子 $A:(\mathbf{R}^2,\|\cdot\|_2)\to(\mathbf{R}^2,\|\cdot\|_2)$的矩阵为

$$A=\begin{pmatrix} 2 & 1 \\ 1 & 2 \end{pmatrix}$$

试求算子 A 的范数 $\|A\|_2$ 及 A 的特征值.

解 令 $x=(x_1,x_2)^{\mathrm T}\in\mathbf{R}^2$,则

$$Ax=\begin{pmatrix} 2 & 1 \\ 1 & 2 \end{pmatrix}\begin{pmatrix} x_1 \\ x_2 \end{pmatrix}=\begin{pmatrix} 2x_1+x_2 \\ x_1+2x_2 \end{pmatrix},$$

从而，

$$\begin{aligned}\|A\|_2 &= \sup_{x_1^2+x_2^2=1}[5+8x_1x_2]^{1/2}\\ &= \sup_{x_1^2+x_2^2=1}[5-4((x_1-x_2)^2-1)]^{1/2}\\ &= \sup_{x_1^2+x_2^2=1}[9-4(x_1-x_2)^2]^{1/2}=\sqrt{9}=3.\end{aligned}$$

A 的特征多项式为

$$\begin{aligned}|A-\lambda E| &= \begin{vmatrix}2-\lambda & 1\\ 1 & 2-\lambda\end{vmatrix}=\lambda^2-4\lambda+3\\ &=(\lambda-1)(\lambda-3),\end{aligned}$$

从而得到 A 的特征值为 $\lambda_1=1,\lambda_2=3$.

注 $\|A\|_2=\max\{|\lambda_1|,|\lambda_2|\}$. 一般地，对于 $\mathbf{R}^n$ 中的矩阵算子 A，容易知道应该有 $\|A\|_2\geqslant\max\limits_k|\lambda_k|$，$\lambda_k$ 为 A 的特征值. 这是因为对应于 λ_k 的特征向量 x_k 满足 $Ax_k=\lambda_k x_k$，所以 $\|Ax_k\|=|\lambda_k|\|x_k\|$，$k=1,2,\cdots,n$. 因而，

$$\|A\|_2\geqslant\sup_k\frac{\|Ax_k\|}{\|x_k\|}=\max_k|\lambda_k|.$$

自然有一个问题：矩阵算子在什么条件下，就会有 $\|A\|_2=\max\limits_k|\lambda_k|$ 呢？这个问题可以由下面的定理来回答.

定理 4.4 设线性算子 $A:(\mathbf{R}^n,\|\cdot\|_2)\to(\mathbf{R}^n,\|\cdot\|_2)$ 所对应的矩阵 (a_{ij}) 为对称的，并且设 A 的特征值为 $\lambda_k(k=1,2,\cdots,n)$，则算子 A 的范数为 $\|A\|_2=\max\limits_{1\leqslant k\leqslant n}|\lambda_k|$.（证明略去）.

例 4.12 求由 $(\mathbf{R}^2,\|\cdot\|_\infty)$ 到 $(\mathbf{R}^2,\|\cdot\|_\infty)$ 的矩阵算子

$$A=\begin{pmatrix}a_{11} & a_{12}\\ a_{21} & a_{22}\end{pmatrix}$$

的范数 $\|A\|_\infty$.

解 令 $x=(x_1,x_2)^{\mathrm{T}}\in\mathbf{R}^2$，则

$$Ax=\begin{pmatrix}a_{11} & a_{12}\\ a_{21} & a_{22}\end{pmatrix}\begin{pmatrix}x_1\\ x_2\end{pmatrix}=\begin{pmatrix}a_{11}x_1+a_{12}x_2\\ a_{21}x_1+a_{22}x_2\end{pmatrix}.$$

一方面，由

$$\begin{aligned}\|Ax\|_\infty &=\max(|a_{11}x_1+a_{12}x_2|,|a_{21}x_1+a_{22}x_2|)\\ &\leqslant\max(|a_{11}x_1|+|a_{12}x_2|,|a_{21}x_1|+|a_{22}x_2|)\\ &\leqslant\max\{(|a_{11}|+|a_{12}|)\max\{|x_1|,|x_2|\},(|a_{21}|+|a_{22}|)\max\{|x_1|,|x_2|\}\}\\ &\leqslant\max\{|a_{11}|+|a_{12}|,|a_{21}|+|a_{22}|\}\|x\|_\infty.\end{aligned}$$

所以

$$\|A\|_\infty\leqslant\max\{|a_{11}|+|a_{12}|,|a_{21}|+|a_{22}|\}.\tag{4.9}$$

另一方面，令 $x_0=(|a_{11}|/a_{11},|a_{12}|/a_{12})^{\mathrm{T}}$，若分量中分母为 0，则设该分量为 1，因此不论 a_{11},a_{12} 是否为 0 都有 $\|x_0\|_\infty=1$，并且有

$$Ax_0=\begin{pmatrix}a_{11} & a_{12}\\ a_{21} & a_{22}\end{pmatrix}\begin{pmatrix}|a_{11}|/a_{11}\\ |a_{12}|/a_{12}\end{pmatrix}=\begin{pmatrix}|a_{11}|+|a_{12}|\\ a_{21}\dfrac{|a_{11}|}{a_{11}}+a_{22}\dfrac{|a_{12}|}{a_{12}}\end{pmatrix},$$

$$\|Ax_0\|_\infty=\max\left\{|a_{11}|+|a_{12}|,\left|a_{21}\frac{|a_{11}|}{a_{11}}+a_{22}\frac{|a_{12}|}{a_{12}}\right|\right\}.$$

故

$$\|A\|_\infty=\sup_{\|x\|=1}\|Ax\|_\infty\geqslant\|Ax_0\|_\infty\geqslant|a_{11}|+|a_{12}|.$$

类似可以得到

$$\|A\|_\infty\geqslant|a_{21}|+|a_{22}|.$$

从而

$$\|A\|_\infty\geqslant\max\{|a_{11}|+|a_{12}|,|a_{21}|+|a_{22}|\}. \tag{4.10}$$

结合式(4.9)、式(4.10)便有

$$\|A\|_\infty=\max\{|a_{11}|+|a_{12}|,|a_{21}|+|a_{22}|\}.$$

注　设线性算子 $A:(\mathbf{R}^n,\|\cdot\|_2)\to(\mathbf{R}^n,\|\cdot\|_2)$所对应的矩阵$(a_{ij})$仍然记为 A，则算子 A 的范数$\|A\|_2$ 为：$\|A\|_2=\sqrt{\rho(A^{\mathrm{T}}A)}$，其中 $\rho(A^{\mathrm{T}}A)$表示实对称矩阵 $A^{\mathrm{T}}A$ 的谱半径(即绝对值最大的特征值).

本节最后，我们通过一个例子来考察无穷矩阵所确定的线性算子及其范数的计算问题.

例 4.13　设 $A=(a_{ij})(i,j=1,2,\cdots)$是一个无穷矩阵，其中 $a_{ij}\in\mathbf{F}$，形式地定义线性算子 $A:x\to Ax$ 如下：

$$\begin{cases}y=Ax, & x=(x_j),y=(y_i),\\ y_i=\displaystyle\sum_{j=1}^{\infty}a_{ij}x_j, & i=1,2,\cdots.\end{cases}$$

(1) 如果 $\alpha=\sup\limits_j\sum\limits_{i=1}^{\infty}|a_{ij}|<\infty$，此时可以将 A 看作 $A:l^1\to l^1$，则 A 为有界线性算子而且 A 的范数$\|A\|_1=\alpha$；

(2) 如果 $\alpha=\sup\limits_i\sum\limits_{j=1}^{\infty}|a_{ij}|<\infty$，此时可以将 A 看作 $A:l^\infty\to l^\infty$，则 A 为有界线性算子而且 A 的范数$\|A\|_\infty=\alpha$.

证明

(1) 对于任意的 $x=(x_j)\in l^1$，有

$$\sum_{j=1}^{\infty}|a_{ij}x_j|\leqslant\sup_j|a_{ij}|\,\|x\|_1\leqslant\alpha\|x\|_1<\infty,$$

故 $\sum_{j=1}^{\infty} a_{ij}x_j$ 收敛. 令 $y_j = \sum_{j=1}^{\infty} a_{ij}x_j, Ax = (y_i)$, 则有

$$\begin{aligned}\|Ax\|_1 &= \sum_{i=1}^{\infty} |y_i| = \sum_{i=1}^{\infty} \left| \sum_{j=1}^{\infty} a_{ij}x_j \right| \\ &\leqslant \sum_{j=1}^{\infty}\sum_{i=1}^{\infty} |a_{ij}|\,|x_j| \\ &\leqslant \alpha \sum_{j=1}^{\infty} |x_j| = \alpha\|x\|_1.\end{aligned}$$

所以 A 为有界线性算子而且 $\|A\|_1 \leqslant \alpha$.

为了证明 $\|A\|_1 = \alpha$, 下面仅需证明 $\|A\|_1 \geqslant \alpha$. 为此, 仅需证明对于任意的 $\mu < \alpha$ 都有 $\|A\|_1 > \mu$. 根据 α 的定义, 存在下标 j_0 使得 $\mu < \sum_{i=1}^{\infty} |a_{ij_0}|$. 设 $\{e_j\}$ 是 l^1 的标准基, 则 $\|e_j\|_1 = 1, Ae_j = (a_{1j}, a_{2j}, \cdots)$. 于是

$$\begin{aligned}\mu &< \sum_{i=1}^{\infty} |a_{ij_0}| = \|Ae_{j_0}\|_1 \\ &\leqslant \|A\|_1 \|e_{j_0}\|_1 = \|A\|_1.\end{aligned}$$

(2) 对于任意的 $x=(x_j)\in l^{\infty}$, 类似于(1)可以得到

$$\begin{aligned}\|Ax\|_{\infty} &= \sup_i \left| \sum_{j=1}^{\infty} a_{ij}x_j \right| \\ &\leqslant \sup_i \sum_{j=1}^{\infty} |a_{ij}|\,\|x\|_{\infty} = \alpha\|x\|_{\infty},\end{aligned}$$

所以 A 为有界线性算子而且 $\|A\|_{\infty} \leqslant \alpha$. 其次, 对于任意的 $\mu < \alpha$, 选取 i_0, 使得 $\mu < \sum_{j=1}^{\infty} |a_{i_0 j}|$. 令 $x_j = \mathrm{sgn} a_{i_0 j}, x=(x_j)$. 不妨设 $0\leqslant\mu<\alpha$, 因此 $x\neq 0$, 于是 $\|x\|_{\infty}=1$, 故

$$\begin{aligned}\mu &< \sum_{j=1}^{\infty} |a_{i_0 j}| = \sum_{j=1}^{\infty} a_{i_0 j}x_j \\ &\leqslant \|Ax\|_{\infty} \leqslant \|A\|_{\infty}\|x\|_{\infty} = \|A\|_{\infty}.\end{aligned}$$

这便推出 $\|A\|_{\infty} = \alpha$.

4.3 开映射定理、逆算子定理、闭图像定理

在高等数学中, 已知单调函数必存在反函数, 下面将高数中的反函数概念及相应的性质推广到一般赋范空间上来.

定义 4.3 设 X 和 Y 均是数域 $\mathbf{F}$ 上的赋范线性空间, 映射 $T: X\to Y$ 称为开映射, 如果对 X 中每一开集 G, 其像 $T(G)$ 是 Y 中的开集.

注　一般地，连续映射未必是开映射，如令 $f(x)=\cos x, x\in\mathbf{R}$，则 f 是连续的，但是 f 将 $\left(-\frac{\pi}{2},\frac{3}{2}\pi\right)$ 映射到 $[-1,1]$，故 f 不是开映射.

定理 4.5　设 T 是巴拿赫空间 X 上到巴拿赫空间 Y 上的有界线性算子，则 T 是开映射.

注　由于在赋范线性空间 $(X,\|\cdot\|)$ 中引入距离 $d(x,y)=\|x-y\|$，$(x、y\in X)$，则 X 便成一个距离空间，故可利用第一章 1.2 的贝尔纲定理.

证　令 $B(0,k)=\{x\in X:\|x\|<k, x\in X\}\subset X$，则对任一固定的 $x\in X$，只要实数 k 取足够大，就有 $x\in B(0,k)$. 因此

$$X=\bigcup_{k=1}^{\infty}\overline{B}(0,k),$$

从而

$$Y=TX=\bigcup_{k=1}^{\infty}T\overline{B}(0,k).$$

由于 Y 是巴拿赫空间，由贝尔纲定理，Y 是第二纲集. 因此，存在 k_0，使得 $\overline{T\overline{B}(0,k_0)}$ 至少含有一个内点. 从而在空间 Y 中存在一个开球 $B_1(y_0,r_0)=\{y\in Y:\|y-y_0\|<r_0, y\in Y\}\subset\overline{T\overline{B}(0,k_0)}$. 取 $\delta=\frac{r_0}{k_0}$，对任意 $y\in B_1(0,\varepsilon\delta)$，$y_0\pm\frac{k_0}{\varepsilon}y\in B_1(y_0,r_0)$. 因此存在 $\overline{B}(0,k_0)$ 中的点列 $\{x_k\}$ 及 $\{x'_k\}$（因为 $B_1(y_0,r_0)\subset\overline{T\overline{B}(0,k_0)}$），使得

$$Tx_k\to y_0-\frac{k_0}{\varepsilon}y,\quad Tx'_k\to y_0+\frac{k_0}{\varepsilon}y\quad(n\to\infty).$$

从而 $T\left(\frac{\varepsilon}{2k_0}(x'_k-x_k)\right)\to y\,(k\to\infty)$. 显然 $\frac{\varepsilon}{2k_0}(x'_k-x_k)\in\overline{B}(0,\varepsilon)\,(k=1,2,\cdots)$. 所以 $T\overline{B}(0,\varepsilon)$ 在 $B_1(0,\varepsilon\delta)$ 中稠密.

其次，对任意 $y_0\in B_1\left(0,\frac{\delta}{2}\right)$，由上面已证明的事实，$T\overline{B}\left(0,\frac{1}{2}\right)$ 在 $B_1\left(0,\frac{\delta}{2}\right)$ 中稠密，存在 $x_1\in\overline{B}\left(0,\frac{1}{2}\right)$，使得

$$\|y_0-Tx_1\|<\frac{\delta}{2^2},$$

因此 $y_1=y_0-Tx_1\in B_1\left(0,\frac{\delta}{2^2}\right)$. 由于 $T\overline{B}\left(0,\frac{1}{2^2}\right)$ 在 $B_1\left(0,\frac{\delta}{2^2}\right)$ 中稠密，存在 $x_2\in\overline{B}\left(0,\frac{1}{2^2}\right)$，使得

$$\|y_1-Tx_2\|<\frac{\delta}{2^3}.$$

而 $y_2=y_1-Tx_2=y_0-T(x_1+x_2)\in B_1\left(0,\frac{\delta}{2^3}\right)$. 这样继续下去得点列 $\{x_n\}$，$x_n\in\overline{B}\left(0,\frac{1}{2^n}\right)$ $(n=1,2,\cdots)$，使得

$$\|y_0-T(x_1+x_2+\cdots+x_n)\|<\frac{\delta}{2^{n+1}}.$$

因为 X 是巴拿赫空间及 $\sum_{n=1}^{\infty}\|x_n\|\leqslant\sum_{n=1}^{\infty}\frac{1}{2^n}=1$，存在 $x_0\in X$，使得 $x_0=\sum_{n=1}^{\infty}x_n$，并且 $\|x_0\|\leqslant 1$. 于是由 T 的连续性(因为 T 有界)

$$y_0=\lim_{n\to\infty}T\left(\sum_{k=1}^{n}x_k\right)=Tx_0.$$

所以 $T\bar{B}(0,1)\supset B_1\left(0,\frac{1}{2}r\delta\right)$. 由此对任意 $r>0$

$$T\bar{B}(0,r)\supset B_1\left(0,\frac{1}{2}r\delta\right). \tag{4.11}$$

最后，设 G 是 X 中任一开集. 任取 $Tx\in TG, x\in G$. 存在 x 的邻域 $B(x,r_1)\subset G$. 取正数 $r_2<r_1$，则 $\bar{B}(x,r_2)\subset B(x,r_1)\subset G$. 因此

$$T\bar{B}(x,r_2)\subset TG.$$

由于 $\bar{B}(x,r_2)=x+\bar{B}(0,r_2)$，所以

$$T\bar{B}(x,r_2)=Tx+T\bar{B}(0,r_2)\supset Tx+B_1\left(0,\frac{1}{2}r_2\delta\right)=B_1\left(Tx,\frac{1}{2}r\delta\right),$$

即 Tx 是 TG 的内点. 所以 TG 是 Y 中开集.

定理 4.6 (巴拿赫逆算子定理)设 T 是巴拿赫空间 X 上到巴拿赫空 Y 上的一对一的有界线性算子. 则 T 的逆算子 T^{-1} 是有界算子.

证明 根据定理的条件，逆算子 T^{-1} 存在并且是线性算子. 由上一定理证明中的(4.11)式，存在 $\delta>0$，使得 $T\bar{B}(0,1)\supset B_1\left(0,\frac{1}{2}\delta\right)$，因此对任意 $y\in B_1\left(0,\frac{1}{2}\delta\right)$，$T^{-1}y\in\bar{B}(0,1)$. 对任意 $z\in Y$，$\frac{\delta z}{4\|z\|}\in B_1\left(0,\frac{1}{2}\delta\right)$，所以 $T^{-1}\left(\frac{\delta z}{4\|z\|}\right)\in\bar{B}(0,1)$，即 $\left\|T^{-1}\left(\frac{\delta z}{4\|z\|}\right)\right\|\leqslant 1$，从而

$$\|T^{-1}z\|\leqslant\frac{4}{\delta}\|z\|.$$

即 T^{-1} 是有界算子.

推论 4.7 设线性空间 X 上的两个范数 $\|\cdot\|_1$ 及 $\|\cdot\|_2$ 都使 X 成为巴拿赫空间，并且存在常数 C，使得

$$\|x\|_2\leqslant C\|x\|_1 \quad (x\in X).$$

则 $\|\cdot\|_1$ 与 $\|\cdot\|_2$ 等价.

证明 设 I 是 X 上的恒等算子，由给定条件，I 是巴拿赫空间$(X,\|\cdot\|_1)$上到巴拿赫空间$(X,\|\cdot\|_2)$上的一对一的有界线性算子，由巴拿赫逆算子定理，存在常数 C_1，使得

$$\|x\|_1\leqslant C_1\|x\|_2 \quad (x\in X).$$

所以$\|\cdot\|_1$与$\|\cdot\|_2$等价.

下面将介绍另一个重要的闭图像定理.为此,先介绍赋范空间的乘积空间的概念.设 X,Y 是同一数域 $\mathbf{F}$ 上的两个线性空间,在直积集 $X\times Y=\{(x,y):x\in X,y\in Y\}$上定义如下的加法与数乘运算:$\forall x_1,x_2\in X,y_1,y_2\in Y$,令

$$(x_1,y_1)+(x_2,y_2)=(x_1+x_2,y_1+y_2),$$

对 $\alpha\in\mathbf{F},x\in X,y\in Y$,令

$$\alpha(x,y)=(\alpha x,\alpha y),$$

这样 $X\times Y$ 便是乘积线性空间或直积.

当 X,Y 是赋范空间时,$\|x\|$、$\|y\|$各为 X 与 Y 上的范数,则可在 $X\times Y$ 上定义常用的范数

$$\|(x,y)\|=\|x\|+\|y\|,$$
$$\|(x,y)\|_2=(\|x\|^2+\|y\|^2)^{1/2},\quad x\in X,y\in Y,$$
$$\|(x,y)\|_\infty=\max(\|x\|,\|y\|).$$

易证它们都是 $X\times Y$ 上等价的范数.此时称 $X\times Y$ 为**乘积赋范空间**.进一步,当 X,Y 都是巴拿赫空间时,称 $X\times Y$ 为**乘积巴拿赫空间**.

定义 4.4　设 X,Y 是赋范空间,T 是 X 中到 Y 中的线性算子.考虑乘积赋范空间 $X\times Y$ 的集合

$$G(T)=\{(x,Tx)\in X\times Y:x\in D(T)\}.$$

称 $G(T)$为算子 T 的**图像**.如果 $G(T)$是乘积赋范空间 $X\times Y$ 中的闭集,则称 T 是**闭算子**.

为了验证一个线性算子是闭算子通常我们使用以下简单而有用的判别法.

定理 4.8　(判别定理)设 X,Y 是赋范空间,T 是 X 上到 Y 中的线性算子.则 T 是闭算子,当且仅当对任意$\{x_n\}\subset D(T)$,$x_n\to x$ 及 $Tx_n\to y(n\to\infty)$,这里 $x\in X,y\in Y$.此时必有 $x\in D(T)$并且 $Tx=y$.

证明　设$(x,y)\in\overline{G(T)}$.则存在$\{x_n\}\subset D(T)$,使得

$$(x_n,Tx_n)\to(x,y)\quad(n\to\infty).$$

于是

$$\|(x_n-x,Tx_n-y)\|=\|x_n-x\|+\|Tx_n-y\|\to 0\quad(n\to\infty).$$

从而 $x_n\to x,Tx_n\to y(n\to\infty)$.如果定理中条件满足,则$(x,y)\in G(T)$.故$\overline{G(T)}\subset G(T)$,即 $G(T)$是闭集,所以 T 是闭算子.

反之,设$\{x_n\}\subset D(T)$,且 $x_n\to x$ 及 $Tx_n\to y(n\to\infty)$,于是$(x_n,Tx_n)\to(x,y)$.如果 $G(T)$是闭集,则$(x,y)\in G(T)$.即 $x\in D(T)$且 $Tx=y$.

定理 4.9　(闭图像定理)设 T 是巴拿赫空间 X 上到巴拿赫空间 Y 中的闭线性算子,则 T 是有界算子.

证明　因为 X,Y 都是巴拿赫空间,所以乘积赋范空间 $X\times Y$ 是巴拿赫空间.由于 $G(T)$是 $X\times Y$ 中的闭集及 $G(T)$是 $X\times Y$ 的线性子空间,从而 $G(T)$也是巴拿赫空间.定

义从 $G(T)$ 上到 X 中的算子 $\widetilde{T}$：

$$\widetilde{T}(x,Tx)=x \quad (x\in X),$$

显然，$\widetilde{T}$ 是 $G(T)$ 上到 X 中的一对一的有界线性算子. 由巴拿赫逆算子定理，$\widetilde{T}^{-1}$ 有界. 即

$$\|(x,Tx)\|=\|\widetilde{T}^{-1}x\|\leqslant\|\widetilde{T}^{-1}\|\|x\| \quad (x\in X).$$

所以 $\|Tx\|\leqslant\|\widetilde{T}^{-1}\|\|x\|(x\in X)$. 即 T 有界.

注 此定理告诉我们，为验证某个线性算子的连续性（即有界性），只需验证其图像是闭集即可.

下面给出一个闭算子不有界（或不连续）的例子.

例 4.14 在 $C[0,1]$ 上，算子

$$D(T)=C^1[0,1], \quad T=\frac{\mathrm{d}}{\mathrm{d}t},$$

是一个闭线性算子但它不是有界的.（$C^1[0,1]$ 见例 4.6）.

证明 如果 $x_n(t)\in C^1[0,1]$ 并且有 $x_n\to x(n\to\infty)$（在 $C[0,1]$ 中），$\frac{\mathrm{d}x_n(t)}{\mathrm{d}t}\to y(n\to\infty)$（在 $C[0,1]$ 中），则有

$$x_n(t)-x_n(0)=\int_0^t x'_n(\tau)\mathrm{d}\tau\to\int_0^t y(\tau)\mathrm{d}\tau(n\to\infty),$$

但是 $x_n(t)-x_n(0)\to x(t)-x(0)(n\to\infty)$，所以，

$$x(t)=x(0)+\int_0^t y(\tau)\mathrm{d}\tau,$$

因而 $Tx=x'=y$，故 T 是闭线性算子，但它不是有界的. 取 $\phi_n(t)=\sin(n\pi t)$，$\|\phi_n\|=1$，但是

$$\left\|\frac{\mathrm{d}}{\mathrm{d}t}\phi_n(t)\right\|=n\pi\|\cos(n\pi t)\|=n\pi\to\infty(n\to\infty).$$

这说明 T 不是有界的.

4.4 一致有界原理（或共鸣定理）及其应用

许多问题的研究经常涉及有界线性算子序列的收敛性或一致有界性问题，下述的一致有界原理在这些问题的讨论中会起重要作用. 本节先介绍一致有界原理，再介绍巴拿赫-斯坦豪斯(Banach-Steinhaus)定理，最后介绍它们两个在数学方面应用的例子.

定理 4.10 （一致有界原理或共鸣定理）设 X 是巴拿赫空间，Y 是赋范线性空间，$W\subset B(X,Y)$. 如果对于任意的 $x\in X$，$\sup\{\|Tx\|:T\in W\}=M(x)<\infty$，则

$$\sup\{\|T\|:T\in W\}<\infty,$$

等价地说$\{\|T\|:T\in W\}$为有界集.

注　对每一个$x\in X$,$\{Tx:T\in W\}$是算子族W在点x的轨道,因此一致有界原理是说,如果巴拿赫空间X上的有界线性算子族W在每一点$x\in X$轨道有界,则算子族一致有界,即存在常数$C>0$,使得$\|T\|\leqslant C(\forall T\in W)$.

证明　对任意的$x\in X$,设$p(x)=\sup\limits_{T\in W}\|Tx\|$,并且对每一个自然数$k$,令

$$M_k=\{x\in X:p(x)\leqslant k\}=\bigcap_{T\in W}\{x\in X:\|Tx\|\leqslant k\}.$$

因为每一个$T\in W$是有界线性算子,所以$\|Tx\|$是x的连续函数.因此,对于每一个$T\in W$,$\{x\in X:\|Tx\|\leqslant k\}$是$X$中的闭集,从而每一个$M_k$是闭集.由给定的条件可知

$$X=\bigcup_{k=1}^{\infty}M_k.$$

因为X是巴拿赫空间,由贝尔纲定理,X是第二类型集.因此,一定存在k_0,使得M_{k_0}在某个闭球$\overline{B}(x_0,r_0)=\{x\in X:\|x-x_0\|\leqslant r_0\}$中稠密,所以,$\overline{B}(x_0,r_0)\subset\overline{M_{k_0}}=M_{k_0}$.任取$x\in X$,$x\neq 0$,则$x_0\pm r_0x/\|x\|\in\overline{B}(x_0,r_0)$.于是

$$\begin{aligned}p\left(\frac{2r_0x}{\|x\|}\right)&=p\left(x_0+\frac{x}{\|x\|}r_0-x_0+\frac{x}{\|x\|}r_0\right)\\&\leqslant p\left(x_0+\frac{x}{\|x\|}r_0\right)+p\left(\frac{x}{\|x\|}r_0-x_0\right)\leqslant 2k_0.\end{aligned}$$

因此,$p(x)\leqslant\dfrac{k_0}{r_0}\|x\|(x\in X)$.这意味着对于每一个$T\in W$,$\|T\|\leqslant\dfrac{k_0}{r_0}$.

定理 4.11　(巴拿赫-斯坦豪斯)设X是巴拿赫空间,Y是赋范线性空间.若$T_n(n=1,2,\cdots)$,$T\in B(X,Y)$,$\mathbf{M}$是X的某个稠密子集,则对任意的$x\in X$都有$\lim\limits_{n\to\infty}T_nx=Tx$的充分必要条件是

(1) $\{\|T_n\|\}$有界;

(2) 对于任意的$x\in\mathbf{M}$,有$\lim\limits_{n\to\infty}T_nx=Tx$.

证明　必要性.对任意的$x\in X$,令$\lim\limits_{n\to\infty}T_nx=Tx$.由假设,$T:X\to Y$有定义,并且是线性算子.由于收敛序列是有界的,即对于任意的$x\in X$,有

$$\sup\{\|T_nx\|:n\in\mathbf{N}\}=M(x)<\infty.$$

由一致有界原理,$\sup\{\|T_n\|:n\in\mathbf{N}\}<\infty$,即$\{\|T_n\|\}$有界.

充分性.设$\|T_n\|\leqslant C(\forall n\in\mathbf{N})$.对于任意的$x\in X$及$\varepsilon>0$,取$y\in\mathbf{M}$,使得

$$\|x-y\|\leqslant\frac{\varepsilon}{4(\|T\|+C)},$$

从而,就有

$$\begin{aligned}\|T_nx-Tx\|&\leqslant\|T_nx-T_ny\|+\|T_ny-Ty\|+\|Tx-Ty\|\\&\leqslant\frac{\varepsilon}{2}+\|T_ny-Ty\|.\end{aligned}$$

只要取N足够大,使得对于任意的$n\geqslant N$,恒有$\|T_ny-Ty\|<\varepsilon/2$.因此,对于任意的自然

数 $n \geqslant N$,有 $\|T_n x - Tx\| < \varepsilon$.

现在可以进一步研究算子列的强收敛. 回顾一下强收敛的定义,设 $T, T_n \in B(X,Y)$ $(n=1,2,\cdots)$,若对每一个 $x \in X$ 有 $\lim\limits_{n\to\infty}\|T_n x - T_x\| = 0$,则称$\{T_n\}$**强收敛**于 T.

关于算子列的强收敛,主要问题是

(1) 强收敛的算子列是否一致有界? 算子列满足哪些条件时是强收敛?

(2) $B(X,Y)$在算子列强收敛的意义下是否完备? 就是说,若对每一个 $x \in X$,$\{T_n x\}$是 Y 中的基本点列,是否存在 $T \in B(X,Y)$,使得$\{T_n\}$强收敛于 T?

对于第一个问题的回答正是前面的巴拿赫-斯坦豪斯定理,下面的定理是对第二个问题的回答.

定理 4.12 设 X,Y 都是巴拿赫空间,则 $B(X,Y)$在算子列强收敛意义下是完备的.

证明 设$\{T_n\} \subset B(X,Y)$ $(n=1,2,\cdots)$是一有界线性算子列,对于每个 $x \in X$,$\{T_n x\}$是 Y 中的基本点列,我们证明$\{T_n\}$强收敛.

因为$\{T_n x\}$是基本点列,故$\{T_n x\}$有界,由一致有界原理可知$\{T_n\}$一致有界. 由于 Y 是巴拿赫空间,故对每个 $x \in X$,$\{T_n x\}$在 Y 中收敛. 于是$\{T_n\}$满足定理 4.11 中的条件,故$\{T_n\}$强收敛于某一有界线性算子 $T \in B(X,Y)$,这表明 $B(X,Y)$在算子列强收敛意义下完备.

下面介绍两个巴拿赫-斯坦豪斯定理在数学方面应用的例子.

例 4.15 (机械求积公式的收敛性)在积分的近似计算中,通常我们考虑形如

$$\int_a^b x(t)\mathrm{d}t \simeq \sum_{k=0}^{n} A_k x(t_k) \quad (a \leqslant t_0 < t_1 < \cdots < t_n \leqslant b)$$

的求积公式. 例如,矩形公式,梯形公式就是这类的公式. 因为只用一个公式不能保证足够的精确度. 自然我们要考虑求积公式系列

$$\int_a^b x(t)\mathrm{d}t \simeq \sum_{k=0}^{n} A_k^{(n)} x(t_k^{(n)}). \tag{4.12}$$

其中,$a \leqslant t_0^{(n)} < t_1^{(n)} < \cdots < t_n^{(n)} \leqslant b$,$n=0,1,2,\cdots$.

我们的问题是,在用这些公式近似计算积分时,在什么条件下当 $n \to \infty$时误差趋于零. 这就是机械求积公式的收敛性问题.

我们证明,机械求积公式(4.12)对于每一个连续函数 $x \in C[a,b]$都收敛,即 $\sum\limits_{k=0}^{n} A_k^{(n)} x(t_k^{(n)}) \to \int_a^b x(t)\mathrm{d}t$,当且仅当以下两个条件成立:

(a) 存在常数 M,使得 $\sum\limits_{k=1}^{n} |A_k^{(n)}| \leqslant M(n=0,1,2,\cdots)$;

(b) 公式(4.12)对于每个多项式是收敛的.

证明 考虑巴拿赫空间 $C[a,b]$上的线性泛函

$$f_n(x) = \sum_{k=0}^{n} A_k^{(n)} x(t_k^{(n)}) \quad (n=0,1,2,\cdots).$$

对于每一个 $x \in C[a,b]$,

$$|f_n(x)| = \left|\sum_{k=0}^{n} A_k^{(n)} x(t_k^{(n)})\right| \leqslant \left(\sum_{k=0}^{n} |A_k^{(n)}|\right)\|x\|,$$

因此 $\|f_n\| \leqslant \sum_{k=0}^{n} |A_k^{(n)}|$.

另一方面，对于每一个 $n(n=1,2,\cdots)$，取$[a,b]$上的连续函数 $x_n(t)$，使得$\|x_n\|=1$，且

$$x_n(t_k^{(n)}) = \mathrm{sgn} A_k^{(n)} \quad (k=0,1,2,\cdots,n),$$

于是

$$\|f_n\| \geqslant |f_n(x_n)| = \sum_{k=0}^{n} |A_k^{(n)}|.$$

所以

$$\|f_n\| = \sum_{k=0}^{n} |A_k^{(n)}| \quad (n = 1,2,\cdots).$$

如果对于每一个 $x\in C[a,b]$，公式(4.12)收敛，由巴拿赫-斯坦豪斯定理，存在常数 M，使得条件(a)成立. 此外，对于每一个次数不超过 n 的多项式(4.12)是等式，因此条件(b)成立. 反之，由于多项式的全体是 $C[a,b]$的稠密子集，由定理 4.11，对于每一个 $x\in C[a,b]$，公式(4.12)收敛.

注意，定理中的条件(b)，多项式的集合可用任何在 $C[a,b]$中稠密的子集来代替，例如用逐段线性函数的集合来代替.

例 4.16　(傅里叶级数的发散性)用 $C_{2\pi}$表示数直线上以 2π 为周期的实值连续函数全体构成的线性空间，在 $C_{2\pi}$中定义

$$\|x\| = \max_{-\infty<t<\infty} |x(t)| \quad (x\in C_{2\pi}).$$

则 $C_{2\pi}$是一个巴拿赫空间.

对于 $x\in C_{2\pi}$，设 x 的傅里叶级数为

$$x(t) \sim \frac{a_0}{2} + \sum_{k=1}^{\infty}(a_k\cos kt + b_k\sin kt). \tag{4.13}$$

其中，

$$a_k = \frac{1}{\pi}\int_{-\pi}^{\pi} x(s)\cos ks\,\mathrm{d}s, \quad b_k = \frac{1}{\pi}\int_{-\pi}^{\pi} x(s)\sin ks\,\mathrm{d}s \tag{4.14}$$

级数(4.13)前 $n+1$ 项的部分和为

$$\frac{a_0}{2} + \sum_{k=1}^{n}(a_k\cos kt + b_k\sin kt) = \frac{1}{\pi}\int_{-\pi}^{\pi} x(s)\left[\frac{1}{2} + \sum_{k=1}^{n}\cos k(s-t)\right]\mathrm{d}s \tag{4.15}$$

为了计算上式积分号内方括号的和式，考察

$$\begin{aligned}
&2\sin\frac{1}{2}(s-t)\cdot\sum_{k=1}^{n}\cos k(s-t)\\
&= \sum_{k=1}^{n} 2\sin\frac{1}{2}(s-t)\cos k(s-t)\\
&= \sum_{K=1}^{n}\left\{-\sin\left[\left(k-\frac{1}{2}\right)(s-t)\right] + \sin\left[\left(k+\frac{1}{2}\right)(s-t)\right]\right\}
\end{aligned}$$

$$=-\sin\frac{1}{2}(s-t)+\sin\left(n+\frac{1}{2}\right)(s-t),$$

两端除以 $2\sin\frac{1}{2}(s-t)$后，移项即得

$$\frac{1}{2}+\sum_{k=1}^{n}\cos k(s-t)=\frac{\sin\left(n+\frac{1}{2}\right)(s-t)}{2\sin\frac{1}{2}(s-t)}\triangleq\pi K_n(s,t).$$

这样一来，式(4.15)可写为

$$\frac{a_0}{2}+\sum_{k=1}^{n}(a_k\cos kt+b_k\sin kt)=\int_{-\pi}^{\pi}x(s)K_n(s,t)\mathrm{d}s \tag{4.16}$$

下面证明，$\forall\, t_0\in[-\pi,\pi]$，存在 $x\in C_{2\pi}$，使得 x 的傅里叶级数在 t_0 点发散. 因为 $C_{2\pi}$ 中函数以 2π 为周期，不失一般性可令 $t_0=0$.

对于每一 n，作 $C_{2\pi}$上的线性泛函

$$f_n(x)=\int_{-\pi}^{\pi}x(s)K_n(s,0)\mathrm{d}s$$

其中，$K_n(s,0)=\frac{1}{2\pi}+\frac{1}{\pi}\sum_{k=1}^{n}\cos ks$，显然 $K_n(s,0)$连续. 因此 f_n 是有界的，利用例 4.3(只要令 $a=-\pi,b=\pi$)可得

$$\|f_n\|=\int_{-\pi}^{\pi}|K_n(s,0)|\mathrm{d}s,\quad n=1,2,\cdots$$

由于

$$\begin{aligned}
\int_{-\pi}^{\pi}|K_n(s,0)|\mathrm{d}s&=\int_{0}^{2\pi}|K_n(s,0)|\mathrm{d}s\\
&=\frac{1}{2\pi}\int_0^{2\pi}\frac{\left|\sin\left(n+\frac{1}{2}\right)s\right|}{\sin\frac{1}{2}s}\mathrm{d}s\\
&=\frac{1}{\pi}\int_0^{\pi}\frac{|\sin(2n+1)t|}{\sin t}\mathrm{d}t\\
&\geqslant\frac{1}{\pi}\int_0^{\pi}\frac{|\sin(2n+1)t|}{t}\mathrm{d}t\\
&=\frac{1}{\pi}\int_0^{(2n+1)\pi}\frac{|\sin v|}{v}\mathrm{d}v=\frac{1}{\pi}\sum_{k=0}^{2n}\int_{k\pi}^{(k+1)\pi}\frac{|\sin v|}{v}\mathrm{d}v\\
&\geqslant\frac{1}{\pi}\sum_{k=0}^{2n}\frac{1}{(k+1)\pi}\int_{k\pi}^{(k+1)\pi}|\sin v|\mathrm{d}v\\
&=\frac{2}{\pi^2}\sum_{k=0}^{2n}\frac{1}{k+1}\to\infty\quad(n\to\infty).
\end{aligned}$$

由一致有界原理的定理 4.10 可知，存在 $x_0 \in C_{2\pi}$，使得 $\{f_n(x_0)\}$ 发散，即 $x_0(t)$ 的傅里叶级数在 $t=0$ 处发散.

4.5　哈恩-巴拿赫定理

在一个赋范线性空间 X 中，是否有足够多的连续线性泛函？"足够多"是指多到足以用来区分不同元素的程度，即当 $x, y \in X$，而 $x \neq y$ 时，存在 X 上的一个连续线性泛函 f，使得 $f(x) \neq f(y)$. 或者当 $X \neq \{0\}$ 时，X 上是否一定存在一个非零连续线性泛函？这对于许多问题的研究不仅有理论意义，并且与不少实际问题密切相关. 例如对于巴拿赫空间 X 中两个不相交的凸集，是否存在一个超平面将它们分开？这与是否一定存在一个非零连续线性泛函直接关联.

本节中先介绍一个用黎斯(Riesz)表现定理来证明希尔伯特空间上的哈恩-巴拿赫(Hahn-Banach)定理. 接着介绍实或复赋范线性空间上的哈恩-巴拿赫定理及其推论.

定理 4.13　(哈恩-巴拿赫定理)设 $\mathbf{M}$ 是希尔伯特空间 $\mathbf{H}$ 的闭线性子空间，若 f 是定义在 $\mathbf{M}$ 上的连续线性泛函，则存在 $\mathbf{H}$ 上的连续线性泛函 F 满足下述条件：

(1) 对任意的 $x \in \mathbf{M}$，$\langle F, x\rangle = \langle f, x\rangle$；

(2) $\|F\|_{\mathbf{H}} = \|f\|_{\mathbf{M}}$.

证明　由黎斯表现定理知存在唯一的 $y \in \mathbf{M}$，使得对于任意的 $x \in \mathbf{M}$，有

$$f(x) = \langle f, x\rangle = \langle x, y\rangle.$$

设 P 是由 $\mathbf{H}$ 到 $\mathbf{M}$ 上的正交投影. 对于任意的 $x \in \mathbf{H}$，定义泛函

$$F(x) = \langle F, x\rangle = \langle Px, y\rangle = f(Px).$$

对于任一 $x \in \mathbf{M}$，因为 $Px = x$，因此

$$F(x) = \langle F, x\rangle = \langle x, y\rangle = f(x).$$

另一方面，显然有 $\|f\|_{\mathbf{M}} \leqslant \|F\|_{\mathbf{H}}$. 因为对于任意的 $x \in \mathbf{H}$，$\|Px\| \leqslant \|x\|$，则有

$$|F(x)| = |f(Px)| \leqslant \|f\|_{\mathbf{M}} \|Px\| \leqslant \|f\|_{\mathbf{M}} \|x\|,$$

这就说明 $\|F\|_{\mathbf{H}} \leqslant \|f\|_{\mathbf{M}}$. 因此，$\|F\|_{\mathbf{H}} = \|f\|_{\mathbf{M}}$.

下面不加证明地给出一个命题

命题 4.14　(实线性空间上的哈恩-巴拿赫定理)设 $\mathbf{M}$ 是实线性空间 X 的线性子空间，$p: X \to \mathbf{R}$ 是次线性泛函，这意味着对于任意的 $x, y \in X$ 和 $\alpha \geqslant 0$，p 满足

$$p(x+y) \leqslant p(x) + p(y), \quad p(\alpha x) = \alpha p(x).$$

如果 f 是 $\mathbf{M}$ 上的线性泛函并且对于任意的 $x \in \mathbf{M}$ 满足 $f(x) \leqslant p(x)$，则存在 X 上的线性泛函 F，使得

(1) 控制条件：$F(x) \leqslant p(x)$，$\forall x \in \mathbf{M}$；

(2) 延拓条件：$F(x) = f(x)$，$\forall x \in \mathbf{M}$.

定理 4.15 （哈恩-巴拿赫定理）设 $\mathbf{M}$ 是赋范线性空间 X 的子空间，f 是定义在 $\mathbf{M}$ 上的连续线性泛函．则 f 可以保持范数不变延拓到全空间 X 上，这意味着存在 X 上的连续线性泛函 F，满足下述条件：

(1) $F(x)=f(x)$，$\forall x\in\mathbf{M}$；

(2) $\|F\|=\|f\|_{\mathbf{M}}$，这里 $\|f\|_{\mathbf{M}}$ 表示 f 作为 $\mathbf{M}$ 上的连续线性泛函的范数．

证明 分两种情况来证明．

(1) 当 X 是实赋范线性空间时．令 $p(x)=\|f\|_{\mathbf{M}}\|x\|$（$\forall x\in X$），则 $p(x)$ 是 X 上的次线性泛函，且 $f(x)\leqslant p(x)$（$\forall x\in X$）．因此，存在 X 上的线性泛函 F，使得 $F|_{\mathbf{M}}=f$，且 $F(x)\leqslant p(x)=\|f\|_{\mathbf{M}}\|x\|$（$\forall x\in X$）．再因为

$$-F(x)=F(-x)\leqslant p(-x)=p(x).$$

从而有

$$|F(x)|\leqslant p(x)=\|f\|_{\mathbf{M}}\|x\|,\ \forall x\in X.$$

于是，F 是连续线性泛函且 $\|F\|\leqslant\|f\|_{\mathbf{M}}$，另一方面，显然 $\|F\|\geqslant\|f\|_{\mathbf{M}}$．因此，$\|F\|=\|f\|_{\mathbf{M}}$．

(2) 当 X 是复赋范线性空间时．对于任意的 $x\in\mathbf{M}$，设 $f(x)=\phi(x)+\mathrm{i}\psi(x)$，其中 ϕ,ψ 分别表示 f 的实部与虚部．由于

$$\mathrm{i}(\phi(x)+\mathrm{i}\psi(x))=f(\mathrm{i}x)=\phi(\mathrm{i}x)+\mathrm{i}\psi(\mathrm{i}x),$$

所以实部 $\phi(\mathrm{i}x)=-\psi(x)$，同时也有

$$|\phi(x)|\leqslant|f(x)|\leqslant\|f\|_{\mathbf{M}}\|x\|,\ \forall x\in\mathbf{M}.$$

因此，若将 X 看成实赋范线性空间，则 ϕ 是实赋范线性空间 $\mathbf{M}$ 上的实连续线性泛函（注：所谓实线性是指除可加性之外对任何实数 α，有 $\phi(\alpha x)=\alpha\phi(x)$）．对于任意的 $x\in X$，令 $p(x)=\|f\|_{\mathbf{M}}\|x\|$，则对于任意的 $x,y\in X$ 及 $\alpha\geqslant0$ 有

$$p(x+y)\leqslant p(x)+p(y),\quad p(\alpha x)=\alpha p(x),$$

并且当 $x\in\mathbf{M}$ 时，有

$$\phi(x)\leqslant|f(x)|\leqslant\|f\|_{M}\|x\|=p(x).$$

于是由命题 4.14ϕ 可以延拓成 X 上的实线性泛函 ϕ_0，而且 $\phi_0(x)\leqslant p(x)$．现在令

$$F(x)=\phi_0(x)-\mathrm{i}\phi_0(\mathrm{i}x),\quad x\in X.$$

我们证明 F 就是满足定理中要求的泛函，并且对任意的 $x\in X$，有

$$\begin{aligned}F(ix)&=\phi_0(\mathrm{i}x)-\mathrm{i}\phi_0(-x)=\phi_0(\mathrm{i}x)+\mathrm{i}\phi_0(x)\\&=\mathrm{i}(\phi_0(x)-\mathrm{i}\phi_0(\mathrm{i}x))=\mathrm{i}F(x).\end{aligned}$$

再由 ϕ_0 的实线性，对任意复数 $\alpha=\alpha_1+\mathrm{i}\alpha_2$，就有

$$\begin{aligned}F(\alpha x)&=F(\alpha_1x+\mathrm{i}\alpha_2x)=\alpha_1F(x)+\alpha_2F(\mathrm{i}x)\\&=\alpha_1F(x)+\mathrm{i}\alpha_2F(x)=\alpha F(x).\end{aligned}$$

F 的可加性是显然的，所以 F 是 X 上的线性泛函．

其次，对于任意的 $x\in\mathbf{M}$，

$$F(x)=\phi_0(x)-\mathrm{i}\phi_0(\mathrm{i}x)=\phi(x)-\mathrm{i}\phi(\mathrm{i}x)=f(x),$$

所以 F 是 f 的延拓.

最后,我们证明 $\|F\|=\|f\|_{\mathbf{M}}$. 记 $\theta=\arg F(x)$,于是

$$|F(x)|=e^{-i\theta}F(x)=F(e^{-i\theta}x)=\phi_0(e^{-i\theta}x)-i\phi_0(ie^{-i\theta}x)$$
$$\leqslant\phi(e^{-i\theta}x)\leqslant p(e^{-i\theta}x)=\|f\|_{\mathbf{M}}\|x\|,$$

因此 $\|F\|\leqslant\|f\|_{\mathbf{M}}$. 另一方面,显然有 $\|F\|\geqslant\|f\|_{\mathbf{M}}$,故 $\|F\|=\|f\|_{\mathbf{M}}$.

定理 4.16 (存在定理)设 $\mathbf{M}$ 是赋范线性空间 X 的子空间,$x_0\in X$. 如果

$$d=d(x_0,M)=\inf_{x\in\mathrm{M}}\|x_0-x\|>0,$$

则存在 X 上的连续线性泛函 f,使得

(1) $\|f\|=1,f(x_0)=d$;

(2) 对于任意的 $x\in\mathbf{M}$,有 $f(x)=0$.

证明 设 $\tilde{\mathbf{M}}$ 是由 x_0 及 $\mathbf{M}$ 张成的线性子空间,即

$$\tilde{\mathbf{M}}=\{\alpha x_0+x:\alpha\in\mathbf{F},x\in\mathbf{M}\}.$$

在 $\tilde{\mathbf{M}}$ 上定义泛函 g,对 $\alpha x_0+x\in\tilde{\mathbf{M}}$,令 $g(\alpha x_0+x)=\alpha d$. 显然 g 是 $\tilde{\mathbf{M}}$ 上的线性泛函,而且 $g(x_0)=d$,以及对于任意的 $x\in\mathbf{M}$,$g(x)=0$. 注意到当 $\alpha\neq0$ 时,有

$$\|\alpha x_0+x\|=|\alpha|\left\|x_0+\frac{x}{\alpha}\right\|=|\alpha|\left\|x_0-\left(-\frac{x}{\alpha}\right)\right\|\geqslant|\alpha|d.$$

因此,当 $\alpha\neq0$ 时,有

$$|g(\alpha x_0+x)|=|\alpha d|\leqslant\|\alpha x_0+x\|,$$

当 $\alpha=0$ 时,上式显然成立,因此,g 有界且 $\|g\|_{\tilde{\mathbf{M}}}\leqslant1$.

另一方面,我们取 $x_n\in\mathbf{M},n=1,2,\cdots$,使得 $\|x_n-x_0\|\to d(n\to\infty)$. 于是有

$$\|g\|_{\tilde{\mathbf{M}}}\|x_n-x_0\|\geqslant|g(x_n-x_0)|=|g(x_0)|=d,$$

故,对于任意的自然数 n,有

$$\|g\|_{\tilde{\mathbf{M}}}\geqslant\frac{d}{\|x_n-x_0\|}.$$

让 $n\to\infty$,就会得到 $\|g\|_{\tilde{\mathbf{M}}}\geqslant1$,所以 $\|g\|_{\tilde{\mathbf{M}}}=1$.

由哈恩-巴拿赫定理,g 可以保持范数不变延拓到 X 上的连续线性泛函 f,因而 $f(x_0)=g(x_0)=d$,$\|f\|_X=\|g\|_{\tilde{\mathbf{M}}}=1$,并且对于任意的 $x\in\mathbf{M}$,$f(x)=g(x)=0$.

推论 4.17 设 X 是赋范线性空间,$X\neq\{0\}$,则对任意的 $x_0\in X$,$x_0\neq0$ 必存在 X 上的有界线性泛函 f,使得

$$\|f\|=1,f(x_0)=\|x_0\|.$$

证明 设 $\mathbf{M}$ 是由 $\{x_0\}$ 张成的线性子空间,即

$$\mathbf{M}=\{\alpha x_0:\alpha\in\mathbf{F}\}.$$

在 $\mathbf{M}$ 上定义泛函 f_0,$f_0(\alpha x_0)=\alpha\|x_0\|(\forall\alpha\in\mathbf{F})$,则 f_0 是 $\mathbf{M}$ 上的线性泛函,而且当 $x=\alpha x_0$ 时,有

$$|f_0(x)|=|f_0(\alpha x_0)|=|\alpha|\|x_0\|=\|\alpha x_0\|=\|x\|,$$

所以$\|f_0\|_{\mathbf{M}}=1$. 于是由哈恩-巴拿赫定理知,f_0 可以延拓到整个 X 上并且保持范数不变,将延拓后的泛函仍记为 f,它满足条件$\|f\|=1$ 及 $f(x_0)=\|x_0\|$.

注 (1) 对任何赋范线性空间 X,若 $X\neq\{0\}$,则 X 上必存在非零连续线性泛函;

(2) 设 X 是一个赋范线性空间,如果对于 X 上的所有连续线性泛函 f,有 $f(x_0)=0$,则 $x_0=0$. 同时也有,对于任意的 $x,y\in X,x\neq y$,当且仅当存在 X 上的连续线性泛函 f,使得 $f(x)\neq f(y)$. 或等价地说就是,$x=y$,当且仅当对于 X 上的任意连续线性泛函 f,恒有$f(x)=f(y)$. 此即说明若要证明抽象等式 $x=y$,则只要证明对于 X 上任意的连续线性泛函有等式 $f(x)=f(y)$.

推论 4.18 设 X 是赋范线性空间,$\{x_1,x_2,\cdots,x_n\}$是 X 中线性无关的子集,α_1,$\alpha_2,\cdots,\alpha_n$ 是任意给定的数,则存在 X 上的连续线性泛函 f,使得 $f(x_k)=\alpha_k,1\leqslant k\leqslant n$.

证明 令 $\mathbf{M}=\mathrm{span}\{x_1,x_2,\cdots,x_n\}$,定义 $g:\mathbf{M}\to\mathbf{F}$ 如下:

$$g\left(\sum_{k=1}^{n}\beta_k x_k\right)=\sum_{k=1}^{n}\beta_k\alpha_k.$$

由于 $x_1,x_2,\cdots,x_n$ 线性无关,因此 g 的定义是有意义的. 显然 g 是 $\mathbf{M}$ 上的线性泛函. 因为 $\mathbf{M}$ 是有限维的,所以 g 在 $\mathbf{M}$ 上是连续的. 由哈恩-巴拿赫延拓定理,令 f 是 g 在 X 上的保范线性延拓,这样就得到所要证明的结果.

注 (1) $x_0\in\overline{\mathbf{M}}$,当且仅当对 X 上任一满足 $f(x)=0(\forall x\in\mathbf{M})$的有界线性泛函 f,始终有 $f(x_0)=0$;

(2) 设 $x_0\in X$,$\mathbf{A}$ 是 X 的一个子集,则 x_0 可以用 $\mathbf{A}$ 中元素的线性组合以任意的精确度逼近,当且仅当对 X 上任一有界线性泛函 f,当 $f(x)=0(\forall x\in\mathbf{A})$时,始终有 $f(x_0)=0$. 等价地说,若令 $\mathbf{M}=\mathrm{span}\{\mathbf{A}\}$,则 x_0 可以用形如 $\sum\limits_{k=1}^{n}\alpha_k x_k$ $(x_k\in\mathbf{A},\alpha_k\in\mathbf{F},k=1,2,\cdots,n,n$ 为任一自然数)的元以任意的精确度逼近的充分必要条件是 $x_0\in\overline{\mathbf{M}}$,此时由(1)可以知(2)成立.

4.6 对偶空间、自反空间

定义 4.5 设 $X\neq\{0\}$是 $\mathbf{F}$ 上的赋范线性空间,$X^*=B(X,\mathbf{F})$是 X 上有界线性泛函全体构成的集合,那么,按照有界线性泛函的线性运算及范数,X^* 成为赋范线性空间,它被称为 X 的**对偶空间**. 由于 $\mathbf{F}$ 完备,故 X^* 也完备,因此,X^* 是一个巴拿赫空间. 对于有界线性算子适用的结论,当然也适用于有界线性泛函. 实际上,设 $f_1,f_2,f\in X^*$,对于任意的 $x\in X$,有下面的加法和数乘定义:

$$(f_1+f_2)(x)=f_1(x)+f_2(x),\quad (\alpha f)(x)=\alpha f(x),\tag{4.17}$$

有界线性泛函的范数由下式给出：

$$\|f\|=\sup\left\{\frac{|f(x)|}{\|x\|}:x\neq 0,x\in X\right\}. \tag{4.18}$$

类似地，由于 X^* 也是赋范线性空间（实际上是巴拿赫空间），因此 X^* 也有对偶空间 $(X^*)^*$，称它为 X 的**二次对偶空间**，记为 X^{**}. 依此类推，我们可以定义 X 的**三次对偶空间**$(X^{**})^*$，记为 X^{***}，等等.

现在来考察 X 与 X^{**} 的关系. 设 $x\in X, f\in X^*$，于是 $f(x)$ 是实（或复）数. 原来的观点是：泛函 f 是给定的，而 x 是跑遍 X 的变元. 现在反过来，让 x 固定而让 f 跑遍 X^*. 这时 $f(x)$ 就成了定义在 X^* 上的一个泛函，记为 J_x. 于是对任一 $f\in X^*$，有

$$J_x(f)=f(x). \tag{4.19}$$

由式(4.17)可知，J_x 是线性的. 由式(4.18)可知：

$$|J_x(f)|=|f(x)|\leqslant\|x\|\|f\|.$$

因此，J_x 有界. 故 J_x 为 X^{**} 中的元素. 因为对于每个 $x\in X$，这个结论都成立，故可以定义映射 $J:x\to J_x$. 映射 J 具有下列性质：

(1) 映射是线性的，也就是

$$J_{x_1+x_2}=J_{x_1}+J_{x_2},\quad J_{\alpha x}=\alpha J_x,\quad x_1,x_2,x\in X,\quad \forall\alpha\in\mathbf{F}.$$

实际上，对任一 $f\in X^*$，有

$$J_{x_1+x_2}(f)=f(x_1)+f(x_2)=J_{x_1}(f)+J_{x_2}(f)=(J_{x_1}+J_{x_2})(f).$$

$$J_{\alpha x}(f)=f(\alpha x)=\alpha f(x)=\alpha J_x(f)=(\alpha J_x)(f),$$

因为 $f\in X^*$ 是任意的，故 $J_{x_1+x_2}=J_{x_1}+J_{x_2}, J_{\alpha x}=\alpha J_x$.

(2) 映射是等距的.

实际上，任取 $x\in X, x\neq 0$，则对任一 $f\in X^*$，有

$$|J_x(f)|=|f(x)|\leqslant\|x\|\|f\|.$$

故 $\|J_x\|\leqslant\|x\|$. 另一方面，对于上述预先给定的 x，根据推论 4.17 知，一定存在 $f_0\in X^*$，使得 $\|f_0\|=1, f_0(x)=\|x\|$. 于是

$$\|J_x\|\geqslant|J_x(f_0)|=|f_0(x)|=\|x\|.$$

故 $\|J_x\|=\|x\|$.

易见 J 是由 X 到 X^{**} 中的一个等距（或保范）同构映射. 所以 X 与 $J(X)$ 保范同构. 由此，可以写出如下的定理

定理 4.19　任一赋范线性空间 X 与其二次对偶空间 X^{**} 的某一子空间保范同构，等价地说，赋范线性空间 X 总可以保范地嵌入到 X^{**} 中去.

注　通常称 J 为 X 到 X^{**} 中的自然嵌入映射（或典范映射）. 一般地，$J(X)\subset X^{**}$，不一定相等，故引出如下的定义

定义 4.6　赋范空间 X 称为自反的，如果 $X^{**}=J(X)=\{J_x:x\in X\}$，其中 J_x 的定义见式(4.19).

注 自反空间 X 保范同构于 $X^{**}=J(X)$，故它必为巴拿赫空间. 但是一个巴拿赫空间 X 即使保范同构于 X^{**}，它不一定是自反的. 原因在于自反性定义中，要求此保范同构是由 X 到 X^{**} 的典范映射给出的.

下面给出对偶空间、自反空间的例子.

例 4.17

(1) 空间 l^1 的对偶空间是 l^∞；

(2) 空间 $l^p(1<p<\infty)$ 的对偶空间是 l^q，其中 $1/p+1/q=1$.

证明 (1) 设 $e_k=(0,\cdots,0,1,0,\cdots)$，其中第 k 个分量为 1，其余为 0，则对于任意的 $x=(\xi_1,\xi_2,\cdots)\in l^1$，都有唯一的表达式 $x=\sum\limits_{k=1}^{\infty}\xi_k e_k$. 对于任意的 $f\in(l^1)^*$，由于 f 是线性的并且连续，从而

$$f(x)=f\Big(\lim_{n\to\infty}\sum_{k=1}^{n}\xi_k e_k\Big)=\lim_{n\to\infty}f\Big(\sum_{k=1}^{n}\xi_k e_k\Big)=\lim_{n\to\infty}\sum_{k=1}^{n}\xi_k f(e_k)$$
$$=\sum_{k=1}^{\infty}\xi_k f(e_k), \tag{4.20}$$

因此，$\eta_k=f(e_k)$ 由 f 唯一确定. 又因为 $\|e_k\|_1=1$，$|\eta_k|=|f(e_k)|\leqslant\|f\|\|e_k\|_1=\|f\|$，所以，$\sup\{|\eta_k|:k\in\mathbf{N}\}\leqslant\|f\|$. 因此，$y_f=(\eta_1,\eta_2,\cdots)\in l^\infty$，而且 $\|y_f\|_\infty\leqslant\|f\|$. 由式(4.20)知

$$|f(x)|\leqslant\sum_{k=1}^{\infty}|\xi_k||f(e_k)|\leqslant\|y_f\|_\infty\|x\|_1,$$

所以 $\|f\|\leqslant\|y_f\|_\infty$. 故 $\|f\|=\|y_f\|_\infty$.

由 $f\in(l^1)^*$ 到 $(f(e_1),f(e_2),\cdots)=y_f\in l^\infty$ 的对应关系定义了映射 $U:(l^1)^*\to l^\infty$. 已证明了 U 是保范的，即 $\|Uf\|_\infty=\|f\|$. 容易验证 U 是线性映射. 下面证明 U 是满射. 对于任意的 $b=(\beta_1,\beta_2,\cdots)\in l^\infty$，可以定义 l^1 上的有界线性泛函 g. 对任一 $x=(\xi_1,\xi_2,\cdots)\in l^1$，令 $g(x)=\sum\limits_{k=1}^{\infty}\xi_k\beta_k$. 显然 g 是线性的，而且

$$|g(x)|\leqslant\sum_{k=1}^{\infty}|\xi_k\beta_k|\leqslant\sup\{|\beta_k|:k\in\mathbf{N}\}\sum_{k=1}^{\infty}|\xi_k|=\|b\|_\infty\|x\|_1.$$

所以 $g\in(l^1)^*$，而且 $\|g\|\leqslant\|b\|_\infty$，$g(e_k)=\beta_k$. 因此，$U$ 是满射. 此即说明 U 是 $(l^1)^*$ 到 l^∞ 上的保范同构.

(2) 设 $e_k=(0,\cdots,0,1,0,\cdots)$，其中第 k 个分量为 1，其余为 0. 对于任意的 $x=(\xi_1,\xi_2,\cdots)\in l^p$，都有唯一的表达式

$$x=\sum_{k=1}^{\infty}\xi_k e_k.$$

对于任意的 $f\in(l^p)^*$，令 $\eta_k=f(e_k)$. 由于 f 是线性的并且是连续的，因此

$$f(x)=\sum_{k=1}^{\infty}\xi_k f(e_k)=\sum_{k=1}^{\infty}\xi_k\eta_k. \tag{4.21}$$

所以，$\eta_k=f(e_k)$由 f 唯一确定. 取 $x_n=(\xi_1^{(n)},\xi_2^{(n)},\cdots)$，其中

$$\xi_k^{(n)}=\begin{cases}\dfrac{|\eta_k|^q}{\eta_k}, & \text{如果 } k\leqslant n, \text{且 } \eta_k\neq 0,\\ 0, & \text{如果 } k>n \text{ 或 } \eta_k=0.\end{cases}$$

则 $x_n\in l^p$，代入式(4.21)得到

$$f(x_n)=\sum_{k=1}^{\infty}\xi_k^{(n)}\eta_k=\sum_{k=1}^{n}|\eta_k|^q. \tag{4.22}$$

由于$(q-1)p=q$，从而

$$\begin{aligned}f(x_n)&\leqslant\|f\|\|x_n\|_p=\|f\|\Big(\sum_{k=1}^{\infty}|\xi_k^{(n)}|^p\Big)^{1/p}\\&=\|f\|\Big(\sum_{k=1}^{n}|\eta_k|^{(q-1)p}\Big)^{1/p}=\|f\|\Big(\sum_{k=1}^{n}|\eta_k|^q\Big)^{1/p}.\end{aligned} \tag{4.23}$$

由式(4.22)和式(4.23)可以得到

$$\sum_{k=1}^{n}|\eta_k|^q\leqslant\|f\|\Big(\sum_{k=1}^{n}|\eta_k|^q\Big)^{1/p},$$

即有 $\Big(\sum_{k=1}^{n}|\eta_k|^q\Big)^{1/p}\leqslant\|f\|$. 由于 n 是任意的，令 $n\to\infty$，就会有

$$\Big(\sum_{k=1}^{\infty}|\eta_k|^q\Big)^{1/q}\leqslant\|f\|.$$

所以，$y_f=(\eta_1,\eta_2,\cdots)=(f(e_1),f(e_2),\cdots)\in l^q$，而且$\|y_f\|_q\leqslant\|f\|$. 再对式(4.21)应用赫尔德不等式得到

$$|f(x)|\leqslant\Big(\sum_{k=1}^{\infty}|\xi_k|^p\Big)^{1/p}\Big(\sum_{k=1}^{\infty}|\eta_k|^q\Big)^{1/q}=\|x\|_p\|y_f\|_q.$$

故$\|f\|\leqslant\|y_f\|_q$，进而知$\|f\|=\|y_f\|_q$.

以上由 $f\in(l^p)^*$ 到 $y_f=(f(e_1),f(e_2),\cdots)\in l^q$ 的对应关系定义了一个算子 $U:(l^p)^*\to l^q$，即就是说，对于任意的 $f\in(l^p)^*$，$U_f=(f(e_1),f(e_2),\cdots)$. 显然它是线性算子，并且是保范的，也就是$\|Uf\|_q=\|f\|$. 下面证明 U 是满射. 对于任意的 $b=(\beta_1,\beta_2,\cdots)\in l^q$，可以定义 l^p 上的有界线性泛函 $g:l^p\to\mathbf{F}$. 对 $x=(\xi_1,\xi_2,\cdots)\in l^p$，令 $g(x)=\sum_{k=1}^{\infty}\xi_k\beta_k$. 由赫尔德不等式知，此级数是收敛的，因此，$g$ 有定义并且对变元 $x\in l^p$ 是线性的，同时有

$$|g(x)|\leqslant\Big(\sum_{k=1}^{\infty}|\xi_k|^p\Big)^{1/p}\Big(\sum_{k=1}^{\infty}|\beta_k|^q\Big)^{1/q}=\|b\|_q\|x\|_p.$$

因此 $g\in(l^p)^*$，而且 $g(e_k)=\beta_k$，$Ug=(g(e_1),g(e_2),\cdots)=b$，所以，$U$ 是$(l^p)^*\to l^q$ 上满射. 故 U 是一个保范同构.

例 4.18　设 $1<p<\infty$，$1/p+1/q=1$，则空间 $L^p(\Omega)$的对偶空间是 $L^q(\Omega)$，等价地说，对于任意的 $f\in(L^p(\Omega))^*$，始终存在 $y(t)\in L^q(\Omega)$，使得对于任意的 $x(t)\in L^p$

(Ω),有

$$f(x) = \int_{\Omega} x(t)y(t)\mathrm{d}t, \tag{4.24}$$

而且

$$\|f\| = \|y\|_q = \left(\int_{\Omega} |y(t)|^q \mathrm{d}t\right)^{1/q}.$$

同时对于任意的 $y(t)\in L^q(\Omega)$,按照式(4.24)定义了一个 $L^p(\Omega)$上的有界线性泛函. 这样由 $f\to y$ 定义的映射 $U:(L^p(\Omega))^*\to L^q(\Omega)$,$Uf=y$ 是一个保范同构.

例 4.19

(1) $\mathbf{R}^n$,$\mathbf{C}^n$,l^p,$L^p[a,b](1<p<\infty)$都是自反空间;

(2) 希尔伯特空间 $\mathbf{H}$ 是自反空间.

因为 $L^p[a,b]$是自反空间的证明需下述命题:

命题 4.20 设 f 是 $L^p[a,b]$上的有界线性泛函,则存在唯一的 $y\in L^q[a,b]$ $\left(\dfrac{1}{p}+\dfrac{1}{q}=1\right)$,使得

$$f(x) = \int_a^b x(t)y(t)\mathrm{d}t \tag{4.25}$$

并且

$$\|f\| = \|y\| = \left(\int_a^b |y(t)|^q \mathrm{d}t\right)^{\frac{1}{q}}.$$

反之,$\forall\, y\in L^q[a,b]$,式(4.25)定义了 $L^p[a,b]$上一个有界线性泛函.(证明略去).

(1) 下证 $L^p[a,b](1<p<\infty)$是自反的.

任取 $F\in(L^p[a,b])^{**}$,存在 $x\in L^p[a,b]$,使得

$$F(f)=f(x)\quad (f\in(L^p[a,b])^*).$$

为此用 φ 表示这样的等距同构映射,使得对于每一个 $y\in L^q[a,b]$按照式(4.25)对应一个泛函 $f\in(L^p[a,b])^*$. 如果设

$$F_1(y)=F(\varphi y)\quad (y\in L^q[a,b]),$$

则 $F_1\in(L^q[a,b])^*$. 于是根据命题 4.20,存在 $x\in L^p[a,b]$,使得

$$F_1(y) = \int_a^b y(t)x(t)\mathrm{d}t \quad (y\in L^q[a,b]).$$

这样,如果 $f\in(L^p[a,b])^*$,及 $y=\varphi^{-1}(f)\in L^q[a,b]$,则

$$F(f) = F_1(y) = \int_a^b y(t)x(t)\mathrm{d}t = \int_a^b x(t)y(t)\mathrm{d}t = f(x).$$

即 $L^p[a,b](1<p<\infty)$是自反的.

类似地可以证明,$l^p(1<p<\infty)$是自反的;$\mathbf{R}^n$ 是自反的.

(2) $\forall\, x\in\mathbf{H}$,$\forall\, f\in\mathbf{H}^*$,由黎斯表现定理可知:

$$(Jx)(f)=f(x)=\langle x,x_0\rangle=\langle x,Uf\rangle,$$

$Jx\in\mathbf{H}^{**}$，反之，$\forall F\in(\mathbf{H}^*)^*$，因为 $\mathbf{H}^*$ 也是希尔伯特空间，故存在 $g_F\in\mathbf{H}^*$，使对任意的 $f\in\mathbf{H}^*$，有

$$F(f)=\langle f,g_F\rangle_{\mathbf{H}^*},$$

但是 $\mathbf{H}^*$ 中的内积是由 $\mathbf{H}$ 中的内积定义的：

$$\langle f,g_F\rangle_{\mathbf{H}^*}=\overline{\langle Uf,Ug\rangle_{\mathbf{H}}}=\langle Ug,Uf\rangle,$$

所以 $F(f)=\langle Ug,Uf\rangle=f(Ug)=J_x(f)$，$\forall f\in\mathbf{H}$，以上的 $Ug\in\mathbf{H}$，$F=J_x=J(Ug)$，故 $J(\mathbf{H})=\mathbf{H}^{**}$，即 $\mathbf{H}$ 是自反的.

4.7　弱　收　敛

定义 4.7　设 X 是赋范线性空间，$\{x_n\}\subset X$. 如果存在 $x\in X$，使得对于任意的 $f\in X^*$，有 $\lim\limits_{n\to\infty}f(x_n)=f(x)$，则称 $\{x_n\}$ **弱收敛**于 x，记作 $x_n\xrightarrow{w}x(n\to\infty)$，$x$ 称为 $\{x_n\}$ 的**弱极限**，而把序列 $\{x_n\}$ 按照范数收敛于 x 称为**强收敛**，记作 $x_n\to x(n\to\infty)$ 或 $x_n\xrightarrow{s}x(n\to\infty)$，称 x 为 $\{x_n\}$ 的**强极限**.

下面的定理 4.21 到定理 4.24 是介绍赋范空间中序列 $\{x_n\}$ 弱收敛的性质以及强、弱收敛之间关系.

定理 4.21　设赋范线性空间 X 中的点列 $\{x_n\}$ 弱收敛于 x，则

(1) $\{x_n\}$ 的弱极限是唯一的；

(2) $\{x_n\}$ 的每一个子列 $\{x_{n_k}\}$ 也弱收敛于 x；

(3) 弱收敛的点列 $\{x_n\}$ 一定是有界的.

证明　(1) 设 $x_n\xrightarrow{w}x(n\to\infty)$，$x_n\xrightarrow{w}y(n\to\infty)$，我们有

$$f(x_n)\to f(x),\quad f(x_n)\to f(y)(n\to\infty),\ \forall f\in X^*.$$

由数列极限的唯一性知 $f(x)=f(y)$，从而 $f(x-y)=0$. 由哈恩-巴拿赫定理知，$x-y=0$，这样就推得 $x=y$.

(2) 对于任意的 $f\in X^*$，由于 $f(x_n)\to f(x)(n\to\infty)$，因此它的子列 $f(x_{n_k})\to f(x)$ $(k\to\infty)$，所以 $x_{n_k}\xrightarrow{w}x(k\to\infty)$.

(3) 对于任意的 $f\in X^*$，$\{f(x_n)\}$ 是收敛数列，因而是有界的，即

$$\sup\{|f(x_n)|:n\in\mathbf{N}\}=M(f)<\infty,$$

从而由一致有界原理知 $\{x_n\}$ 有界.

定理 4.22　设 $\{x_n\}$ 是赋范线性空间 X 中的点列，那么就有

(1) 若 $x_n\xrightarrow{s}x(n\to\infty)$，则 $x_n\xrightarrow{w}x(n\to\infty)$；

(2) 若 $x_n \xrightarrow{w} x(n\to\infty)$不能推出 $x_n \xrightarrow{s} x(n\to\infty)$;

(3) 若 $\dim X=n<\infty$,则弱收敛与强收敛等价.

证明 (1) 若 $x_n \xrightarrow{s} x(n\to\infty)$,对于任意的 $f\in X^*$,由 f 的连续性可得,$f(x_n)\to f(x)(n\to\infty)$,这意味着 $x_n \xrightarrow{w} x(n\to\infty)$.

(2) 设 X 是无限维可分希尔伯特空间,$\{e_n\}$是 X 的标准正交集.对于任意的 $f\in X^*$,由黎斯表现定理,存在 $y_f\in X$,使得对于任意的 $x\in X$,有 $f(x)=\langle x,y_f\rangle$.再由贝塞尔不等式知:

$$\sum_{n=1}^{\infty}|\langle e_n,z\rangle|^2\leqslant\|z\|^2,\forall z\in X.$$

因此上式左端的级数收敛.因而当 $n\to\infty$时,$f(e_n)=\langle e_n,y_f\rangle\to 0(\forall f\in X^*)$.故 $e_n \xrightarrow{w} 0$ $(n\to\infty)$,但是当 $m\neq n$ 时,有

$$\|e_m-e_n\|^2=\|e_m\|^2+\|e_n\|^2=2,$$

所以$\{e_n\}$不可能强收敛.

(3) 设 $x_m \xrightarrow{w} x(m\to\infty)$,$\{e_1,e_2,\cdots,e_n\}$是 X 的一个基,则 $x_m=\xi_1^{(m)}e_1+\xi_2^{(m)}e_2+\cdots+\xi_n^{(m)}e_n$,$x=\xi_1e_1+\xi_2e_2+\cdots+\xi_ne_n$,而且对于任意的 $f\in X^*$,恒有 $f(x_m)\to f(x)(m\to\infty)$.取 $f_k\in X^*$.定义如下:

$$f_k(e_j)=\delta_{kj}=\begin{cases}1, & k=j,\\0, & k\neq j,\end{cases}$$

则 $f_k(x_m)=\xi_k^{(m)}$,$f_k(x)=\xi_k$.由 $f_k(x_m)\to f_k(x)(m\to\infty)$可以得到 $\xi_k^{(m)}\to\xi_k(m\to\infty)$.因而当 $m\to\infty$时,有

$$\|x_m-x\|=\left\|\sum_{k=1}^{n}(\xi_k^{(m)}-\xi_k)e_k\right\|\leqslant\sum_{k=1}^{n}|\xi_k^{(m)}-\xi_k|\,\|e_k\|\to 0.$$

这就意味着$\{x_m\}$强收敛于 x.

定理 4.23 在赋范线性空间 X 中,$x_n \xrightarrow{w} x(n\to\infty)$的充分必要条件是:

(1) 点列$\{\|x_n\|\}$有界;

(2) 存在 $\mathbf{M}\subset X^*$,$\overline{\operatorname{span}\mathbf{M}}=X^*$,使得对于任意的 $f\in\mathbf{M}$,恒有 $f(x_n)\to f(x)(n\to\infty)$.

证明 必要性.(1)由定理 4.21 的(3)推知;而(2)是显然的.

充分性.设(1),(2)成立.由于点列有界,因而存在正的常数 C,使得对于任意的自然数 n,有$\|x_n\|\leqslant C$,而且$\|x\|\leqslant C$.此外,对于任意的 $f\in X^*$ 和 $\varepsilon>0$,由(2)知,一定存在 $g\in\operatorname{span}\mathbf{M}$,使得$\|g-f\|<\varepsilon/(3C)$,其中 $g=\sum_{i=1}^{k}\alpha_if_i$,$f_i\in\mathbf{M}$,$\alpha_i\in\mathbf{F}$.由于

$$f_i(x_n)\to f_i(x),\quad g(x_n)=\sum_{i=1}^{k}\alpha_if_i(x_n)\to\sum_{i=1}^{k}\alpha_if_i(x)=g(x)(n\to\infty),$$

故一定存在自然数 N，当 $n\geqslant N$ 时，有 $|g(x_n)-g(x)|<\varepsilon/3$. 所以，

$$\begin{aligned}|f(x_n)-f(x)|&\leqslant|f(x_n)-g(x_n)|+|g(x_n)-g(x)|+|g(x)-f(x)|\\&<\|f-g\|\|x_n\|+\frac{\varepsilon}{3}+\|f-g\|\|x\|\\&<\frac{\varepsilon}{3C}C+\frac{\varepsilon}{3}+\frac{\varepsilon}{3C}C=\varepsilon.\end{aligned}$$

故对于任意的 $f\in X^*$，可以知道 $f(x_n)\to f(x)(n\to\infty)$. 这就得知 $x_n\xrightarrow{w}x\,(n\to\infty)$.

对于希尔伯特空间中序列 $\{x_n\}$ 的弱收敛有如下命题：

命题 4.24　设 $\mathbf{H}$ 是希尔伯特空间，$\{x_n\}\subset\mathbf{H}$，$x\in\mathbf{H}$，则

(1) 在希尔伯特空间 $\mathbf{H}$ 中，$x_n\xrightarrow{w}x\,(n\to\infty)$，当且仅当对于任意的 $z\in\mathbf{H}$，始终有 $\langle x_n,z\rangle\to\langle x,z\rangle(n\to\infty)$；

(2) 在希尔伯特空间 $\mathbf{H}$ 中，$x_n\xrightarrow{s}x\,(n\to\infty)$，当且仅当 $x_n\xrightarrow{w}x\,(n\to\infty)$，而且 $\|x_n\|\to\|x\|(n\to\infty)$.

证明　(1) 由黎斯表现定理证明；(2) 直接按照定义去验证.

接着，考察赋范空间 X^* 中序列 $\{f_n\}$ 的收敛及其性质，先给出如下定义并介绍相应的性质.

定义 4.8　(弱*收敛) 设 X 为赋范线性空间，X^* 中的点列 $\{f_n\}(n=1,2,\cdots)$ 称为弱*收敛于 $f_0\in X^*$ 是指：对于任意的 $x\in X$，恒有 $f_n(x)\to f_0(x)(n\to\infty)$. f_0 称为 $\{f_n\}$ 的弱*极限.

定理 4.25

(1) 弱*极限是唯一的；

(2) 有界线性泛函点列依 X^* 中的范数收敛意味着弱*收敛；

(3) 设 X 是巴拿赫空间，如果 X 上的有界线性泛函点列 $\{f_n\}(n=1,2,\cdots)$ 弱*收敛于 $f_0\in X^*$，则 $\{\|f_n\|\}$ 是有界数列.

证明　(1) 若 X 上有界线性泛函点列 $\{f_n\}$ 同时弱*收敛于 f_0 及 f'_0，由弱*收敛的定义可知，对于任何 $x\in X$，恒有 $f_0(x)=f'_0(x)$，故 $f_0=f'_0$.

(2) 设 $\{f_n\}\subset X^*\,(n=1,2,\cdots)$，$f_0\in X^*$ 而且 $\|f_n-f_0\|\to 0(n\to\infty)$. 任取 $x\in X$，因为

$$|f_n(x)-f_0(x)|\leqslant\|f_n-f_0\|\|x\|\to 0(n\to\infty),$$

所以 $\{f_n\}$ 弱*收敛于 f_0.

(3) 由一致有界原理得到.

定理 4.26　如果 $f_n\xrightarrow{w}f(n\to\infty)$，那么 $f_n\xrightarrow{w^*}f(n\to\infty)$.

证明　由于 $X^{**}\supset J(X)$，如果对于任意的 $F\in X^{**}$，$F(f_n)\to F(f)(n\to\infty)$，则对于任意的 $x\in X$，$J(x)=\hat{x}\in X^{**}$，$f_n(x)=\hat{x}(f_n)\to\hat{x}(f)=f(x)(n\to\infty)$，所以，$f_n\xrightarrow{w^*}f(n\to\infty)$.

命题 4.27 如果 X 是自反空间，则弱*收敛与弱收敛是等价的.

证明 因为 $J(X)=X^{**}$.

定理 4.28 （弱*列紧性）设 X 是可分的赋范线性空间，则 X^* 中任一有界点列 $\{f_n\}$ 有弱*收敛的子列.

证明 因为 X 是可分的赋范线性空间，所以 X 中有可数稠密的子集 $\mathbf{A}=\{x_k: k\in\mathbf{N}\}$. 由 $\{f_n\}$ 有界可知，存在常数 $K>0$，使得对于任意的自然数 n，恒有 $\|f_n\|\leqslant K$，因此，$|f_n(x_1)|\leqslant\|f_n\|\|x_1\|\leqslant K\|x_1\|$. 所以，$\{f_n(x_1)\}$ 是有界数列，由列紧性定理可知，它有收敛的子列 $\{f_n^{(1)}(x_1): n\in\mathbf{N}\}$. 类似地有，$|f_n^{(1)}(x_2)|\leqslant\|f_n^{(1)}\|\|x_2\|\leqslant K\|x_2\|$. 所以 $\{f_n^{(1)}(x_2): n\in\mathbf{N}\}$ 是有界数列，它也有收敛的子列 $\{f_n^{(2)}(x_2): n\in\mathbf{N}\}$. 这样继续下去，对于任意的 $m\in\mathbf{N}$，就会得到 f_n 的子列 $\{f_n^{(m)}: n\in\mathbf{N}\}$，使得数列 $\{f_n^{(m)}(x_m): n\in\mathbf{N}\}$ 收敛，而且 $\{f_n^{(m)}: n\in\mathbf{N}\}$ 是 $\{f_n^{m-1}\}$ 的子列. 因此，对于任何的 $1\leqslant k\leqslant m$. $\{f_n^{(m)}(x_k): n\in\mathbf{N}\}$ 都收敛，此点列可以排列如下：

$$
\begin{array}{cccc}
f_1^{(1)}, & f_2^{(1)}, & f_3^{(1)}, & \cdots \\
f_1^{(2)}, & f_2^{(2)}, & f_3^{(3)}, & \cdots \\
 & \cdots & & \\
f_1^{(m)}, & f_2^{(m)}, & f_3^{(m)}, & \cdots \\
 & \cdots & &
\end{array}
$$

其中，每一点列都是前一点列的子列，取对角线点列 $f_n^{(n)}$，对于任意的 k，当 $m\geqslant k$ 时，$\lim\limits_{n\to\infty} f_n^{(m)}(x_k)$ 存在，所以 $\lim\limits_{n\to\infty} f_n^{(n)}(x_k)$ 存在，但由于 $f_n^{(n)}$ 在 X 的一个稠密子集上收敛，故由前一定理知，一定存在 $f\in X^*$，使得 $f_n^{(n)}\xrightarrow{w^*}f(n\to\infty)$.

定理 4.29 设 X 是赋范空间，$\{f_n\}\subset X^*$. 如满足条件：(1) $\{\|f_n\|\}$ 有界；(2) 在 X 的某一稠子集 $\mathbf{M}$ 上 $\{f_n(x)\}$ 收敛，则存在 $f\in X^*$，使得 $f_n\xrightarrow{w^*}f(n\to\infty)$.

证明 由条件(1)，$\exists C>0$，$\forall n\in\mathbf{N}$，$\|f_n\|\leqslant C$. $\forall x\in X$，因为 $\overline{\mathbf{M}}=X$，故存在 $y\in\mathbf{M}$，使得

$$\|x-y\|<\frac{\varepsilon}{3C},$$

又存在 n_0，当 $n,m\geqslant n_0$ 时，有

$$|f_n(y)-f_m(y)|<\frac{\varepsilon}{3},$$

因而当 $n,m\geqslant n_0$ 时，

$$
\begin{aligned}
|f_n(x)-f_m(x)| &\leqslant |f_n(x)-f_n(y)|+|f_n(y)-f_m(y)|+|f_m(y)-f_m(x)| \\
&<\|f_n\|\|x-y\|+\frac{\varepsilon}{3}+\|f_m\|\|x-y\| \\
&<C\cdot\frac{\varepsilon}{3C}+\frac{\varepsilon}{3}+C\cdot\frac{\varepsilon}{3C}=\varepsilon.
\end{aligned}
$$

所以$\{f_n(x)\}$是柯西序列，由于 **R** 和 **C** 都是完备的，故存在极限$\lim\limits_{n\to\infty}f_n(x)$，它确定了 X 上的一个泛函 $f:X\to\mathbf{F}$ 如下式

$$f(x)=\lim_{n\to\infty}f_n(x),\quad x\in X.$$

易知 f 是线性泛函，且对任意 $x\in X$，

$$|f_n(x)|\leqslant\|f_n\|\|x\|\leqslant C\|x\|.$$

令 $n\to\infty$，得$|f(x)|\leqslant C\|x\|$，所以 $f\in X^*$，并且 $f_n\xrightarrow{w^*}f$.

最后，不给证明地介绍如下命题.

命题 4.30

(1) 空间 $C[a,b]$中的点列$\{x_n\}$弱收敛于 $x\in C[a,b]$当且仅当

(ⅰ) $\{x_n(t)\}$作为函数列在$[a,b]$上处处收敛于 $x(t)$；

(ⅱ) $\{\|x_n\|\}$为有界数列.

(2) 空间 $L^p[a,b](1<p<\infty)$中的点列$\{x_n\}$弱收敛于 $x\in L^p[a,b]$，当且仅当

(ⅰ) 对于任意的 $t\in[a,b]$，$\int_a^t x_n(u)\mathrm{d}u\to\int_a^t x(u)\mathrm{d}u$；

(ⅱ) $\{\|x_n\|\}$为有界数列.

4.8 对偶算子

设 T 是由赋范线性空间 X 到赋范线性空间 Y 的有界线性算子. 任取 $g\in Y^*$，则 $g(Tx)$关于 $x\in X$ 是线性的. 由不等式$|g(Tx)|\leqslant\|g\|\|T\|\|x\|$可知，$g(Tx)$是有界的，因此，它是关于 $x\in X$ 的一个有界线性算子. 令

$$g^*(x)=g(Tx),\tag{4.26}$$

则 $g^*\in X^*$. 显然当 g 在 Y^* 中给定时，g^* 就在 X^* 中被确定下来，这就意味着建立了一个由 Y^* 到 X^* 的映射. 这个映射通过式(4.26)将 g 映成 g^*，记这个映射为 T^*. 于是$T^*g=g^*$.

定义 4.9　设 X,Y 是赋范线性空间，$T\in B(X,Y)$. T 的**对偶算子**(又称**伴随算子**) $T^*:Y^*\to X^*$ 定义为

$$(T^*g)(x)=g(Tx),\ \forall\, g\in Y^*,x\in X.\tag{4.27}$$

这里 X^* 和 Y^* 分别是 X 和 Y 的**对偶空间**. 下面给出**对偶算子**的一些性质.

定理 4.31　有界线性算子 T 的对偶算子 T^* 是有界线性算子，且$\|T^*\|=\|T\|$.

证明　对 $g_1,g_2\in Y^*,\alpha,\beta\in F,x\in X$，

$$\begin{aligned}(T^*(\alpha g_1+\beta g_2))(x)&=(\alpha g_1+\beta g_2)(Tx)\\&=\alpha g_1(Tx)+\beta g_2(Tx)\\&=\alpha(T^*g_1)(x)+\beta(T^*g_2)(x)\\&=(\alpha T^*g_1+\beta T^*g_2)(x).\end{aligned}$$

所以 $T^*(\alpha g_1+\beta g_2)=\alpha T^*g_1+\beta T^*g_2$，即 T^* 是线性的. 由式(4.27)就有

$$|(T^*g)(x)|=|g(Tx)|\leqslant\|g\|\|T\|\|x\|.$$

$$\|T^*g\|\leqslant\|g\|\|T\|.$$

所以 T^* 是有界的，且 $\|T^*\|\leqslant\|T\|$. 另一方面，$\forall x_0\in X, Tx_0\in Y$，由定理 4.16 可知，$\exists g_0\in Y^*$，使得 $\|g_0\|=1$，且 $g_0(Tx_0)=\|Tx_0\|$，因而由 T^* 的定义，

$$(T^*g_0)(x_0)=g_0(Tx_0)=\|Tx_0\|.$$

$$\begin{aligned}\|Tx_0\|&\leqslant\|T^*g_0\|\|x_0\|\leqslant\|T^*\|\|g_0\|\|x_0\|\\&=\|T^*\|\|x_0\|.\end{aligned}$$

对每一个 $x_0\in X$，$\|Tx_0\|\leqslant\|T^*\|\|x_0\|$，从而 $\|T\|\leqslant\|T^*\|$，所以 $\|T^*\|=\|T\|$.

定理 4.32

(1) 设 $S,T\in B(X,Y)$，$\alpha,\beta\in\mathbf{F}$，则 $(\alpha S+\beta T)^*=\alpha S^*+\beta T^*$；

(2) 设 X,Y,Z 是赋范空间，$T\in B(X,Y)$，$S\in B(Y,Z)$，则 $(ST)^*=T^*S^*$；

(3) 若 $T\in B(X,Y)$，T^{-1} 存在且 $T^{-1}\in B(Y,X)$，则 $(T^*)^{-1}$ 存在，$(T^*)^{-1}\in B(X^*,Y^*)$，且 $(T^*)^{-1}=(T^{-1})^*$.

证明 (1) $\forall g\in Y^*$，$\forall x\in X$，

$$\begin{aligned}(\alpha S+\beta T)^*g(x)&=g((\alpha S+\beta T)x)=g(\alpha Sx+\beta Tx)\\&=\alpha g(Sx)+\beta g(Tx)\\&=\alpha S^*g(x)+\beta T^*g(x)\\&=(\alpha S^*g+\beta T^*g)(x).\end{aligned}$$

所以 $$(\alpha S+\beta T)^*g=\alpha S^*g+\beta T^*g=(\alpha S^*+\beta T^*)g,$$

故 $$(\alpha S+\beta T)^*=\alpha S^*+\beta T^*.$$

(2) $ST\in B(X,Z)$，$\forall h\in Z^*$，$\forall x\in X$，

$$\begin{aligned}(ST)^*h(x)&=h(STx)=S^*h(Tx)=T^*(S^*h)(x)\\&=(T^*S^*)h(x),\ \forall x\in X.\end{aligned}$$

所以 $$(ST)^*h=(T^*S^*)h,\ \forall h\in Z^*,$$

故 $$(ST)^*=T^*S^*.$$

(3) $\forall g\in Y^*$，$T^*g\in X^*$，$(T^{-1})^*\in B(X^*,Y^*)$，$\forall y\in Y$，

$$((T^{-1})^*T^*g)(y)=T^*g(T^{-1}y)=g(TT^{-1}y)=g(y),$$

所以
$$(T^{-1})^* T^* g=g, \forall g\in Y^*.$$
故$(T^{-1})^* T^* =I_{Y^*}$，其中 I_{Y^*} 表 Y^* 上的恒等算子.

另一方面，$\forall f\in X^*$，$(T^{-1})^* f\in Y^*$，$\forall x\in X$，
$$(T^*(T^{-1})^* f)(x)=((T^{-1})^* f)(Tx)=f(T^{-1}Tx)=f(x).$$
所以
$$T^*(T^{-1})^* f=f, \forall f\in X^*,$$
故
$$T^*(T^{-1})^* =I_{X^*},$$
于是$(T^*)^{-1}$存在，且$(T^*)^{-1}=(T^{-1})^*\in B(X^*,Y^*)$.

因为 T 的对偶算子 T^* 也存在对偶算子$(T^*)^*$，简记作 T^{**}，若将 X 看作 X^{**} 的子空间，则 T^{**} 是 T 的延拓. T^{**} 与 T 之间关系有如下的命题.

命题 4.33　T^{**} 是 T 的延拓，且$\|T^{**}\|=\|T\|$.

证明　由于 $T^*\in B(Y^*,X^*)$，$(T^*)^*=T^{**}\in B(X^{**},Y^{**})$，$\forall F\in X^{**}$，$\forall g\in Y^*$，
$$T^{**}F(g)=F(T^*g),$$
$$\forall x\in X, J(x)=\hat{x}\in X^{**}, (J\in X^*)$$
$$T^{**}\hat{x}(g)=\hat{x}(T^*g)=T^*g(x)=g(Tx)=\hat{T}x(g),$$
所以
$$T^{**}\hat{x}=\hat{T}x.$$

若把 X 嵌入到 X^{**}，把 Y 嵌入到 Y^{**}，即把 X 看成 X^{**} 的子空间 $J(X)$，Y 看成 Y^{**} 的子空间 $J(Y)$，因而认为 $\hat{x}$ 等同于 x，$\hat{T}x$ 等同于 Tx，即得
$$T^{**}x=Tx.$$
因而 T^{**} 是 T 的延拓，而$\|T^{**}\|=\|T^*\|=\|T\|$.

例 4.20　设 $A:\mathbf{R}^n\to\mathbf{R}^m$ 为一有界线性算子，可用 $m\times n$ 矩阵
$$A=\begin{pmatrix} \alpha_{11} & \alpha_{12} & \cdots & \alpha_{1n} \\ \alpha_{21} & \alpha_{22} & \cdots & \alpha_{2n} \\ \vdots & \vdots & & \vdots \\ \alpha_{m1} & \alpha_{m2} & \cdots & \alpha_{mn} \end{pmatrix}$$
表示，当 $x=(\xi_1,\cdots,\xi_n)\in\mathbf{R}^n$，
$$Ax = \Big(\sum_{j=1}^n \alpha_{1j}\xi_j, \sum_{j=1}^n \alpha_{2j}\xi_j, \cdots, \sum_{j=1}^n \alpha_{mj}\xi_j\Big),$$
$$(\mathbf{R}^n)^* = \mathbf{R}^n, (\mathbf{R}^m)^* = \mathbf{R}^m, \quad \forall y^* = (\eta_1,\cdots,\eta_m)\in(R^m)^*,$$
$$y^*(Ax) = \sum_{i=1}^m\sum_{j=1}^n \alpha_{ij}\xi_j\eta_i = \sum_{j=1}^n\Big(\sum_{i=1}^m \alpha_{ij}\eta_i\Big)\xi_j.$$
另一方面，由 A^* 的定义

$$(A^* y^*)(x) = y^*(Ax) = \sum_{j=1}^{n}\Big(\sum_{i=1}^{m}\alpha_{ij}\eta_i\Big)\xi_j.$$

由 x 的任意性，以及 $A^* y^* \in (\mathbf{R}^n)^* = \mathbf{R}^n$，得

$$A^* y^* = \Big(\sum_{i=1}^{m}\alpha_{i1}\eta_i, \sum_{i=1}^{m}\alpha_{i2}\eta_i, \cdots, \sum_{i=1}^{m}\alpha_{in}\eta_i\Big)$$

故 $A^*:(\mathbf{R}^m)^* \to (\mathbf{R}^n)^*$ 对应的矩阵为 A^{T}，即 A 的转置矩阵.

$$A^{\mathrm{T}} = \begin{pmatrix} \alpha_{11} & \alpha_{21} & \cdots & \alpha_{m1} \\ \alpha_{12} & \alpha_{22} & \cdots & \alpha_{m2} \\ \vdots & \vdots & & \vdots \\ \alpha_{1n} & \alpha_{2n} & \cdots & \alpha_{mn} \end{pmatrix}$$

4.9 紧 算 子

无限维空间上的任意线性算子比较复杂，但有一类算子相当于有限维空间上的线性算子，其性质类似于有限维空间中的矩阵，这一类算子被称为紧算子，它在积分方程的研究中起着重要的作用.

定义 4.10 设 X 与 Y 都是赋范线性空间，$T:X\to Y$ 是线性算子. 如果 T 将 X 中的每个有界集 $\mathbf{M}$ 映成 Y 中的列紧集(相对紧集)$T(\mathbf{M})$，即 $T(\mathbf{M})$的闭包$\overline{T(\mathbf{M})}$是紧集，则称 T 为**紧线性算子**，简称为**紧算子**. 从 X 到 Y 的紧线性算子全体，记作 $K(X,Y)$. 当 $X=Y$ 时，记作 $K(X)$.

注 (1) 线性算子 $T:X\to Y$ 是紧的，当且仅当 T 将 X 中的单位球 $B(0,1)=\{x\in X: \|x\|<1\}$映成 Y 中的列紧集；

(2) 线性算子 $T:X\to Y$ 是紧的，当且仅当对于 X 中的任意有界点列$\{x_n\}_{n=1}^{\infty}$，点列$\{Tx_n\}_{n=1}^{\infty}$在 Y 中必定有收敛的子列.

(3) 在有限维赋范空间上，任何线性算子都是有界的，把有界集映成有界集，而在有限维赋范空间中，任何有界集都是列紧集，因此定义在其上的线性算子都是紧线性算子. 但在无限维空间上，有界线性算子不一定是紧算子.

例 4.21 设 X 是无限维巴拿赫空间，$\mathbf{I}$ 是 X 上的恒等算子，那么 $\mathbf{I}$ 不是紧算子.

事实上，设 $x_1,x_2,\cdots$是 X 中线性无关的序列，X_n 是由$\{x_1,x_2,\cdots,x_n\}$张成的子空间. 由第 2 章黎斯引理 2.19，存在序列 $y_n\in X_n(n=1,2,\cdots)$，使得$\|y_n\|=1$，且对每一个 $y\in X_{n-1}$，$\|y_n-y\|\geqslant\dfrac{1}{2}$，于是序列$\{y_n\}$便没有收敛的子列，从而由定义知 $\mathbf{I}$ 不是紧算子.

例 4.22　如 $T:X\to Y$ 为有界线性算子，而值域 $T(X)$ 为有限维的，则 T 把 X 的每一有界集映成有限维空间 $T(X)$ 的有界集，因而是列紧的，所以 T 是紧算子. 值域为有限维的有界线性算子称为**有限秩算子**，所以有限秩算子是紧算子.

例 4.23　设二元函数 $k(t,s)$ 在 $[a,b]$ 上连续，则以 $k(x,y)$ 为核的线性积分算子

$$(Kf)(t)=\int_a^b k(t,s)f(s)\mathrm{d}s,\quad f\in C[a,b]$$

$K:C[a,b]\to C[a,b]$ 是紧线性算子.

证明　由例 4.3 已证明 K 是有界线性算子，设 A 是 $C[a,b]$ 中任一有界集，则 $K(A)$ 是 $C[a,b]$ 中有界集. 设 $\sup\{\|f\|:f\in A\}=M<\infty$. 下面证明 $K(A)$ 是等度(一致)连续的. $\forall\varepsilon>0$，由于 $k(s,t)$ 在 $[a,b]\times[a,b]$ 上一致连续，$\exists\delta=\delta(\varepsilon)>0$，当 $|s-s'|<\delta$，$|t-t'|<\delta$ 时，有 $|k(t,s)-k(t',s')|<\dfrac{\varepsilon}{M(b-a)}$. 因而 $\forall f\in A$，当 $|t-t'|<\delta$，$t,t'\in[a,b]$ 时，有

$$\begin{aligned}|(Kf)(t)-(Kf)(t')|&\leqslant\int_a^b|k(t,s)-k(t',s)||f(s)|\mathrm{d}s\\&<\frac{\varepsilon}{M(b-a)}\cdot M(b-a)=\varepsilon.\end{aligned}$$

所以 $K(A)$ 是等度(一致)连续的函数集，由第 1 章定理 1.14 可知，$K(A)$ 是列紧集. K 把有界集映成列紧集，所以 K 是紧线性算子.

以下讨论紧线性算子的一些基本性质.

定理 4.34　如果 $\{T_n\}$ 是赋范空间 X 到巴拿赫空间 Y 中的紧线性算子序列，它依范数收敛于某一算子 T，则 T 也是紧线性算子.

证明　只需证明对于 X 中任意的有界序列 $\{x_n\}$，序列 $\{Tx_n\}$ 有收敛子列. 由于 T_1 是紧线性算子，从序列 $\{T_1x_n\}$ 里可选取收敛子序列，设此收敛子列为 $T_1x_1^{(1)},T_1x_2^{(1)},\cdots,T_1x_n^{(1)},\cdots$，其中 $\{x_n^{(1)}:n\in\mathbf{N}\}$ 是 $\{x_n:n\in\mathbf{N}\}$ 的子序列，仍是有界序列，$\{T_2x_n^{(1)}:n\in\mathbf{N}\}$ 仍有收敛子序列，设此收敛子序列为 $\{T_2x_n^{(2)}:n\in\mathbf{N}\}$，$\{x_n^{(2)}:n\in\mathbf{N}\}$ 是 $\{x_n^{(1)}:n\in\mathbf{N}\}$ 的子序列，仍是有界序列. 继续这个步骤，$\{T_3x_n^{(2)}:n\in\mathbf{N}\}$ 仍有收敛子序列 $\{T_3x_n^{(3)}:n\in\mathbf{N}\}$，…，这样得 $\{x_n\}$ 的子序列的序列：

$$\begin{array}{llll}x_1^{(1)}, & x_2^{(1)}, & x_3^{(1)}, & \cdots\\ x_1^{(2)}, & x_2^{(2)}, & x_3^{(2)}, & \cdots\\ x_1^{(3)}, & x_2^{(3)}, & x_3^{(3)}, & \cdots\\ \cdots & \cdots & \cdots & \cdots\\ x_1^{(n)}, & x_2^{(n)}, & x_3^{(n)}, & \cdots\\ \cdots & \cdots & \cdots & \cdots\end{array}$$

其中下面的一个序列是上面序列的子序列. 取对角线序列:

$$x_1^{(1)}, x_2^{(2)}, x_3^{(3)}, \cdots, x_n^{(n)}, \cdots$$

则 $\forall i$, $\{T_i x_n^{(n)}: n\in \mathbf{N}\}$ 都是收敛的. 以下证明 $\{Tx_n^{(n)}: n\in\mathbf{N}\}$ 是柯西列. 由于 $\{x_n\}$ 有界, $\exists C>0$, 使得 $\forall n$, $\|x_n\|\leqslant C$. $\forall \varepsilon>0$, 先选取 k, 使得 $\|T-T_k\|<\frac{\varepsilon}{3}C$. 由于 $\{T_k x_n^{(n)}: n\in\mathbf{N}\}$ 收敛, $\exists n_0$, 当 $m,n\geqslant n_0$ 时,

$$\|T_k x_n^{(n)}-T_k x_m^{(m)}\|<\frac{\varepsilon}{3},$$

有

$$\begin{aligned}\|Tx_n^{(n)}-Tx_m^{(m)}\| &\leqslant \|Tx_n^{(n)}-T_kx_n^{(n)}\|+\|T_kx_n^{(n)}-T_kx_m^{(m)}\|+\|T_kx_m^{(m)}-Tx_m^{(m)}\|\\ &<\|T-T_k\|\|x_n^{(n)}\|+\frac{\varepsilon}{3}+\|T_k-T\|\|x_m^{(m)}\|\\ &<\frac{\varepsilon}{3C}\cdot C+\frac{\varepsilon}{3}+\frac{\varepsilon}{3C}\cdot C=\varepsilon.\end{aligned}$$

所以 $\{Tx_n^{(n)}\}$ 是柯西列. 由于 Y 是巴拿赫空间, 所以 $\{Tx_n^{(n)}\}$ 收敛, 即 $\{Tx_n\}$ 有收敛子列, 因而 T 是紧线性算子.

容易验证, 紧线性算子的线性组合仍是紧线性算子. 因此, 据以上定理, 由 X 到 Y 中的紧线性算子的全体组成 $B(X,Y)$ 的一个闭线性子空间, 记成 $K(X,Y)$.

例 4.24 对于每一个 $x=(\xi_k)\in l^2$, 定义 $Tx:=y$, 其中 $y=(\eta_k)$, $\eta_k=\xi_k/k$, $k=1,2,\cdots$, 则 $T: l^2\to l^2$ 是一个紧算子.

证明 T 显然是线性算子. 若 $x=(\xi_k)\in l^2$, 则 $y=(\eta_k)\in l^2$. 现定义算子 $T_n: l^2\to l^2$ 如下: $T_nx=(\xi_1,\xi_2/2,\cdots,\xi_n/n,0,0,\cdots)$. 容易验证, 对于每一个 n, T_n 是线性算子. 因为 T_n 的值域是有限维的, 因此由例 4.22 知 T_n 是紧算子. 此外, 由于

$$\begin{aligned}\|(T-T_n)x\|^2 &= \sum_{k=n+1}^{\infty}|\eta_k|^2=\sum_{k=n+1}^{\infty}\frac{1}{k^2}|\xi_k|^2\\ &\leqslant \frac{1}{(n+1)^2}\sum_{k=n+1}^{\infty}|\xi_k|^2\leqslant\frac{\|x\|^2}{(n+1)^2},\end{aligned}$$

对所有范数等于 1 的 x 取上确界, 便得到 $\|T-T_n\|\leqslant 1/(n+1)$, 因此, $T_n\to T(n\to\infty)$, 根据定理 4.34 便知 T 是紧算子.

定理 4.35 如果 $A: X\to Y$ 是紧线性算子, $B\in B(Y,Z)$, $C\in B(Z,X)$, 则 BA, AC 均是紧线性算子.

证明 如果 $\mathbf{M}$ 是 X 中有界集, 则 $A(\mathbf{M})$ 是 Y 中列紧集, 连续映射 B 把列紧集映成列紧集, 所以 $BA(\mathbf{M})$ 是 Z 中列紧集, 从而 BA 是紧线性算子. 又有界线性算子 C 把 Z 中的有界集 $\mathbf{M}'$ 映成 X 中有界集 $C(\mathbf{M}')$, 紧线性算子 A 把 $C(\mathbf{M}')$ 映成 Y 中列紧集 $AC(\mathbf{M}')$, 故

AC 是紧线性算子.

推论 4.36　如果 X 为无限维赋范空间，紧线性算子 $T:X\to Y$ 不可能有定义在 Y 上的有界逆算子.

证　如果 T 有有界逆算子：$T^{-1}:Y\to X$，则恒等算子 $\mathbf{I}=T^{-1}T$ 是 $X\to X$ 上紧线性算子. 由例 4.21，这是不可能的.

定理 4.37　设 $T:X\to Y$ 是紧线性算子，则它的对偶算子 $T^*:Y^*\to X^*$ 也是紧线性算子.

证明　设 $\mathbf{M}$ 是 Y^* 中任意的有界集，则 $\exists C>0$，使得 $\forall g\in \mathbf{M}$，$\|g\|\leqslant C$. 以下证明 $T^*(\mathbf{M})$ 是 X^* 中全有界集.

对 X 中的单位闭球 $U=\{x\in X:\|x\|\leqslant 1\}$，值域 $T(U)$ 是列紧的，因而由定理 1.11，$T(U)$ 是全有界的，$\forall \varepsilon>0$，存在 $T(U)$ 的 $\varepsilon/4C$ 网，即 $\exists\{x_1,\cdots,x_n\}\in U$，使得 $\{Tx_1, Tx_2,\cdots,Tx_n\}$ 是 $T(U)$ 的 $\varepsilon/4C$ 网，即 $\bigcup\limits_{i=1}^{n}B(Tx_i,\varepsilon/4C)\supset T(U)$. $\forall x\in U$，$Tx\in T(U)$，$\exists i\in\{1,2,\cdots,n\}$，使得

$$\|Tx-Tx_i\|<\varepsilon/4C. \tag{4.28}$$

定义线性算子 $A:Y^*\to\mathbf{R}^n$，

$$Ag=(g(Tx_1)\cdots,g(Tx_n)),g\in X^*,$$

由于 g,T 是连续线性的，A 是连续线性算子，且是有限秩算子，因而是紧线性算子. 因 $\mathbf{M}$ 有界，$A(\mathbf{M})$ 是列紧集，因而全有界，它本身包含一个有限 $\frac{\varepsilon}{4}$ 网 $\{Ag_1,\cdots,Ag_m\}$，$\{g_1,\cdots, g_m\}\subset\mathbf{M}$. 这样，$\forall g\in\mathbf{M}$，$\exists k\in\{1,2,\cdots,m\}$，使得

$$\|Ag-Ag_k\|<\frac{\varepsilon}{4}.$$

这里的范数是 $\mathbf{R}^n$ 上范数. 以下证明 $\{T^*g_1,\cdots,T^*g_m\}$ 是 $T^*(\mathbf{M})$ 的有限 ε 网. $\forall g\in\mathbf{M}$，$\exists k\in\{1,\cdots,m\}$，使得 $\forall i\in\{1,\cdots,n\}$

$$\begin{aligned}|g(Tx_i)-g_k(Tx_i)|^2 &\leqslant \sum_{i=1}^{n}|g(Tx_i)-g_k(Tx_i)|^2\\ &=\|Ag-Ag_k\|^2<\left(\frac{\varepsilon}{4}\right)^2.\end{aligned}$$

$\forall x\in U$，$\exists i\in\{1,\cdots,n\}$ 使式(4.28)成立. $\forall g\in\mathbf{M}$，

$$\begin{aligned}|g(Tx)-g_k(Tx)|&\leqslant|g(Tx)-g(Tx_i)|+|g(Tx_i)-g_k(Tx_i)|+|g_k(Tx_i)-g_k(Tx)|\\ &\leqslant\|g\|\|Tx-Tx_i\|+\varepsilon/4+\|g_k\|\|Tx-Tx_i\|\\ &<C\cdot\frac{\varepsilon}{4C}+\frac{\varepsilon}{4}+C\frac{\varepsilon}{4C}=\frac{3}{4}\varepsilon.\end{aligned}$$

上式对所有 $x\in U$(即 $\|x\|\leqslant 1$)成立，而 $g(Tx)=(T^*g)(x)$，所以

$$|(T^* g)(x)-(T^* g_k)(x)|<\frac{3}{4}\varepsilon.$$

对$\|x\|\leqslant 1$,取

$$\sup_{\|x\|\leqslant 1}\|T^* g-T^* g_k\|=\sup_{\|x\|\leqslant 1}|(T^*(g-g_k))(x)|\leqslant\frac{3}{4}\varepsilon<\varepsilon.$$

所以$\{T^* g_1,\cdots,T^* g_m\}$是$T^*(\mathbf{M})$的有限$\varepsilon$网. 由于$\varepsilon$是任意的,$T^*(\mathbf{M})$是$X^*$中全有界集. 由于$X^*$是巴拿赫空间,$T^*(\mathbf{M})$是列紧集. 故$T^*$是紧线性算子.

定理 4.38 设Y是巴拿赫空间,如果$T^*:Y^*\to X^*$是紧线性算子,则T也是紧线性算子.

证明 由以上定理$T^{**}:X^{**}\to Y^{**}$是紧线性算子,$J:X\to X^{**}$是本书 4.6 节的自然嵌入映射,$T^{**}J:X\to Y^{**}$,$\forall x\in X,\forall g\in Y^*$,

$$(T^{**}\cdot J(x))(g)=J(x)(T^* g)=(T^* g)(x)=g(Tx).$$

令$J_1:Y\to Y^{**}$是自然嵌入映射

$$(T^{**}\cdot J(x))(g)=(J_1(Tx))(g),\forall g\in Y^*.$$

所以$T^{**}J(x)=J_1(Tx)$.

J是$X\to J(X)$上的保范同构,J_1是$Y\to J_1(Y)$上的保范同构. 如$\mathbf{M}$是X中有界集,则$J(\mathbf{M})$是X^{**}中有界集,由于T^{**}是紧算子,$T^{**}(J(\mathbf{M}))$是Y^{**}中的列紧集,而$T^{**}(J(\mathbf{M}))=J_1(T(\mathbf{M}))$. $J_1(T(\mathbf{M}))$是Y^{**}中列紧集,因而$T(\mathbf{M})$是Y中的列紧集,所以T把有界集映成列紧集,T是紧线性算子.

4.10 哈恩-巴拿赫定理的若干应用以及自伴算子在光通信中的应用

4.10.1 哈恩-巴拿赫延拓定理及其应用

哈恩-巴拿赫(Hahn-Banach)延拓定理、共鸣定理及闭图像定理是泛函分析的三大基本定理. 其应用十分广泛,而且越来越深入地渗透于现代数学的各个领域乃至物理等其他学科. 下面拟对哈恩-巴拿赫延拓定理进行初步探讨,探讨分为两大部分:第一部分首先给出哈恩-巴拿赫延拓定理的一般形式,然后以推论的形式给出本定理的若干特殊形式,最后给出本定理的推广;第二部分以 4 个例题给出哈恩-巴拿赫定理的一些应用. 值得注意的是,哈恩-巴拿赫定理的推广实际上也是哈恩-巴拿赫定理的重要应用.

1. 哈恩-巴拿赫延拓定理

定理 4.39 (实线性空间上的哈恩-巴拿赫定理),设X是实线性空间,$\mathbf{S}$是X的子空

间，P 是 X 上的实值函数，且具有如下性质：(i) $P(x+y)\leqslant P(x)+P(y)$；(ii) $P(\alpha x)=\alpha P(x)\alpha\geqslant 0$. 如果 f 是 $\mathbf{S}$ 上的实值线性泛函，$\forall s\in\mathbf{S}, f(s)\leqslant P(s)$，那么存在 X 上的实值线性泛函 F，使得 $\forall x\in X, F(x)\leqslant P(x)$，且 $\forall s\in\mathbf{S}, F(s)=f(s)$.

定理 4.40 (复线性空间上的哈恩-巴拿赫定理)

设 X 是复线性空间，$\mathbf{S}$ 是其子空间，P 是 X 上的实值函数，且使得 $P(x+y)\leqslant P(x)+P(y)$，$P(\alpha x)=|\alpha|P(x)$，又设 f 是 $\mathbf{S}$ 上的线性泛函，$\forall s\in\mathbf{S}, |f(s)|\leqslant P(s)$，那么，存在 X 上的线性泛函 F，使得 $\forall s\in\mathbf{S}, F(s)=f(s)$，$\forall x\in X, |F(x)|\leqslant P(x)$.

定理 4.41 (线性赋范空间上的哈恩-巴拿赫定理)，设 X 是线性赋范空间，Y 是 X 的子空间，如果 $y^*\in Y^*$，则存在 $x^*\in X^*$，使得 $\|y^*\|=\|x^*\|$，且 $\forall x\in Y, y^*(x)=x^*(x)$.

以下几个直接推论给出定理的若干特殊形式，而且实践中应用最为广泛的是这些特殊形式.

推论 4.42 设 Y 是实数域 $\mathbf{R}$ 上的线性空间 X 的子空间，如果 $x\in X$，$\inf\limits_{y\in Y}\|x-y\|=d>0$，那么，存在 $x^*\in X^*$，使得 $\|x^*\|=1$，$x^*(x)=d$，而且 $\forall y\in Y, x^*(y)=0$.

推论 4.43 设 X 是线性赋范空间，$X\neq\{0\}$，那么 $\forall x\in X$，存在 $x^*\in X^*$，使得 $\|x^*\|=1$，$x^*(x)=\|x\|$. 特别地，如果 $x\neq y$，则存在 $x^*\in X^*$，使得 $x^*(x)-x^*(y)=\|x-y\|\neq 0$.

推论 4.44 设 X 是线性赋范空间，$\forall x\in X$，则 $\|x\|=\sup\{|x^*(x)|: x^*\in X^*, \|x^*\|=1\}$.

上述推论 4.43 是哈恩-巴拿赫定理的一个重要结果，这一著名断言有着许多有趣的应用. 其中之一就是定义在 R 上的有界子集类上的有限可加的测度问题，它是一个平移不变量，而且是勒贝格测度的推广. 为了解决这一问题，我们首先需要给出哈恩-巴拿赫定理的推广.

定理 4.45 (哈恩-巴拿赫定理的推广)设 X 是实线性空间，P 是 X 上的实值线性泛函，使得 $P(x+y)\leqslant P(x)+P(y)$，且当 $\alpha\geqslant 0$ 时，$P(\alpha x)=\alpha P(x)$. 又设 f 是子空间 $\mathbf{S}$ 上的线性泛函，使得 $\forall s\in\mathbf{S}, f(s)\leqslant P(s)$，再设 $\mathbf{G}$ 是 X 上的线性算子所成的阿贝尔半群(即 $\forall T_1, T_2\in\mathbf{G}$，有 $T_1T_2=T_2T_1\in\mathbf{G}$). 使得当 $T\in\mathbf{G}$ 时，$\forall x\in X, P(Tx)\leqslant P(x)$，且对所有的 $s\in\mathbf{S}, f(T(s))=f(s)$，那么存在 f 在 X 上的延拓 F，使得 $\forall x\in X, F(x)\leqslant P(x)$，$F(T(x))=F(x)$.

证明 本定理的证明即是哈恩-巴拿赫定理的一个应用. 首先，我们需要选取一个新的次可加函数(如同 P)，我们定义 $q(x)=\inf\left(\dfrac{1}{n}\right)P(T_1(x)+T_2(x)+\cdots+T_n(x))$，$x\in X$，这里下确界取遍所有可能的有限子集 $\{T_1, T_2, \cdots, T_n\}$，下面证明 $q(x)$ 是实数.

首先,我们知道,$q(x)\leqslant P(x)$. 又由于 $0=\frac{1}{n}P(0)\leqslant\frac{1}{n}P(T_1(x)+T_2(x)+\cdots+T_n(x))+\frac{1}{n}P(-T_1(x)-T_2(x)-\cdots-T_n(x))$,以及 $\frac{1}{n}P(-T_1(x)-T_2(x)-\cdots-T_n(x))\leqslant P(-x)$,所以 $\frac{1}{n}P(T_1(x)+T_2(x)+\cdots+T_n(x))\geqslant -P(-x)$,因此 $-P(-x)\leqslant q(x)\leqslant P(x)$. 此外,当 $\alpha\geqslant 0$ 时,$q(\alpha x)=\alpha q(x)$,现在我们希望证明 $q(x+y)\leqslant q(x)+q(y)$.

设 $x,y\in X,\varepsilon>0$,则存在 $\{T_1,T_2,\cdots,T_n\}$ 及 $\{S_1,S_2,\cdots,S_m\}\in\mathbf{G}$,使得 $\frac{1}{n}P\{T_1(x)+T_2(x)+\cdots+T_n(x)\}<q(x)+\varepsilon/2$,$\frac{1}{m}P\{S_1(y)+S_2(y)+\cdots+S_m(y)\}<q(y)+\varepsilon/2$,那么

$$\begin{aligned}q(x+y)&\leqslant\frac{1}{mn}P\Big(\sum_{i=1}^{n}\sum_{j=1}^{m}T_iS_j(x+y)\Big)\\&\leqslant\frac{1}{mn}P\Big[\sum_{j=1}^{m}S_j\Big(\sum_{i=1}^{n}T_i(x)\Big)\Big]+\frac{1}{mn}P\Big[\sum_{i=1}^{n}T_i\Big(\sum_{j=1}^{m}S_j(y)\Big)\Big]\\&\leqslant\frac{1}{n}P\Big(\sum_{i=1}^{n}T_i(x)\Big)+\frac{1}{m}P\Big(\sum_{j=1}^{m}S_j(y)\Big)<q(x)+q(u)+\varepsilon,\end{aligned}$$

由 ε 的任意性知:$q(x+y)\leqslant q(x)+q(y)$.

又因为对 $s\in\mathbf{S}$,$f(s)=\frac{1}{n}f(T_1(s)+T_2(s)+\cdots+T_n(s))\leqslant\frac{1}{n}P(T_1(s)+T_2(s)+\cdots+T_n(s))$,所以 $f(s)\leqslant q(s)$. 于是由定理 4.39 存在 f 在全 X 上的线性延拓 F,使 $\forall x\in X$,$F(x)\leqslant q(x)\leqslant P(x)$. 如果我们能够证明当 $x\in X,T\in\mathbf{G}$ 时,$F(T(x))=F(x)$,便完成了本定理的证明. 为此设 n 是任意正整数,则

$$\begin{aligned}q(x-T(x))&\leqslant\frac{1}{n}P\Big(\sum_{i=1}^{n}T^i(x-T(x))\Big)\\&=\frac{1}{n}P(T(x)-T^{n+1}(x))\\&\leqslant\frac{1}{n}[P(x)+P(-x)],\end{aligned}$$

令 $n\to\infty$,便有 $q(x-T(x))\leqslant 0$,因 $F(x-T(x))\leqslant q(x-T(x))$,故 $F(x)\leqslant F(T(x))$,以 $-x$ 代入便得 $F(x)=F(T(x))$.

2. 哈恩-巴拿赫延拓定理的若干应用

例 4.25 (巴拿赫极限)设 $(x\delta)(\delta\in\Delta)$ 是实数定向列,定义这些定向列的加法与数乘如下:如果 $x=(x\delta)$,$y=(y\delta)$,那么 $x+y=(x\delta+y\delta)$,$\alpha x=(\alpha x\delta)$.

于是这些实数定向列(定向半序集 Δ 固定)形成一个线性实空间 E,对于每个$x=(x\delta)$,令 $P(x)=\overline{\lim_{\delta}}x\delta=\inf_{\delta_0}\sup_{\delta>\delta_0}x\delta$,易见 $P(x+y)\leqslant P(x)+P(y)$,且当 $\alpha\geqslant 0$ 时,$P(\alpha x)=\alpha P(x)$. 由定理 4.39(从线性子空间{0}出发)知存在 E 上的线性泛函 $f(x)\xlongequal{\text{记为}}\lim_{\delta}x\delta$ 满足下列条件:

$$\underline{\lim_{\delta}}x\delta\leqslant\lim_{\delta}x\delta\leqslant\overline{\lim_{\delta}}x\delta$$

由 $f(x)\leqslant P(x)$ 及下面的推理得出:因为 $f(x)\leqslant P(x)$,用 $-x$ 代 x,得 $f(-x)\leqslant P(-x)$或 $f(x)\geqslant -P(-x)$($\lim_{\delta}x\delta$ 称为巴拿赫极限).

例 4.26 (分离性定理)设 $\boldsymbol{A}$、$\boldsymbol{B}$ 是局凸空间 X 中的两个不相交的凸集(如图 4.1 所示),则(a)若 $\boldsymbol{A}$ 开,则它们能用超平面分离;(b)若 $\boldsymbol{A}$、$\boldsymbol{B}$ 都开,则它们能用超平面严格分离;(c)若 $\boldsymbol{A}$ 紧 $\boldsymbol{B}$ 闭,则它们能用超平面严格分离.

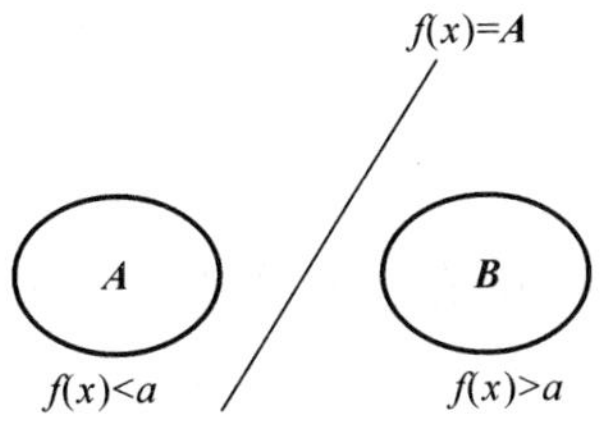

图 4.1

证明 (a)取 $x\in\boldsymbol{A}-\boldsymbol{B}=\{y-z\mid y\in\boldsymbol{A},z\in\boldsymbol{B}\}$,令 $\boldsymbol{C}=\boldsymbol{A}-\boldsymbol{B}+\{x\}$,则 $\boldsymbol{C}$ 是开的,从而是可吸收的凸的,$0\in\boldsymbol{C}$,且 $x\overline{\in}\boldsymbol{C}$,因 $\boldsymbol{A}$ 与 $\boldsymbol{B}$ 不交,令 ρ_c 是关于 $\boldsymbol{C}$ 的闵可夫斯基泛函($\rho_c(y)=\inf\{\alpha\mid\frac{1}{\alpha}y\in\boldsymbol{C},\alpha>0\}$). 则 $\rho_c(z+y)\leqslant\rho_c(z)+\rho_c(y)$,$\rho_c(\alpha z)=\alpha\rho(z)$,$\alpha>0$,在$\{\lambda x\mid\lambda\in R\}$上定义泛函 L:$L(\lambda x)=\lambda$,因为 $x\overline{\in}\boldsymbol{C}$,$\rho_c(x)\geqslant 1$,所以 $L(x)\leqslant\rho_c(x)$. 这样由哈恩-巴拿赫定理,L 有一个到 X 上的延拓,$L(y)\leqslant\rho_c(y)$,因为 $\boldsymbol{C}\cap(-\boldsymbol{C})\subset L^{-1}[-1,1]$,所以 L 连续,由上面的不等式有$L(y)\leqslant 1$,$y\in\boldsymbol{C}$. 这样 $\forall\alpha\in A,b\in B,a-b+x\in\boldsymbol{C},L(a-b+x)\leqslant 1$,即 $L(a)\leqslant L(b)+(1-L(x))$. 又因为 $L(x)=1$,故$\sup_{a\in\boldsymbol{A}}L(a)\leqslant\inf_{b\in\boldsymbol{B}}L(b)$,从而 L 分离 $\boldsymbol{A}$ 与 $\boldsymbol{B}$.

(b) 易见,若 L 是非零线性泛函,$\boldsymbol{A}$ 是开的,则 $L[\boldsymbol{A}]$也开. 因 $L[\boldsymbol{A}]$,$L[\boldsymbol{B}]$都开,且它们至多交于一点,那自然不相交.

(c) $\forall a\in\boldsymbol{A}$,$U_a$ 是 0 的一个凸邻域,使$(a+U_a)\cap\boldsymbol{B}=\varnothing$,$\{a+U_a\}$覆盖了 $\boldsymbol{A}$,因为 $\boldsymbol{A}$ 紧,所以存在有限子覆盖 $a_1+U_{a_1},\cdots,a_n+U_{a_n}$. 令 $U=U_{a_1}\cap\cdots\cap U_{a_n}$,则 $\boldsymbol{A}+\frac{1}{2}U$ 与 $\boldsymbol{B}-\frac{1}{2}U$ 是分别包含 $\boldsymbol{A}$ 与 $\boldsymbol{B}$ 的开凸集,且$\left(\boldsymbol{A}+\frac{1}{2}U\right)\cap\left(\boldsymbol{B}-\frac{1}{2}U\right)=\varnothing$. 由(b),$\boldsymbol{A}+\frac{1}{2}U$,$\boldsymbol{B}-\frac{1}{2}U$ 能严格分离,故 $\boldsymbol{A}$ 与 $\boldsymbol{B}$ 能严格分离.

例 4.27 (测度问题)存在定义在 $\mathbf{R}$ 上的全体有界子集类上的有限可加测度 μ,使得:(i) $\mu(\mathbf{A}+t)=\mu(\mathbf{A})$,$\mathbf{A}\subset\mathbf{R}$,$t\in\mathbf{R}$;(ii) 如果 $\mathbf{A}\subset\mathbf{R}$ 是勒贝格可测集,则 $\mu(\mathbf{A})$ 为 $\mathbf{A}$ 的勒贝格测度.

证明 设 X 是$[0,1)$上的全体实有界泛函,按通常的加法和数乘所成的实线性空间,Y 是$[0,1)$上全体有界勒贝格可测函数所成的子空间,对于 $f\in X$,我们规定 $P(f)=\sup\{f(x):x\in[0,1)\}$,则 1)$P(f_1+f_2)\leqslant P(f_1)+P(f_2)$,$f_1,f_2\in X$,2)$P(\alpha f)=\alpha P(f)$ $f\in X$,$\alpha\geqslant 0$,定义 Φ: $\forall f\in Y$,$\Phi(f)=\int_0^1 f(x)\mathrm{d}x$,$\Phi$ 是 Y 上的线性泛函.

定义 $\boldsymbol{G}=\{T_t:0\leqslant t<1,\ T_t[f](x)=f(x♀t)\}$,其中 $x♀t=\begin{cases}x+t, & \text{若 } x+t<1,\\ x+t-1, & \text{若 } x+t\geqslant 1;\end{cases}$ 则 $\boldsymbol{G}$ 是 X 上的线性算子组成的阿贝尔半群,且对于 $0\leqslant t<1$,由简单的计算可知,$\forall\mathbf{A}\subset[0,1)$,$x♀t\in\mathbf{A}\Leftrightarrow x\in\mathbf{A}♀(1-t)$. 由于勒贝格可测集 $\mathbf{A}$ 的勒贝格测度等于 $\mathbf{A}♀(1-t)$的勒贝格测度,所以我们有 $\int_0^1 x_A(x)\mathrm{d}x=\int_0^1 x_A(x♀t)\mathrm{d}x$. 因此,对于 $f\in Y$ 及 $0\leqslant t<1$,$\Phi(f)=\Phi(T_t[f])$,又由 P 和 T_t 的定义知,$\forall f\in X$,$0\leqslant t<1$,$P(T_t[f])\leqslant P(f)$,从而由定理 4.45 存在 Φ 在 X 上的线性延拓 F,使得对所有 $f\in X$,$F(f)\leqslant P(f)$,$F(T_t[f])=F(f)$. 对于 $\mathbf{A}\subset[0,1)$,我们定义 $\mu(\mathbf{A})=F(x_A)$,那么由于 F 是线性的,从而 μ 是有限可加的,由 $F(-x_A)\leqslant P(-x_A)=0$ 知 $-F(x_A)\leqslant 0$ 或 $\mu(\mathbf{A})\geqslant 0$,又由对于 $0\leqslant t<1$,$x_A(x♀t)=x_{A♀(1-t)}(x)$ 知 $\mu(\mathbf{A})=F(x_A)=F(x_A(x♀t))=\mu(\mathbf{A}♀(1-t))$.(其中 $x_A(x)=\begin{cases}1, & x\in A\\ 0, & \text{否则}.\end{cases}$).

如果 $t>\frac{1}{2}$,则 $1-t<\frac{1}{2}$,因此对于 $\mathbf{A}\subset\left[0,\frac{1}{2}\right)$,对于所有 $s\in\left[0,\frac{1}{2}\right)$ 成立等式 $\mu(\mathbf{A})=\mu(\mathbf{A}+s)$.

下面将 μ 推广到 $\mathbf{R}$ 的全体子集类上,考虑 $\forall\boldsymbol{B}\subset\left[\frac{n}{2},\frac{n+1}{2}\right)$,其中 n 是任意整数,则 $\left(\boldsymbol{B}-\frac{n}{2}\right)\subset\left[0,\frac{1}{2}\right)$,我们取 $\mu(\boldsymbol{B})=\mu\left(\boldsymbol{B}-\frac{n}{2}\right)$,则对任意有界集 $\mathbf{A}\subset[-m,m]$,

$$\mu(\mathbf{A})=\sum_{n=-2m}^{2m-1}\mu\left(\mathbf{A}\cap\left[\frac{n}{2},\frac{n+1}{2}\right)\right),$$

这个 μ 满足题目的要求.

例 4.28 (迪里赫勒问题)设 $\boldsymbol{D}$ 是欧氏平面上的一个非空、有界、连通的开集,$\bar{\boldsymbol{D}}$ 是 $\boldsymbol{D}$ 的闭包,$\bar{\boldsymbol{D}}-\boldsymbol{D}$ 为 $\boldsymbol{D}$ 的边界,令 $\mathbf{H}$ 是所有定义且连续于 $\bar{\boldsymbol{D}}$ 上面调和于 $\boldsymbol{D}$ 内的实值函数 f 的全体所成之类,又令 $\mathbf{K}$ 是所有连续于 $\bar{\boldsymbol{D}}-\boldsymbol{D}$ 上实函数全体所成之类,显然按通常的"加法"与"数乘",$\mathbf{H}$ 与 $\mathbf{K}$ 都是线性空间,对任何 $u\in\mathbf{H}\xrightarrow{\mathbf{A}}f=u|_{\bar{D}-D}$,显然 $\mathbf{A}$ 是 $\mathbf{H}$ 到 $\mathbf{K}$ 的一个线性算子,记作 $\mathbf{A}u=f$. 对任意 $f\in\mathbf{K}$,是否存在唯一的 $u\in\mathbf{H}$,使得

$$\begin{cases}\dfrac{\partial^2 u}{\partial x^2}+\dfrac{\partial^2 u}{\partial y^2}=0, & (x,y)\in \boldsymbol{D}, \\ u|_{\bar{D}-D}=f.\end{cases} \tag{4.29}$$

现在利用哈恩-巴拿赫定理来证明迪里赫勒问题的存在性. 若 $\boldsymbol{C}=\bar{\boldsymbol{D}}-\boldsymbol{D}$ 是由有限条光滑曲线段所组成，令 $\boldsymbol{B}$ 是 $\boldsymbol{C}$ 上所有连续函数所组成的线性空间，且 $\|f\|=\max\limits_{(x,y)\in \boldsymbol{C}}|f(x,y)|$，$\boldsymbol{B}_0$ 是 $\boldsymbol{B}$ 的这样的子空间，使得 $\forall f\in \boldsymbol{B}_0$ 时(4.29)有解存在的那些 f 所组成，$\forall Q\in \boldsymbol{D}$，相应地可做出一个 $\boldsymbol{B}_0$ 上的连续线性泛函 $\mathbf{I}$，使 $\mathbf{I}(f)=u(Q)$，u 满足(4.29)，即 u 在 $\boldsymbol{D}$ 内调和，在 $\bar{D}$ 上连续，且 $u|_C=f$，这个泛函显然是线性的. 因为当 $f\equiv 1$ 时，$u\equiv 1$，又因为 $|u(Q)|\leqslant \max\limits_{\boldsymbol{C}}|f|$，(由调和函数的极大模原理)，所以显然有 $L\in \boldsymbol{B}_0$，且 $\|L\|=1$，由定理 4.41，存在 $L_1\in \boldsymbol{B}^*$，L_1 是 L 在 $\boldsymbol{B}$ 上的延拓，且 $\|L_1\|=1$，我们用 L_Q 来表示 L_1，以显示 L_Q 依赖于 Q.

若 P 是平面上不在 $\boldsymbol{C}$ 上的任一点，t 表示 $\boldsymbol{C}$ 上的点，令 $g_p(t)=\log \overline{tP}$，注意，如果 P 在 $\bar{\boldsymbol{D}}$ 的补集中，则 $g_p\in \boldsymbol{B}_0$，相应的迪里赫勒问题解在 Q 处的值为 $u(Q)=L(g_p)=\log \overline{QP}$. 令对任何一个不在 $\boldsymbol{C}$ 上的固定的 P，g_p 是 $\boldsymbol{B}$ 中的一元，所以我们也能应用 L_Q 于 g_p，我们定义

$$K(P,Q)=L_Q(g_p). \tag{4.30}$$

若 P 在 $\boldsymbol{C}$(Q 在 $\boldsymbol{D}$ 内)上，我们定义

$$K(P,Q)=\log \overline{QP}. \tag{4.31}$$

从而，我们定义

$$G(P,Q)=-\log \overline{QP}+K(P,Q),\quad Q\in \boldsymbol{D},\quad P\text{ 任意}. \tag{4.32}$$

我们断定 G 是一个格林函数(被看作 P 的函数，而在 Q 点有一极点)为此仅需证明，作为 P 的函数，$K(P,Q)$ 在 $\bar{\boldsymbol{D}}$ 上连续，在 $\boldsymbol{D}$ 内调和. 令 ΔP 为拉普拉斯算子，则对于 $\boldsymbol{D}$，$\Delta pk(P,Q)=L_Q(\Delta_p g_p)=L_Q(0)=0$，$\Delta P$ 与 L_Q 的可交换性由 L_Q 是有界算子的事实所验证. 正像积分号下求导数一样，因此 $K(P,Q)$ 在 $\boldsymbol{D}$ 内调和，余下来就是证明 $K(P,Q)$ 在 $P\in \boldsymbol{C}$ 处连续.

我们知道，$L_Q(g_p)=\log \overline{QP}$，$Q\in \boldsymbol{D}$，$P\overline{\in}\bar{\boldsymbol{D}}$，因此，若 $P_0\in \boldsymbol{C}$，$P\to P_0$(从 $\bar{\boldsymbol{D}}$ 内 P)，$K(P,Q)\to \log \overline{QP_0}=K(P_0,Q)$.

现在还需证明 $K(P,Q)\to K(P_0,Q)$ 当 $P\to P_0$ 在 $\boldsymbol{C}$ 上，这只需证明对于每一个充分接近于 P_0 的 $\boldsymbol{D}$ 内元 P，能够找到不在 $\bar{\boldsymbol{D}}$ 上的一个相应的点 R，使得 $R\to P_0$，且 $K(P,Q)-K(R,Q)\to 0$，当 $P\to P_0$ 时. 我们解释如下：对于给定的 P，过 P 作 $\boldsymbol{C}$ 的法线，交 $\boldsymbol{C}$ 于 N，延长至 R，$\overline{NR}=\overline{PN}$. 若 P 充分接近于 P_0，R 将不在 $\bar{\boldsymbol{D}}$ 内，我们有 $K(P,Q)-K(R,Q)=L_Q(g_p-g_R)$，$g_p(t)-g_R(t)=\log \dfrac{\overline{tP}}{\overline{tR}}$.

可以证明，当 $P\to P_0$，$R\to P_0$ 时，$\dfrac{\overline{tP}}{\overline{tR}}\to 1$，当 $t\in \boldsymbol{C}$ 时一致成立. 这样 $\|g_p-g_R\|\to 0$，由

L_Q 的连续性即得到所要证明的结果.

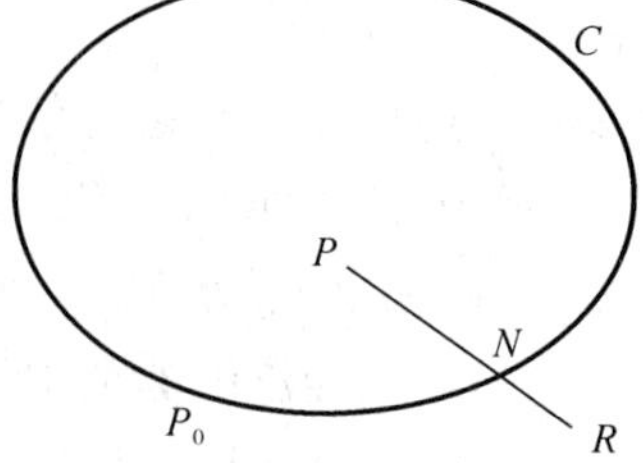

图 4.2

4.10.2 哈恩-巴拿赫延拓定理在网络性能测量中的应用

随着通信技术的蓬勃发展,通信网络变得越来越庞大,也越来越复杂,因此网络管理成为网络运营商日益关注的问题.网络管理技术包含五大功能,即配置管理、性能管理、故障管理、计费管理、安全管理.其中,性能管理的主要功能是监控和分析网络的运行状态,而网络性能测量则成为性能管理的基础.

1. 问题的提出

由于中国幅员辽阔,因此中国的运营商管理的网络通常都很庞大,而对如此庞大的网络进行性能测量需要耗费很多设备资源和人力资源.出于节约成本和保证网络稳定运行等方面的考虑,运营商通常在一个月中只选择部分时间进行全网性能测量,然后根据测量的结果来分析网络的运行状态.这样就引出了一个问题:部分时间的测量结果能否反映整个月的网络运行状态?这个问题关系到运营商的运行策略和运行质量,因此是一个非常值得探讨的问题.

2. 应用哈恩-巴拿赫延拓定理分析问题

由于网络比较复杂,所以需要测量的网络性能参数也比较多,下面以话务量的测量参数为例来分析这个问题.

设 $f(t)$为业务量的分布函数,$F(t)$为$(0,t)$区间内业务量的累计函数,所以 $F(t)=\int_0^t f(x)\mathrm{d}x$. 为了便于厂商实现,通常选择 $F(t)$作为性能测量的参数.为了便于分析,假设交换网络是符合 M/M/n 的排队系统,则交换网络的业务量是平稳分布的,从而易证

$$F(t_1+t_2)=F(t_1)+F(t_2),$$

$$F(\alpha t)=\alpha F(t).$$

因此,$F(t)$是线性的.由于交换网络的处理能力有限,因此交换网络的业务量也必然是有限的,即

$$|F(t)|\leqslant C|t|.$$

其中，C 为与交换网络处理能力相关的常数. 设实际测量的时间的集合为 M，因此 $F:M\to R$ 可以看作定义在 $M\subset R$ 上的有界线性泛函. 由哈恩-巴拿赫延拓定理可知，F 可以线性延拓到整个空间 R 上，且保持范数不变. 即存在 R 上的有界线性泛函 $E(t)$，满足：

(1) $E|_M=F$，即当 $t\in M$ 时，$F(t)=E(t)$；

(2) $\|E\|_R=\|F\|_M=\sup\{|F(t)|:t\in M,\|t\|\leqslant 1\}=\sup\{|F(t)|/\|t\|:t\in M,t\neq 0\}$.

$\|F\|_M$ 的现实意义即为交换网络的峰值话务量，这个值的大小决定了交换网络是否需要扩容. 哈恩-巴拿赫延拓定理保证了根据部分时间测量结果计算出的峰值话务量与网络的实际情况是一致的.

以上是以话务量的测量参数为例的分析结果. 事实上，大部分测量参数，如掉话率、接通率、呼损次数等，在业务量平稳的前提下也可以看作有界线性泛函，或可以将其转化为有界线性泛函的形式. 根据哈恩-巴拿赫延拓定理，这些测量参数也可以线性延拓到整个时域上，即测量结果可以反映整个时域的情况.

3. 结论

(1) 在业务量平稳的前提下，部分时间的测量结果能够反映网络运行状态的实际情况.

(2) 实际运行情况下，交换网络的业务量在 9 点到 11 点，14 点到 16 点，19 点到 21 点之间的时间段处于忙状态，0 点到 7 点之间的时间段处于闲状态，其他时间段处于正常状态，而在每种状态期间，业务量近似的可以看作是平稳的. 由于忙状态下的测量结果能够更好地反映网络运行中存在的问题，因此可以采用忙状态期间的测量结果来分析网络的运行状态.

(3) 在节假日或重大事件期间，交换网络的业务量可能会激增，这也就无法满足业务量平稳的前提，因此应对这些日期进行补测，测量结果应与平稳状态下的测量结果分离，单独进行分析.

4.10.3　自伴算子在光通信中的应用

1. 光学中的 Fermat 原理

泛函分析是变分法的基础，而许多数学物理问题与变分法有关，如分析力学中的 Hamilton 原理、最小作用量原理以及光学中的 Fermat 原理等. 变分法的基本问题是求泛函极值问题，下面以光学中的 Fermat 原理为例作一说明.

Fermat 原理是几何光学中最重要的原理之一，它指出在任何光学介质中光线走过的路径总是使得光程最小. 其数学描述如下：

$$\frac{\mathrm{d}}{\mathrm{d}s}\left[\frac{\mathrm{d}\boldsymbol{r}}{\mathrm{d}s}n(\boldsymbol{r})\right]=\nabla n(\boldsymbol{r}).$$

以往文献中对上式的推导是从电磁场最基本的 Maxwell 方程出发导出 Eikonal 方程,然后对其进行数学处理得出上述射线轨迹方程.下面从泛函的观点出发利用变分法推导该方程.

令介质中的折射率 $n(\boldsymbol{r})=n(x,y,z)$,射线的轨迹为 $\boldsymbol{r}(t)=\hat{\mathrm{i}}x(t)+\hat{\mathrm{j}}y(t)+\hat{\mathrm{k}}z(t)$ 其中 t 为参数,射线的入射点和出射点分别为 $r_1=r(t_1)$ 和 $r_2=r(t_2)$.

射线由 r_1 到 r_2 的光程可表示为如下泛函:

$$J(x,y,z)=\int_{t_1}^{t_2}n(x,y,z)\sqrt{x_t^2+y_t^2+z_t^2}\,\mathrm{d}t$$

其中,x,y,z 均是 t 的函数,k_t 是 k 关于 t 的一阶导数($k=x,y,z$).现在的问题是寻求合适的 x,y,z 使得 $J(x,y,z)$ 最小.将 x,y,z 分别取一小的变化量 $\alpha_i\eta_i(t)$,其中 $\eta_i(t_1)=\eta_i(t_2)=0$ 即

$$x^*=x+\alpha_1\eta_1,$$
$$y^*=y+\alpha_2\eta_2,$$
$$z^*=z+\alpha_3\eta_3.$$

记 $F(t,x,y,z,x_t,y_t,z_t)=n(x,y,z)\sqrt{x_t^2+y_t^2+z_t^2}$,则

$$\begin{aligned}J(x^*,y^*,z^*)&=\int_{t_1}^{t_2}F(t,x^*,y^*,z^*,x_t^*,y_t^*,z_t^*)\,\mathrm{d}t\\&=\int_{t_1}^{t_2}F(t,x+\alpha_1\eta_1,y+\alpha_2\eta_2,z+\alpha_3\eta_3,x_t+\alpha_1\eta_{1t},y_t+\alpha_2\eta_{2t},z_t+\alpha_3\eta_{3t})\,\mathrm{d}t\\&=\varphi(\alpha_1,\alpha_2,\alpha_3).\end{aligned}$$

$J(x^*,y^*,z^*)$ 在 (x,y,z) 处取极值时必有 $\left.\frac{\partial\varphi}{\partial\alpha_i}\right|_{\alpha_i=0}=0$,此时

$$\begin{aligned}\left.\frac{\partial\varphi}{\partial\alpha_1}\right|_{\alpha_1=0}&=\int_{t_1}^{t_2}\frac{\partial}{\partial\alpha_1}[F(t,x+\alpha_1\eta_1,y+\alpha_2\eta_2,z+\alpha_3\eta_3,x_t+\alpha_1\eta_{1t},y_t+\alpha_2\eta_{2t},z_t+\alpha_3\eta_{3t})]_{\alpha_1=0}\,\mathrm{d}t\\&=\int_{t_1}^{t_2}\left(\frac{\partial F}{\partial x}\eta_1+\frac{\partial F}{\partial x_t}\eta_{1t}\right)\mathrm{d}t\\&=\left.\frac{\partial F}{\partial x_t}\eta_1\right|_{t_1}^{t_2}+\int_{t_1}^{t_2}\left(F_x-\frac{\mathrm{d}}{\mathrm{d}t}F_{x_t}\right)\eta_1\,\mathrm{d}t\\&=\int_{t_1}^{t_2}\left(F_x-\frac{\mathrm{d}}{\mathrm{d}t}F_{x_t}\right)\eta_1\,\mathrm{d}t=0.\end{aligned}$$

上式普遍成立则

$$F_x-\frac{\mathrm{d}}{\mathrm{d}t}F_{x_t}=0, \tag{4.33}$$

同理有

$$F_y-\frac{\mathrm{d}}{\mathrm{d}t}F_{y_t}=0, \tag{4.34}$$

$$F_z-\frac{\mathrm{d}}{\mathrm{d}t}F_{z_t}=0, \tag{4.35}$$

以上三式为 Euler 方程,将 F 的表达式代入式(4.33)得

$$n_x\sqrt{x_t^2+y_t^2+z_t^2}-\frac{\mathrm{d}}{\mathrm{d}t}\left(\frac{x_t}{\sqrt{x_t^2+y_t^2+z_t^2}}n\right)=0,$$

整理得

$$n_x=\frac{\mathrm{d}}{\sqrt{x_t^2+y_t^2+z_t^2}\,\mathrm{d}t}\left(\frac{x_t}{\sqrt{x_t^2+y_t^2+z_t^2}}n\right)=\frac{\mathrm{d}}{\mathrm{d}s}\left(\frac{x_t\mathrm{d}t}{\mathrm{d}s}n\right) \tag{4.36}$$

这里利用了弧长公式 $\mathrm{d}s=\sqrt{x_t^2+y_t^2+z_t^2}\,\mathrm{d}t$,同理有

$$n_y=\frac{\mathrm{d}}{\mathrm{d}s}\left(\frac{y_t\mathrm{d}t}{\mathrm{d}s}n\right), \tag{4.37}$$

$$n_z=\frac{\mathrm{d}}{\mathrm{d}s}\left(\frac{z_t\mathrm{d}t}{\mathrm{d}s}n\right), \tag{4.38}$$

(4.36) · $\boldsymbol{i}$+(4.37) · $\boldsymbol{j}$+(4.38) · $\boldsymbol{k}$,就有

$$\nabla n(\boldsymbol{r})=\frac{\mathrm{d}}{\mathrm{d}s}\left[\frac{\mathrm{d}\,\boldsymbol{r}}{\mathrm{d}s}n(\boldsymbol{r})\right].$$

此即为文献 19 中所推导的射线轨迹方程,由此说明射线轨迹使得光程最小即满足 Fermat 原理.

2. 光纤模型

光纤的传输特性由以下非线性 Schrodinger 方程描述:

$$\frac{\partial A}{\partial z}+\frac{\alpha}{2}A+\frac{i}{2}\beta_2\frac{\partial^2 A}{\partial T^2}-\frac{1}{6}\beta_3\frac{\partial^3 A}{\partial T^3}=i\gamma\left[|A|^2A+\frac{2i}{\omega_0}\frac{\partial}{\partial T}(|A|^2A)-T_RA\frac{\partial|A|^2}{\partial T}\right].$$

此方程适合于脉宽短至 10 fs 的脉冲的传输. 上式左端的第一项为脉冲包络的变化率,第二项为衰减,三四项为色散,右端第一项对应非线性效应中的自相位调制,第二项对应脉冲沿的自陡峭,第三项与 Raman 增益有关.

传输方程是非线性偏微分方程,一般采用数值解法,即所谓的分布傅里叶方法. 首先将方程改写为如下形式:

$$\frac{\partial A}{\partial z}=(\hat{D}+\hat{N})A.$$

其中,$\hat{D}$ 是差分算符,表示线性介质的色散和吸收;$\hat{N}$ 是非线性算符,它决定了脉冲传输

过程中的光纤的非线性效应. 它们为

$$\hat{D}=-\frac{\alpha}{2}-\frac{i}{2}\beta_2\frac{\partial^2}{\partial T^2}+\frac{1}{6}\beta_3\frac{\partial^3}{\partial T^3},$$

$$\hat{N}=i\gamma\left[|A|^2+\frac{2i}{\omega_0 A}\frac{\partial}{\partial T}(|A|^2A)-T_R\frac{\partial|A|^2}{\partial T}\right].$$

定义空间 $X=\{x:x\in L^2(-\infty,\infty)$ 且任意次可导$\}$,易知 X 为希尔伯特空间,$\hat{D}$,$\hat{N}$ 是 X 上的线性算子. 对 $\forall\, x,y\in X$,

$$\langle x,\hat{N}y\rangle=\int_{-\infty}^{+\infty}x\,\overline{\hat{N}y}\mathrm{d}t=\int_{-\infty}^{+\infty}\hat{N}x\bar{y}\,\mathrm{d}t=\langle\hat{N}x,y\rangle.$$

故 $\hat{N}$ 是 X 上的自伴算子,$\hat{D}$ 不具备上述性质.

方程的解法为

$$A(z+h,T)\approx\exp\left(\frac{h}{2}\hat{D}\right)\exp\left(\int_z^{z+h}\hat{N}(z')\mathrm{d}z'\right)\exp\left(\frac{h}{2}\hat{D}\right)A(z,T).$$

其中,h 为步长. 关于算法的精度要借助 $\hat{D}$ 与 $\hat{N}$ 的交换子进行分析,可以精确到分步步长 h 的二阶项.

3. 量子力学

在光通信领域当涉及一些非经典问题时需要借助量子力学. 例如,电磁场的量子化、激光振荡、光纤中的受激散射以及其他一些非线性效应的非经典分析法. 同时量子力学与泛函分析是密切关联的,量子力学为空间理论提供了巨大的动力,特别是在与无界自伴算子有关的方面. 下面将讨论无界线性算子在量子力学中的作用. 以下讨论的都是一维(即R)的单质点.

系统的状态用波函数 ψ 来描述,它是希尔伯特空间 $L^2(-\infty,\infty)$ 中的元,ψ 应满足归一化条件:

$$\|\psi\|=\int_R|\psi(q)|^2\mathrm{d}q=1.$$

定义位置算子 $Q:D(Q)\to L^2(-\infty,\infty)$ 为 $Q\psi(q)=q\psi(q)$,

$$\mu_\psi(Q)=\langle Q\psi,\psi\rangle=\int_{-\infty}^{\infty}Q\psi(q)\,\overline{\psi(q)}\mathrm{d}q=\int_{-\infty}^{\infty}q|\psi(q)|^2\mathrm{d}q$$

表示质点的“平均位置”.

$$\mathrm{var}_\psi(Q)=\langle Q-\mu I\rangle^2\psi,\psi\geqslant\int_{-\infty}^{\infty}(Q-\mu I)^2\psi(q)\,\overline{\psi(q)}\mathrm{d}q$$

表示质点位置分布的标准差.

定义动量算子 $D:D(D)\to L^2(-\infty,\infty)$ 为

$$D\psi=\frac{h}{2\pi i}\frac{\mathrm{d}\psi}{\mathrm{d}q}.$$

动量的波函数 $\varphi(p)$ 与位置的波函数 $\psi(q)$ 互为傅里叶变换的关系.

质点动量的平均值为

$$\mu_\varphi(D)=\langle D\psi,\psi\rangle=\int_{-\infty}^{+\infty}D\psi(q)\,\overline{\psi(q)}\,\mathrm{d}q.$$

著名的 Heisenberg 测不准原理可表述为

$$\mathrm{sd}_\psi(D)\,\mathrm{sd}_\psi(Q)\geqslant\frac{h}{4\pi},$$

与时间无关的 Schrodinger 方程为

$$\left(-\frac{h^2}{8\pi^2 m}\Delta+V\right)\psi=E\psi,$$

系统的可能的能级将依赖于由上式左端所定义的算子的谱.

习题 4

1. 若 T 是赋范线性空间 X 到赋范线性空间 Y 的可逆线性算子，问 T^{-1} 是否为线性算子？

2. 设 T 为复 Hilbert 空间中的有界线性算子 $\|T\|\leqslant 1$，证明 $\{x:Tx=x\}=\{x:T^*x=x\}$.

3. 设 X 是一个复 Hilbert 空间，$T:X\to X$ 是线性算子，对于任意的 $x,y\in X$ 满足：$\langle Tx,y\rangle=\langle x,Ty\rangle$，证明 T 一定是有界的.

4. 设 $\{e_n\}$ 是 Hilbert 空间 X 的标准正交基，定义如下的算子：

$$T\left(\sum_{k=1}^{\infty}x_k e_k\right)=\sum_{k=1}^{\infty}x_k e_{k+1}.$$

(1) 试证明 $T\in B(X)$ 并且计算 T 的范数 $\|T\|$；

(2) 试证明 T 是单射并且给出 T^{-1} 的表达式.

5. 设 X 是 Banach 空间，$T:D(T)\subset X\to X$ 是闭的线性算子，如果 $A\in B(X)$，证明 $A+T$ 和 TA 是闭的线性算子.

6. 定义在 l^2 上的算子 T 为

$$T(x_1,x_2,\cdots)=(x_2,2x_3,3x_4,\cdots),$$

证明 T 是闭的稠密算子.

7. 设 X,Y 是赋范线性空间，$T:X\to Y$ 是闭线性算子，证明 $\ker(T)$ 是 X 的闭子空间.

8. 对于任意的 $h\in\mathbf{R}$，在 $L^2(\mathbf{R})$ 上的算子 τ_h 定义为

$$\tau_h f(x)=f(x-h), \quad \forall f(x)\in L^2(\mathbf{R}),$$

证明 τ_h 是有界的.

9. 设 $\mathbf{M}$ 为赋范线性空间 X 的闭子空间，x_0 是 $\mathbf{M}$ 中某个弱收敛点列的极限，证明 $x_0\in\mathbf{M}$.

10. 设 X,Y 为赋范线性空间，$T\in B(X,Y)$. 证明对于任意的 $c>1$，存在 $x\in X$，$\|x\|<c$，使得 $\|Tx\|=\|T\|$.

11. 考虑积分算子

$$(Tx)(t)=\int_a^t x(s)\mathrm{d}s.$$

试证明当把 T 看作 $L^1([a,b])\to C([a,b])$ 的算子时，$\|T\|=1$.

12. 设 X 是一个赋范线性空间，$x\in X$，$T\in B(X)$，定义 $g(T)=Tx$，证明 $g\in B(B(X),X)$，并且求 $\|g\|$.

13. 设 X 是赋范线性空间，$0\neq f\in X^*$，则不存在开球 $B_r(a)$，使得 $f(a)$ 是 f 在 $B_r(a)$ 上的最大值或最小值.

14. 设 X 是赋范线性空间. 对于任意的 $f\in X^*$，$f\neq 0$ 和 $x_0\in X-\ker(f)$，证明对于任意的 $x\in X$，始终存在 $\alpha\in F$，使得 x 可以唯一地表示为下面的形式：

$$x=y+\alpha x_0, \quad y\in\ker(f).$$

15. 设 X 和 Y 是 Banach 空间，$T:X\to Y$ 是线性的，令 $\ker(T):=\{x\in X:Tx=0\}$.

(1) 如果 $T\in B(X,Y)$，证明 $\ker(T)$ 是 X 的闭线性子空间.

(2) 问 $\ker(T)$ 是 X 的闭线性子空间能否推出 $T\in B(X,Y)$？

(3) 如果 f 是线性泛函，证明 $f\in X^*$，当且仅当 $\ker(f)$ 是 X 的闭线性子空间.

16. 设 $f(x)=\int_0^1 x(t^\alpha)\mathrm{d}t$，$x\in L^2([0,1])$，$0<\alpha<2$，证明 $f\in(L^2([0,1]))^*$，并且求 $\|f\|$.

17. 试求 $L^2[0,1]$ 上的泛函 $f(x)=\int_0^1\sqrt{t}\,x(t^2)\mathrm{d}t$ 的范数.

18. 设 X,Y 是 Hilbert 空间，$\{e_1,e_2,\cdots,e_n\}$，$\{\varepsilon_1,\varepsilon_2,\cdots,\varepsilon_n\}$ 是 X 和 Y 的标准正交系. 定义算子

$$Tx=\sum_{k=1}^n\lambda_k\langle x,e_k\rangle\varepsilon_k, \quad \forall x\in X.$$

证明 $T\in B(X,Y)$，而且 $\|T\|=\max\{|\lambda_k|:k=1,2,\cdots,n\}$.

19. 设 X 是 Hilbert 空间，$T\in B(X)$ 是有限秩算子，证明一定存在 $a_k,b_k\in X$，$k=1,2,\cdots,n$，使得对于任意的 $x\in X$ 有：$Tx=\sum_{k=1}^n\langle x,a_k\rangle b_k$.

20. 设 $(Tx)(t)=tx(t)$，$(Sx)(t)=t\int_0^1 x(s)\mathrm{d}s$，$x\in C[a,b]$，求 $\|T\|$，$\|S\|$，$\|TS\|$ 和 $\|ST\|$.

21. 设 $Tu(x)=\int_0^1 \sin[\pi(x-y)]u(y)\mathrm{d}y$，证明 $T\in B(C[a,b])$，并且求 $\|T\|$.

22. 设 X,Y 是赋范线性空间，$T:X\to Y$ 是闭线性算子，若 $A\subset X$ 是紧集，证明 $T(A)$ 是闭集.

23. 设 X 是赋范线性空间，$x_n,x_0\in X$，而且 x_n 弱收敛于 x_0，证明 $x_0\in\overline{\mathrm{span}x_n}$.

24. 设在 $L^1(-\infty,\infty)$ 上定义算子

$$(Tx)(s)=\int_{-\infty}^{\infty}\mathrm{e}^{\mathrm{i}st}x(t)\mathrm{d}t,x\in L^1(-\infty,\infty),-\infty<s<\infty.$$

证明：T 是 $L^1(-\infty,\infty)$ 到 $C(-\infty,\infty)$ 上的有界线性算子，并求 $\|T\|$.

25. 在空间 $C([0,1])$ 中做出一个弱收敛但不强收敛的点列.

26. 在空间 $L^p([0,\pi])(1<p<\infty)$ 中做出一个弱收敛但不强收敛的点列.

27. 设 X 是一个希尔伯特空间，$T\in B(X)$，并且假设存在正的常数 c，使得对于任意的 $x\in X$，恒有

$$|\langle Tx,x\rangle|\geqslant c\|x\|^2,$$

证明 T^{-1} 存在并且 $T^{-1}\in B(X)$.

28. 设 X 是一个希尔伯特空间，对于任意的 $a,b\in X$，定义算子 $T_{a,b}$ 如下：

$$T_{a,b}x=\langle x,b\rangle a,\quad \forall x\in X,$$

(1) 证明 $T_{a,b}\in B(X)$；

(2) 当 $a,b\neq 0$ 时，计算 $\dim(T_{a,b}(X))$ 和 $\|T_{a,b}\|$；

(3) 给出 $T_{a,b}^*$ 的表达式；

(4) 如果 $T\in B(X)$ 具有一维值域，证明一定存在 $a,b\in X$，使得 $T=T_{a,b}$.

29. 对于 $\{x_n\}\in l^2$，我们定义如下的序列：

$$y_n=x_{n+1}+nx_n+x_{n-1},\quad x_0=0.$$

(1) 证明 $y\in l^2$，当且仅当 $\{nx_n\}\in l^2$；

设 $\mathbf{D}=\{x\in l^2:\{nx_n\}\in l^2\}$，定义线性算子 $T:\mathbf{D}\to l^2$，为 $Tx=y$；

(2) 证明 $\mathbf{D}$ 在 l^2 中稠密；

(3) 证明 T 是自伴的.

30. 设数列 $\{\alpha_n\}\to 0$. 在 l 中定义算子 T 为：$Tx=y$，其中 $x=(\xi_n)\in l$，$y=(\alpha_n\xi_n)$，证明 T 为紧算子.

31. 设 X 是复希尔伯特空间，证明 $T\in B(X)$ 是自伴的，当且仅当 $\langle Tx,x\rangle\in\mathbf{R}$，$\forall x\in$

X. 请说明此结论对于实希尔伯特空间不一定成立.

32. 在 $L^2(\mathbf{R})$上的算子 T 定义为

$$Tf(x)=xf(x),$$

T 的定义域为

$$D(T)=\{f\in L^2(\mathbf{R}):Tf\in L^2(\mathbf{R})\},$$

证明 T 是自伴的.

33. 定义算子 $T:l^2\to l^2$ 为 $Tx=y=(\eta_n)$,其中 $x=(\xi_n)$,而且

$$\eta_n=\sum_{k=1}^{\infty}\alpha_{nk}\xi_k,\quad \sum_{n=1}^{\infty}\sum_{k=1}^{\infty}|\alpha_{nk}|^2<\infty,$$

证明 T 是紧的.

34. 设$\{\alpha_n\}\subset C$,而且$\lim\limits_{n\to\infty}\alpha_n=0$,定义算子 $T:l^2\to l^2$,其中 $x=(\xi_n)$,$\eta_n=\alpha_n\xi_n$,证明 T 是紧的.

35. 如果 z 是赋范线性空间 X 中的一个固定元,而且 $f\in X^*$,定义算子 $T:X\to X$ 为 $Tx=f(x)z$,证明算子 T 是紧的.

36. 设 X 是一个 Hilbert 空间,$T:X\to X$ 是一个有界线性算子,T^* 是 T 的伴随算子,证明 T 是紧的,当且仅当 T^*T 是紧的.

37. 证明由 $Tx=y=(\eta_n)$,其中 $\eta_n=\xi_n/n$,所定义的算子 $T:l^\infty\to l^\infty$ 是紧的.

38. 设 X 是赋范线性空间,$x_0\in X$,$x_0\neq 0$,证明:一定存在 X 上的有界线性泛函 f,使得$\|f\|=1$,且 $f(x_0)=\|x_0\|$.

39. 设 $X=l^2$,$e_n=(\underbrace{0,0,\cdots,0,1}_{n},0,\cdots)$,$n=1,2,\cdots$,证明:$\{e_n\}$不强收敛于 $0=(0,0,\cdots,0,\cdots)$,而 $e_n\xrightarrow{\text{弱}}0$.

40. 设有 $L^1[0,2\pi]$上的泛函序列$\{f_n\}$

$$f_n(x)=\int_0^{2\pi}x(t)\sin nt\,\mathrm{d}t,\quad x\in L^1[0,\pi]$$

证明:$f_n\xrightarrow{\text{弱}^*}0$,但$\{f_n\}$不强收敛 0.

41. 设 $k(s,t)$是$[a,b]\times[a,b]$上二元连续函数,满足

$$\int_a^b\int_a^b|k(s,t)|^q\mathrm{d}s\mathrm{d}t<\infty,\quad (q>1),$$

映射 $$(kx)(s)=\int_a^b k(s,t)x(t)\mathrm{d}t,\quad x\in L^p[a,b]\left(\frac{1}{p}+\frac{1}{q}=1\right).$$

验证 k 是 $L^p[a,b]\to L^q[a,b]$上的有界线性算子,证明:$(k^*g)(s)=\int_a^b k(t,s)g(t)\mathrm{d}t$,$g\in$

$L^p[a,b]$.

42. 设 X 是赋范线性空间，$A:X\to X$ 是线性的，$D(A)=X$；$B:X^*\to X^*$ 是线性的，$D(B)=X^*$. 若 $\forall x\in X$ 及 $f\in X^*$，均有 $(Bf)(x)=f(Ax)$，证明：A、B 均为有界线性算子.

43. 设 X 是赋范线性空间，$\{x_n\}\subset X$，$\Gamma\subset X^*$，Γ 中元的线性组合在 X^* 中稠密，证明 $\{x_n\}$ 弱收敛于 x_0 的充要条件是：

(1) 数列 $\{\|x_n\|\}$ 有界；

(2) $\forall f\in\Gamma, f(x_n)\to f(x_0)(n\to\infty)$.

44. 设 X,Y 均为巴拿赫空间，$T:X\to Y$ 是有界线性算子，证明：$T^*Y^*=X$ 的充要条件是在其值域上有有界逆算子.

第5章　谱论简介

5.1　有界线性算子的谱

谱论是现代泛函分析及其应用的一个主要分支，粗略地说，它是研究某种形式逆算子的一般性质以及它们与原算子的关系．在方程的求解问题中，这种算子出现的非常自然．

下面将指出有限维空间上线性算子的谱论实质上就是高等代数中矩阵的特征值理论．

定义 5.1　设 $A=(\alpha_{ij})$ 是给定的 n 阶实或复方阵，对非零的 n 维向量 $x=(\xi_1,\xi_2,\cdots,\xi_n)\in\mathbf{C}^n$，使方程

$$Ax=\lambda x \tag{5.1}$$

成立的数 λ 称为 A 的一个**特征值**，而 x 称为 A 对应于特征值 λ 的**特征向量**．对应于 λ 的所有特征向量和零向量构成的线性子空间称为 A 对应于特征值 λ 的**特征空间**．称 A 的所有特征值组成的集合 $\sigma(A)$ 为 A 的**谱**(集)．而关于复平面 $\mathbf{C}$ 的余集 $\rho(A)=\mathbf{C}-\sigma(A)$ 称为 A 的**预解集**．

记 $\boldsymbol{I}$ 是 n 阶单位方阵，那么式(5.1)可写成

$$(A-\lambda\boldsymbol{I})x=0. \tag{5.2}$$

它是含有 n 个 x 的未知分量 $\xi_1,\xi_2,\cdots,\xi_n$ 的线性齐次方程组，要使方程(5.2)有非零解，必须系数行列式

$$\det(A-\lambda\boldsymbol{I})=\begin{vmatrix}\alpha_{11}-\lambda & \alpha_{12} & \cdots & \alpha_{1n}\\ \alpha_{21} & \alpha_{22}-\lambda & \cdots & \alpha_{2n}\\ \cdots & \cdots & \cdots & \cdots\\ \alpha_{n1} & \alpha_{n2} & \cdots & \alpha_{nn}-\lambda\end{vmatrix}=0. \tag{5.3}$$

一般将 $\det(A-\lambda\boldsymbol{I})$ 称为 A 的**特征行列式**，其展开便是关于 λ 的 n 次多项式，故又称为 A 的**特征多项式**．式(5.3)称为 A 的**特征方程**．

由于 $\mathbf{C}$ 上一个 n 次复系数多项式在 $\mathbf{C}$ 内至少有一个根(并且至多有 n 个不同的根)．故可写出下面的命题．

命题 5.1　n 阶方阵 $A=(\alpha_{ij})$ 的特征值由其特征方程(5.3)的解给定. 故 A 至少有一个特征值(并且至多有 n 个不同的特征值).

此外,设 X 是 n 维赋范线性空间,T 是 X 到其自身的线性算子,令 $e=(e_1,e_2,\cdots,e_n)$ 和 $\bar{e}=(\bar{e}_1,\bar{e}_2,\cdots,\bar{e}_n)$是 X 的任意两个基,故由基的定义,每个 e_i 是诸 $\bar{e}_k$ 的一个线性组合,反之亦然. 故存在 n 阶非奇异方阵 $\mathbf{K}$,有

$$\bar{e}=e\mathbf{K} \text{ 或 } \bar{e}^{\mathrm{T}}=\mathbf{K}^{\mathrm{T}}e^{\mathrm{T}} \tag{5.4}$$

且对每个 $x\in X$,相对这两个基均各有唯一的表示如下:

$$x=ex_1=\sum_i \xi_i e_i=\bar{e}x_2=\sum_k \bar{\xi}_k\bar{e}_k.$$

其中,$x_1=(\xi_1,\xi_2,\cdots,\xi_n)^{\mathrm{T}}$ 和 $x_2=(\bar{\xi}_1,\bar{\xi}_2,\cdots,\bar{\xi}_n)^{\mathrm{T}}$ 均为列向量. 利用式(5.4)就有 $ex_1=\bar{e}x_2=e\mathbf{K}x_2$. 从而得到

$$x_1=\mathbf{K}x_2. \tag{5.5}$$

类似地,对于 $Tx=y=ey_1=\bar{e}y_2$(y_1,y_2 也为列向量)就有

$$y_1=\mathbf{K}y_2. \tag{5.6}$$

所以,当 T_1 和 T_2 分别表示 T 相对于基 e 和 $\bar{e}$ 的矩阵,则有

$$y_1=T_1x_2 \text{ 和 } y_2=T_2x_2.$$

由此及式(5.5)、式(5.6)得到

$$\mathbf{K}T_2x_2=\mathbf{K}y_2=y_1=T_1x_1=T_1\mathbf{K}x_2.$$

用 $\mathbf{K}^{-1}$左乘上式两端,就有

$$T_2=\mathbf{K}^{-1}T_1\mathbf{K}. \tag{5.7}$$

其中,$\mathbf{K}$ 是由式(5.4)的基变换决定的,而与算子 T 无关. 由式(5.7)及 $\det(\mathbf{K}^{-1})\det\mathbf{K}=1$,即得

$$\begin{aligned}\det(T_2-\lambda\boldsymbol{I})&=\det(\mathbf{K}^{-1}T_1\mathbf{K}-\lambda\mathbf{K}^{-1}\boldsymbol{I}\mathbf{K})\\&=\det[\mathbf{K}^{-1}(T_1-\lambda\boldsymbol{I})\mathbf{K}]\\&=\det(\mathbf{K}^{-1})\det(T_1-\lambda\boldsymbol{I})\det\mathbf{K}\\&=\det(T_1-\lambda\boldsymbol{I}).\end{aligned}$$

从而可以写出如下命题.

命题 5.2　设 T 是定义在有限维赋范线性空间 X 到其自身上的一个线性算子,其相对于 X 的各个基的所有矩阵表示均有相同的特征值.

命题 5.3　定义在有限维复赋范线性空间 $X\neq\{0\}$上的线性算子至少有一个特征值.

综上,对于任意有限维空间上的线性算子,可以给出如下定义.

定义 5.2　设 T 是 n 维空间 $\mathbf{C}^n$ 到自身中的线性算子,如果方程

$$Tx=\lambda x$$

有非零解 $x\in\mathbf{C}^n$,则称复数 λ 为算子 T 的**特征值**,所有特征值组成的集合称为算子 T 的**谱**. 记为 $\sigma(T)$. 又称 $\mathbf{C}-\sigma(T)=\rho(T)$为算子 T 的**预解集**,其中每一 $\lambda\in\rho(T)$称为 T 的**正**

则点.换言之,当算子 $T-\lambda\boldsymbol{I}$ 可逆时,λ 就是一个正则点,此时,$(T-\lambda\boldsymbol{I})^{-1}$ 定义在整个 $\mathbf{C}^n$ 上,它一定是有界的.

由此,在 n 维空间中,仅有下面两种可能性.

(1) 方程 $Tx=\lambda x$ 有非零解,即 λ 是算子 T 的特征值,此时 $(T-\lambda\boldsymbol{I})^{-1}$ 不存在,即 $\lambda\in\sigma(T)$.

(2) 存在定义于整个空间 $\mathbf{C}^n$ 上的逆算子 $(T-\lambda\boldsymbol{I})^{-1}$,此时 $\lambda\in\rho(T)$,即 λ 是正则点.

但当 T 是定义在无限维空间 X 上的线性算子时,则还有第三种可能性.

(3) 算子 $(T-\lambda\boldsymbol{I})^{-1}$ 存在,即方程 $Tx=\lambda x$ 仅有零解,但这个逆算子不是定义在整个 X 空间上,即 $T-\lambda\boldsymbol{I}$ 是单射而不是满射.

于是引出如下的定义:

定义 5.3 设 X 是复巴拿赫空间,$\lambda\in\mathbf{C}$,$T:X\supset D(T)\to X$ 是一个线性算子,如果存在复数 λ,使得

(a) $R_\lambda(T)\triangleq(T-\lambda\boldsymbol{I})^{-1}$ 存在;

(b) $R_\lambda(T)$ 是有界线性算子;

(c) $R_\lambda(T)$ 定义在 X 的稠密子集上.

则称 λ 为 T 的**正则值**,T 的正则值的全体称为 T 的**预解集**,记为 $\rho(T)$,又称 $R_\lambda(T)=(T-\lambda\boldsymbol{I})^{-1}$ 为 T 的**预解式**.称 $\sigma(T)=\mathbf{C}-\rho(T)$ 为 T 的**谱**,而 $\lambda\in\sigma(T)$ 叫作 T 的**谱点**.此外,$\sigma(T)$ 又可划分为以下三个不相交的集合:

使 $R_\lambda(T)$ 不存在的复数集合称为**点谱或离散谱**,记为 $\sigma_p(T)$;将 $\lambda\in\sigma_p(T)$ 叫作 T 的**特征值**.

称复数集合 $\sigma_c(T)\triangleq\{\lambda\in\mathbf{C}:R_\lambda(T)$ 存在但无界,其定义域在 X 中稠密$\}$ 为 T 的**连续谱**.即 $\sigma_c(T)\triangleq\{\lambda\in\mathbf{C}:R_\lambda(T)$ 满足条件(a)、(c)而不满足(b)$\}$.

称复数集合 $\sigma_r(T)\triangleq\{\lambda\in\mathbf{C}:R_\lambda(T)$ 存在,但其定义域在 X 中不稠密$\}=\{\lambda\in\mathbf{C}:R_\lambda(T)$ 满足条件(a)而不满足(c)$\}$ 为 T 的**剩余谱**.

注 我们允许定义中某些集合可以是空集.比如在 X 有限维情况下 $\sigma_c(T)=\sigma_r(T)=\varnothing$(空集).

定义 5.3 中所陈述的条件可明确地列表如下:

满足条件	不满足条件	λ 属于
(a)、(b)、(c)		预解集 $\rho(T)$
	(a)	离散谱 $\sigma_p(T)$
(a)、(c)	(b)	连续谱 $\sigma_c(T)$
(a)	(c)	剩余谱 $\sigma_r(T)$

表中四个集合互不相交,其并是整个复平面,即

$$\mathbf{C}=\rho(T)\cup\sigma(T)=\rho(T)\cup\sigma_p(T)\cup\sigma_c(T)\cup\sigma_r(T). \tag{5.8}$$

如果 $R_\lambda(T)=(T-\lambda\boldsymbol{I})^{-1}$ 存在且有界(因此是连续的),则其定义域 D 必是 X 中闭子

空间. 事实上, $R_\lambda(T)$ 的定义域就是 $T-\lambda\boldsymbol{I}$ 的值域. 如果 $\{x_n\}\subset D$, 且 $x_n\to x(n\to\infty)$, 令 $y_n=R_\lambda(T)(x_n)$, 则当 $n,m\to\infty$ 时, 就有 $\|y_n-y_m\|=\|R_\lambda(T)(x_n-x_m)\|\leqslant\|R_\lambda(T)\|\|x_n-x_m\|\to 0$, 从而 $\{y_n\}$ 是一柯西序列. 由于 X 完备, 故有 $y\in X$, 使得 $y_n\to y$; 又 $x_n=(T-\lambda\boldsymbol{I})y_n\to(T-\lambda\boldsymbol{I})y$, 故由极限的唯一性, 得到 $x=(T-\lambda\boldsymbol{I})y$, $x\in R(T-\lambda\boldsymbol{I})=D$. 所以 D 是一个闭集. 当 D 在 X 中稠密时, $D=\overline{D}=X$. 故若 $R_\lambda(T)$ 存在且有界, 且其定义域 D 在 X 中稠密时, 必定 $\lambda\in\rho(T)$. 从而得证式(5.8).

一般地讲, 线性算子的 3 种谱点都有可能存在.

例 5.1

(1) 设 $T:\mathbf{C}^n\to\mathbf{C}^n$ 是一个对应于矩阵 A 的线性算子, 则 T 仅有离散谱;

(2) 设 $T=\dfrac{\mathrm{d}}{\mathrm{d}t}$, $D(T)=C^1[0,1]$, 则 T 仅有离散谱;

(3) 设 $X=l^1$, 在 X 上定义线性算子 T 为

$$T(x_1,x_2,\cdots)=\left(x_1,\frac{1}{2}x_2,\frac{1}{3}x_3,\cdots\right),$$

则 $0\in\sigma_c(T)$, $\sigma_p(T)=\left\{1,\dfrac{1}{2},\dfrac{1}{3},\cdots\right\}$ 和 $\rho(T)=\mathbf{C}-\left\{0,1,\dfrac{1}{2},\dfrac{1}{3},\cdots\right\}$.

(4) 设 X 是复巴拿赫空间 $C[0,1]$. 在 X 上定义线性算子 T 如下:

$$(Tx)(t)=tx(t),\quad \forall x\in X,$$

则 $\rho(T)=\mathbf{C}-[0,1]$, $\sigma_r(T)=[0,1]$

证明 (1) 易知 A 的特征多项式的根是 T 的全部特征值, 当 λ 不是 T 的特征值时, $R_\lambda(T)\in B(\mathbf{C}^n)$, 故 $\sigma(T)$ 仅有离散谱, 即 $\sigma(T)=\{\lambda_k,1\leqslant k\leqslant n\}$, 并且 $\rho(T)=\mathbf{C}-\{\lambda_k,1\leqslant k\leqslant n\}$.

(2) $\forall\lambda\in\mathbf{C}$, 恒有 $(T-\lambda\boldsymbol{I})e^{\lambda t}=0$ 即 $R_\lambda(T)$ 不存在, 故 $\sigma(T)$ 仅有离散谱, 也即 $\sigma(T)=\boldsymbol{C}$, 所以 $\rho(T)=\varnothing$.

(3) 考察方程 $(T-\lambda\boldsymbol{I})x=y$, x、$y\in l^1$. 当 $\lambda=0$ 时, 有 $Tx=y$, 从而有 $x=T^{-1}(y)=(y_1,2y_2,\cdots,ny_n,\cdots)$. 令 $y=\left(1,\dfrac{1}{2^2},\cdots,\dfrac{1}{n^2},\cdots\right)$, 则 $x=\left(1,\dfrac{1}{2},\dfrac{1}{3},\cdots,\dfrac{1}{n},\cdots\right)\overline{\in}l^1$, 所以 T 是无界算子, 从而 $0\in\sigma(T)$. 又因 $Tx=0$ 只有零解, 所以 $0\overline{\in}\sigma_p(T)$. 取 l^1 的一个标准基 $\{e_n\}$, 其中 e_n 的第 n 个位置是 1, 其他位置全为 0. 由于 $T(ne_n)=e_n$, 所以 $e_n\in R(T)$, 从而 $\overline{R(T)}=l^1$, 由定义 5.3 知 $0\in\sigma_c(T)$.

当 $\lambda=\dfrac{1}{n}(n=1,2,\cdots)$ 时, 非齐次方程 $(T-\lambda\boldsymbol{I})x=y$ 无解(此时, $R_\lambda(T)$ 不存在), 但齐次方程 $(T-\lambda\boldsymbol{I})x=0$ 有非零解, 所以 $\sigma_p(T)=\left\{\dfrac{1}{n}:n=1,2,\cdots\right\}$, 于是 $\rho(T)=\boldsymbol{C}-\left\{0,1,\dfrac{1}{2},\dfrac{1}{3},\cdots\right\}$.

(4) 设 $\lambda\overline{\in}[0,1]$, 定义算子 $R_\lambda:C[0,1]\to C[0,1]$ 如下:

$$(R_\lambda x)(t)=\frac{x(t)}{t-\lambda},$$

因为

$$\|R_\lambda x\|=\max_{t\in[0,1]}\left|\frac{x(t)}{t-\lambda}\right|=\max_{t\in[0,1]}\left|\frac{1}{t-\lambda}\right|\|x\|.$$

故由定义知 R_λ 是有界线性算子. 又因对任意的 $x\in C[0,1]$,有

$$[R_\lambda(T-\lambda \boldsymbol{I})x](t)=[(T-\lambda \boldsymbol{I})R_\lambda x](t)=x(t).$$

于是 $R_\lambda=(T-\lambda \boldsymbol{I})^{-1}$,故 $\lambda\in\rho(T)$.

当 $\lambda\in[0,1]$时,R_λ 是无界的. 下面证明齐次方程$(T-\lambda \boldsymbol{I})x=0$ 仅有零解. 事实上,设有 $x_0\in C[0,1]$,使得

$$(T-\lambda \boldsymbol{I})x_0(t)=(t-\lambda)x_0(t)=0,$$

则当 $t\neq\lambda$ 时,$x_0(t)=0$. 由 $x_0(t)$的连续性,知 $x_0(\lambda)=0$. 故对任意的 $t\in[0,1]$,有 $x_0(t)\equiv 0$,因而 $\lambda\overline{\in}\sigma_p(T)$. 最后证明 $R(T-\lambda \boldsymbol{I})$在 $C[0,1]$中不稠密. 事实上,因为

$$(T-\lambda \boldsymbol{I})x(t)=(t-\lambda)x(t),\quad x\in C[0,1].$$

当 $t=\lambda$ 时,有$(t-\lambda)x(t)=0$. 于是,对于 $C[0,1]$中函数 $x_0(t)$,有

$$\|x_0-(T-\lambda \boldsymbol{I})x\|=\max_{t\in[0,1]}|x_0(t)-(t-\lambda)x(t)|\geqslant|x_0(\lambda)|,$$

所以 $R(T-\lambda \boldsymbol{I})$在 $C[0,1]$中不可能稠密,由定义 5.3 知 $\lambda\in\sigma_r(T)$.

定理 5.4 设 X 是复巴拿赫空间,$\forall T\in B(X)$. 如果$\|T\|<1$,则有$(\boldsymbol{I}-T)^{-1}\in B(X)$,而且$(\boldsymbol{I}-T)^{-1}=\sum\limits_{n=0}^{\infty}T^n$,右端的级数按算子范数收敛,而且

$$\|(\boldsymbol{I}-T)^{-1}\|\leqslant\frac{1}{1-\|T\|}.$$

证明 因为$\|T^n\|\leqslant\|T\|^n(n=0,1,\cdots)$,$\|T\|<1$,所以级数 $\sum\limits_{n=0}^{\infty}T^n$ 收敛,设其和为 $S\in B(X)$. 下面证明 $S=(\boldsymbol{I}-T)^{-1}$. 为此令 $S_n=\sum\limits_{k=0}^{n}T^k(n=0,1,\cdots)$,于是

$$S_n=\sum_{k=0}^{n}T^k\to S=\sum_{k=0}^{\infty}T^k(n\to\infty).$$

因此,对于 $n=0,1,\cdots$,有

$$(\boldsymbol{I}-T)S_n=\boldsymbol{I}-T^{n+1},\quad S_n(\boldsymbol{I}-T)=\boldsymbol{I}-T^{n+1}. \tag{5.9}$$

由于$\|T\|<1$,则$\|T^{n+1}\|\leqslant\|T\|^{n+1}\to 0$. 在式(5.9)的两个等式中,令 $n\to\infty$,便可以得到

$$(\boldsymbol{I}-T)S=\boldsymbol{I},\quad S(\boldsymbol{I}-T)=\boldsymbol{I}.$$

所以,存在$(\boldsymbol{I}-T)^{-1}=S=\sum\limits_{k=0}^{\infty}T^k$,而且

$$\|(\boldsymbol{I}-T)^{-1}\|\leqslant\sum_{k=0}^{\infty}\|T\|^k=\frac{1}{1-\|T\|}.$$

定理 5.5　设 X 是复巴拿赫空间，$T\in B(X)$则 $\rho(T)$是 $\mathbf{C}$ 中开集，而 $\sigma(T)$为闭集.

证明　若 $\rho(T)=\varnothing$，定理自明. 设 $\rho(T)\neq\varnothing$. 对每个 $\lambda_0\in\rho(T)$与任一 $\lambda\in\mathbf{C}$，有

$$\begin{aligned}T-\lambda\boldsymbol{I}&=T-\lambda_0\boldsymbol{I}-(\lambda-\lambda_0)\boldsymbol{I}\\&=(T-\lambda_0\boldsymbol{I})[\boldsymbol{I}-(\lambda-\lambda_0)(T-\lambda_0\boldsymbol{I})^{-1}].\end{aligned}$$

当 $|\lambda-\lambda_0|<(\|(T-\lambda_0\boldsymbol{I})^{-1}\|)^{-1}$时，$\|(\lambda-\lambda_0)(T-\lambda_0\boldsymbol{I})^{-1}\|<1$. 由定理 5.4 知，算子 $V=\boldsymbol{I}-(\lambda-\lambda_0)(T-\lambda_0\boldsymbol{I})^{-1}$有有界的逆算子 $V^{-1}\in B(X)$，因而 $T-\lambda\boldsymbol{I}=(T-\lambda_0\boldsymbol{I})V$ 有有界的逆算子 $V^{-1}(T-\lambda_0\boldsymbol{I})^{-1}=(T-\lambda\boldsymbol{I})^{-1}$，所以 $\lambda\in\rho(T)$. 由于 $|\lambda-\lambda_0|<\dfrac{1}{\|R_\lambda(T)\|}$表示 T 的正则值 λ 构成 λ_0 的一个邻域，且 λ_0 是 $\rho(T)$中任意的，故 $\rho(T)$是开的. 从而，其余集 $\sigma(T)$是闭的.

定理 5.6　设 X 是复巴拿赫空间，$T\in B(X)$则 T 的谱 $\sigma(T)$为闭圆盘 $|\lambda|\leqslant\|T\|$上的紧集，因此预解集 $\rho(T)\neq\varnothing$.

证明　当 $|\lambda|>\|T\|$时，$\left\|\dfrac{1}{\lambda}T\right\|=\dfrac{\|T\|}{|\lambda|}<1$，于是

$$\begin{aligned}R_\lambda(T)=(T-\lambda\boldsymbol{I})^{-1}&=-\frac{1}{\lambda}\left(\boldsymbol{I}-\frac{1}{\lambda}T\right)^{-1}\\&=-\frac{1}{\lambda}\sum_{n=0}^{\infty}\left(\frac{1}{\lambda}T\right)^n.\end{aligned}$$

由定理 5.4 知上述级数收敛，$R_\lambda(T)\in B(X)$，故 $\lambda\in\rho(T)$. 因此 $\sigma(T)=\mathbf{C}-\rho(T)$必在闭圆盘 $|\lambda|\leqslant\|T\|$上，且知 $\sigma(T)$有界，由定理 5.5 得 $\sigma(T)$是闭集，故它是紧集.

定理 5.6 说明复巴拿赫空间 X 的有界线性算子 T 的谱是有界的. 那么自然要寻求以原点为中心包含整个谱的最小圆盘，这便引出如下的定义.

定义 5.4　复巴拿赫空间 X 上的算子 $T\in B(X)$的**谱半径**就是复 λ-平面内以原点为中心包含 $\sigma(T)$的最小闭圆盘的半径

$$r_\sigma(T)=\sup\{|\lambda|:\lambda\in\sigma(T)\}.$$

由定理 5.6 知 $r_\sigma(T)\leqslant\|T\|$. 利用解析函数性质，可以证明下述定理.

定理 5.7

$$\sigma(T)\neq\varnothing,\ r_\sigma(T)=\lim_{n\to\infty}\sqrt[n]{\|T^n\|}.\tag{5.10}$$

下面的定理是算子 T 的预解式 $R_\lambda(T)$的基本性质：

定理 5.8　设 X 是复巴拿赫空间，$T\in B(X)$并且 λ、$\mu\in\rho(T)$，则有

(1) T 的预解式 $R_\lambda(T)$满足预解方程

$$R_\mu(T)-R_\lambda(T)=(\mu-\lambda)R_\mu(T)R_\lambda(T),\ \lambda、\mu\in\rho(T).$$

(2) $R_\lambda(T)$与任一个与 T 可交换的 $S\in B(X)$可交换.

(3) $R_\lambda(T)R_\mu(T)=R_\mu(T)R_\lambda(T)$，$\lambda$、$\mu\in\rho(T)$.

证明　(1) 因为 $T\in B(X)$，所以 $T_\lambda\triangleq T-\lambda\boldsymbol{I}$ 的值域是整个 X. 从而 $\boldsymbol{I}=T_\lambda R_\lambda(T)$；同理有 $\boldsymbol{I}=R_\mu(T)T_\mu=(T-\mu\boldsymbol{I})^{-1}(T-\mu\boldsymbol{I})$. 因此

$$
\begin{aligned}
R_\mu(T)-R_\lambda(T) &= R_\mu(T)[T_\lambda R_\lambda(T)]-[R_\mu(T)T_\mu]R_\lambda(T)\\
&= R_\mu(T)(T_\lambda-T_\mu)R_\lambda(T)\\
&= R_\mu(T)[T-\lambda\boldsymbol{I}-(T-\mu\boldsymbol{I})]R_\lambda(T)\\
&= (\mu-\lambda)R_\mu(T)R_\lambda(T).
\end{aligned}
$$

(2) 因为 $TS=ST$,所以 $ST_\lambda=T_\lambda S$. 再由 $\boldsymbol{I}=T_\lambda R_\lambda(T)=R_\lambda(T)T_\lambda$,得到

$$
\begin{aligned}
R_\lambda(T)S &= R_\lambda(T)ST_\lambda R_\lambda(T)\\
&= R_\lambda(T)T_\lambda SR_\lambda(T)=SR_\lambda(T).
\end{aligned}
$$

(3) 由(2)知 $R_\mu(T)$和 T 可交换,故再由(2)即得 $R_\lambda(T)$和 $R_\mu(T)$可交换.

5.2 紧线性算子的谱

紧线性算子的谱在很大程度上与有限维空间上算子的谱相似,它是有限维空间中矩阵的特征值理论的一个简单的推广. 为讨论紧线性算子的特征值问题,先给出一般线性空间中线性算子的特征值与特征向量的一个性质.

定理 5.9 线性空间 X 上线性算子 T 的对应于不同特征值 $\lambda_1,\lambda_2,\cdots,\lambda_n$ 的特征向量 $x_1,x_2,\cdots,x_n$ 是线性无关的.

证明 用反证法. 假如$\{x_1,x_2,\cdots,x_n\}$线性相关,则 $x_1\neq 0$,x_m 是第一个为前面 $m-1$ 个向量的线性组合,即

$$x_m=\alpha_1x_1+\alpha_2x_2+\cdots+\alpha_{m-1}x_{m-1}. \tag{5.11}$$

而$\{x_1,x_2,\cdots,x_{m-1}\}$线性无关,于是

$$
\begin{aligned}
0=(T-\lambda_m\boldsymbol{I})x_m &= \sum_{i=1}^{m-1}\alpha_i(T-\lambda_m\boldsymbol{I})x_i\\
&= \sum_{i=1}^{m-1}\alpha_i(\lambda_i-\lambda_m)x_i,
\end{aligned}
$$

因为$\{x_1,x_2,\cdots,x_{m-1}\}$线性无关,所以 $\alpha_i(\lambda_i-\lambda_m)=0,(i=1,2,\cdots,m-1)$. 但是 $\lambda_i-\lambda_m\neq 0$,故必 $\alpha_i=0,(i=1,2,\cdots,m-1)$. 从而由式(5.11)知 $x_m=0$,这与 x_m 是一特征向量矛盾. 所以$\{x_1,x_2,\cdots,x_m\}$线性无关.

定理 5.10 设 X 是赋范线性空间,$T:X\to X$ 是紧线性算子,则对任意的 $\delta>0$,其模超过 δ 的特征值仅有有限多个,每一个非零特征值对应的特征向量只有有限多个线性无关.

证明 用反证法. 如果有无穷多个特征值 $\lambda_1,\lambda_2,\cdots,\lambda_n,\cdots,|\lambda_i|>\delta$,则与它们对应的特征向量 $x_1,x_2,\cdots,x_n,\cdots$,构成线性无关集,即其中任意有限多个向量都线性无关. 如果有一个特征值,不妨设为 λ_1,对应有无穷多个线性无关的特征向量,则令 $\lambda_1=\lambda_2=\cdots$,与其对应的线性无关的特征向量 $x_1,x_2,\cdots,x_n,\cdots$ 也构成无穷序列. 这两种情况都会得出矛

盾. 令 $\mathbf{M}_n=\mathrm{span}\{x_1,\cdots,x_n\}$,则每个 $\mathbf{M}_n$ 是闭子空间,$x_{n+1}\overline{\in}M_n$. 由第 2 章黎斯引理 2.19,存在向量序列 $y_1,y_2,\cdots,y_n\cdots$,使得

1° $y_n\in\mathbf{M}_n$;

2° $\|y_n\|=1$;

3° $\inf\{\|y_n-x\|:x\in\mathbf{M}_{n-1}\}>1/2$.

由不等式 $|\lambda_n|>\delta$,序列 $\{y_n/\lambda_n\}$ 有界. 以下证明由像序列 $\{T(y_n/\lambda_n)\}$ 不可能选出收敛子序列. 设 $y_n=\sum\limits_{k=1}^{n}\alpha_k x_k$,则

$$\begin{aligned}T(y_n/\lambda_n)&=\sum_{k=1}^{n-1}\frac{\alpha_k\lambda_k}{\lambda_n}x_k+\alpha_n x_n\\&=\sum_{k=1}^{n}\alpha_k x_k+\sum_{k=1}^{n-1}\alpha_k\left(\frac{\lambda_k}{\lambda_n}-1\right)x_k\\&=y_n+z_n.\end{aligned}$$

其中,$z_n=\sum\limits_{k=1}^{n-1}\alpha_k\left(\dfrac{\lambda_k}{\lambda_n}-1\right)x_k\in\mathbf{M}_{n-1}$.

所以对任意的 $m>l$,

$$\begin{aligned}\left\|T\left(\frac{y_m}{\lambda_m}\right)-T\left(\frac{y_l}{\lambda_l}\right)\right\|&=\|y_m+z_m-(y_l+z_l)\|\\&=\|y_m-(y_l+z_l-z_m)\|>1/2,\end{aligned}$$

因为 $y_l+z_l-z_m\in\mathbf{M}_{m-1}$. 所以 $\left\{T\left(\dfrac{y_n}{\lambda_n}\right)\right\}$ 没有收敛子序列,与 A 是紧算子相矛盾.

推论 5.11 赋范线性空间 X 上紧线性算子 $T:X\to X$ 的特征值集合至多可数(也可能有限或是空集),并且仅可能有一个聚点 0.

证明 因 $\sigma_p(A)\subset\bigcup\limits_{n=1}^{\infty}\{\sigma_p(A)\cap\{\lambda\in C:|\lambda|\geqslant\dfrac{1}{n}\}\}\cup\{0\}$,而可数多个有限集之并最多可数. 而任一个 $\lambda\neq0$ 都不可能是 $\sigma_p(A)$ 的聚点.

又可按其模非增的次序 $|\lambda_1|\geqslant|\lambda_2|\geqslant\cdots$ 来编号. 如果紧线性算子有无穷多个特征值,则可将这些特征值排成一个收敛于 0 的序列.

定理 5.12 设 X 是赋范线性空间,$T:X\to X$ 是紧线性算子,则对每一个 $\lambda\neq0$,$T_\lambda=T-\lambda\boldsymbol{I}$ 的零空间 $\ker(T_\lambda)$ 是有限维的.

证明 因为 $\ker(T_\lambda)$ 中的非零向量就是对应于 λ 的特征向量,故由定理 5.10 知对每一个 $\lambda\neq0$,只有有限多个线性无关特征向量,所以 $\ker(T_\lambda)$ 是有限维的.

推论 5.13 当 $\lambda\neq0$ 时,$\dim\ker(T_\lambda^n)<\infty$,$n=1,2,\cdots$ 且

$$\{0\}\subset\ker(T_\lambda^0)\subset\ker(T_\lambda)\subset\ker(T_\lambda^2)\subset\cdots$$

证明 因为 $T_\lambda^0=\boldsymbol{I}$,$T_\lambda^2=T_\lambda\cdot T_\lambda$;$T_\lambda^n=T_\lambda\cdot T_\lambda^{n-1}$. 所以 $T_\lambda^n x=0$ 蕴含 $T_\lambda^{n+1}x=0$,从而 $\ker(T_\lambda^n)\subset\ker(T_\lambda^{n+1})$,又因

$$
\begin{aligned}
T_\lambda^n &= (T-\lambda \boldsymbol{I})^n = \sum_{k=0}^{n} C_n^k T^k (-\lambda)^{n-k} \boldsymbol{I} \\
&= (-\lambda)^n \boldsymbol{I} + T\sum_{k=1}^{n} C_n^k (-\lambda)^{n-k} T^{k-1} \\
&= \boldsymbol{W} - \mu \boldsymbol{I},
\end{aligned}
$$

其中，$\mu = -(-\lambda)^n$，$W = T\sum_{k=1}^{n} C_n^k(-\lambda)^{n-k}T^{k-1}$ 是紧算子，由定理 5.12 知 $\ker(T_\lambda^n) = \ker(W-\mu I)$是有限维.

定理 5.14 设 X 是赋范线性空间，$T:X\to X$ 是紧线性算子，则对每一个 $\lambda\neq 0$，$T_\lambda = T-\lambda \boldsymbol{I}$ 的值域 $T_\lambda(X)$是闭子空间.

证明 欲证明$\overline{T_\lambda(X)} = T_\lambda(X)$，即只须证$\overline{T_\lambda(X)}\subset T_\lambda(X)$. 因对任意的 $y_0\in\overline{T_\lambda(X)}$，存在$\{y_n\}\subset T_\lambda(X)$，使有 $y_n\to y_0$，也即存在 $x_n\in X$，使有 $y_n = T_\lambda(x_n)\to y_0$.

(a) 如果$\{\|x_n\|\}$有界，则由紧算子的定义知$\{Tx_n\}$有收敛的子序列，设 $Tx_{n_k}\to z$，$x_{n_k} = \frac{1}{\lambda}(Tx_{n_k} - T_\lambda x_{n_k})\to\frac{1}{\lambda}(z-y_0)\triangleq x_0$，由于紧算子有界(必连续)，故 $T_\lambda x_{n_k}\to T_\lambda x_0$，再由极限唯一性知 $y_0 = T_\lambda x_0\in T_\lambda(X)$，这得证$\overline{T_\lambda(X)}\subset T_\lambda(X)$.

(b) 如果$\{\|x_n\|\}$无界. 当 $y_0 = 0$ 时，则必存在 $x\in X$，使 $T_\lambda x = 0 = y_0$，故必 $y_0\in T_\lambda(X)$. 于是，不妨设 $y_0\neq 0$，而$\|T_\lambda x_n\|\to\|y_0\|$，当 n 充分大(比如 $n\geqslant n_0$)时，有$\|T_\lambda x_n\| > \frac{1}{2}\|y_0\| > 0$，$T_\lambda x_n\neq 0$，将序列$\{x_n\}$的前面有限多个去掉后仍为无限序列. 不妨令 $T_\lambda x_n\neq 0$，即 $x_n\overline{\in}\ker(T_\lambda)$. 由定理 5.12 知 $\ker(T_\lambda)$是有限维闭集. 记

$$\alpha_n = \text{Inf}\{\|x_n - x\| : x\in\ker(T_\lambda)\} > 0.$$

由 Inf 的定义，存在 $w_n\in\ker(T_\lambda)$，使有

$$\alpha_n \leqslant \|x_n - w_n\| \leqslant \left(1+\frac{1}{n}\right)\alpha_n. \tag{5.12}$$

由 $w_n\in\ker(T_\lambda)$知 $T_\lambda(x_n - w_n) = T_\lambda x_n$. 下面对$\{\alpha_n\}$有界或无界情形一一加以论证.

先设$\{\alpha_n\}$有界，那么$\{x_n - w_n\}$也有界，由紧算子定义知 $T(x_n - w_n)$必有收敛的子序列：

$$T(x_{n_k} - w_{n_k})\to z',$$

但是

$$
\begin{aligned}
x_{n_k} - w_{n_k} &= \frac{1}{\lambda}[T(x_{n_k} - w_{n_k}) - T_\lambda(x_{n_k} - w_{n_k})] \\
&= \frac{1}{\lambda}[T(x_{n_k} - w_{n_k}) - T_\lambda(x_{n_k})] \\
&\to \frac{1}{\lambda}(z' - y_0)\triangleq x_0'.
\end{aligned}
$$

故 $$T_\lambda(x_{n_k})=T_\lambda(x_{n_k}-w_{n_k})\to T_\lambda(x'_0).$$
由极限唯一性,得到 $y_0=T_\lambda(x'_0)\in T_\lambda(X)$,从而$\overline{T_\lambda(X)}\subset T_\lambda(X)$.

再设$\{\alpha_n\}$无界.(我们将证明$\{\alpha_n\}$无界情况是不会出现的)此时有子序列 $\alpha_{n_k}\to\infty$.为简便,仍将子序列$\{x_{n_k}\}$,$\{w_{n_k}\}$,$\{\alpha_{n_k}\}$记作$\{x_n\}$,$\{w_n\}$,$\{\alpha_n\}$;有$\lim\limits_n\alpha_n=\infty$.由式(5.12)就有$\|x_n-w_n\|\to\infty$.令

$$z_n=\frac{x_n-w_n}{\|x_n-w_n\|},\tag{5.13}$$

显然,$\|z_n\|=1$,$T_\lambda(x_n-w_n)=T_\lambda x_n\to y_0$,

$$T_\lambda(z_n)=\frac{T_\lambda(x_n-w_n)}{\|x_n-w_n\|}\to 0.$$

(因为分子有界,分母趋于无穷).再由$\{z_n\}$有界及紧算子的定义,可知$\{Tz_n\}$必有收敛的子序列,即 $Tz_{n_k}\to u$,及

$$z_{n_k}=\frac{1}{\lambda}(Tz_{n_k}-T_\lambda(z_{n_k}))\to\frac{u}{\lambda},$$

$$T_\lambda z_{n_k}\to T_\lambda\left(\frac{u}{\lambda}\right).$$

由极限的唯一性,得到 $T_\lambda\left(\frac{u}{\lambda}\right)=0$,即$\frac{u}{\lambda}\in\ker(T_\lambda)$令 $z_{n_k}-\frac{u}{\lambda}=v_{n_k}$,则 $v_{n_k}\to 0$,并且由式(5.13)有

$$\begin{aligned}x_{n_k}-w_{n_k}-\frac{u}{\lambda}\|x_{n_k}-w_{n_k}\|&=\|x_{n_k}-w_{n_k}\|z_{n_k}-\frac{u}{\lambda}\|x_{n_k}-w_{n_k}\|\\&=\|x_{n_k}-w_{n_k}\|v_{n_k}.\end{aligned}\tag{5.14}$$

注意到 $w_{n_k}\in\ker(T_\lambda)$及$\frac{u}{\lambda}\in\ker(T_\lambda)$,故必 $w_{n_k}+\frac{u}{\lambda}\|x_{n_k}-w_{n_k}\|\in\ker(T_\lambda)$.从而由式(5.14)及 α_n 的定义,就有

$$\begin{aligned}\alpha_{n_k}&\leqslant\left\|x_{n_k}-\left(w_{n_k}+\frac{u}{\lambda}\|x_{n_k}-w_{n_k}\|\right)\right\|\\&=\|x_{n_k}-w_{n_k}\|\|v_{n_k}\|\leqslant\left(1+\frac{1}{n_k}\right)\alpha_{n_k}\|v_{n_k}\|\end{aligned}$$

因为 $v_{n_k}\to 0$,故对充分大 k,可使$\|v_{n_k}\|<\frac{1}{3}$及 $1+\frac{1}{n_k}<2$,这样得到

$$\alpha_{n_k}<\frac{2}{3}\alpha_{n_k},$$

这与 $\alpha_{n_k}>0$ 矛盾.于是$\{\alpha_n\}$不会出现无界的情况.综上,得证$\overline{T_\lambda(T)}=T_\lambda(X)$.

推论 5.15 在定理 5.14 的假设下,对每个 $n=0,1,\cdots$,T_λ^n 的值域是闭的,并且

$$X=T_\lambda^0(X)\supset T_\lambda(X)\supset T_\lambda^2(X)\supset\cdots\tag{5.15}$$

证明 与推论 5.13 的证明相同,$T_\lambda^n=W-\mu\boldsymbol{I}$,而 W 是紧算子,所以 T_λ^n 的值域是闭

集.至于式(5.15)可用归纳法.显然

$$T_\lambda^0(X)=I(X)=X\supset T_\lambda(X).$$

假设 $T_\lambda^{n-1}(X)\supset T_\lambda^n(X)$,则

$$T_\lambda^n(X)=T_\lambda[T_\lambda^{n-1}(X)]\supset T_\lambda[T_\lambda^n(X)]=T_\lambda^{n+1}(X).$$

即得证式(5.15).

定理 5.16 设 $T:X\to X$ 是复巴拿赫空间 X 上紧线性算子,如 $\lambda\neq 0$ 不是特征值(即 $Tx=\lambda x$ 仅有零解),则 $\lambda\in\rho(T)$.

证明 由题设 $T_\lambda=T-\lambda \boldsymbol{I}$ 是单射,还需证明 $T_\lambda(X)=X$,如果 $T_\lambda(X)\neq X$,则对任意 n,$T_\lambda^{n+1}(X)\neq T_\lambda^n(X)$;因若 $T_\lambda^{n+1}(X)=T_\lambda^n(X)$,则 $T_\lambda^{-1}T_\lambda^{n+1}(X)=T_\lambda^{-1}T_\lambda^n(X)$,即 $T_\lambda^n(X)=T_\lambda^{n-1}(X)$,递推可得 $T_\lambda(X)=X$.显然 $T_\lambda^{n+1}(X)\subset T_\lambda^n(X)$,故对任意的 n,$T_\lambda^{n+1}(X)\subsetneq T_\lambda^n(X)$.由定理 5.14 知 $T_\lambda^n(X)$是闭线性子空间.由第 2 章黎斯引理 2.19 存在$\{y_n\}\subset X$,使得 $y_n\in T_\lambda^n(X)$,$\|y_n\|=1$ 且

$$\operatorname{Inf}\{\|z-y_n\|:z\in T_\lambda^{n+1}(X)\}>\frac{1}{2}.$$

当 $n>m$ 时,有

$$\begin{aligned}Ty_m-Ty_n&=\lambda y_m+(-\lambda y_n+T_\lambda y_m-T_\lambda y_n)\\&=\lambda\left[y_m+\left(-y_n+\frac{1}{\lambda}T_\lambda y_m-\frac{1}{\lambda}T_\lambda y_n\right)\right]\\&\triangleq\lambda[y_m-z],\end{aligned}$$

因为 $y_n\in T_\lambda^n(X)$,所以 $T_\lambda y_n\in T_\lambda^{n+1}(X)\subset T_\lambda^n(X)\subset T_\lambda^{m+1}(X)$,从而 $y_n+\frac{1}{\lambda}T_\lambda y_n\in T_\lambda^n(X)\subset T_\lambda^{m+1}(X)$;同理 $T_\lambda y_m\in T_\lambda^{m+1}(X)$,因此

$$z=y_n-\frac{1}{\lambda}T_\lambda y_m+\frac{1}{\lambda}T_\lambda y_n\in T_\lambda^{m+1}(X).$$

这样,$\|Ty_m-Ty_n\|=|\lambda|\,\|y_m-z\|>\frac{1}{2}|\lambda|$.这说明序列$\{Ty_n\}$没有收敛的子序列,它与 T 是紧算子相矛盾.故只能 $T_\lambda(X)=X$.即 T_λ 是 X 到 X 上的一一对应,由逆算子定理,$R_\lambda(T)=T_\lambda^{-1}\in B(X)$,故由定义 5.3 知 $\lambda\in\rho(T)$.

注 此定理说明 T 的谱$\sigma(T)$至多由 T 的特征值与 0 组成.且当 X 是赋范线性空间时,定理仍成立.

进一步来讨论 T_λ^n 的零空间 $\ker(T_\lambda^n)$的性质.

引理 5.17 设 $T:X\to X$ 是赋范线性空间 X 上的紧线性算子,$\lambda\neq 0$,则存在一个最小的整数 r(与 λ 有关),使当 $n\geqslant r$ 时,所有零空间 $\ker(T_\lambda^n)$都相等;如果 $r>0$,则包含关系式

$$\ker(T_\lambda^0)\subset\ker(T_\lambda)\subset\ker(T_\lambda^2)\subset\cdots\subset\ker(T_\lambda^r)\tag{5.16}$$

是真包含式,即各不相等.

证明 推论 5.13 已证明 $\ker(T_\lambda^n)\subset\ker(T_\lambda^{n+1})$,假设没有 n 使得 $\ker(T_\lambda^n)=$

$\ker(T_\lambda^{n+1})$，即对每个 n，$\ker(T_\lambda^n)$ 是 $\ker(T_\lambda^{n+1})$ 的真子空间. 由定理 5.12 知这些零空间是闭的，由第 2 章黎斯引理 2.19，存在序列 $\{y_n\}\subset X$，使得

$$y_n\in\ker(T_\lambda^n),\quad \|y_n\|=1,\quad \forall x\in\ker(T_\lambda^{n-1}),\quad \|y_n-x\|\geqslant\frac{1}{2},$$

当 $n>m$ 时，有

$$\begin{aligned}Ty_n-Ty_m&=\lambda y_n-(\lambda y_m-T_\lambda y_n+T_\lambda y_m)\\&=\lambda\left[y_n-\left(y_m-\frac{1}{\lambda}T_\lambda y_n+\frac{1}{\lambda}T_\lambda y_m\right)\right]\\&=\lambda(y_n-x).\end{aligned}$$

其中，$x=y_m-\frac{1}{\lambda}T_\lambda y_n+\frac{1}{\lambda}T_\lambda y_m$.

因为 $m\leqslant n-1$，$y_m\in\ker(T_\lambda^m)\subset\ker(T_\lambda^{n-1})$，再由 $T_\lambda^{n-1}(T_\lambda y_n)=T_\lambda^n(y_n)=0$，推知 $\frac{1}{\lambda}T_\lambda y_n\in\ker(T_\lambda^{n-1})$，及 $T_\lambda^{m-1}(T_\lambda y_m)=T_\lambda^m(y_m)=0$，推知 $T_\lambda y_m\in\ker(T_\lambda^{m-1})\subset\ker(T_\lambda^{n-1})$，所以 $x\in\ker(T_\lambda^{n-1})$，$\|y-x\|\geqslant\frac{1}{2}$；于是

$$\|Ty_n-Ty_m\|\geqslant\frac{|\lambda|}{2}.$$

这表明 $\{Ty_n\}$ 无收敛子序列，而与 T 是紧线性算子相矛盾. 因此存在某个 n，使得 $\ker(T_\lambda^n)=\ker(T_\lambda^{n+1})$. 因此可以推知 $\ker(T_\lambda^{n+1})=\ker(T_\lambda^{n+2})$. 倘若不然，存在 $x\in\ker(T_\lambda^{n+2})-\ker(T_\lambda^{n+1})$，即 $T_\lambda^{n+2}(x)=0$，但 $T_\lambda^{n+1}(x)\neq0$，令 $z=T_\lambda x$，就有

$$T_\lambda^{n+1}(z)=T_\lambda^{n+1}T_\lambda(x)=T_\lambda^{n+2}(x)=0.$$

此外，$T_\lambda^n(z)=T_\lambda^nT_\lambda(x)=T_\lambda^{n+1}(x)\neq0$，这样一来，$z\in\ker(T_\lambda^{n+1})-\ker(T_\lambda^n)$，而与 $\ker(T_\lambda^n)=\ker(T_\lambda^{n+1})$ 相矛盾. 故由 $\ker(T_\lambda^n)=\ker(T_\lambda^{n+1})$ 可以推出 $\ker(T_\lambda^{n+1})=\ker(T_\lambda^{n+2})$，于是递推可得

$$\ker(T_\lambda^n)=\ker(T_\lambda^{n+1})=\ker(T_\lambda^{n+2})=\cdots=\ker(T_\lambda^{n+m})=\cdots$$

取 r 是使 $\ker(T_\lambda^n)=\ker(T_\lambda^{n+1})$ 成立的最小的 n，如 $r>0$，则式(5.16)就是真包含式.

定理 5.18 设 $T:X\to X$ 是赋范线性空间 X 上的紧线性算子，$\lambda\neq0$，则 $T_\lambda(X)=X$ 的充要条件是 $\ker(T_\lambda)=\{0\}$.（其中 $T_\lambda=T-\lambda\boldsymbol{I}$.）即 $\forall y\in X$，方程 $(T-\lambda\boldsymbol{I})x=y$ 有解的充要条件是对应的齐次方程 $(T-\lambda\boldsymbol{I})x=0$ 仅有零解.

证明 必要性. 设 $T_\lambda(X)=X$，倘若 $\ker(T_\lambda)\neq\{0\}$，于是存在 $x_1\in\ker(T_\lambda)$，$x_1\neq0$. 由 $T_\lambda(X)=X$，必有 $x_2\in X$，$T_\lambda x_2=x_1$，$x_2\neq0$，依此类推，可得一序列 $\{x_n\}\subset X$，$T_\lambda x_{n+1}=x_n\neq0$. 由此，对任意的 n 就有

$$T_\lambda^n x_{n+1}=T_\lambda^{n-1}T_\lambda x_{n+1}=T_\lambda^{n-1}x_n=\cdots=T_\lambda x_2=x_1$$

及

$$T_\lambda^{n+1}x_{n+1}=T_\lambda x_1=0.$$

所以对所有的 n，$\ker(T_\lambda^{n+1})\neq\ker(T_\lambda^n)$这与引理 5.17 矛盾. 故必 $\ker(T_\lambda)=\{0\}$.

充分性. 设 $\ker(T_\lambda)=\{0\}$，由定理 5.16 的证明知 $T_\lambda(X)=X$.

注 1 当 X 是巴拿赫空间时，只要定理中两个等价条件之一成立，则 $T_\lambda=T-\lambda\boldsymbol{I}$ 在 X 上是一一对应的，$R_\lambda(T)=T_\lambda^{-1}$ 定义在 X 上，故由逆算子定理知 $R_\lambda(T)\in R(X)$，$\lambda\in\rho(T)$.

注 2 $\lambda=0$ 的情况. 设 X 无穷维，当 $\ker(T-0\boldsymbol{I})=\ker(T)=\{0\}$时，0 不是特征值，但可能有 $0\in\sigma_c(T)$或 $0\in\sigma_r(T)$，因此可能有$(T-\lambda\boldsymbol{I})(X)\neq X$. 此时，由 $\ker T=\{0\}$推不出 $T(X)=X$.

事实上，当 X 是无穷维巴拿赫空间时，$T(X)\neq X$. 倘若 $T(X)=X$，令 $B(0,n)$是以 0 为中心，n 为半径的球，则 $X=\bigcup\limits_{n=1}^{\infty}B(0,n)$，于是

$$\begin{aligned}X&=T(X)=T\Big(\bigcup_{n=1}^{\infty}B(0,n)\Big)=\bigcup_{n=1}^{\infty}T(B(0,n))\\&=\bigcup_{n=1}^{\infty}\overline{T(B(0,n))}.\end{aligned}$$

其中，$\overline{T(B(0,n))}$是紧集. 由第 1 章定理 1.8(贝尔纲定理)知巴拿赫空间 X 不可能是可数多个疏集之并，故至少有一个 n，使$\overline{T(B(0,n))}$有内点 x_0，因而包含一个闭球 $\bar{B}(x_0,\delta)$，而 $\bar{B}(x_0,\delta)$是紧集$\overline{T(B(0,n))}$的闭子集，因而也是紧集，此时 X 必是有限维，得出矛盾. 所以 $T(X)\neq X$.

综上，将前面叙述的紧线性算子谱的性质总结成下面的定理〔又称黎斯-肖德尔(Riesz-Schauder)理论〕.

定理 5.19 设 X 是复巴拿赫空间，$T:X\to X$ 是紧线性算子，则

(1) T 的非零谱点必是特征值，即

$$\sigma(T)-\{0\}=\sigma_p(T)-\{0\};$$

(2) 如果 $\dim X=\infty$，则 $0\in\sigma(T)$；

(3) $\rho(T)=\{\lambda\in\mathbf{C}:T_\lambda(X)=X\}$；

(4) T 的谱集 $\sigma(T)$或者是有限集，或者是以 0 为聚点的可数集；

(5) 如果 $\lambda\neq0$ 是 T 的特征值，则 T 对应于 λ 的特征子空间 $\ker T_\lambda=\ker(T-\lambda I)$是有限维；

(6) 设 $\lambda_1,\lambda_2,\cdots,\lambda_n$ 是 T 的不同特征值，$Tx_i=\lambda x_i$，$x_i\neq0$，$1\leqslant i\leqslant n$，则 $x_1,x_2,\cdots,x_n$ 是线性无关的.

证明 (1) 即是定理 5.16 的逆否命题.

(2) 由第 4 章推论 4.36 即知.

(3) 当 X 有限维时，它是线性代数的结果. 今设 $\dim X=\infty$，当 $\lambda\in\rho(T)$时，由定义知 $T_\lambda(X)=X$. 反之，若 $T_\lambda(X)=X$，由定理 5.18 及注 1、注 2，必有 $\lambda\neq0$，且 $\lambda\in\rho(T)$.

(4) 由(1)及推论 5.11 即得.

(5) 由定理 5.12 即得.

(6) 由定理 5.9 即得.

接着讨论 T 与 T^* 的关系. 第 4 章定理 4.37 与定理 4.38 指出, T 是紧线性算子当且仅当 T^* 是紧线性算子. 它们的谱则由下述的定理给出.

定理 5.20　设 T 是巴拿赫空间 X 上的紧线性算子, 其对偶算子 T^* 定义在 X^* 上, 则有:

(1) $\sigma(T)=\sigma(T^*)$, 即 T 和 T^* 的非零特征值相同.

(2) 如果 $\lambda\neq\mu$, λ 是 T 的特征值, μ 是 T^* 的特征值, $Tx_0=\lambda x_0$, $T^*f_0=\mu f_0$, 则 $f_0(x_0)=0$.

(3) 如果 $\lambda\neq 0$ 是 T 的特征值, 则方程

$$Tx-\lambda x=y,\quad (y\in X \text{ 是给定的})$$

有解的充要条件是对任意的 $f\in\ker(T^*-\lambda\boldsymbol{I}^*)$, 有 $f(y)=0$.

(4) 如果 $\lambda\neq 0$ 是 T^* 的特征值, 则方程

$$T^*f-\lambda f=g,\quad (g\in X^* \text{ 是给定的})$$

有解的充要条件是对任意的 $x\in\ker(T-\lambda\boldsymbol{I})$, 有 $g(x)=0$.

证明　(1) 由第 4 章定理 4.32 可知, 如果 T、T_1、T_2 均是 X 上的紧线性算子, 则有

$$(T_1+T_2)^*=T_1^*+T_2^*,\quad (\alpha T)^*=\alpha T^*(\alpha\in\mathbf{F}),$$
$$(T_1T_2)^*=T_2^*T_1^*.$$

如果 $\lambda\in\rho(T)$, 则 $\exists R_\lambda(T)=(T-\lambda I)^{-1}\in B(X)$,

$$R_\lambda(T)(T-\lambda\boldsymbol{I})=(T-\lambda\boldsymbol{I})R_\lambda(T)=\boldsymbol{I},$$
$$(T-\lambda\boldsymbol{I})^*R_\lambda^*(T)=R_\lambda^*(T)(T-\lambda\boldsymbol{I})^*=\boldsymbol{I}^*=\boldsymbol{I}_{X^*},$$

即 $(T^*-\lambda\boldsymbol{I}^*)R_\lambda^*(T)=R_\lambda^*(T)(T^*-\lambda\boldsymbol{I}^*)=\boldsymbol{I}^*$.

其中, $\boldsymbol{I}^*$ 是 $B(X^*)$ 中的恒等算子, 由上式知存在

$$R_\lambda^*(T)=(T^*-\lambda\boldsymbol{I}^*)^{-1}\in B(X^*),$$

所以 $\lambda\in\rho(T^*)$. 于是 $\rho(T)\subset\rho(T^*)$.

反之, 如果 $\lambda\in\rho(T^*)$, 则 $(T^*-\lambda\boldsymbol{I}^*)^{-1}\triangleq R_\lambda(T^*)=R_\lambda^*(T)\in B(X^*)$, 并且

$$R_\lambda(T^*)(T^*-\lambda\boldsymbol{I}^*)=(T^*-\lambda\boldsymbol{I}^*)R_\lambda(T^*)=\boldsymbol{I}^*.$$

再由第 4 章定理 4.32 就有

$$(T^{**}-\lambda\boldsymbol{I}^{**})R_\lambda^*(T^*)=R_\lambda^*(T^*)(T^{**}-\lambda\boldsymbol{I}^{**})=\boldsymbol{I}^{**}.$$

其中, T^{**}, $R_\lambda^*(T^*)$, $\boldsymbol{I}^{**}$ 是 $X^{**}\to X^{**}$ 上的有界线性算子, 如果将它们限制在 X 上, 即限制在 $J(X)$(见第 4 章 4.6 节)上, 则 $T^{**}|_X=J^{-1}\cdot T^{**}\cdot J=T$, $\boldsymbol{I}^{**}|_X=J^{-1}\cdot\boldsymbol{I}^{**}\cdot J=\boldsymbol{I}$, $J^{-1}R_\lambda^*(T^*)\cdot J\triangleq S_\lambda\in B(X)$, 得

$$(T-\lambda\boldsymbol{I})S_\lambda=S_\lambda(T-\lambda\boldsymbol{I})=\boldsymbol{I}.$$

这样一来, $S_\lambda=(T-\lambda\boldsymbol{I})^{-1}\in B(X)$, 故 $\lambda\in\rho(T)$. 所以 $\rho(T^*)\subset\rho(T)$. 从而 $\rho(T)=\rho(T^*)$, 因此 $\sigma(T)=\sigma(T^*)$.

而由 $\sigma_p(T)\setminus\{0\}=\sigma(T)\setminus\{0\}$，$\sigma_p(T^*)\setminus\{0\}=\sigma(T^*)\setminus\{0\}$可知，$T$ 和 T^* 的非零特征值相同.

(2) 因为

$$(T^* f_0)(x_0)=(\mu f_0)(x_0)=\mu f_0(x_0)$$

及
$$(T^* f_0)(x_0)=f_0(Tx_0)=f_0(\lambda x_0)=\lambda f_0(x_0),$$

所以 $\mu f_0(x_0)=\lambda f_0(x_0)$，但是 $\lambda\neq\mu$，故 $f_0(x_0)=0$.

(3) 必要性. 如果 $Tx-\lambda x=y$，$T^* f-\lambda f=0$，

$$\begin{aligned}f(y)&=f(Tx)-\lambda f(x)=(T^* f)(x)-\lambda f(x)\\&=\lambda f(x)-\lambda f(x)=0.\end{aligned}$$

充分性. 设 $T^* f-\lambda f=0$，使得 $f(y)=0$. 由定理 5.14 知 $T_\lambda(X)=(T-\lambda\boldsymbol{I})(X)$是 X 的闭线性子空间. 倘若 $Tx-\lambda x=y$ 无解，即 $y\overline{\in} T_\lambda(X)$，由第 4 章定理 4.16 知存在 $f\in X^*$，使 $f(y)\neq 0$，而 $f((T-\lambda\boldsymbol{I})X)=\{0\}$，即对任意的 $x\in X$，$f(Tx)=\lambda f(x)$，也即$(T^* f)(x)=\lambda f(x)$，因而 $T^* f=\lambda f$，$T^* f-\lambda f=0$，而 $f(y)\neq 0$ 与假设矛盾. 故 $Tx-\lambda x=y$ 必有解.

(4) 必要性. 如果存在 $f\in X^*$，使得 $T^* f-\lambda f=g$，$x\in\ker(T-\lambda\boldsymbol{I})$，即 $Tx-\lambda x=0$，则

$$\begin{aligned}g(x)&=(T^* f)(x)-\lambda f(x)=f(Tx)-\lambda f(x)\\&=f(\lambda x)-\lambda f(x)=0.\end{aligned}$$

充分性. 设 $Tx-\lambda x=0$，使得 $g(x)=0$. 在$(T_\lambda)(X)$上定义线性泛函 f，令 $f(T_\lambda x)=f((T-\lambda\boldsymbol{I})x)=g(x)$. 当$(T-\lambda\boldsymbol{I})x=(T-\lambda\boldsymbol{I})x'$时，$(T-\lambda\boldsymbol{I})(x-x')=0$，$g(x-x')=0$，即 $g(x)=g(x')$. 所以对每一个 $y\in(T-\lambda\boldsymbol{I})(X)$，$f(y)$是唯一确定的. 显然 f 是线性的. 要证明 f 连续，只要证明 f 在 0 点连续. 用反证法，倘若 f 在 0 点不连续，则存在 $\varepsilon>0$，有$\{y_n\}\subset T_\lambda(X)$ 使 $y_n\to 0$，而 $|f(y_n)|\geqslant\varepsilon$. 设 $y_n=T_\lambda x_n=(T-\lambda\boldsymbol{I})x_n$，则 $|f(y_n)|=|g(x_n)|\geqslant\varepsilon$. 而 $Tx_n-\lambda x_n\to 0$. 由定理 5.14 的证明，$\{x_n\}$有子序列$\{x_{n_k}\}$，及 $w_{n_k}\in\ker(T_\lambda)$ 使得 $x_{n_k}-w_{n_k}\to x_0$，$T_\lambda x_{n_k}\to T_\lambda x_0$，由极限的唯一性，$T_\lambda x_0=(T-\lambda\boldsymbol{I})x_0=Tx_0-\lambda x_0=0$，于是

$$f(y_{n_k})=g(x_{n_k})=g(x_{n_k}-w_{n_k})\to g(x_0)=0.$$

这与$|f(y_{n_k})|\geqslant\varepsilon$ 矛盾！所以 f 在 0 点连续，因而 f 在 $T_\lambda(X)$上连续. 由哈恩-巴拿赫定理可将 f 延拓成 X 上的连续线性泛函，仍记为 f. 故对任意的 $x\in X$，有

$$f(T_\lambda x)=f((T-\lambda\boldsymbol{I})x)=g(x),\quad (T^*-\lambda\boldsymbol{I}^*)f(x)=g(x).$$

即$(T^*-\lambda\boldsymbol{I}^*)f=g$，$f$ 是方程 $T^* f-\lambda f=g$ 的解.

5.3 自伴算子的谱

下面我们将系统研究希尔伯特空间上几类特殊的有界线性算子.

定理 5.21 设 X,Y 都是希尔伯特空间，$T\in B(X,Y)$，则存在唯一的算子 $T^*\in B(Y,X)$，满足：

$$\langle Tx,y\rangle=\langle x,T^*y\rangle \quad \forall x\in X,\forall y\in Y.$$

证明 对任意固定的 $y\in Y$，定义 X 上的线性泛函 $\varphi_y:X\to\mathbf{F}$，$\varphi_y(x):=\langle Tx,y\rangle$，容易验证 φ_y 是线性的，而且

$$|\varphi_y(x)|\leqslant\|Tx\|\|y\|\leqslant\|T\|\|x\|\|y\|.$$

故 φ_y 是 X 上的有界线性泛函，$\|\varphi_y\|\leqslant\|T\|\|y\|$. 由黎斯表现定理知，存在唯一的元素 $U\varphi_y\in X$，使得对于任意的 $x\in X$，

$$\langle Tx,y\rangle=\varphi_y(x)=\langle x,U\varphi_y\rangle.$$

由于 $U\varphi_y$ 由 φ_y 唯一确定，φ_y 由 y 唯一确定，故 $U\varphi_y$ 由 y 唯一确定，记作 T^*y，则 T^* 是 Y 到 X 中的算子，并且对于任意的 $x\in X,y\in Y$，有 $\langle Tx,y\rangle=\langle x,T^*y\rangle$.

现在证明 $T^*\in B(Y,X)$. 设 $y_1,y_2\in Y,\alpha,\beta\in\mathbf{F}$，于是有

$$\begin{aligned}\langle x,T^*(\alpha y_1+\beta y_2)\rangle&=\langle Tx,\alpha y_1+\beta y_2\rangle=\bar{\alpha}\langle Tx,y_1\rangle+\bar{\beta}\langle Tx,y_2\rangle\\&=\bar{\alpha}\langle x,T^*y_1\rangle+\bar{\beta}\langle x,T^*y_2\rangle\\&=\langle x,\alpha T^*y_1+\beta T^*y_2\rangle.\end{aligned}$$

由 x 的任意性，得到 $T^*(\alpha y_1+\beta y_2)=\alpha T^*y_1+\beta T^*y_2$. 这就说明 T^* 是线性算子. 又因为对于任意的 $x\in X,y\in Y$，有

$$|\langle x,T^*y\rangle|=|\langle Tx,y\rangle|\leqslant\|Tx\|\|y\|\leqslant\|T\|\|x\|\|y\|.$$

若取 $x=T^*y\in X$，就会有

$$\|T^*y\|^2\leqslant\|T\|\|T^*y\|\|y\|.$$

当 $T^*y\neq0$ 时，$\|T^*y\|\leqslant\|T\|\|y\|$，$T^*y=0$ 时显然成立，所以上式对所有的 $y\in Y$ 成立，故 $T^*\in B(Y,X)$，而且 $\|T^*\|\leqslant\|T\|$.

下面证明 T^* 的唯一性. 如果还有算子 $T_1^*:Y\to X$，使得对于任意的 $x\in X,y\in Y$，有

$$\langle x,T_1^*y\rangle=\langle Tx,y\rangle=\langle x,T^*y\rangle,$$

则由 x 的任意性知，$T_1^*y,=T^*y$，故 $T^*=T_1^*$.

由以上定理，可得出以下的定义.

定义 5.5 设 X,Y 都是希尔伯特空间，$T\in B(X,Y)$，满足：

$$\langle Tx,y\rangle=\langle x,T^*y\rangle,\forall x\in X,\forall y\in Y$$

的唯一的算子 T^* 称为算子 T 的**伴随算子**. 此外，若 $T=T^*$，则称 T 是**自伴算子**.

注 在本书中，对于 $T\in B(X,Y)$，当 X,Y 都是赋范线性空间时，T^* 是指 T 的对偶算子. 当 X,Y 都是希尔伯特空间时，T^* 是指 T 的伴随算子. 根据上下文容易理论 T^* 的意义. 值得明确的是，本书中的自伴算子都是指有界的自伴算子.

例 5.2 设 $T:\mathbf{R}^n\to\mathbf{R}^m$ 是线性算子，对 $x=(\xi_1,\xi_2,\cdots,\xi_n)^{\mathrm{T}}\in\mathbf{R}^n$，$y=(\eta_1,\eta_2,\cdots,\eta_m)^{\mathrm{T}}\in\mathbf{R}^m$，有

$$y=Tx=Ax=\begin{pmatrix}a_{11} & \cdots & a_{1n}\\ \vdots & \vdots & \vdots\\ a_{m1} & \cdots & a_{mn}\end{pmatrix}\begin{pmatrix}\xi_1\\ \vdots\\ \xi_n\end{pmatrix}=\begin{pmatrix}\eta_1\\ \vdots\\ \eta_m\end{pmatrix}.$$

矩阵 $A=(a_{ij})_{m\times n}$是 T 的表示矩阵.若内积用矩阵乘法表示,就会有

$$\langle Ax,y\rangle=\langle Ax\rangle^{\mathrm{T}}y=x^{\mathrm{T}}A^{\mathrm{T}}y,\quad \langle x,A^*y\rangle=x^{\mathrm{T}}A^*y,$$

$$\langle Ax,y\rangle=\langle x,A^*y\rangle\Leftrightarrow x^{\mathrm{T}}A^{\mathrm{T}}y=x^{\mathrm{T}}A^*y,\quad \forall\, x\in\mathbf{R}^n,y\in\mathbf{R}^m.$$

其中,A^* 是 T^* 的表示矩阵,所以 $A^*=A^{\mathrm{T}}$,故 T 的伴随算子的表示矩阵恰好是 T 的表示矩阵的转置矩阵.

当 T 是由 $\mathbf{C}^n$ 到 $\mathbf{C}^n$ 的线性算子,$A^*=\overline{A}^{\mathrm{T}}$,即 T 的伴随算子 T^* 用 T 的表示矩阵 A 的复共轭转置矩阵 $\overline{A}^{\mathrm{T}}$ 来表示.因此可以得到:(1)设 $T:\mathbf{R}^n\to\mathbf{R}^n$ 是线性算子,则 T 是自伴算子,当且仅当 T 的表示矩阵是对称的;(2)设 $T:\mathbf{C}^n\to\mathbf{C}^n$ 是线性算子,则 T 是自伴算子,当且仅当 T 的表示矩阵是埃密特矩阵.

例 5.3 设 $T:L^2[a,b]\to L^2[a,b]$是以 $K(x,y)$为核的线性积分算子,定义

$$(Tf)(x)=\int_a^b K(x,y)f(y)\mathrm{d}y,\quad \forall\, f\in L^2,$$

则

$$(T^*f)(x)=\int_a^b \overline{K(y,x)}f(y)\mathrm{d}y.$$

证明 对于任意的 $f,g\in L^2[a,b]$因为

$$\begin{aligned}\langle Tf,g\rangle&=\left\langle\int_a^b K(x,y)f(y)\mathrm{d}y,g(x)\right\rangle\\&=\int_a^b\left[\int_a^b K(x,y)f(y)\mathrm{d}y\right]\overline{g(x)}\mathrm{d}x\\&=\int_a^b\int_a^b K(x,y)f(y)\,\overline{g(x)}\mathrm{d}y\mathrm{d}x\\&=\int_a^b f(y)\left[\int_a^b K(x,y)\,\overline{g(x)}\mathrm{d}x\right]\mathrm{d}y\\&=\int_a^b f(y)\,\overline{\left[\int_a^b \overline{K(x,y)}g(x)\mathrm{d}x\right]}\mathrm{d}y\\&=\int_a^b f(x)\,\overline{\left[\int_a^b \overline{K(y,x)}g(y)\mathrm{d}y\right]}\mathrm{d}x\\&=\left\langle f(x),\int_a^b \overline{K(y,x)}g(y)\mathrm{d}y\right\rangle=\langle f,T^*g\rangle,\end{aligned}$$

所以,

$$(T^*g)(x)=\int_a^b \overline{K(y,x)}g(y)\mathrm{d}y,\quad \forall\, g\in L^2[a,b],$$

注 当 $L^2[a,b]$为实值函数空间时,上式不必取复共轭.

希尔伯特空间中的伴随算子具有下述性质.

定理 5.22　设 X,Y 和 Z 都是希尔伯特空间.如果 $T,S\in B(X,Y)$,$\alpha\in\mathbf{F}$,则

(1) $\boldsymbol{I}^*=\boldsymbol{I}$.

(2) $(T+S)^*=T^*+S^*$.

(3) $(\alpha T)^*=\bar{\alpha}T^*$.

(4) $T^{**}=(T^*)^*=T$.

(5) 如果 T 可逆,而且 $T^{-1}\in B(Y,X)$ 为其逆,则 T^* 可逆,而且 $(T^*)^{-1}=(T^{-1})^*$.如果 $T\in B(X,Y)$,$S\in B(Y,Z)$,则 $(ST)^*=T^*S^*$.

(6) $\|T\|=\|T^*\|=\|T^*T\|^{1/2}$.

证明

(1) 明显成立.

(2) 对于任意的 $x\in X,y\in Y$,有

$$\begin{aligned}\langle x,(T+S)^*y\rangle&=\langle (T+S)x,y\rangle=\langle Tx,y\rangle+\langle Sx,y\rangle\\&=\langle x,T^*y\rangle+\langle x,S^*y\rangle=\langle x,(T^*+S^*)y\rangle.\end{aligned}$$

由 x 的任意性得到,$(T+S)^*y=(T^*+S^*)y$.由于 y 的任意性,就会有 $(T+S)^*=(T^*+S^*)$.

(3) 对于任意的 $x\in X,y\in Y,\alpha\in\mathbf{F}$,因为

$$\langle x,(\alpha T)^*y\rangle=\langle \alpha Tx,y\rangle=\alpha\langle x,T^*y\rangle=\langle x,\bar{\alpha}T^*y\rangle,$$

所以,$(\alpha T)^*y=\bar{\alpha}T^*y$,这就推得 $(\alpha T)^*=\bar{\alpha}T^*$.

(4) 因为 $\langle y,(T^*)^*x\rangle=\langle T^*y,x\rangle=\langle y,Tx\rangle$.所以 $(T^*)^*=T$.

(5) 由 T 可逆知,$TT^{-1}=\boldsymbol{I}_Y$,$T^{-1}T=\boldsymbol{I}_X$.对于任意的 $y,y'\in Y$,则有

$$\langle y,(T^{-1})^*T^*y'\rangle=\langle T^{-1}y,T^*y'\rangle=\langle TT^{-1}y,y'\rangle=\langle y,y'\rangle.$$

所以,$(T^{-1})^*T^*y'=y'$,$(T^{-1})^*T^*=\boldsymbol{I}_Y$.又对于任意的 $x,x'\in X$,有

$$\langle x,T^*(T^{-1})^*x'\rangle=\langle Tx,(T^{-1})^*x'\rangle=\langle T^{-1}Tx,x'\rangle=\langle x,x'\rangle.$$

所以,$T^*(T^{-1})^*x'=x'$,$T^*(T^{-1})^*=\boldsymbol{I}_X$.因此 T^* 有逆,而且 $(T^*)^{-1}=(T^{-1})^*$.由巴拿赫逆算子定理可以知道 T^{-1} 存在时必定是有界的,故 $(T^{-1})^*$ 也有界,因而 $(T^*)^{-1}$ 有界.由于 $T\in B(X,Y)$,$S\in B(Y,Z)$,从而有

$$ST\in B(X,Z),(ST)^*\in B(Z,X).$$

进而,对于任意的 $x\in X,z\in Z$ 有

$$\langle x,(ST)^*z\rangle=\langle STx,z\rangle=\langle Tx,S^*z\rangle=\langle x,T^*S^*z\rangle.$$

由于 x,z 的任意性,故 $(ST)^*=T^*S^*$.

(6) 对于任意的 $x\in X$,$\|x\|\leqslant 1$,我们有 $\|Tx\|^2=\langle Tx,Tx\rangle=\langle T^*Tx,x\rangle\leqslant\|T^*Tx\|\|x\|\leqslant\|T^*T\|\leqslant\|T^*\|\|T\|$.所以,$\|T\|^2\leqslant\|T^*T\|\leqslant\|T^*\|\|T\|$.从而,$\|T\|\leqslant\|T^*\|$.但是 $T=T^{**}$.利用 T^* 代替 T 可以得到 $\|T^*\|\leqslant\|T^{**}\|=\|T\|$.因此,$\|T\|=\|T^*\|$.

定理 5.23

(1) 设 X 是希尔伯特空间，$T\in B(X)$，$T=T^*$，则 $\|T\|=\sup\{|\langle Tx,x\rangle|:\|x\|=1\}$. 特别地，若对于任意的 $x\in X$ 有，$\langle Tx,x\rangle=0$，则 $T=0$.

(2) 设 X 是复希尔伯特空间，$T\in B(X)$.

(ⅰ) 若对于任意的 $x\in X$ 有，$\langle Tx,x\rangle=0$，则 $T=0$；

(ⅱ) T 为自伴算子，当且仅当对于任何 $x\in X$，$\langle Tx,x\rangle$ 为实数.

(3) 设 X,Y 都是希尔伯特空间，$T\in B(X,Y)$，则

(ⅰ) $R(T)^{\perp}=\ker(T^*)$；

(ⅱ) $\overline{R(T)}=\ker(T^*)^{\perp}$；

(ⅲ) $R(T^*)^{\perp}=\ker(T)$；

(ⅳ) $\overline{R(T^*)}=\ker(T)^{\perp}$.

这里只给出部分证明，其余留给读者作为练习.

证明 (1) 令 $M=\sup\{|\langle Tx,x\rangle|:\|x\|=1\}$. 如果 $\|x\|=1$，则有

$$|\langle Tx,x\rangle|\leqslant\|Tx\|\|x\|\leqslant\|T\|\|x\|\|x\|=\|T\|.$$

因此 $M\leqslant\|T\|$. 此外，由极化恒等式

$$\langle Tx,y\rangle=\frac{1}{4}[\langle T(x+y),x+y\rangle-\langle T(x-y),x-y\rangle$$
$$+i(\langle T(x+iy),x+iy\rangle-\langle T(x-iy),x-iy\rangle)].$$

于是由本定理(2)(ⅱ)的结论，就有

$$\begin{aligned}\mathrm{Re}\langle Tx,y\rangle&=\frac{1}{4}[\langle T(x+y),x+y\rangle-\langle T(x-y),x-y\rangle]\\&\leqslant\frac{1}{4}M(\|x+y\|^2+\|x-y\|^2)\\&=\frac{1}{2}M(\|x\|^2+\|y\|^2).\end{aligned}$$

现在取 $x\in X$，使得 $\|x\|=1$ 并令 $y=\dfrac{Tx}{\|Tx\|}$，则有

$$\begin{aligned}\|Tx\|&=\frac{\|Tx\|^2}{\|Tx\|}=\langle Tx,\frac{Tx}{\|Tx\|}\rangle\\&=\mathrm{Re}\langle Tx,y\rangle\leqslant M.\end{aligned}$$

于是 $\|T\|\leqslant M$. 所以 $\|T\|=M$.

特别地，由 $\langle Tx,x\rangle=0$，推知 $\|T\|=0$，故只能 $T=0$.

(2) 之(ⅱ). 由 $T=T^*$ 知

$$\langle Tx,x\rangle=\langle x,Tx\rangle=\overline{\langle Tx,x\rangle},$$

故 $\langle Tx,x\rangle$ 必是实数.

反之，如对任意的 $x\in X$，$\langle Tx,x\rangle$ 是实数，$\alpha\in\mathbf{C}$，$x,y\in X$，则有

$$\langle T(x+\alpha y),x+\alpha y\rangle=\langle Tx,x\rangle+\bar{\alpha}\langle Tx,y\rangle+\alpha\langle Ty,x\rangle+|\alpha|^2\langle Ty,y\rangle.$$

上面等式左端为实数，等于其共轭复数，所以等式右端也等于其共轭复数，即

$$\begin{aligned}&\langle Tx,x\rangle+\bar{\alpha}\langle Tx,y\rangle+\alpha\langle Ty,x\rangle+|\alpha|^2\langle Ty,y\rangle\\&=\overline{\langle Tx,x\rangle}+\alpha\,\overline{\langle Tx,y\rangle}+\bar{\alpha}\,\overline{\langle Ty,x\rangle}+|\alpha|^2\,\overline{\langle Ty,y\rangle}\\&=\langle Tx,x\rangle+\alpha\,\overline{\langle Tx,y\rangle}+\bar{\alpha}\,\overline{\langle Ty,x\rangle}+|\alpha|^2\langle Ty,y\rangle.\end{aligned}$$

所以

$$\bar{\alpha}\langle Tx,y\rangle+\alpha\langle Ty,x\rangle=\alpha\,\overline{\langle Tx,y\rangle}+\bar{\alpha}\langle x,Ty\rangle=\alpha\langle T^*y,x\rangle+\bar{\alpha}\langle T^*x,y\rangle.$$

取 $\alpha=1$，有

$$\langle Tx,y\rangle+\langle Ty,x\rangle=\langle T^*y,x\rangle+\langle T^*x,y\rangle. \tag{5.17}$$

取 $\alpha=i$，有

$$-i\langle Tx,y\rangle+i\langle Ty,x\rangle=i\langle T^*y,x\rangle-i\langle T^*x,y\rangle. \tag{5.18}$$

式(5.18)乘以 $-i$ 再加上式(5.17)，得到

$$\langle Ty,x\rangle=\langle T^*y,x\rangle.$$

所以 $T=T^*$.

(3) 之(ⅲ). 如果 $x\in\ker T$，$y\in X$，则

$$\langle x,T^*y\rangle=\langle Tx,y\rangle=0.$$

所以 $\ker T\subset(R(T^*))^{\perp}$. 此外，如果 $x\perp R(T^*)$，则对任意的 $y\in X$，有

$$\langle Tx,y\rangle=\langle x,T^*y\rangle=0.$$

由 y 的任意性知 $Tx=0$，即 $x\in\ker T$，所以 $(R(T^*))^{\perp}\subset\ker T$. 由此即得 $(R(T^*))^{\perp}=\ker T$.

下面介绍复希尔伯特空间 X 上有界自伴线性算子 T 的谱性质.

定理 5.24　设 T 是复希尔伯特空间 X 上的有界自伴算子，则

(1) T 的一切特征值(如存在)都是实数，并且对应于 T 的不同特征值的特征向量相互正交.

(2) 存在点列 $\{x_n\}\subset X$，$\|x_n\|=1$，使对任意的正整数 n，有 $(T-\lambda\boldsymbol{I})x_n\to0$，其中 $\lambda=\|T\|$(或 $-\|T\|$).

证明　(1) 如果 $Tx=\lambda x$，$x\neq0$，则由 T 的自伴性知：

$$\begin{aligned}\lambda\|x\|^2&=\lambda\langle x,x\rangle=\langle\lambda x,x\rangle=\langle Tx,x\rangle=\langle x,Tx\rangle\\&=\langle x,\lambda x\rangle=\bar{\lambda}\langle x,x\rangle=\bar{\lambda}\|x\|^2,\end{aligned}$$

所以 $\lambda=\bar{\lambda}$，即 λ 是实数.

再如 $Ty=\mu y$，而且 $\mu\neq\lambda$，则从

$$\lambda\langle x,y\rangle=\langle Tx,y\rangle=\langle x,Ty\rangle=\bar{\mu}\langle x,y\rangle=\mu\langle x,y\rangle$$

即得 $\langle x,y\rangle=0$.

(2) 因 T 是 X 上的自伴算子，从而有

$$\|T\|=\sup\{|\langle Tx,x\rangle|:x\in X,\|x\|=1\},$$

由上确界的定义，存在 X 中点列 $\{y_n\}$，$\|y_n\|=1$ 使得 $|\langle Ty_n,y_n\rangle|\to\|T\|(n\to\infty)$. 由于 $\langle Ty_n,y_n\rangle$ 是实数故存在 $\{y_n\}$ 的子列 $\{x_n\}$，使得 $\langle Tx_n,x_n\rangle\to\|T\|$ 或者 $\langle Tx_n,x_n\rangle\to-\|T\|$. 令 $\lambda=\|T\|$（或 $-\|T\|$），使有 $\langle Tx_n,x_n\rangle\to\lambda(n\to\infty)$. 则有

$$\begin{aligned}\|Tx_n-\lambda x_n\|^2&=\|Tx_n\|^2+\lambda^2\|x_n\|^2-2\lambda\langle Tx_n,x_n\rangle\\&\leqslant\|T\|^2+\lambda^2-2\lambda\langle Tx_n,x_n\rangle\\&=2\lambda^2-2\lambda\langle Tx_n,x_n\rangle\\&\to2\lambda^2-2\lambda^2=0,\quad(n\to\infty).\end{aligned}$$

所以 $\|Tx_n-\lambda x_n\|\to0,(n\to\infty)$.

定理 5.25 设 T 是复希尔伯特空间 X 上的有界自伴算子，则 λ 属于 T 的预解集 $\rho(T)$ 当且仅当存在 $\alpha>0$，使对任意的 $x\in X$，有

$$\|(T-\lambda\boldsymbol{I})x\|\geqslant\alpha\|x\|. \tag{5.19}$$

证明 先设 $\lambda\in\rho(T)$，故必存在 $R_\lambda(T)=(T-\lambda\boldsymbol{I})^{-1}:X\to X$，并且 $R_\lambda(T)\in B(X)$. 如果 $\|R_\lambda(T)\|=k$，则 $k>0$，因为 $\boldsymbol{I}=R_\lambda(T)(T-\lambda\boldsymbol{I})$，故对任意的 $x\in X$，有

$$\begin{aligned}\|x\|&=\|R_\lambda(T)(T-\lambda\boldsymbol{I})\|\leqslant\|R_\lambda(T)\|\|(T-\lambda\boldsymbol{I})x\|\\&=k\|(T-\lambda\boldsymbol{I})x\|,\end{aligned}$$

取 $\alpha=\dfrac{1}{k}$，就得 $\|(T-\lambda\boldsymbol{I})x\|\geqslant\alpha\|x\|$.

反之，设式(5.19)成立，则当 $(T-\lambda\boldsymbol{I})x=0$ 时，$x=0$，所以 $(T-\lambda\boldsymbol{I})$ 是单射.

下面证明 $\overline{(T-\lambda\boldsymbol{I})(X)}=X$. 如果 $x_0\perp\overline{(T-\lambda\boldsymbol{I})(X)}$，则 $x_0\perp(T-\lambda\boldsymbol{I})(X)$，故对任意的 $x\in X$，有

$$0=\langle(T-\lambda\boldsymbol{I})x,x_0\rangle=\langle Tx,x_0\rangle-\langle x,\bar{\lambda}x_0\rangle,$$

即
$$\langle x,Tx_0\rangle=\langle x,\bar{\lambda}x_0\rangle.$$

由 x 的任意性知 $Tx_0=\bar{\lambda}x_0$，如果 $x_0\neq0$，则 $\bar{\lambda}$ 是 T 的一个特征值. 由定理 5.24，自伴算子 T 的特征值是实数，即 $\bar{\lambda}=\lambda$，且 $(T-\lambda\boldsymbol{I})x_0=0$，与 $T-\lambda\boldsymbol{I}$ 是单射相矛盾. 所以 $x_0=0$. 于是

$$\overline{(T-\lambda\boldsymbol{I})(X)}^{\perp}=\{0\}.$$

由第 3 章定理 3.8 的(2)知，$\overline{(T-\lambda\boldsymbol{I})(X)}=X$.

下面再证明 $(T-\lambda\boldsymbol{I})(X)$ 是闭集. $\forall\, y\in\overline{(T-\lambda\boldsymbol{I})(X)}$，存在 $\{y_n\}\subset(T-\lambda\boldsymbol{I})(X)$，使有 $y_n\to y$. 因而存在 $x_n\in X$，使得 $y_n=(T-\lambda\boldsymbol{I})x_n$，由式(5.19)，就有

$$\begin{aligned}\|x_n-x_m\|&\leqslant\frac{1}{\alpha}\|(T-\lambda\boldsymbol{I})(x_n-x_m)\|\\&=\frac{1}{\alpha}\|y_n-y_m\|\to0\quad(n,m\to\infty).\end{aligned}$$

故 $\{x_n\}$ 是 X 中柯西序列，因 X 完备，有 $x_n\to x\in X$. 又因 T 有界，必连续，所以 $(T-\lambda\boldsymbol{I})$ 也连续，使得

$$y_n=(T-\lambda\boldsymbol{I})x_n\to(T-\lambda\boldsymbol{I})x.$$

由极限唯一性知 $y=(T-\lambda\boldsymbol{I})x\in(T-\lambda\boldsymbol{I})(X)$. 从而 $(T-\lambda\boldsymbol{I})(X)$ 是闭集. 即有

$$(T-\lambda\boldsymbol{I})(X)=\overline{(T-\lambda\boldsymbol{I})(X)}=X.$$

这说明 $(T-\lambda\boldsymbol{I})$ 是满射. 由 $(T-\lambda\boldsymbol{I})$ 既是单射,又是满射,$R_\lambda(T)=(T-\lambda\boldsymbol{I})^{-1}$ 存在且在整个 X 上有定义. 又由逆算子定理知 $(T-\lambda\boldsymbol{I})^{-1}\in B(X)$,$\lambda\in\rho(T)$.

定理 5.26 设 X 是复希尔伯特空间,$T\in B(X)$ 是自伴算子,则 $\sigma(T)$ 是实的.

证明 设 $\lambda=\alpha+i\beta$,α,β 是实数,$\beta\neq 0$,则对任意的 $x\neq 0$ 有

$$\langle(T-\lambda\boldsymbol{I})x,x\rangle=\langle Tx,x\rangle-\lambda\langle x,x\rangle \tag{5.20}$$

由定理 5.23 的(2)之(ⅱ)知 $\langle Tx,x\rangle$ 是实数,故有

$$\overline{\langle(T-\lambda\boldsymbol{I})x,x\rangle}=\langle Tx,x\rangle-\bar{\lambda}\langle x,x\rangle. \tag{5.21}$$

式(5.20)减去式(5.21),得到

$$2iI_m\langle(T-\lambda\boldsymbol{I})x,x\rangle=(\bar{\lambda}-\lambda)\langle x,x\rangle=-2i\beta\|x\|^2.$$

上式两端除以 2i 后取绝对值,并由许瓦兹不等式,可得

$$|\beta|\,\|x\|^2=|I_m\langle(T-\lambda\boldsymbol{I})x,x\rangle|\leqslant\|(T-\lambda\boldsymbol{I})x\|\,\|x\|.$$

因 $\|x\|\neq 0$,就有 $\|(T-\lambda\boldsymbol{I})x\|\geqslant|\beta|\,\|x\|$. 当 $x=0$ 时,此式显然成立. 若 $\beta=0$,则由定理 5.25知 $\lambda\in\rho(T)$. 故当 $\lambda\in\sigma(T)$ 时,必定 $\beta=0$,即 λ 是实数.

定理 5.27 设 X 是复希尔伯特空间,$T\in B(X)$ 是自伴算子,令 $m=\inf\limits_{\|x\|=1}\langle Tx,x\rangle$,$M=\sup\limits_{\|x\|=1}\langle Tx,x\rangle$,则 T 的谱 $\sigma(T)\subset[m,M]$.

证明 由上一定理知 $\sigma(T)$ 在实轴上. 下证 $\forall\alpha>0$,实数 $\lambda=M+\alpha\in\rho(T)$. 因对每个 $x\neq 0$,

$$\langle Tx,x\rangle=\|x\|^2\langle T\left(\frac{x}{\|x\|}\right),\frac{x}{\|x\|}\rangle\leqslant\|x\|^2\sup_{\|y\|=1}\langle Ty,y\rangle=\langle x,x\rangle M.$$

所以

$$-\langle Tx,x\rangle\geqslant-\langle x,x\rangle M,$$

由许瓦兹不等式

$$\begin{aligned}\|(T-\lambda\boldsymbol{I})x\|\,\|x\|&\geqslant-\langle(T-\lambda\boldsymbol{I})x,x\rangle=-\langle Tx,x\rangle+\lambda\langle x,x\rangle\\&\geqslant(-M+\lambda)\langle x,x\rangle=\alpha\|x\|^2,\end{aligned}$$

因 $x\neq 0$,故得 $\|(T-\lambda\boldsymbol{I})x\|\geqslant\alpha\|x\|$. 由定理 5.25 知 $\lambda\in\rho(T)$. 同理可证当 $\lambda<m$ 时,$\lambda\in\rho(T)$.

定理 5.28 在定理 5.27 的题设下,必有 m 与 M 是 T 的谱.

证明 令 $B=T-m\boldsymbol{I}$,则 B 也是自伴算子,且

$$\begin{aligned}\langle Bx,x\rangle&=\langle Tx,x\rangle-m\langle x,x\rangle\\&=\|x\|^2\left[\langle T\left(\frac{x}{\|x\|}\right),\frac{x}{\|x\|}\rangle-m\right]\geqslant 0.\end{aligned}$$

由定理 5.23 的(1),就有

$$\begin{aligned}\|B\| &= \sup_{\|x\|=1} |\langle Bx, x\rangle| = \sup_{\|x\|=1} \langle Tx, x\rangle - m \\ &= M - m = M_1.\end{aligned}$$

根据上确界定义，存在序列$\{x_n\} \subset X$，使得$\|x_n\| = 1$，

$$\langle Bx_n, x_n\rangle = M_1 - \delta_n,$$

而 $\delta_n \geqslant 0$，$\delta_n \to 0$. 又

$$\|Bx_n\| \leqslant \|B\| \|x_n\| = \|B\| = M_1.$$

所以

$$\begin{aligned}\|Bx_n - M_1 x_n\|^2 &= \langle Bx_n - M_1 x_n, Bx_n - M_1 x_n\rangle \\ &= \|Bx_n\|^2 - 2M_1\langle Bx_n, x_n\rangle + M_1^2 \|x_n\|^2 \\ &\leqslant M_1^2 - 2M_1(M_1 - \delta_n) + M_1^2 \\ &= 2M_1\delta_n \to 0.\end{aligned}$$

因此不存在正数 α，使对所有的 x_n，有

$$\|(B - M_1 \boldsymbol{I})x_n\| \geqslant \alpha = \alpha\|x_n\|.$$

由定理 5.25 知，$M_1 \overline{\in} \rho(B)$，即 $T - m\boldsymbol{I} - (M - m)\boldsymbol{I} = (T - M\boldsymbol{I})$没有在整个 X 上的有界逆，所以 $M \in \sigma(T)$.

定理 5.29 设 X 是复希尔伯特空间，$T \in B(X)$是自伴算子，则 T 的剩余谱$\sigma_r(T)$是空集.

证明 反证法：倘若$\sigma_r(T) \neq \varnothing$，设$\lambda \in \sigma_r(T)$由定义 5.3 知存在 $R_\lambda(T) = (T - \lambda\boldsymbol{I})^{-1}$，但其定义域$D(R_\lambda(T))$在 X 中不稠密. 即$\overline{D(R_\lambda(T))} \neq X$，由第 3 章的定理 3.11(正交分解定理)，存在 $y \neq 0$，$y \perp D(R_\lambda(T))$，但是 $D(R_\lambda(T))$是 $T - \lambda\boldsymbol{I}$ 的值域，故对任意的 $x \in X$，有

$$\langle (T - \lambda\boldsymbol{I})x, y\rangle = 0.$$

又由 T 自伴，λ 是实数，故也有

$$\langle x, (T - \lambda\boldsymbol{I})y\rangle = 0.$$

再因 x 的任意性，得到$(T - \lambda\boldsymbol{I})y = 0$，$\lambda$ 是 T 的特征值，与$\lambda \in \sigma_r(T)$矛盾. 故只能$\sigma_r(T) = \varnothing$.

5.4 算子谱理论在多入多出系统容量分析及在超宽带通信波形研究中的应用

5.4.1 算子谱理论在多入多出系统容量分析中的应用

在无线通信中，随着 Internet 和多媒体业务的迅速普及，系统容量的需求也迅速增大；但同时，无线频谱资源是有限的，所以必须采用一种方法，在有限的频谱资源里提高系统的容量，其中增加发送和接收天线的数量可以达到这个目的，而且可以大大提高系统容

量，是一种很有优势的解决方案.

在这里，就是对多入多出(Multiple-Input Multiple-Output，MIMO)的系统容量进行分析，其中采用 SVD(Singular Value Decomposition)和矩阵算子特征值来计算.

1. MIMO 信道建模

我们考虑点到 MIMO 系统，发送天线数量为 n_T，接收天线数量为 n_R，重点考虑离散时间复基带线性系统模型，如图 5.1 所示.

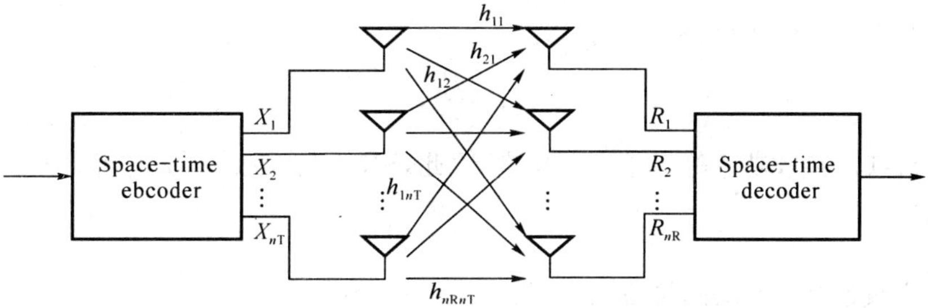

图 5.1　MIMO 系统框图

每个符号周期发送信号用一个 $n_T \times 1$ 列矩阵 X 表示，其中第 i 个分量 x_i 代表第 i 个天线发送信号. 在高斯信道中，发送信号的理想分布也是高斯的. 因此 X 的分量是零均值独立同分布高斯随机变量. 发送信号的协方差矩阵表示为

$$R_{xx} = E\{xx^{H}\} \tag{5.22}$$

这里，$E\{\cdot\}$表示期望，A^H 表示矩阵 A 的转置. 总发送功率限制为 P，不考虑发送天线的数量 n_T，表示为

$$P = \mathrm{tr}(R_{xx}) \tag{5.23}$$

这里，tr(A)表示 A 的迹，是 A 的对角线上元素的和. 考虑发送端不知道信道情况，并且考虑每个天线发送信号的功率相同，均为 P/n_T. 因此发送信号的协方差矩阵为

$$R_{xx} = \frac{P}{n_T} I_{n_T}$$

其中，I_{n_T} 表示 $n_T \times n_T$ 单位矩阵. 由于发送信号的带宽足够窄，因此它的频率响应能认为是平坦的.

我们用 $n_T \times n_R$ 复矩阵来等效信道，表示为 H. H 矩阵中的第 i 行第 j 列分量表示为 h_{ij}，代表第 j 个发送天线到第 i 个天线的信道衰减系数. 一般来说，我们认为 n_R 个天线中每个接收天线的接收功率等于总发送功率，因此我们得到的 H 的限制条件为

$$\sum_{j=1}^{n_T} |h_{ij}|^2 = n_T, \tag{5.24}$$

信道矩阵能够通过发送一个训练序列在接收端进行估计.

接收端的噪声可以用一个 $n_R \times 1$ 列矩阵代替，表示为 n. 其分量是统计独立复零均值

高斯变量，实部和虚部是独立的相同方差.接收噪声的协方差矩阵为

$$R_{nn}=E\{nn^{\mathrm{H}}\}, \tag{5.25}$$

考虑 n 分量间没有相关性，这个值为

$$R_{nn}=\sigma^2\boldsymbol{I}_{n_{\mathrm{R}}}, \tag{5.26}$$

每个接收天线都有相同的噪声功率 σ^2.

接收端是基于最大似然原则对 n_{R} 个接收天线联合计算.接收信号用一个 $n_{\mathrm{R}}\times 1$ 列矩阵来代替，表示为 r，每个分量表示一个接收天线.每个接收天线的输出功率是 P_{r}，那么每个接收天线的平均信噪比(SNR)为

$$\gamma=\frac{P_{\mathrm{r}}}{\sigma^2}, \tag{5.27}$$

由于每个天线的接收功率等于总发送功率.因此，SNR(信噪比)等于下面式子：

$$\gamma=\frac{P}{\sigma^2} \tag{5.28}$$

用一个线性模型来表示接收矢量，为

$$r=Hx+n, \tag{5.29}$$

接收信号的协方差矩阵，定义为 $E\{rr^{\mathrm{H}}\}$，可以表示为

$$R_{rr}=HR_{XX}H^{\mathrm{H}}, \tag{5.30}$$

接收信号的功率就能够表示为 $\mathrm{tr}(R_{rr})$.

2. MIMO 系统容量分析

系统容量定义为在差错率任意小的情况下最大可能传输速率.

对 $n_{\mathrm{R}}\times n_{\mathrm{T}}$ 矩阵 H 进行单值分解(SVD)，可以写成

$$H=UDV^{\mathrm{H}} \tag{5.31}$$

其中，D 是 $n_{\mathrm{R}}\times n_{\mathrm{T}}$ 非负对角线矩阵，U 和 V 是 $n_{\mathrm{R}}\times n_{\mathrm{R}}$ 和 $n_{\mathrm{T}}\times n_{\mathrm{T}}$ 归一化矩阵.因此 $UU^{\mathrm{H}}=\boldsymbol{I}_{n_{\mathrm{R}}}$ 和 $VV^{\mathrm{H}}=\boldsymbol{I}_{n_{\mathrm{t}}}$. D 的对角线元素就是矩阵 HH^{H} 的非负均方根特征值. HH^{H} 的特征值，表示为 λ，定义为

$$HH^{\mathrm{H}}y=\lambda y,\quad y\neq 0.$$

其中，y 是一个 $n_{\mathrm{R}}\times 1$ 关于 λ 的向量，称为特征向量. U 的列向量是 HH^{H} 的特征向量，V 的列向量是 $H^{\mathrm{H}}H$ 的特征向量.结合前面式子，得到

$$r=UDV^{\mathrm{H}}x+n, \tag{5.32}$$

引入下面变换

$$r'=U^{\mathrm{H}}r,\quad x'=V^{\mathrm{H}}x,\quad n'=U^{\mathrm{H}}n,$$

得到

$$r'=Dx'+n', \tag{5.33}$$

HH^{H} 非零特征值的个数等于 H 的秩，表示为 t，对于 $n_{\mathrm{R}}\times n_{\mathrm{T}}$ 矩阵 H，秩最多等于 $m=\min(n_{\mathrm{R}},n_{\mathrm{T}})$，意思最多 m 个非零值.考虑这些单值为$\sqrt{\lambda_i}$，$i=1,2,\cdots,r$.可以写成

$$\begin{pmatrix} r'_1 \\ r'_2 \\ \vdots \\ r'_t \\ \vdots \\ r'_{n_R} \end{pmatrix} = \begin{pmatrix} \sqrt{\lambda_1} & 0 & \cdots & 0 & \cdots \\ 0 & \sqrt{\lambda_2} & \cdots & 0 & \cdots \\ \vdots & \vdots & & \vdots & \\ 0 & 0 & \cdots & \sqrt{\lambda_t} & \cdots \\ \vdots & \vdots & & \vdots & \end{pmatrix} \begin{pmatrix} x'_1 \\ x'_2 \\ \vdots \\ x'_t \\ \vdots \\ x_{n_T} \end{pmatrix} \tag{5.34}$$

即得到

$$\begin{cases} r'_1 = \sqrt{\lambda_i} x'_i + n'_i, & i=1,2,\cdots,t, \\ r'_i = n'_i, & i=t+1,t+2,\cdots,n_R. \end{cases} \tag{5.35}$$

因此,接收向量 $r'_1, i=t+1,t+2,\cdots,n_R$ 不依靠发送信号,即信道增益是 0. 同时,接收向量 $r'_i, i=1,2,\cdots,t$ 仅仅依靠发送信号向量 x'_i. 因此,等效的 MIMO 信道可以等效为 t 个并行子信道,每个子信道的幅度增益等于 H 的单值特征值;信道的功率增益等于矩阵 HH^H 的特征值. MIMD 信道等效图如图 5.2 所示.

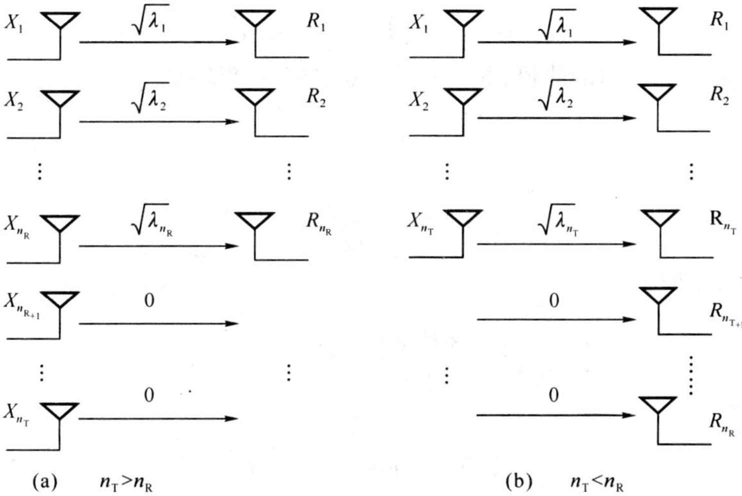

图 5.2 MIMO 信道等效图

从上面的等效公式可以看出,子信道平行因此容量增加. 考虑每个发射天线的发送功率是 P/n_T,因此能够得出整个信道容量,用香农(Shannon)容量公式

$$C = W \sum_{l=1}^{t} \log_2 \left(1 + \frac{P_{ri}}{\sigma^2}\right), \tag{5.36}$$

这里,W 是每个子信道的带宽,P_{ri}是第 i 个子信道的接收信号功率,等于

$$P_{ri} = \frac{\lambda_i P}{n_T} \tag{5.37}$$

其中,$\sqrt{\lambda_i}$ 是信道矩阵 H 的单值. 因此信道容量为

$$C = W\sum_{i=1}^{t}\log_2\left(1+\frac{\lambda_i P}{n_T\sigma^2}\right) \\ = W\log_2\prod_{i=1}^{t}\left(1+\frac{\lambda_i P}{n_T\sigma^2}\right). \tag{5.38}$$

考虑 $m=\min(n_R, n_T)$，定义特征值、特征向量关系，写成

$$(\lambda \boldsymbol{I}_m - \boldsymbol{Q})y, \quad y\neq 0 \tag{5.39}$$

这里 $\boldsymbol{Q}$ 定义为

$$\boldsymbol{Q}=\begin{cases} HH^H, & n_R<n_T \\ H^H H, & n_R\geqslant n_T \end{cases} \tag{5.40}$$

因此，λ 是 $\boldsymbol{Q}$ 的特征值，因此 $\lambda\boldsymbol{I}_m-\boldsymbol{Q}$ 的行列式等于 0，即

$$\det(\lambda\boldsymbol{I}_m-\boldsymbol{Q})=0.$$

考虑一个等效的特征多项式 $p(\lambda)$，满足：

$$p(\lambda)=\det(\lambda\boldsymbol{I}_m-\boldsymbol{Q}), \tag{5.41}$$

上式也可以写成

$$p(\lambda) = \prod\nolimits_{i=1}^{m}(\lambda-\lambda_i), \tag{5.42}$$

其中，λ_i 是特征多项式 $p(\lambda)$ 的根，等于信道矩阵单值，可以写成

$$\prod\nolimits_{i=1}^{m}(\lambda-\lambda_i) = 0,$$

因此得到

$$\prod\nolimits_{i=1}^{m}(\lambda-\lambda_i) = \det(\lambda\boldsymbol{I}_m-\boldsymbol{Q}), \tag{5.43}$$

把 $-\frac{n_T\sigma^2}{P}$ 代入 λ，得到

$$\prod\nolimits_{i=1}^{m}\left(1+\frac{\lambda_i P}{n_T\sigma^2}\right) = \det\left(\boldsymbol{I}_m+\frac{P}{n_T\sigma^2}\boldsymbol{Q}\right), \tag{5.44}$$

由容量公式可得出

$$C=W\log_2\det\left(\boldsymbol{I}_m+\frac{P}{n_T\sigma^2}\boldsymbol{Q}\right). \tag{5.45}$$

5.4.2 算子谱理论在超宽带通信波形研究中的应用

1. 概述

宽带通信(UWB)中所采用的脉冲波形具有极短的脉宽，约为 0.7 ns，从而占用极大的带宽(3.1～10.6 GHz). 在这么宽的频带中，已经存在有 GPS，Bluetooth 等无线通信系统，所以 UWB 的出现，势必对现有的各系统造成电磁干扰[20]. 为此，美国联邦通信委员会(FCC)对 UWB 功率谱进行了强制规定[21]如图 5.3 所示. 为了满足 FCC Mask 的要求，研究人员已经提出若干种脉冲波形(Monocycle)，譬如高斯小波[22]等. 虽然这些研究成果各有优势，但也有其不足之处. 譬如，在通带外，均能满足 FCC Mask 的要求，但是，一旦脉

冲波形确定了，其在通带内，即从 3.1 GHz 到 10.6 GHz 范围内的功率谱也就确定了. 如果在通带内对现有其他通信系统有同频干扰，则没有避开干扰频带的手段，从而对其他系统造成干扰，或者其他系统对 UWB 系统造成干扰.

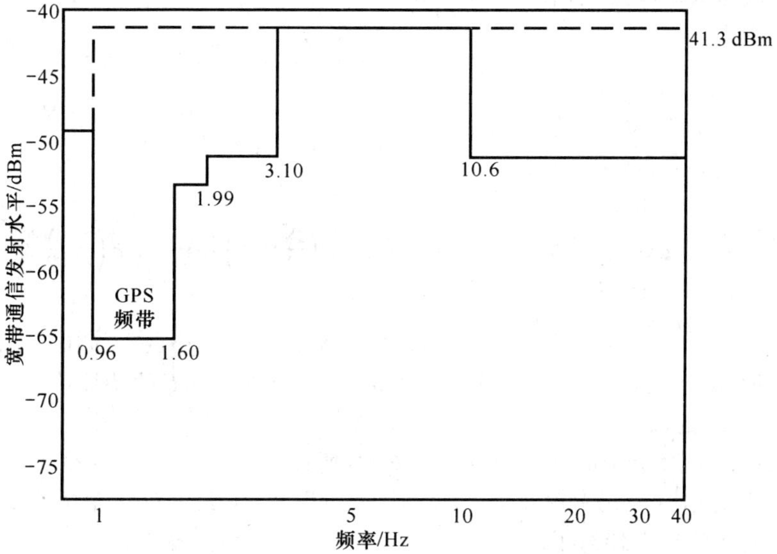

图 5.3　美国联邦通信委员会关于室内通信的模板

这里将泛函分析的算子理论巧妙地用于 UWB 波形设计，提出特征值分解法[20]，不仅可以有效解决干扰频带的问题，同时，还可以根据需要随意产生既符合 FCC Mask 的需要，又具有足够窄的脉冲宽度，从而进一步提高频谱利用率.

2. 谱分解法

FCC Mask 实际上给出了频率滤波器 $H(f)$，其数学表达式为

$$H(f)=\begin{cases}1, & f_L<f<f_H, \\ 0, & \text{否则},\end{cases} \tag{5.46}$$

其中，$f_L=3.1$ GHz，$f_H=10.6$ GHz.

对式(5.46)进行 IFFT 变换，可以得到滤波器的单位抽样响应 $h(n)$，假设我们希望得到的 Monocycle 波形为 $\psi(t)$，该波形为持续时间 T_m 纳秒，幅度有限的实函数.

对其作离散化处理得到离散时间序列 $\psi(n)$. 为了满足 FCC Mask 的要求，我们把 $\psi(n)$作为输入信号，让其通过单位抽样响应为 $h(n)$的滤波器，并假定输入信号只产生幅度衰减，而不产生波形失真. 也就是说，当信号 $\psi(n)$通过线性系统 $h(n)$后，其输出为 $\lambda h(n)$，λ 为衰减因子. 即

$$h(n)^{*}\psi(n)=\lambda\psi(n), \tag{5.47}$$

或

$$\lambda\psi(n)=\sum_{m=-N/2}^{N/2}\psi(m)h(n-m),\quad n=-N/2,\cdots,N/2,\tag{5.48}$$

其中，m，n 为整数.

把式(5.48)改写为矩阵形式，有

$$\lambda\psi=H\psi,\tag{5.49}$$

其中，

$$\psi=\begin{pmatrix}\psi(-N/2)\\ \psi(-N/2+1)\\ \vdots\\ \psi(0)\\ \vdots\\ \psi(N/2)\end{pmatrix},\quad H=\begin{pmatrix}h(0) & h(-1) & \cdots & h(-N)\\ h(1) & h(0) & \cdots & h(-N+1)\\ \vdots & \vdots & & \vdots\\ h\left(\frac{N}{2}\right) & h\left(\frac{N}{2}-1\right) & \cdots & h\left(-\frac{N}{2}\right)\\ \vdots & \vdots & & \vdots\\ h(N) & h(N-1) & \cdots & h(0)\end{pmatrix}\tag{5.50}$$

由于方程(5.49)具有非零解，根据定义 5.1 有 λ 是算子 H 的特征值，所有特征值的全体称为算子 H 的谱.

由于式(5.46)所定义的滤波器 $H(f)\in R$，所以其离散傅里叶反变换 $h(n)\in C$，且 $h(n)$ 具有共轭对称性 $h(n)=h^*(-n)$，所以，$H\in C^{N\times N}$，且 $H=H^*$. 根据定义，H 是希尔伯特空间上有界线性自伴算子.

根据定理 5.5，H 的谱 λ 的全体为闭集.

根据定理 5.24 复希尔伯特空间 H 上的有界线性自伴算子 T 的一切特征值是实数，即：$\lambda_i\in R$，且 λ_i 所对应的特征向量是相互正交的.

根据定理 5.27，$m\leqslant\lambda_i\leqslant M$.

从而，我们可以把实数集$\{\lambda_i\}$重新排序为：$M=\lambda_1>\lambda_2>\cdots>\lambda_m=m$，其对应的特征向量为：$\psi=\psi_1,\psi_2,\cdots,\psi_m$，根据定理 5.24 知$\{\psi_i\}$是正交的.

由于每个特征值 λ_i 恰好对应着 UWB 脉冲波形通过滤波器 $H(f)$后的衰减因子，我们当然希望 λ_i 越大越好. 根据定理 5.27，λ_i 具有最大值且可取得该最大值，该最大值为 M. 所以，我们选择 $\lambda_1=M$ 作为我们需要的特征值，来实现 UWB 脉冲波形 $\psi(n)$.

更加有趣的是，由于特征向量 $\psi=\psi_1,\psi_2,\cdots,\psi_m$ 是相互正交的，这为我们提供 UWB 调制的所需要的正交码组. 该正交码组既可以用做多进制数据调制，也可以用作多用户地址码.

3. 谱分解法之实现

FCC Mask 所表示的数字滤波器由式(5.46)所示，取 $f_L=3.1$ GHz，$f_H=10.6$ GHz 即可满足 FCC Mask 要求，对式(5.46)进行 $N=64$ 离散抽样，并用 Matlab 对抽样序列进行快速傅里叶反变换，得 $h(n)$. 然后，根据式(5.50)构造矩阵 H，则 H 为埃密特矩阵. 用 Matlab 对 H 进行特征值分解，取特征值中最大值和次大值 λ_1,λ_2，取其对应的特征向量 $\psi_1(n),\psi_2(n)$，则 $\psi_1(n),\psi_2(n)$即为满足 FCC Mask 要求的 UWB 脉冲波形的离散抽样序列，抽样点为 $N=64$，取脉冲持续时间 $T_m=1$ ns，分别绘出 $\psi_1(n),\psi_2(n)$对应的$\psi_1(t)$，$\psi_2(t)$如图 5.4 所示. 从图 5.4 中可以看出，$\psi_1(t),\psi_2(t)$是正交的.

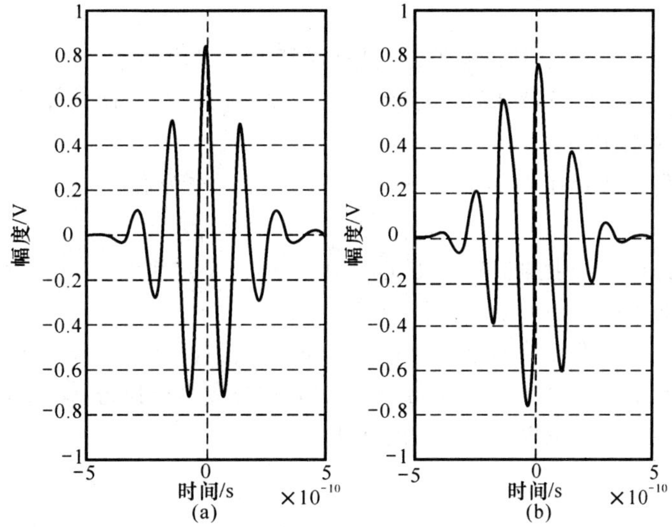

图 5.4 用谱分解法设计的 UWB 脉冲波形 $\psi_1(t),\psi_2(t)$

图 5.5 为用谱分解法设计的两个 UWB 波形的功率谱，由图可以看出，$\Psi_1(f),\Psi_2(f)$ 确实满足 FCC Mask 的要求.

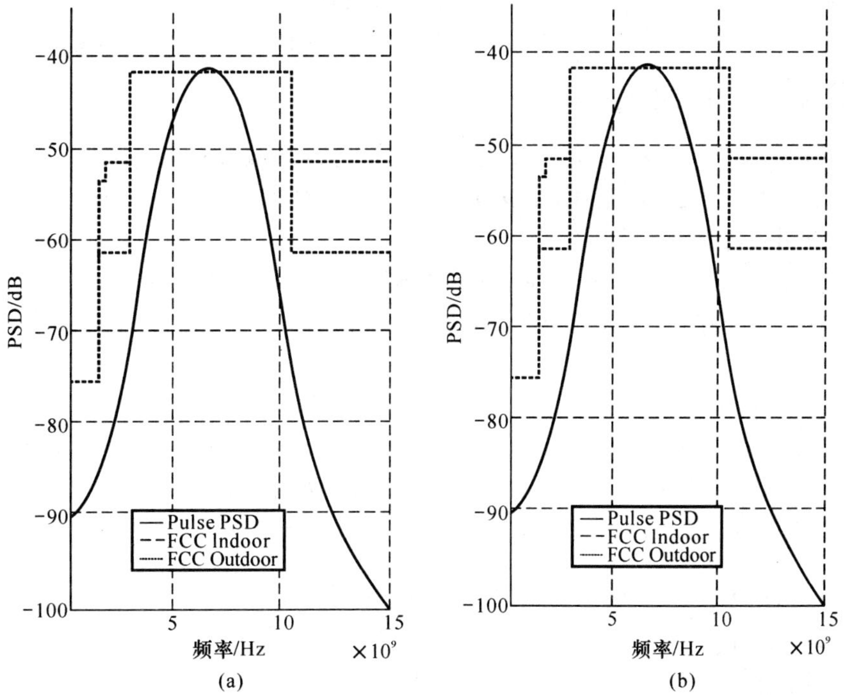

图 5.5 UWB 脉冲的功率谱 $\Psi_1(f),\Psi_2(f)$

4. 结论

采用谱分解法设计 UWB 脉冲波形，具有显著的优势.

首先，我们能够确保所设计的波形满足 FCC Mask 的要求. 即确保脉冲功率谱集中在 3.1～10.6 GHz 范围内.

其次，由于我们选择了衰减最小的两个特征向量作为脉冲波形，从而保证了信号最强.

再次，用谱分解法产生的信号是正交的，便于进行多进制调制，对采用单波形调制更有优势，而且正交的波形还可以用来区分多用户.

最后，用谱分解法设计波形等效为直接在频率域设计，从而为设计多通带波形方式提供了方便. 换句话说，可以把 FCC Mask 规定的通带分成多个通带，从而避开干扰频带，解决电磁兼容的问题，同时也提供 UWB 的性能.

习题 5

1. 设 $\lambda_1,\lambda_2,\cdots,\lambda_n$ 是 n 阶方阵 $A=(\alpha_{ij})$ 的 n 个特征值，其中某些或全部 λ_i 可以是相等的，证明：各特征值之积等于 $\det A$，其和等于 A 的迹.

2. 证明：方阵 A 的逆 A^{-1} 存在的充要条件是 A 的特征值 $\lambda_1,\lambda_2,\cdots,\lambda_n$ 均不为零. 若 A^{-1} 存在，则 A^{-1} 的特征值为 $\frac{1}{\lambda_1},\frac{1}{\lambda_2},\cdots,\frac{1}{\lambda_n}$.

3. 令 $\boldsymbol{E}=C[0,1]$，$D(A)$ 是 $[0,1]$ 上具有二阶连续导数且有边界条件 $x(0)=x(1)$，$x'(0)=x'(1)$ 的函数 $x(t)$ 全体. 定义 $D(A)$ 到 $\boldsymbol{E}$ 上的微分算子 A 为 $Ax=-x''$，$x\in D(A)$. 试求相应特征值与特征向量.

4. 设 X 是复巴拿赫空间，$T\in B(X)$，证明：若 $|\lambda|\geqslant\|T\|$，则 $\lambda\in\rho(T)$，即 $|\lambda|\geqslant\|T\|$ 时，$(\lambda I-T)^{-1}$ 存在，在 X 上有界，且

$$R_\lambda(T)=\sum_{k=0}^{\infty}(T^k/\lambda^{k+1})\in B(X),\quad \|R_\lambda(T)\|\leqslant 1/(|\lambda|-\|T\|).$$

5. 在空间 l^1 中定义算子 $T:l^1\to l^1$，$T(x_1,x_2,\cdots)=(0,-x_1,-x_2,\cdots)$，试证明 $\rho(T)=\{\lambda:\lambda\in\mathbf{C},|\lambda|>1\}$，$\sigma(T)=\{\lambda:\lambda\in\mathbf{C},|\lambda|\leqslant 1\}$，而且 $\sigma_p(T)=\varnothing$.

6. 设 $T:l^2\to l^2$ 是下面的线性算子：

$$T(x_1,x_2,\cdots,x_{2n-1},x_{2n},\cdots)=\left(x_2,x_1,\frac{1}{2}x_4,\frac{1}{2}x_3,\cdots,\frac{1}{n}x_{2n},\frac{1}{n}x_{2n-1},\cdots\right),$$

(1) 确定 $\|T\|$；

(2) 确定 T^*；

(3) 给出 T 的谱和预解集，对于 $\lambda\in\sigma_p(T)$ 确定特征空间的基向量；

(4) 证明 T 是紧的.

7. 希尔伯特空间 $L^2[0,1]$是内积空间 X 的完备化空间,X 是由$[0,1]$上的所有连续函数构成的空间,其上的内积定义为

$$\langle x,y\rangle = \int_0^1 x(t)\,\overline{y(t)}\,\mathrm{d}t,$$

定义算子 $T:L^2[0,1]\to L^2[0,1]$为$(Tx)(t)=y(t)=tx(t)$,试证明:

(1) T 是自伴算子;

(2) T 没有特征值.

8. 证明复希尔伯特空间 $X\neq\{0\}$上的紧自伴算子 $T:X\to X$ 至少有一个特征值.

9. 对于任意的 $h\in\mathbf{R}$,在 $L^2(\mathbf{R})$上的算子 τ_h 定义为

$$\tau_h f(x)=f(x-h),\quad \forall f\in L^2(\mathbf{R}),$$

证明:τ_h 没有特征值,而且

$$\sigma(\tau_h)\subset\{z\in\mathbf{C}:|z|=1\}.$$

10. 设$\{e_k\}$是复希尔伯特空间 X 的一组标准正交基,$\{r_k\}$是$(0,1)$中全体有理数的序列,定义如下的算子:

$$T\Big(\sum_{k=1}^{\infty}a_k e_k\Big)=\sum_{k=1}^{\infty}r_k a_k e_k,$$

(1) 证明 T 是自伴的并且$\|T\|=1$;

(2) 试问 T 的预解集、T 的点谱和 T 的连续谱是什么?

11. 设 X 是希尔伯特空间,$T\in B(X)$,如果对于任意的 $x\in X$,恒有$\langle Tx,x\rangle\geqslant 0$,则称算子 T 是正的,记作 $T\geqslant 0$. 证明下述各条成立:

(1) 若 $T\geqslant 0$,则 T 是自伴的;

(2) 若 $T,S\geqslant 0,\alpha\geqslant 0$,则 $T+\alpha S\geqslant 0$;

(3) 若 $T\geqslant 0,S\in B(X)$,则 $S^*TS\geqslant 0$;

(4) 若 $T\in B(X)$,则 $T^*T\geqslant 0$;

(5) 若 T 是一个投影算子,则 $T\geqslant 0$.

12. 令 $X=C[0,1]$并且定义 $T:X\to X$ 为 $Tx=vx$,其中 $v\in X$ 是给定的,求 $\sigma(T)$.

13. 求一个线性算子 $T:C[0,1]\to C[0,1]$,使得 T 的谱是给定的区间$[a,b]$.

14. 设 $T:l^2\to l^2$ 是由 $y=Tx,x=(\xi_n),y=(\eta_n),\eta_n=\alpha_n\xi_n$ 所定义的算子,其中$\{\alpha_n\}$在$[0,1]$中稠密,求 $\sigma_p(T)$及 $\sigma(T)$.

15. 求一个线性算子 $T:l^2\to l^2$,使得 T 的特征值在给定的紧集 $\mathbf{K}\subset\mathbf{C}$ 中稠密并且 $\sigma(T)=\mathbf{K}$.

16. 设 $T:l^p\to l^p$ 是由 $x\to(\xi_2,\xi_3,\cdots)$定义的算子,其中给定 $x=(\xi_1,\xi_2,\cdots)\in l^p$,而且 $1\leqslant p\leqslant\infty$. 如果$|\lambda|=1$,试问 λ 是 T 的一个特征值吗?

17. 证明:由

$$Tx=\left(\frac{\xi_1}{1},\frac{\xi_2}{2},\frac{\xi_3}{3},\cdots\right),\quad x=(\xi_1,\xi_2,\xi_3,\cdots),$$

所定义的算子 $T:l^2\to l^2$ 是紧的，而且 $\sigma_p(T)=\{0\}$.

18. 由于紧线性算子可能没有特征值，定义算子

$$Tx=\left(0,\frac{\xi_1}{1},\frac{\xi_2}{2},\frac{\xi_3}{3},\cdots\right),\quad x=(\xi_1,\xi_2,\xi_3,\cdots),$$

试证明：$\sigma(T)=\sigma_r(T)=\{0\}$.

19. 定义算子 $T:l^2\to l^2$ 为

$$T(x_1,x_2,\cdots,x_n,\cdots)=(x_2,x_4,\cdots,x_{2n},\cdots),$$

(1) 求出 $\|T\|$ 和 T 的特征值；

(2) 确定算子 T^*、TT^* 和 T^*T 的表达式；

(3) 求出 $\sigma(T)$ 和 $\rho(T)$.

20. 设 $X=C[0,\pi]$ 并且定义算子 $T:D(T)\to X,x\to x''$，其中 $D(T)=\{x\in X:x',x''\in X,x(0)=x(\pi)=0\}$，证明 $\sigma(T)$ 不是紧的.

21. 设 $T\in B(X)$，证明 $\forall\varepsilon>0$，$\exists\delta>0$，当 $S\in B(X)$，$\|S-T\|<\delta$ 时，$\forall\lambda\in\sigma(S)$，有 $d(\lambda,\sigma(T))<\varepsilon$.

22. 设 X 是复希尔伯特空间，又设 $T=T^*\in B(X)$，$\sigma(T)\subset(0,\infty)$，证明：$(x,y)\triangleq\langle Tx,y\rangle$ 是内积，$A\in B(X)$ 关于内积 $(\cdot,\cdot)$ 是自伴算子 $\Leftrightarrow TA=A^*T$.

习题解答或提示

习题 1

1. 显然 $d(x,y)\geqslant 0$，从 $d(x,y)=0$，知对一切 k 有 $\rho_k(x,y)=0$，于是 $x=y$. 类似于例 1.3，易验证

$$d(x,y)\leqslant d(x,z)+d(z,y),\quad \forall\, x、y、z\in X,$$

故 $d(x,y)$ 是 X 上一个距离.

再证充要条件成立.

先设对一切 k，有 $\rho_k(x_n,x)\to 0(n\to\infty)$，$\forall\,\varepsilon>0$，取 M，使有 $\sum\limits_{k=M}^{\infty}\frac{1}{2^k}<\frac{\varepsilon}{2}$，再取正整数 N，使当 $n>N$ 时有

$$\sum_{k=1}^{M-1}\frac{1}{2^k}\frac{\rho_k(x_n,x)}{1+\rho_k(x_n,x)}<\frac{\varepsilon}{2},$$

故当 $n>N$ 时，必有 $d(x_n,x)<\varepsilon$，即 $d(x_n,x)\to 0$.

反之，从 $d(x_n,x)\to 0$，得

$$\frac{\rho_k(x_n,x)}{1+\rho_k(x_n,x)}\leqslant 2^k d(x_n,x)\to 0\quad (n\to\infty),$$

故 $\rho_k(x_n,x)\to 0(n\to\infty)$.

2. (1) 令 $x=1,z=0,y=-1$，则有

$$d(1,-1)>d(1,0)+d(0,-1),$$

即不满足三角不等式，故 $d(x,y)$ 不是距离.

(2) 显然满足非负性及对称性，且从

$$|x-y|\leqslant|x-z|+|z-y|\leqslant(|x-z|^{1/2}+|z-y|^{1/2})^2$$

知

$$d(x,y)\leqslant d(x,z)+d(z,y),$$

故 $d(x,y)$ 是距离.

3. 从 $d(x,z)\leqslant d(x,y)+d(y,z)\leqslant d(x,y)+d(y,t)+d(t,z)$ 知 $d(x,z)-d(y,t)\leqslant$

$d(x,y)+d(z,t)$；同理可得

$$d(y,t)-d(x,z)\leqslant d(y,x)+d(t,z)=d(x,y)+d(z,t).$$

4. 先设 f 严格单调，直接验证 $d(x,y)$ 的非负性、对称性及三角不等式即可.

反之，若 $d(x,y)$ 是 $\mathbf{R}$ 上距离，则用反证法可证 $d(x,y)=0\Leftrightarrow x=y$ 知，当 $x\neq y$ 时，$f(x)\neq f(y)$.

5. 充分性　当 B 是闭集时，对 $x\in A$，有 $\max\limits_{t\in B}|x(t)|<\alpha$，记 $\delta=\alpha-\max\limits_{t\in B}|x(t)|$，则当 $y\in N(x,\delta)$（x 的 δ 邻域）时，有

$$\begin{aligned}\max_{t\in B}|y(t)|&\leqslant\max_{t\in B}|x(t)|+\max_{t\in B}|x(t)-y(t)|\\&<\max_{t\in B}|x(t)|+\delta=\alpha,\end{aligned}$$

所以 $y\in A$，即 $N(x,\delta)\subset A$，故 A 是开集.

必要性. 用反证法.

6. (1)⇒(2). 若 E 在 F 中稠密，则 $\forall x\in F$，若 $x\in E$，必 $x\in\bar{E}$；若 $x\overline{\in}E$，则对 x 的任一邻域 $N(x)$，有 $(N(x)\backslash\{x\})\cap E=N(x)\cap E\neq\varnothing$，即 $x\in E'\subset\bar{E}$. 所以 $F\subset\bar{E}$.

(2) ⇒(3). 若 $F\subset\bar{E}$，则 $\forall x\in F$，有 $x\in E$ 或 $x\in E'$. 当 $x\in E$ 时，取 $x_n=x,n=1,2,\cdots$，有 $x_n\to x$；当 $x\in E'$ 时，由聚点定义，存在 $\{x_n\}\subset E$，使有 $x_n\to x$.

(3) ⇒(1). 若 $\forall x\in F$，有 $\{x_n\}\subset E$，使得 $x_n\to x$，故 $\forall x$ 的邻域 $N(x)$，$\exists n_0$，使当 $n>n_0$ 时，$x_n\in N(x)$，于是 $N(x)\cap E\neq\varnothing$，故 E 在 F 中稠密.

7. 记 A 为在 $c\in[a,b]$ 的值为 1，而在 $[a,b]-\{c\}$ 的值为零的函数全体，则 A 是不可数的；且 A 中任两个函数的距离为 1，故 $B[a,b]$ 不存在稠密的可列子集，所以它不可分.

8. 提示：任取 $x(t)\in C^k[a,b]$，$\varepsilon>0$，因 $x^{(k)}(t)\in C[a,b]$，$\exists$ 多项式 $P(t)$，使得 $\max\limits_{a\leqslant t\leqslant b}|x^{(k)}(t)-P(t)|<\dfrac{\varepsilon}{(k+1)A^k}(A=\max\{1,b-a\})$. 令 $P_j(t)=\int_a^t P_{j-1}(u)\mathrm{d}u+x^{(k-j)}(a)$ $(1\leqslant j\leqslant k,P_0(t)=P(t))$. 那么有

$$x^{(j-1)}(t)=\int_a^t x^{(j)}(u)\mathrm{d}u+x^{(j-1)}(a),\quad 1\leqslant j\leqslant k,$$

$P_k^{(j)}(t)=P_{k-j}(t),1\leqslant j\leqslant k$. 则 $P_k(t)$ 是一个多项式，且满足

$$d(P_k(t),x(t))<\varepsilon,$$

从而多项式全体在 $C^k[a,b]$ 中稠密.

9. 取 $x_n=n$，对任意正整数 m 及 $n>m>\cot\varepsilon$，有 $d(m,n)=\arctan n-\arctan m=\arctan\dfrac{n-m}{1+mn}<\arctan\dfrac{1}{m}<\varepsilon$ 故 $\{x_n=n\}$ 是柯西列，但是它不收敛，故 $\mathbf{R}$ 不完备.

10. 提示：必要性. 定义映射 $\varphi_n:s\to\mathbf{R}$ 如下，如 $x=(\xi_1,\xi_2,\cdots)\in s$，令 $\varphi_n(x)=\xi_n$，易知 φ_n 是连续的，故 $\varphi_n(A)$ 列紧，从而 $\varphi_n(A)$ 必为 $\mathbf{R}$ 中有界集，即对每个 n，存在 $C_n>0$，使有

$$|\xi_n|\leqslant C_n\quad(\text{对一切}(\xi_1,\xi_2,\cdots)\in A\text{ 成立}).$$

充分性. 设条件成立. 任取 $\{x_k\}\subset A$，其中 $x_k=(\xi_1^{(k)},\xi_2^{(k)},\cdots)$，因为 $|\xi_n^{(k)}|\leqslant C_n$（对任意

k 成立)，于是按照对角线方法，取出子序列$\{\xi_n^{(n_k)}\}$，使得对任意 n 有

$$\lim_{k\to\infty}\xi_n^{(n_k)}=\xi_n,$$

所以 A 列紧.

11. 提示：对于任意的 $x,x_0\in X$，由 $d(x,y)\leqslant d(x,x_0)+d(x_0,y)$ 可得，$\inf\limits_{y\in A}d(x,y)\leqslant d(x,x_0)+\inf\limits_{y\in A}d(x_0,y)$. 类似地，由 $d(x_0,y)\leqslant d(x,x_0)+d(x,y)$ 可得，$\inf\limits_{y\in A}d(x_0,y)\leqslant d(x,x_0)+\inf\limits_{y\in A}d(x,y)$. 因此，$|f(x)-f(x_0)|\leqslant d(x,x_0)$. 故 $f(x)$ 为连续函数.

12. 提示：对于任意的 $x\in X$，令 $d(x,A)=\inf\limits_{y\in A}d(x,y)$. 定义 X 上的函数 $f(x)$：

$$f(x)=\frac{d(x,A)}{d(x,A)+d(x,B)},$$

则 $f(x)$ 为 X 上的连续函数并且满足所需条件.

13. 提示：$f(A)$ 在 $R(f)=f(X)$ 中稠密$\Leftrightarrow\overline{f(A)}=R(f)$. 任取 $y\in R(f)$，则存在 $x\in X$，使得 $f(x)=y$. 因为 $\overline{A}=X$，所以存在$\{x_n\}\subset A$，使得 $x_n\to x$. 再由 $f(x)$ 的连续性，可得 $f(x_n)\to f(x)$，故$\overline{f(A)}=R(f)$.

14. 提示：设$\{x_n\}$是 X 中的柯西点列. 由于 X 是紧的，所以$\{x_n\}$有收敛的子列$\{x_{n_k}\}$，不妨设当 $k\to\infty$时，有 $x_{n_k}\to x\in X$. 设 $\varepsilon>0$，由于$\{x_{n_k}\}$收敛和$\{x_n\}$是柯西点列，故存在自然数 N 使得

$$d(x_{n_k},x)<\varepsilon/2,\quad d(x_n,x_{n_k})<\varepsilon/2,\quad n_k,n>N.$$

又由于

$$d(x_{n_k},x)\leqslant d(x_n,x_{n_k})+d(x_{n_k},x)<\varepsilon,\quad n_k,n>N,$$

故$\{x_n\}$收敛. 由于柯西点列$\{x_n\}$是任意的，因此推出 X 是完备的，第二个论断可以用 $\mathbf{R}$ 来说明.

15. 提示：取 $X=(0,2)$，X 中的距离为：$d(x,y)=|x-y|$，$\forall x,y\in X$，则 $A=(0,1)\subset X$ 是全有界集，但非列紧集.

16. 提示：$(0,1)$是 $\mathbf{R}$ 中的全有界集，但不是紧的.

17. 提示：由于 X 是紧的，故它是全有界的.

18. 提示：取 $a_n\in A,b_n\in B$，使 $d(a_n,b_n)\to d(a,b)=d(A,B)$，$n\to\infty$.

19. 提示：取 $a_n\in A,b_n\in B$，使 $d(a_n,b_n)\to d(A,B)=0$.

20. 提示：若 $a_n\in A,b_n\in B,a_n+b_n\to x$，可设 $a_n\to a\in A$，则 $b_n\to x-a\in B$.

21. 提示：任取 $x_n\in B_n$，则$\{x_n\}$是柯西列.

22. 提示：可取 $G=\{x\in X:d(x,A)<d(x,B)\}$，$H=\{x\in X:d(x,B)<d(x,A)\}$.

23. 提示：指明该集含有内点.

24. 提示：指明每个非负函数 $u\in L^p[0,1]$可用 $u_n=u\chi_{[1/n,1]}-\chi_{[0,1/n]}L^p$ 逼近. 其中，χ_A 是集合 A 的示性函数，即 $\chi_A(w)=\begin{cases}1, & w\in A,\\ 0, & \text{否则}.\end{cases}$

25. 提示:指明该集是闭集且无内点.

26. 提示:指出柯西列是全有界集.

27. $\forall \varepsilon>0$,取 $n\in N$,使 $\forall x\in A$: $\sum_n^{\infty}|x_i|^p<\varepsilon^p$. 令 $\tilde{x}=(x_1,\cdots,x_n,0,\cdots)$,$B=\{\tilde{x}:x\in A\}$,设 $B\subset\bigcup B_{\varepsilon}(\tilde{x}^{(k)})$,则 $A\subset\bigcup B_{2\varepsilon}(x^{(k)})$,$x^{(k)}\in A$.

28. 提示:距离空间 $X=(0,1]$ 具有由 $\mathbf{R}$ 诱导出的距离,考察 $T:X\to X$,$Tx=x/2$.

29. 提示:由 T 是压缩的有:$d(T^nx,T^ny)\leqslant\alpha^n d(x,y)$,$\alpha<1$. 由 $(\xi_1,\xi_2)\to(\xi_2,0)$ 定义的映射 $\mathbf{R}^2\to\mathbf{R}^2$ 不是压缩的,但是 $T^2:(\xi_1,\xi_2)\to(0,0)$ 是压缩的.

30. 提示:由微分中值定理有

$$|f(x)-f(y)|=|f'(\xi)||x-y|\leqslant\alpha|x-y|,$$

其中,ξ 位于 x 与 y 之间. 因此 f 是压缩的.

31. 提示:最小的压缩系数为 1/2,不动点为 $\sqrt{2}$.

32. 提示:用反证法证明(1)、(2)对于 $x\in[1,\infty)$,考虑 $Tx=x+1/x$.

33. 提示:对于 $g(x)=(1+x^2)^{-1}$,利用第 30 题.

34. 提示:(1)当 $K<1$ 时是一个压缩映射. (2)由微分中值定理 $|T(x)-T(y)|=|T'(\theta)||x-y|$,$\theta\in(x,y)$. 因 $T'(x)$ 连续,则在 $[a,b]$ 上有界,所以,T 满足李普希兹条件.

35. 提示:由于 A 是 $\mathbf{R}^2$ 中的有界闭集,从而 A 是紧集. 令 $\varphi(x)=d(x,Tx)$,$\forall x\in A$,设 $m=\inf\limits_{x\in A}\varphi(x)$,则存在 $\{x_n\}\subset A$ 使得 $\varphi(x_n)\to m$. 因为 A 是紧集,故存在 $\{x_{n_k}\}$ 使得 $x_{n_k}\to x^*\in A$,$\varphi(x_{n_k})\to\varphi(x^*)=\inf\limits_{x\in A}\varphi(x)$. 下面来证明 $Tx^*=x^*$. 否则,$\varphi(x^*)=d(x^*,Tx^*)>0$,则由已知条件知:$d(TTx^*,Tx^*)<d(Tx^*,Tx^*)$,即 $\varphi(Tx^*)<\varphi(x^*)=\inf\limits_{x\in A}\varphi(x)$,产生矛盾. 所以 $Tx^*=x^*$.

36. 提示:因为

$$\alpha_n=\sup_{x,y\in X}\frac{d(T^nx,T^ny)}{d(x,y)}\to 0,\quad n\to\infty,$$

故存在自然数 n_0,使得 $0\leqslant\alpha_{n_0}<1$,由定理 1.18 知,T 在 X 中有唯一的不动点.

37. 提示:由例 1.24 知方程对任意的 λ 存在唯一解 $x(t)\in C([0,1])$. 原方程可以变形为

$$x(t)=f(t)+\lambda\int_0^1 K(t,s)x(s)\mathrm{d}s=(Tx)(t),$$

其中,$K(t,s)=\begin{cases}0, & t<s,\\ 1, & t\geqslant s.\end{cases}$

由逐次逼近法,不妨取 $x_0(t)=0$. 从而有 $x_1=Tx_0$,$x_2=T^2x_0$,$\cdots$,$x_n=T^nx_0$,则 $x(t)=\lim\limits_{n\to\infty}x_n(t)$,即为原方程的解.

容易计算出

$$x_1(t)=f(t),\quad x_2(t)=f(t)+\lambda\int_0^1 K(t,s)f(s)\mathrm{d}s,$$

$$x_{n+1}(t)=f(t)+\sum_{m=1}^{n}\lambda^m\int_0^1 K_m(t,s)f(s)\mathrm{d}s,$$

其中，$K_1(t,s)=K(t,s)$，$K_m(t,s)=\int_0^1 K(t,s)K_{m-1}(t,s)\mathrm{d}s$，故

$$K_m(t,s)=\begin{cases}0, & t<s,\\ \dfrac{(t-s)^{m-1}}{(m-1)!}, & t\geqslant s.\end{cases}$$

$$x_{n+1}(t)=f(t)+\lambda\int_0^1\left[1+\lambda(t-s)+\frac{\lambda^2(t-s)^2}{2!}+\cdots+\frac{\lambda^{n-1}(t-s)^{n-1}}{(n-1)!}\right]f(s)\mathrm{d}s.$$

所以，

$$x(t)=\lim_{n\to\infty}x_n(t)=f(t)+\lambda\int_0^1 e^{\lambda(t-s)}f(s)\mathrm{d}s.$$

38. 提示：设 X 是 $\mathbf{F}^n$，定义距离

$$d(\boldsymbol{x},\boldsymbol{y})=\max_{1\leqslant i\leqslant n}|x_i-y_i|,$$

易知(X,d)是完备的距离空间.

作映射 $T:X\to X$，$T\boldsymbol{x}=\mathbf{C}\boldsymbol{x}+\boldsymbol{b}$，$\boldsymbol{x}\in X$.

易证

$$\begin{aligned}d(T\boldsymbol{x},T\boldsymbol{y})&=\max_{1\leqslant i\leqslant n}\left|\left(\sum_{j=1}^{n}c_{ij}x_j+b_i\right)-\left(\sum_{j=1}^{n}c_{ij}y_j+b_i\right)\right|\\&\leqslant\max_{1\leqslant i\leqslant n}\sum_{j=1}^{n}|c_{ij}|d(\boldsymbol{x},\boldsymbol{y})=\alpha d(\boldsymbol{x},\boldsymbol{y}).\end{aligned}$$

其中，$\alpha=\max\limits_{1\leqslant i\leqslant n}\sum\limits_{j=1}^{n}|c_{ij}|<1$，故 T 是 X 上的压缩映射，存在唯一的 $\boldsymbol{x}^*\in X$，使有 $\boldsymbol{x}^*=\mathbf{C}\boldsymbol{x}+\boldsymbol{b}$.

例如，对线性方程组

$$\begin{pmatrix}x_1\\x_2\\x_3\end{pmatrix}=\begin{pmatrix}1/5 & -1/5 & 1/4\\ 1/5 & 1/4 & 1/4\\ -1/5 & 1/5 & -1/4\end{pmatrix}\begin{pmatrix}x_1\\x_2\\x_3\end{pmatrix}+\begin{pmatrix}3\\-1\\1\end{pmatrix},$$

因 $\sum\limits_{j=1}^{3}|c_{1j}|=1/5+1/5+1/4=13/20$，$\sum\limits_{j=1}^{3}|c_{2j}|=1/5+1/4+1/4=14/20=7/10$，$\sum\limits_{j=1}^{3}|c_{3j}|=1/5+1/5+1/4=13/20$，$\max\limits_{1\leqslant i\leqslant 3}\sum\limits_{j=1}^{3}|c_{ij}|=7/10$. 所以

$$d(T\boldsymbol{x},T\boldsymbol{y})\leqslant\frac{7}{10}d(\boldsymbol{x},\boldsymbol{y})$$

方程组有唯一解.

为求近似解，取 $\boldsymbol{x}_0=(0,0,0)^{\mathrm{T}}$，$\boldsymbol{x}_1=(3,-1,1)^{\mathrm{T}}$，…，则有

$$\boldsymbol{x}_{n+1}=\boldsymbol{T}\boldsymbol{x}_n=\begin{pmatrix}1/5 & -1/5 & 1/4\\ 1/5 & 1/4 & 1/4\\ -1/5 & 1/5 & -1/4\end{pmatrix}\boldsymbol{x}_n+\begin{pmatrix}3\\ -1\\ 1\end{pmatrix}.$$

即可求出一列收敛于 $\boldsymbol{x}^*$ 的近似解，由于

$$d(\boldsymbol{x}_0,\boldsymbol{x})=\max(|3-0|,|-1-0|,|1-0|)=3,$$

故从 $d(\boldsymbol{x}^*,\boldsymbol{x}_n)\leqslant\frac{\theta^n}{1-\theta}d(\boldsymbol{x}_1,\boldsymbol{x}_0)$，可得误差估计为

$$d(\boldsymbol{x}_n,\boldsymbol{x}^*)\leqslant\frac{(7/10)^n}{1-7/10}d(\boldsymbol{x}_0,\boldsymbol{x})=10\times(7/10)^n.$$

39. 提示：由原方程有 $x=\frac{1}{4}(2-x^3)$. 作映射 $T:[0,1]\to[0,1]$，$Tx=\frac{1}{4}(2-x^3)$，则 $\forall x,y\in[0,1]$，有 $|Tx-Ty|\leqslant\frac{3}{4}|x-y|$. 知 T 是压缩映射. 又 $[0,1]$ 是完备空间，故存在唯一不动点. 即存在 $\xi\in[0,1]$，使 $T\xi=\xi$，所以 ξ 是方程 $x^3+4x-2=0$ 在 $[0,1]$ 上的唯一解.

令 $x_0=0$，$x_{n+1}=Tx_n=\frac{1}{4}(2-x_n^3)$，求出解的近似值. 误差估计为

$$|x_n-\xi|\leqslant\frac{(3/4)^n}{1-3/4}|x_1-x_0|=2\times(3/4)^n.$$

40. 提示：作映射 $T:C[0,1]\to C[0,1]$，使得

$$T\varphi(x)=1+\frac{1}{10}\int_0^1 K(x,t)\varphi(t)\,\mathrm{d}t.$$

因为 $\int_0^1 K(x,t)\,\mathrm{d}t=\int_0^x t\,\mathrm{d}t+\int_x^1 x\,\mathrm{d}t\leqslant\frac{1}{2}$，$x\in[0,1]$；故对任意的 $\varphi,\psi\in C[0,1]$，有

$$\|T\varphi-T\psi\|\leqslant\frac{1}{10}\max_{1\leqslant x\leqslant 1}\left|\int_0^1 K(x,t)\,\mathrm{d}t\right|\|\varphi-\psi\|\leqslant\frac{1}{20}\|\varphi-\psi\|,$$

故 T 有唯一不动点.

取 $\varphi_0=0$，$\varphi_n=T^n\varphi_0$，则误差

$$\|\varphi_n-\varphi_0\|\leqslant\frac{(1/20)^n}{1-1/20}\|\varphi_1-\varphi_0\|=\frac{(1/20)^n}{1-1/20}<10^{-4},$$

只需 $n=4$ 即可. 于是有

$$\varphi_0=0,\ \varphi_1=1,\ \varphi_2=1+\frac{1}{10}\left(x-\frac{x^2}{2}\right),$$

$$\varphi_3=1+\frac{1}{10}\left(x-\frac{x^2}{2}\right)+\frac{1}{10^2}\left(\frac{x}{3}-\frac{x^3}{6}+\frac{x^4}{24}\right),$$

$$\varphi_4=1+\frac{194}{1\,875}x-\frac{x^2}{20}+\frac{x^4}{2\,400}+\frac{x^5}{12\,000}-\frac{x^6}{720\,000}.$$

习题 2

1. 提示：按距离的定义验证即可．但 d 不满足范数的定义．记

$$d(x,0)=\begin{cases}0, & x=0,\\ \|x\|+1, & x\neq 0,\end{cases}$$

则因 $d(\alpha x,0)\neq|\alpha|d(x,0)$，故它不满足范数定义．

2. 提示：按范数的定义验证即可．

3. 提示：直接按子空间定义验证．

4. 提示：(1) $\|f\|\geqslant 0$ 显然．若 $\|f\|=0$，则 $f(a)=0$，$\overset{b}{\underset{a}{V}}(f)=0$，故必 $\sup\limits_{\pi}\sum\limits_{i=1}^{n}|f(b_i)-f(a_i)|=0$，从而 $\forall t\in[a,b]$，$f(t)=f(a)=0$，即 $f=0$．

(2) 显然 $\|\alpha f\|=|\alpha|\|f\|$．

(3) 对任一组分割 $a=a_1<b_1\leqslant\cdots\leqslant a_n<b_n=b$，有

$$\begin{aligned}&\sum_{i=1}^{n}|(f+g)(b_i)-(f+g)(a_i)|\\ \leqslant&\sum_{i=1}^{n}|f(b_i)-f(a_i)|+\sum_{i=1}^{n}|g(b_i)-g(a_i)|\\ \leqslant&\overset{b}{\underset{a}{V}}(f)+\overset{b}{\underset{a}{V}}(g),\end{aligned}$$

故

$$\overset{b}{\underset{a}{V}}(f+g)\leqslant\overset{b}{\underset{a}{V}}(f)+\overset{b}{\underset{a}{V}}(g).$$

从而，易知 $\|f+g\|\leqslant\|f\|+\|g\|$．由此得证 $V[a,b]$ 是赋范线性空间．

5. 首先，设 $1\leqslant p<q<\infty$，若 $x=\{x_n\}\in l^p$，有 $\sum\limits_{n=1}^{\infty}|x_n|^p<\infty$．因此，$\lim\limits_{n}x_n=0$，故 $x\in\mathbf{C}$（$\mathbf{C}$ 是收敛数列全体，又是 l^∞ 的子集）．又存在 $k\in\mathbf{N}$，当 $n>k$ 时，有 $|x_n|\leqslant 1$，从而 $|x_n|^q\leqslant|x_n|^p$，所以

$$\sum_{n=1}^{\infty}|x_n|^q\leqslant\sum_{n=1}^{k}|x_n|^q+\sum_{n=k+1}^{\infty}|x_n|^p<\infty.$$

即 $x\in l^q$，故 $l^p\subset l^q$．显然 $l^q\subset\mathbf{C}\subset l^\infty$．所以当 $1<p<q<\infty$ 时，有 $l^1\subset l^p\subset l^q\subset\mathbf{C}\subset l^\infty$．

再证严格性．对 $p>1$，有

$$x=\left\{1,\frac{1}{2},\frac{1}{3},\cdots,\frac{1}{n},\cdots\right\}\in l^p,$$

显然 $x\overline{\in}l^1$，所以 $l^1\subsetneqq l^p$．

同理，$x=\{1/n^{1/p}\}\in l^q\setminus l^p$，所以 $l^p\subsetneqq l^q$．

又 $x=\left\{\dfrac{n}{n+1}\right\}\in \mathbf{C}\backslash l^q$，所以 $l^q\supsetneqq \mathbf{C}$.

最后，$x=\{(-1)^n\}\in l^\infty\backslash \mathbf{C}$，所以 $\mathbf{C}\supsetneqq l^\infty$.

6. 由定义知 $C[a,b]\subsetneqq L^\infty[a,b]\subsetneqq L^q[a,b]$.

设 $x\in L^q[a,b]$，记

$$E=\{t:t\in[a,b],|x(t)|\leqslant 1\},$$

则

$$\int_a^b |x(t)|^p \mathrm{d}t = \int_E |x(t)|^p \mathrm{d}t + \int_{[a,b]\backslash E} |x(t)|^p \mathrm{d}t$$

$$\leqslant m(E) + \int_a^b |x(t)|^q \mathrm{d}t < \infty.$$

即 $x\in L^p[a,b]$，故 $L^q[a,b]\subset L^p[a,b]\subset L[a,b]$.

取 $x(t)=(t-a)^{-1/q}$，有 $x\in L^p[a,b]\backslash L^q[a,b]$.

若取 $x_1(t)=(t-a)^{-1/p}$，有 $x_1\in L[a,b]\backslash L^p[a,b]$.

综上得证该题.

7. 提示：直接由定义验证即可.

8. 提示：因为

$$\{|\eta_i|^{qr/(q+r)}\}\in l^{(q+r)/r},\quad \{|\zeta_i|^{qr/(q+r)}\}\in l^{(q+r)/r},$$

而$\dfrac{r}{q+r}+\dfrac{q}{q+r}=1$，所以$\{|\eta_i\zeta_i|^{qr/(q+r)}\}\in l^1$，并且

$$\begin{aligned}&\sum_i |\eta_i\zeta_i|^{qr/(q+r)}\\ &\leqslant \Big(\sum_i |\eta_i|^{qr/(q+r)\cdot(q+r)/r}\Big)^{r/(q+r)}\cdot\Big(\sum_i |\zeta_i|^{qr/(q+r)\cdot(q+r)/q}\Big)^{q/(q+r)}\\ &=(\|y\|_q\|z\|_r)^{qr/(q+r)},\end{aligned}$$

又从$\dfrac{1}{p}+\dfrac{q+r}{qr}=1$，可得

$$\begin{aligned}\sum_{i=1}^{\infty}|\xi_i\eta_i\zeta_i| &\leqslant \Big(\sum_i |\xi_i|^p\Big)^{1/p}\Big(\sum_i |\eta_i\zeta_i|^{qr/(q+r)}\Big)^{(q+r)/qr}\\ &=\|x\|_p\|y\|_q\|z\|_r.\end{aligned}$$

9. 提示：由收敛数列的有界性知，$\mathbf{C}_0\subset l^\infty$. 由极限性质易证 $\mathbf{C}_0$ 的线性. 下证 $\mathbf{C}_0$ 是闭空间. 设

$$x^{(k)}=(x_1^{(k)},x_2^{(k)},\cdots,x_n^{(k)},\cdots)\in \mathbf{C}_0,$$

$$x^{(0)}=(x_1^{(0)},x_2^{(0)},\cdots,x_n^{(0)},\cdots)\in l^\infty,$$

且

$$\|x^{(k)}-x^{(0)}\|=\sup_n |x_n^{(k)}-x_n^{(0)}|<\frac{\varepsilon}{2},$$

则 $\forall\,\varepsilon>0$，$\exists\,N_1\in \mathbf{N}$，当 $k>N_1$ 时，有

$$\|x_n^{(0)}\|\leqslant |x_n^{(k)}|+|x_n^{(k)}-x_n^{(0)}|<|x_n^{(k)}|+\frac{\varepsilon}{2},$$

固定 k,由 $x^{(k)}\in\mathbf{C}_0$ 知,$\lim\limits_{n\to\infty}x_n^{(k)}=0$,故有 $N\in\mathbf{N}$,使当 $n>N$ 时,有 $|x_n^{(k)}|<\frac{\varepsilon}{2}$.从而,当 $n>N$ 时

$$|x_n^{(0)}|<|x_n^{(k)}|+\frac{\varepsilon}{2}<\varepsilon,$$

所以 $x^{(0)}\in\mathbf{C}_0$,即 $\mathbf{C}_0$ 是 l^∞ 的闭子空间.

10. 提示:只证完备性.设 $\{x_n(t)\}$ 是 $\mathbf{M}_0$ 中任一柯西序列,则 $\forall\varepsilon>0$,$\exists N$,当 $m,n>N$ 时,有

$$\sup_{a\leqslant t\leqslant b}|x_m(t)-x_n(t)|<\varepsilon,$$

故 $x_n(t)$ 在 $[a,b]$ 上一致收敛于某一 $x(t)$.但是

$$|x(t)|\leqslant|x(t)-x_n(t)|+|x_n(t)|,$$

故 $x(t)\in\mathbf{M}_0$,再由 $\mathbf{M}_0$ 中收敛与一致收敛等价知

$$\|x_n-x\|\to 0,\quad n\to\infty.$$

这得证 $\mathbf{M}_0$ 的完备性.

11. 完备性:设 $\{x_n\}$ 是 $\mathbf{C}$ 中任一柯西列,记 $x_n=\{\xi_1^{(n)},\xi_2^{(n)},\cdots,\xi_i^{(n)},\cdots\}$,$\forall\varepsilon>0$,$\exists N$,当 $n,m>N$ 时,有

$$|\xi_i^{(n)}-\xi_i^{(m)}|<\varepsilon,\quad i=1,2,\cdots,$$

故 $\exists\lim\limits_{n\to\infty}\xi_i^{(n)}\triangleq\xi_i$,$i=1,2,\cdots$.因为

$$|\xi_{i+p}-\xi_i|\leqslant|\xi_{i+p}-\xi_{i+p}^{(n)}|+|\xi_{i+p}^{(n)}-\xi_i^{(n)}|+|\xi_i^{(n)}-\xi_i|,$$

可知 $\exists\lim\limits_{i\to\infty}x_i$,故 $x=(\xi_i)\in\mathbf{C}$.在前面不等式中固定 $n>N$,令 $m\to\infty$,有

$$|\xi_i^{(n)}-\xi_i|<\varepsilon,\quad i=1,2,\cdots,\quad n>N,$$

于是 $\|x_n-x\|\to 0(n\to\infty)$,即知 $\mathbf{C}$ 完备.

可分性:记 $E_0=\{(r_1,r_2,\cdots,r_n,r,r\cdots):n\in\mathbf{N},r_i,r$ 均为有理数$\}$,则 $\mathbf{E}_0\subset\mathbf{C}$,且可列.任取 $x=(\xi_n)\in\mathbf{C}$,则

$$\lim_{n\to\infty}\xi_n=\xi,$$

故 $\exists N$ 及有理数 r,使当 $n>N$ 时,有

$$|\xi_n-r|<\varepsilon.$$

对于 $\xi_1,\xi_2,\cdots,\xi_N$,必 $\exists$ 有理数 $r_1,r_2,\cdots,r_N$,使有

$$|\xi_i-r_i|<\varepsilon,\quad i=1,2,\cdots,N,$$

令 $y=(r_1,r_2,\cdots,r_N,r,r,\cdots)$,则 $y\in\mathbf{E}_0$,且

$$d(x,y)<\varepsilon,$$

因 ε 任意,故 $\mathbf{E}_0$ 在 $\mathbf{C}$ 中稠密,所以 $\mathbf{C}$ 是可分的巴拿赫空间.

12. 设 $x_n+y_n\in A+B$,$x_n+y_n\to z(n\to\infty)$,其中 $x_n\in A$,$y_n\in B$,因 B 是紧集,不妨设 $y_n\to y_0\in B$,则

$$x_n=(x_n+y_n)-y_n\to z-y_0,\quad n\to\infty.$$

令
$$x_0=z-y_0$$
因 A 闭，$x_n\in A$，则 $x_0\in A$，于是
$$z=x_0+y_0\in A+B.$$
得证 $A+B$ 的闭性.

13. 必要性：设 A 全有界，$\forall\varepsilon>0$，$\exists x_1,x_2,\cdots,x_n\in A$，使
$$\bigcup_{i=1}^{n}B(x_i,\varepsilon)\supset A.$$
令
$$X_\varepsilon=\mathrm{span}\{x_1,x_2,\cdots,x_n\},$$
则 X_ε 是有限维的，且当 $x\in A$ 时，有
$$d(x,X_\varepsilon)\leqslant\min_{1\leqslant i\leqslant n}d(x,x_i)<\varepsilon.$$

充分性：设 $\forall\varepsilon>0$，$\exists$ 有限维子空间 $X_{\frac{\varepsilon}{2}}$，使当 $x\in A$ 时，有
$$d(x,X_{\frac{\varepsilon}{2}})<\frac{\varepsilon}{2},$$
令
$$B=\left\{y:y\in X_{\frac{\varepsilon}{2}},\exists x\in A,\text{使 }d(x,y)<\frac{\varepsilon}{2}\right\},$$
因 A 有界，故 B 是 $X_{\frac{\varepsilon}{2}}$ 中的有界集，必列紧. 设 $\{y_1,y_2,\cdots,y_n\}\subset B$ 是 B 的$\frac{\varepsilon}{2}$-网，下证它是 A 的 ε-网. 因 $\forall x\in A$，$\exists y\in X_{\frac{\varepsilon}{2}}$，使 $d(x,y)<\frac{\varepsilon}{2}$，从而 $y\in B$，于是 $\exists i(1\leqslant i\leqslant n)$ 使
$$d(y,y_i)<\frac{\varepsilon}{2}.$$
故
$$d(x,y_i)\leqslant d(x,y)+d(y,y_i)<\varepsilon.$$

14. 提示：验证范数公理. $(C^1[a,b],\|\cdot\|_1)$ 是完备的.

15. 提示：因为 $\varphi(x)=1+x$ 在 $[0,1]$ 上单调递增，因此有
$$\|f\|_1\leqslant\left[\int_0^1(1+x)|f(x)|^2\mathrm{d}x\right]^{1/2}$$
$$\leqslant\left[\int_0^1 2|f(x)|^2\mathrm{d}x\right]^{1/2}=\sqrt{2}\|f\|_1.$$

16. 提示：显然 $\mathbf{M}$ 是赋范线性空间. 下证完备性. 若 $\{x_n\}$ 是 $\mathbf{M}$ 中任一柯西列，$x_n=\{\xi_1^{(n)},\xi_2^{(n)}\cdots,\xi_i^{(n)},\cdots\}$，$\forall\varepsilon>0$，$\exists N$，当 $n,m>N$ 时，有
$$\|x_n-x_m\|=\sup_{i\geqslant1}|\xi_i^{(n)}-\xi_i^{(m)}|<\varepsilon.$$
故对每一 i，$\{\xi_i^{(n)}\}$ 是收敛数列，记 $\xi_i=\lim\limits_{n\to\infty}\xi_i^{(n)}$. 又对每一 i，当 $n,m>N$ 时，有
$$|\xi_i^{(n)}-\xi_i^{(m)}|<\varepsilon.$$
固定 n，让 $m\to\infty$，有
$$|\xi_i^{(n)}-\xi_i|\leqslant\varepsilon,\quad i\geqslant1,\quad n>N,$$
故 $\|x_n-x\|\to0(n\to\infty)$ 且 $x=(\xi_i)\in\mathbf{M}$.

再证 $\mathbf{M}$ 不可分. 记

$$\mathbf{K}=\{(\xi_i):\xi_i=0 \text{ 或 } 1\}.$$

易知 $\mathbf{K}$ 不可数，且 $x,y\in\mathbf{K},x\neq y$ 时 $\|x-y\|=1$. 假定 $\mathbf{M}$ 可分，则 $\exists$ 可列子集 $\{y_k\}$ 在 $\mathbf{M}$ 中稠密，以 $\mathbf{K}$ 中的点为中心，$\frac{1}{3}$ 为半径作开球所成的集也不可数.

因 $\overline{\{y_k\}}=\mathbf{M}$，则每一球均含有 $\{y_k\}$ 中的点，故至少有一个 y_i 同属于两个不同开球，例如同属于 $B\left(x,\frac{1}{3}\right),B\left(y,\frac{1}{3}\right),x,y\in\mathbf{K},x\neq y$，于是

$$1=d(x,y)\leqslant d(x,y_i)+d(y_i,y)\leqslant\frac{2}{3}$$

矛盾. 故 $\mathbf{M}$ 是不可分巴拿赫空间.

17. T 是线性算子显然. 从

$$\|y\|=\sup_i|\eta_i|\leqslant\left(\sup_i\sum_{j=1}^{\infty}|\alpha_{ij}|\right)\|x\|,$$

知

$$\|T\|\leqslant\sup_i\sum_{j=1}^{\infty}|\alpha_{ij}|.$$

此外，取 $x_i=\{\mathrm{sgn}\alpha_{i1},\mathrm{sgn}\alpha_{i2},\cdots,\mathrm{sgn}\alpha_{in},\cdots\}$，则 $x_i\in\mathbf{M}$，$\|x_i\|\leqslant1(i\geqslant1)$，且

$$Tx_i=\left\{\sum_{j=1}^{\infty}\alpha_{1j}\mathrm{sgn}\alpha_{ij},\sum_{j=1}^{\infty}\alpha_{2j}\mathrm{sgn}\alpha_{ij},\cdots\right\},$$

$$\|T\|\geqslant\|Tx_i\|\geqslant\left|\sum_{j=1}^{\infty}\alpha_{ij}\mathrm{sgn}\alpha_{ij}\right|=\sum_{j=1}^{\infty}|\alpha_{ij}|,\quad i\geqslant1.$$

故

$$\|T\|\geqslant\sup_i\sum_{j=1}^{\infty}|\alpha_{ij}|.$$

所以等式成立.

18. 提示：必要性简略. 下证充分性. 设 $\boldsymbol{S}_1$ 完备，任取 X 中柯西列 $\{x_n\}$，因为

$$|\|x_n\|-\|x_m\||\leqslant\|x_n-x_m\|\to0,\quad n,m\to\infty,$$

故 $\{\|x_n\|\}$ 收敛，记 $\alpha=\lim\limits_{n\to\infty}\|x_n\|>0$，当 n 充分大时，$\|x_n\|\geqslant\frac{\alpha}{2}>0$，令 $\tilde{x}_n=x^n/\|x_n\|$，则 $\tilde{x}_n\in\boldsymbol{S}_1$

$$\|\tilde{x}_n-\tilde{x}_m\|\leqslant\frac{\|x_n-x_m\|}{\|x_n\|}+\frac{|\|x_m\|-\|x_n\||}{\|x_n\|}$$

$$\leqslant\frac{2}{\alpha}(\|x_n-x_n\|+|\|x_m\|-\|x_n\||)\to0,\quad n,m\to\infty.$$

即 $\{\tilde{x}_n\}$ 为 $\boldsymbol{S}_1$ 中柯西列，$\exists\,\tilde{x}\in\boldsymbol{S}_1$，使 $\tilde{x}_n\to\tilde{x}(n\to\infty)$ 故 $x_n=\|x_n\|\tilde{x}_n\to\alpha\tilde{x}\in X$，$X$ 完备.

习题 3

1. 提示：在平行四边形公式中将 x 与 y 分别用 $z-x$ 与 $z-y$ 代之即可.

2. 提示：用反证法.

3. 提示：必要性由 $|\|x_n\|-\|x\||\leqslant\|x_n-x\|\xrightarrow{n\to\infty}0$ 即得. 充分性由 $\|x_n-x\|^2=\|x_n\|^2+\|x\|^2-2\mathrm{Re}\langle x_n,x\rangle\xrightarrow{n\to\infty}\|x\|^2+\|x\|^2-2\mathrm{Re}\langle x,x\rangle=0$ 即得.

4. 提示：充分性显然.

必要性：因为

$$\|x\|^2+\|y\|^2+2\|x\|\|y\|=(\|x+y\|)^2=\|x+y\|^2$$
$$=\|x\|^2+\|y\|^2+2\langle x,y\rangle,$$

所以
$$\langle x,y\rangle=\|x\|\|y\|.$$

即许瓦兹不等式中的等号成立. 故当 $\lambda=\|y\|/\|x\|$ 时，有

$$\langle y-\lambda x,y-\lambda x\rangle=\lambda^2\|x\|^2+\|y\|^2-2\lambda\|x\|\|y\|=0.$$

所以 $y=\lambda x$，且 $\lambda=\|y\|/\|x\|>0$.

5. 提示：直接计算 $\|x_n-y_n\|^2$ 即可.

6. 因 $\langle Tx,x\rangle=0$，$\langle Ty,y\rangle=0$，故

$$0=\langle T(x+y),(x+y)\rangle=\langle Tx,y\rangle+\langle Ty,x\rangle.$$

以 iy 代替 y 并乘以 i，有

$$0=i[\langle Tx,iy\rangle+\langle iTy,x\rangle]=\langle Tx,y\rangle-\langle Ty,x\rangle.$$

将上面两式相加，得 $\langle Tx,y\rangle=0$. 取 $y=Tx$，有 $\|Tx\|^2=0$，且 $\forall x\in\mathbf{H}$，$Tx=0$. 故 $T=0$.

7. 由题设易知 $\|f_y\|=\|y\|$（见例 8），故 T 是等距的，又 T 是双射，所以 $\mathbf{H}$ 与 $\mathbf{H}^*$ 等距同构. 由于任何赋范线性空间的共轭空间必完备，所以 $\mathbf{H}$ 完备.

8. 提示：由内积性质易知 f_y 是线性的和连续性. 其次，由

$$|f_y(x)|=|\langle x,y\rangle|\leqslant\|x\|\|y\|$$

知 $\|f_y\|\leqslant\|y\|$. 令 $x=y$，有

$$f_y(y)=\langle y,y\rangle=\|y\|^2.$$

又从命题 3.27，有 $|f_y(y)|\leqslant\|f_y(y)\|\|y\|$，于是

$$\|y\|^2\leqslant\|f_y\|\|y\|.$$

即
$$\|y\|\leqslant\|f_y\|.$$

所以 $\|f_y\|=\|y\|$.

9. 提示：(1)用反证法；(2)由线性无关的定义证明之.

10. 提示：(1)容易从

$$\langle x\pm\alpha y,x\pm\alpha y\rangle=\|x\pm\alpha y\|^2=\|x\|^2\pm\bar{\alpha}\langle x,y\rangle\pm\alpha\langle y,x\rangle+|\alpha|^2\|y\|^2$$

或取 $\alpha=1$，$\alpha=-i$ 直接推证.

(2)“$\Rightarrow$”是显然的.“$\Leftarrow$”之证明提示：若 $\|x+\alpha y\|\geqslant\|x\|$，且 $y\neq0$，令 $\alpha=-\dfrac{\langle x,y\rangle}{\|y\|^2}$，可得

$$0\leqslant\|x+\alpha y\|^2-\|x\|^2=-|\langle x,y\rangle|^2/\|y\|^2\leqslant 0.$$

故必 $x\perp y$.

11. 提示:(1)显然;(2)因 $\mathbf{M}\subset\overline{\mathbf{M}}$,故 $\mathbf{M}^{\perp}\supset(\overline{\mathbf{M}})^{\perp}$;反之,设 $x\in\mathbf{M}^{\perp}$,$y\in\overline{\mathbf{M}}$,取 $\{y_n\}\subset\mathbf{M}$,使 $y_n\to y(n\to\infty)$. 于是 $\langle x,y\rangle=\lim\limits_{n\to\infty}\langle x,y_n\rangle=0$,从而 $x\in(\overline{\mathbf{M}})^{\perp}$ 即 $\mathbf{M}^{\perp}\subset(\overline{\mathbf{M}})^{\perp}$.

12. 由 11 题知 $\overline{\mathrm{span}\mathbf{M}}=(\overline{\mathrm{span}\mathbf{M}}^{\perp})^{\perp}=((\mathrm{span}\mathbf{M})^{\perp})^{\perp}$,故为证 $\overline{\mathrm{span}\mathbf{M}}=(\mathbf{M}^{\perp})^{\perp}$,只需证明 $(\mathrm{span}\mathbf{M})^{\perp}=\mathbf{M}^{\perp}$. 易证 $\mathbf{M}^{\perp}\supset(\mathrm{span}\mathbf{M})^{\perp}$;反之,设 $x\in\mathbf{M}^{\perp}$,$\forall y\in\mathbf{M}$,必有 $\langle x,y\rangle=0$. 因内积关于第二变元是共轭线性的,故对一切 $y\in\mathrm{span}\mathbf{M}$,也有 $\langle x,y\rangle=0$,从而 $x\in(\mathrm{span}\mathbf{M})^{\perp}$,即得证 $(\mathrm{span}\mathbf{M})^{\perp}=\mathbf{M}^{\perp}$.

13. 提示:由题设知 x 在 $\mathbf{M}$ 上投影在,有 $x_0\in\mathbf{M}$,$x_1\perp\mathbf{M}$ 使 $x=x_0+x_1$. 由定理 3.10知

$$\|x_1\|=\min\{\|x-z\|:z\in\mathbf{M}\}.$$

此外,$\forall y\in\mathbf{M}^{\perp}$,$\|y\|=1$,有

$$|\langle x,y\rangle|=|\langle x_1,y\rangle|\leqslant\|x_1\|,$$

于是

$$\max\{|\langle x,y\rangle|:y\in\mathbf{M}^{\perp},\|y\|=1\}\leqslant\|x_1\|.$$

当取 $x_1=0$,上式中等号成立.

当 $x_1\neq 0$,取 $y=x_1/\|x_1\|$,有 $y\in\mathbf{M}^{\perp}$,$\|y\|=1$,且 $\langle x,y\rangle=\|x_1\|$,所以

$$\max\{|\langle x,y\rangle:y\in\mathbf{M}^{\perp},\|y\|=1|\}\geqslant\|x_1\|.$$

从而得证本题.

14. 提示:由 $\mathbf{M}$ 凸集及平行四边形公式

$$2\left\|\frac{x_n-x_m}{2}\right\|^2=\|x_m\|^2+\|x_n\|^2-2\left\|\frac{x_n+x_m}{2}\right\|^2$$

知 $(x_n+x_m)/2\in\mathbf{M}$,且易证 $\|x_n-x_m\|\to 0$,故由 $\mathbf{H}$ 完备得证 $\{x_n\}$ 是 $\mathbf{H}$ 中收敛点列.

15. 提示:存在性:由下确界定义,$\forall n$,$\exists y_n\in\mathbf{M}$,使得

$$\delta\leqslant\|x-y_n\|\leqslant\delta+1/n$$

知 $\delta=\lim\limits_{n\to\infty}\|x-y_n\|$. 再由平行四边形公式和 $\mathbf{M}$ 是凸集,有

$$\begin{aligned}\|y_m-y_n\|^2&=\|(x-y_n)-(x-y_m)\|^2\\&=2(\|x-y_n\|^2+\|x-y_m\|^2)-4\left\|x-\frac{1}{2}(y_n+y_m)\right\|^2\\&\leqslant 2(\|x-y_n\|^2+\|x-y_m\|^2)-4\delta^2\to 0,\quad n,m\to\infty.\end{aligned}$$

利用 $\mathbf{M}$ 完备性知 $\exists y\in\mathbf{M}$,使 $y_n\to y$. 再由范数连续性知:

$$\delta=\lim_{n\to\infty}\|x-y_n\|=\|x-y\|.$$

唯一性由平行四边形公式可证.

16. 提示:由许瓦兹不等式及巴塞伐尔不等式得证本题.

17. 提示:必要性. 由完备标准正交系知 $\forall x,y\in\mathbf{H}$,有 $\|x\|^2=\sum\limits_{\lambda\in\Lambda}|\langle x,e_\lambda\rangle|^2<\infty$,

$\|y\|^2 = \sum_{\lambda\in\Lambda} |\langle y,e_\lambda\rangle|^2 < \infty$ 及

$$x = \sum_{\lambda\in\Lambda}\langle x,e_\lambda\rangle e_\lambda,\quad y = \sum_{\lambda\in\Lambda}\langle y,e_\lambda\rangle e_\lambda,$$

故 $$\langle x,y\rangle = \sum_{\lambda,\mu\in\Lambda}\langle\langle x,e_\lambda\rangle e_\lambda,\langle y,e_\mu\rangle e_\mu\rangle = \sum_{\lambda\in\Lambda}\langle x,e_\lambda\rangle\langle e_\lambda,y\rangle.$$

充分性由巴塞伐尔等式成立而得证.

18. 提示：$\{1,t,t^2\}$正交化后的标准正交系为$\left\{\frac{\sqrt{2}}{2},\frac{\sqrt{6}}{2}t,\frac{\sqrt{10}}{4}(3t^2-1)\right\}$.

19. 提示：如果 $a\in A,b\in B$，则

$$\|a+b\|^2\geqslant\|a\|^2+\|b\|^2-2\varepsilon\|a\|\|b\|\geqslant(1-\varepsilon^2)\|a\|^2.$$

所以，当$\{a_n+b_n\}$是基本点列时，$\{a_n\}$是基本点列，同理可证$\{b_n\}$也是基本点列.

20. 提示：$\mathbf{H}=l^2$，$\mathbf{M}=\{(x_1,x_1,x_2,2x_2,x_3,3x_3,\cdots)\}$，$\mathbf{N}=\{(0,y_1,0,y_2,0,y_3,\cdots)\}$. P 是 $\mathbf{N}^\perp$ 上的正交投影.

21. 提示：如果 $x\in\mathbf{H}$，对于任意的自然数 n，$x\perp\varepsilon_k$，则$\|x\|^2=\sum_{k=1}^{\infty}|\langle x,e_k-\varepsilon_k\rangle|^2\leqslant\|x\|^2\sum_{k=1}^{\infty}\|e_k-\varepsilon_k\|^2$，所以 $x=0$.

22. 提示：利用许瓦兹不等式$|\langle x,y\rangle|\leqslant\|x\|\|y\|$而且其中等号成立当且仅当$x$与$y$线性相关.

23. 提示：用所给条件推出 $e_n=\sum_i\langle e_n,\varepsilon_i\rangle\varepsilon_i$（$\forall n\in\mathbf{N}$），因此$\{\varepsilon_n\}$是基本集.

24. 提示：因$\left\|\sum\lambda_i e_i\right\|=\|x\|_2^2+\sum_{i\neq j}\lambda_i\bar{\lambda}_j\langle e_i,e_j\rangle$，故只要证$\left|\sum_{i\neq j}\lambda_i\bar{\lambda}_j\langle e_i,e_j\rangle\right|\leqslant\beta\|x\|_2^2$，用许瓦兹不等式即可.

25. 提示：$x_1,x_2,\cdots,x_n$ 线性相关的充要条件是 $\mathbf{G}$ 之各行线性相关.

26. 提示：取 $u(x)=x$，$v(x)=1-x$，说明平行四边形公式不成立.

27. 提示：若 $f\in\mathbf{M}$，$g\in\mathbf{N}$，则

$$\langle f,g\rangle=-\langle f,g\rangle，于是\langle f,g\rangle=0,$$

即 $\mathbf{M}\perp\mathbf{N}$. 任取 $f\in C[-1,1]$，令

$$f_1(x)=\frac{1}{2}[f(x)+f(-x)],\ f_2(x)=\frac{1}{2}[f(x)-f(-x)],$$

则 $f_1\in\mathbf{N}$，$f_2\in\mathbf{M}$，$f=f_1+f_2$. 故 $C[-1,1]=\mathbf{M}\oplus\mathbf{N}$.

28. 提示：必要性显然，只证充分性. 令 L 为$\{\varphi_i\}$张成的子空间，则 $\bar{L}=L^2[a,b]$，$\forall x\in L$，$x=\sum_{i=1}^{m}\alpha_i\varphi_i$，由题设条件知 $\varphi_i=\sum_{n=1}^{\infty}\langle\varphi_i,w_n\rangle w_n$，于是可得 $x=\sum_{n=1}^{\infty}\langle x,w_n\rangle w_n$，从而巴塞伐尔等式成立$\|x\|^2=\sum_{n=1}^{\infty}|\langle x,w_n\rangle|^2$，即$\{w_n\}$ 完备.

习题 4

1. 提示：是. 因 T 是可逆算子，所以 $T\neq 0$，而且 $Tx=0\Leftrightarrow x=0$. $\forall y_1,y_2\in R(T)$，α,β 是数，则有

$$\begin{aligned}&T(T^{-1}(\alpha y_1+\beta y_2)-\alpha T^{-1}y_1-\beta T^{-1}y_2)\\=&TT^{-1}(\alpha y_1+\beta y_2)-\alpha TT^{-1}y_1-\beta TT^{-1}y_2\\=&\alpha y_1+\beta y_2-\alpha y_1-\beta y_2=0.\end{aligned}$$

因此，$T^{-1}(\alpha y_1+\beta y_2)=\alpha T^{-1}y_1+\beta T^{-1}y_2$.

2. 提示：令 $\mathbf{M}=\{x:Tx=x\}$，$\mathbf{N}=\{x:T^*x=x\}$. 任取 $x\in\mathbf{M}$，则

$$\begin{aligned}0&\leqslant\langle T^*x-x,T^*x-x\rangle=\|T^*x\|^2-\|x\|^2\\&\leqslant\|x\|^2-\|x\|^2=0.\end{aligned}$$

所以，$T^*x=x$，$\mathbf{M}\subset\mathbf{N}$. 同理可以证明：$\mathbf{N}\subset\mathbf{M}$，因此 $\mathbf{M}=\mathbf{N}$.

3. 提示：方法一. 如果 $x_n\to x$，$Tx_n\to z$，则 $\langle z-Tx,y\rangle=0$，$\forall y\in X$. 利用闭图像定理.

方法二. 否则的话，将会存在点列 $\{y_n\}$ 使得 $\|y_n\|=1$ 及 $\|Ty_n\|\to\infty$. 设 $f_n(x)=\langle Tx,y_n\rangle=\langle x,Ty_n\rangle$，则 f_n 定义在整个 X 上，而且 f_n 是线性的，每个 f_n 都是有界的，这是因为

$$|f_n(x)|=|\langle x,Ty_n\rangle|\leqslant\|x\|\|Ty_n\|.$$

对于每个 $x\in X$，点列 $\{f_n(x)\}$ 有界，这是因为

$$|f_n(x)|=|\langle Tx,y_n\rangle|\leqslant\|Tx\|\|y_n\|=\|Tx\|.$$

由一致有界原理知，$\{\|f_n\|\}$ 有界，不妨设 $\|f_n\|\leqslant M$，因此 $|f_n(x)|\leqslant M\|x\|$，取 $x=Ty_n$，便有

$$|f_n(Ty_n)|=\langle Ty_n,Ty_n\rangle=\|Ty_n\|^2=|f_n(Ty_n)|\leqslant M\|Ty_n\|,$$

故有 $\|Ty_n\|\leqslant M$，这就产生矛盾.

4. 提示：$\|T\|=1$. $T^{-1}\left(\sum\limits_{k=1}^{\infty}x_ke_k\right)=\sum\limits_{k=1}^{\infty}x_{k+1}e_k$.

5. 提示：(1)先证 $T+A$ 是闭的. 设 $\{x_n\}\subset D(T+A)=D(T)$，$x_n\to x$；而且 $(T+A)x_n\to y$. 仅需证明 $x\in D(T+A)$，而且 $(T+A)x=y$. 由于 $A\in B(X)$，所以 $Ax_n\to Ax$，结合 $(T+A)x_n\to y$ 知，$Tx_n\to y-Ax$. 因为 T 是闭的，所以 $x\in D(T)=D(T+A)$，且 $Tx=y-Ax$，即有 $(T+A)x=y$，故 T 是闭的.

(2)证明 TA 是闭的. 显然 $D(TA)=\{x\in X:Ax\in D(T)\}$. 设 $\{x_n\}\subset D(TA)$，$x_n\to x$，而且 $(TA)(x_n)\to y$. 欲证 $x\in D(TA)$ 而且 $(TA)(x)=y$. 因为 $A\in B(X)$，$x_n\to x$，所以 $Ax_n\to Ax$. 由 $(TA)(x_n)\to y$ 知，$T(Ax_n)\to y$，但 T 是闭的，所以 $Ax\in D(T)$ 而且 $T(Ax)=y$，即就有 $x\in D(TA)$，$(TA)(x)=y$. 故 TA 是闭的.

6. 提示：$\mathbf{M}=\{(r_1,r_2,\cdots,r_n,0,\cdots):r_i\in\boldsymbol{Q},i=1,2,\cdots,n,n\in\mathbf{N}\}$ 是 l^2 中的稠密子集，

而且 $\mathbf{M}\subset D(T)$，故 $\overline{D(T)}=l^2$. 另外，设 $\xi_k=(\xi_1^{(k)},\xi_2^{(k)},\cdots)\in D(T)$，$\xi_k\to\xi=(\xi_1,\xi_2,\cdots)\in l^2$. $T\xi_k=(\xi_2^{(k)},2\xi_3^{(k)},3\xi_4^{(k)},\cdots)\to\eta=(\eta_1,\eta_2,\cdots)$. 欲证 $\xi\in D(T)$，$T\xi=\eta$. 依 l^2 的收敛性可知，$\xi_i^{(k)}\to\xi_i$，$i\xi_{i+1}^{(k)}\to\eta_i(k\to\infty)$，$i=1,2,\cdots$，因此，$\eta_i=\lim\limits_{k\to\infty}i\xi_{i+1}^{(k)}=i\lim\limits_{k\to\infty}\xi_{i+1}^{(k)}=i\xi_{i+1}$，$i=1,2,\cdots$，故 $T\xi=\eta$.

7. 提示：设 $\{x_n\}\subset\ker(T)$，$x_n\to x$，$Tx_n\to y$，但 $Tx_n=0$，因此 $y=\lim\limits_{n\to\infty}Tx_n=0$. 由于 T 是闭的，故 $Tx=y$，$Tx=0$，所以 $x\in\ker(T)$.

8. 提示：$\|\tau_h f(x)\|_2=\left(\int_{\mathrm{R}}|f(x-h)|^2\mathrm{d}x\right)^{1/2}=\left(\int_{\mathrm{R}}|f(x)|^2\mathrm{d}x\right)^{1/2}=\|f\|_2$.

9. 提示：用反证法. 设 $x_0\notin\mathbf{M}$，则 $d=d(x_0,\mathbf{M})>0$. 由定理知，必定存在 $f\in X^*$，使得 $f(x_0)=d$，$f(x)=0(\forall x\in\mathbf{M})$，但由已知条件可知存在点列 $x_n\in\mathbf{M}$ 使得 $\lim\limits_{n\to\infty}f(x_n)=f(x_0)$. 故 $f(x_0)=0$，矛盾.

10. 提示：由 $T\in B(X,Y)$ 知，可以选择 $y\in X$，$\|y\|=1$，使得 $\|Ty\|>\|T\|/c$. 令 $x=\|T\|y/\|Ty\|$ 即可.

11. 任取 $x\in L^1[a,b]$，则

$$\|Tx\|_\infty=\max_{a\leqslant t\leqslant b}\left|\int_a^t x(s)\mathrm{d}s\right|\leqslant\max_{a\leqslant t\leqslant b}\int_a^t|x(s)|\mathrm{d}s=\int_a^b|x(s)|\mathrm{d}s=\|x\|_1.$$

故 $\|T\|\leqslant 1$. 此外，取 $x_0(t)=\dfrac{1}{b-a}$，显然，$\|x_0\|_1=1$，则

$$\|T\|=\sup_{\|x\|=1}\|Tx\|_\infty\geqslant\|Tx_0\|_\infty=\max_{a\leqslant t\leqslant b}\int_a^t\frac{1}{b-a}\mathrm{d}s=1,$$

所以 $\|T\|\geqslant 1$. 因此，$\|T\|=1$.

12. 提示：$\|g\|=\|x\|$.

13. 提示：如果存在 $B_r(a)$ 使得 $f(a)$ 是 f 在 $B_r(a)$ 上的最小值，$f(B_r(a))=f(a)+rf(B_1(0))\geqslant f(a)$，则 $f(B_1(0))\geqslant 0$，$f(B_1(0))=0$.

14. 提示：$x-f(x)x_0/f(x_0)\in\ker(f)$.

15. 提示：说明 $\overline{\ker(T)}=\ker(T)$. 不一定，考虑 $C^1([0,1])$ 上的微分算子 $\mathrm{d}/\mathrm{d}t$. 用反证法证明充分性. 设 $\ker(f)$ 是 X 的闭线性子空间. 假设 f 不是有界的，则 $\|f\|=\infty$，因此，必有一个点列 $\{x_n\}$ 适合 $\|x_n\|=1$，$|f(x_n)|\geqslant n$. 记 $y_n=x_n/f(x_n)-x_1/f(x_1)$，则 $f(y_n)=0$，因此，$y_n\in\ker(f)$. 但是，由于 $\|x_n/f(x_n)\|=1/|f(x_n)|\leqslant 1/n\to 0$，这样就有 $y_n\to -x_1/f(x_1)$，但 $f(-x_1/f(x_1))=-1$，所以 $-x_1/f(x_1)\notin\ker(f)$，这与 $\ker(f)$ 为闭集的事实矛盾.

16. 提示：$f(x)=\langle x,y\rangle$，$y(t)=t^{(1-\alpha)/\alpha}/\alpha$，$\|f\|=\|y\|_2=1/\sqrt{\alpha(2-\alpha)}$.

17. 提示：$f(x)\leqslant\dfrac{1}{2}\left(\int_0^1\dfrac{\mathrm{d}\tau}{\sqrt{\tau}}\right)^{1/2}\left(\int_0^1|x(\tau)|^2\mathrm{d}\tau\right)^{1/2}=\dfrac{\sqrt{2}}{2}\|x\|$. 取 $x(\tau)=1/(\sqrt{2}\sqrt[4]{\tau})$ 则 $\|x\|=1$，$f(x)=\sqrt{2}/2$，故 $\|f\|=\sqrt{2}/2$.

18. 提示：对于 $x\in X$，

$$\|Tx\|^2=\sum_{k=1}^{n}|\lambda_k|^2|\langle x,e_k\rangle|^2$$
$$\leqslant \max\{|\lambda_k|^2:k=1,2,\cdots,n\}\|x\|^2.$$

因此，$\|T\|\leqslant\max\{|\lambda_k|:k=1,2,\cdots,n\}$. 选取 $k_0\in\{1,2,\cdots,n\}$，使得 $|\lambda_{k_0}|=\max\{|\lambda_k|:k=1,2,\cdots,n\}$. 所以 $\|Te_{k_0}\|=|\lambda_{k_0}|$，从而有 $\|T\|\geqslant|\lambda_{k_0}|$.

19. 提示：设 $\{e_k:k=1,2,\cdots,n\}$ 是 $R(T)$ 的标准正交基，对于任意的 $x\in X$，设 $Tx=\sum_{k=1}^{n}\alpha_k e_k$，则 $\alpha_k=\langle Tx,e_k\rangle=\langle x,T^*e_k\rangle$. 故 $Tx=\sum_{k=1}^{n}\langle x,T^*e_k\rangle e_k=\sum_{k=1}^{n}\langle x,a_k\rangle b_k$，其中 $a_k=T^*e_k,b_k=e_k$.

20. 提示：$\|T\|=\|S\|=\|TS\|=2\|ST\|=1$.

21. 提示：$\|T\|=2/\pi$.

22. 提示：任取点列 $Tx_n\to y$，$\{x_n\}\subset A$. 但因 A 是紧的，所以存在 $\{x_n\}$ 的收敛子列 $\{x_{n_k}\}$ 满足 $x_{n_k}\to x_0\in A$. 自然地有，$Tx_{n_k}\to y$，考虑到 T 是闭线性算子得到 $Tx_0=y$，故 $y\in T(A)$.

23. 提示：反证法，利用哈恩-巴拿赫定理.

24. 提示：T 的线性显然. 由

$$\|Tx\|=\sup_s|(Tx)(s)|\leqslant\int_{-\infty}^{\infty}|x(t)|\,\mathrm{d}t=\|x\|$$

知 $\|T\|\leqslant 1$，即 T 为有界线性算子. 且 $\|T\|=1$.

25. 提示：令 $f_n(x)=\dfrac{nx}{1+n^2x^2}$，$n=1,2,\cdots$. 对于任意的 $x\in[0,1]$，显然有 $f_n(x)\to 0$. 令 $f'_n(x)=0$，可得 $x=\dfrac{1}{n}$，即 $\|f_n\|=\sup|f_n(x)|=\dfrac{1}{2}$，$n=1,2,\cdots$ 因此，点列 f_n 弱收敛于 0，但不强收敛于 0.

26. 提示：令 $f_n(x)=\mathrm{sgn}(\sin(nx))|\sin(nx)|^{2/p}$，则 $\|f_n\|_p=\left[\int_0^{\pi}\sin^2(nx)\,\mathrm{d}x\right]^{1/p}=(\pi/2)^{1/p}$. 对于任意的 $t\in[0,\pi]$，有 $\int_0^t f_n(u)\,\mathrm{d}u\to 0$. 因此，点列 f_n 弱收敛于 0，但显然 f_n 不强收敛于 0.

27. 提示：(1) T 是单射. 由 $T\in B(X)$ 和 $|\langle Tx,x\rangle|\geqslant c\|x\|^2$，有 $\langle Tx-Ty,x-y\rangle=\langle T(x-y),x-y\rangle\geqslant c\|x-y\|(c>0)$. 由此可知，若 $Tx=Ty$，则 $x=y$. 这表明 T 是单射，故 T^{-1} 存在.

(2) T 是满射. 先证明 $\overline{R(T)}=X$. 如果 $z\in\overline{R(T)}^{\perp}$，于是，对于任意的 $x\in X$，都有 $|\langle Tx,z\rangle|=0$. 特别取 $x=z$，则有

$$c\|z\|^2\leqslant|\langle Tz,z\rangle|=0.$$

因此，$z=0$. 所以$\overline{R(T)}=X$.

再证明 $R(T)$是闭集. 设 $y\in R(T)$，则存在 $y_n\in R(T)$，使得 $y_n\to y$. 于是，存在 $x_n\in X$，使得 $y_n=Tx_n$. 由给定的条件可以得到

$$\begin{aligned}c\|x_m-x_n\|^2&\leqslant|\langle T(x_m-x_n),x_m-x_n\rangle|\\&=|\langle y_m-y_n,x_m-x_n\rangle|\\&\leqslant\|y_m-y_n\|\|x_m-x_n\|.\end{aligned}$$

即得

$$\|x_m-x_n\|\leqslant\frac{1}{c}\|y_m-y_n\|.$$

因为$\{y_n\}$是基本列，因此$\{x_n\}$也是基本列. 但空间 X 是希尔伯特空间，因而有 $x\in X$，使得 $x_n\to x$. 由 T 的连续性就有 $Tx=\lim\limits_{n\to\infty}Tx_n=\lim\limits_{n\to\infty}y_n=y$. 这就说明 $y\in R(T)$，从而知 $R(T)$是闭集. 结合前面的证明可知，$X=\overline{R(T)}=R(T)$.

(3)由于 T 是从 X 到 X 的一个双射. 由巴拿赫逆算子定理可知，T^{-1}存在并且有界.

28. 提示：对于任意的 $x\in X$，有 $\|T_{a,b}(x)\|=\|\langle x,b\rangle a\|=\|\langle x,b\rangle\|\|a\|\leqslant\|a\|\|b\|\|x\|$，因此，$\|T\|\leqslant\|a\|\|b\|$. 故 $T_{a,b}\in B(X)$. 特别地，令 $x=b/\|b\|$，则有$\|x\|=1$，$\|T_{a,b}(x)\|=\|a\|\|b\|$. 因而，$\|T_{a,b}\|=\|a\|\|b\|$. 显然有 $\dim(T_{a,b}(X))=1$.

对于任意的 $x,y\in X$，有

$$\begin{aligned}\langle T_{a,b}(x),y\rangle&=\langle\langle x,b\rangle a,y\rangle=\langle x,b\rangle\langle a,y\rangle\\&=\langle x,\overline{\langle a,y\rangle}b\rangle=\langle x,\langle y,a\rangle b\rangle.\end{aligned}$$

所以，$T_{a,b}^{*}(y)=\langle y,a\rangle b$，$\forall\, y\in X$.

设$\{b\}$是 $R(T)$的标准正交基，$x\in X$ 而且 $Tx=\alpha b$，则 $\alpha=\langle Tx,b\rangle=\langle x,T^{*}b\rangle$. 故$Tx=\langle x,T^{*}b\rangle b=\langle x,a\rangle b$，其中 $a=T^{*}b$.

29. 提示：(1)因为

$$\begin{aligned}y&=\langle y_1,y_2,\cdots\rangle=(x_1+x_2,x_1+2x_2+x_3,x_2+3x_3+x_4,\cdots)\\&=(0,x_1,x_2,\cdots)+(x_1,2x_2,3x_3,\cdots)+(x_2,x_3,x_4,\cdots),\end{aligned}$$

所以，$y\in l^2\Leftrightarrow\{nx_n\}\in l^2$.

(2) $\mathbf{M}=\{(r_1,r_2,\cdots,r_n,0,\cdots):r_1,r_2,\cdots,r_n\in\boldsymbol{Q},n=1,2,\cdots\}\subset\boldsymbol{D}$.

30. 提示：令 $T_nx=(\alpha_1\xi_1,\alpha_2\xi_2,\cdots,\alpha_n\xi_n,0,\cdots)$，则 T_n 是 l 上的有限秩算子. 由于$\{\alpha_n\}\to0$，因而，对于任意的 $\varepsilon>0$，存在自然数 n_0，使得当 $n>n_0$ 时，有$|\alpha_n|<\varepsilon$. 因此，当$n>n_0$ 时有$\|(T_n-T)x\|<\varepsilon\|x\|$. 所以$\|T_n-T\|\to0$，故 T 为紧算子.

31. 提示：利用算子极化恒等式

$$\begin{aligned}\langle Tx,y\rangle=\frac{1}{4}[&\langle T(x+y),x+y\rangle-\langle T(x-y),x-y\rangle\\&+\mathrm{i}\langle T(x+\mathrm{i}y),x+\mathrm{i}y\rangle-\mathrm{i}\langle T(x-\mathrm{i}y),x-\mathrm{i}y\rangle].\end{aligned}$$

考察

$$A=\begin{pmatrix}0&1\\-1&0\end{pmatrix}.$$

32. 提示：直接按自伴算子的定义验证.

33. 提示：定义算子 $T_n:l^\infty\to l^\infty$，$T_nx=y_n=(\eta_1,\cdots,\eta_n,0,0,\cdots)$，则 T_n 是有界线性算子. 因为 T_n 的值域是有限维的，所以 T_n 是紧的，此外，利用许瓦兹不等式可以得到

$$\begin{aligned}\|(T_n-T)x\|^2&=\sum_{j=n+1}^{\infty}|\eta_j|^2=\sum_{j=n+1}^{\infty}\left|\sum_{k=1}^{\infty}a_{jk}\xi_k\right|^2\\&\leqslant\sum_{j=n+1}^{\infty}\sum_{k=1}^{\infty}|a_{jk}|^2\sum_{l=1}^{\infty}|\xi_l|^2.\end{aligned}$$

由此可得 $\|T_n-T\|\to0(n\to\infty)$，但紧算子列一致收敛的极限也是紧的，从而 T 是紧的.

34. 提示：设 $T_nx=(\lambda_1\xi_1,\cdots,\lambda_n\xi_n,0,0,\cdots)$，$T_n$ 的值域是有限维的，所以 T_n 是紧的. 令 $\varepsilon>0$，$|\lambda_k|<\varepsilon$，对于一切 $k>N$ 成立，从而当 $n>N$ 时，则有

$$\|T_nx-Tx\|^2=\sum_{k=n+1}^{\infty}|\lambda_k\xi_k|^2\leqslant\varepsilon^2\sum_{k=n+1}^{\infty}|\xi_k|^2\leqslant\varepsilon^2\|x\|^2,$$

也就是说 $\|T_n-T\|\leqslant\varepsilon$，因此 T 是紧的.

35. 提示：因为 f 是线性的，所以 T 也是线性的. 由于 f 有界，故有

$$\|Tx\|=|f(x)|\,\|z\|\leqslant C\|x\|,\quad C=\|f\|\,\|z\|.$$

因此 T 有界. 由于 $\dim T(X)\leqslant1$，可得结论.

36. 提示：如果 T 是紧的，则 T^*T 是紧的. 反过来，如果 T^*T 是紧的，设 $\{x_n\}$ 有界，不妨设 $\|x_n\|\leqslant C$，而且 $\{T^*Tx_{n_k}\}$ 收敛，则对于每一个 $\varepsilon>0$，存在自然数 N，使得

$$\|T^*Tx_{n_k}-T^*Tx_{n_j}\|<\frac{\varepsilon}{2C},\quad\forall k,j>N,$$

由此可得，当 $k,j>N$ 时，就会有

$$\begin{aligned}\|Tx_{n_k}-Tx_{n_j}\|^2&=\langle T^*Tx_{n_k}-T^*Tx_{n_j},x_{n_k}-x_{n_j}\rangle\\&\leqslant\|T^*Tx_{n_k}-T^*Tx_{n_j}\|\,\|x_{n_k}-x_{n_j}\|\\&\leqslant\|T^*Tx_{n_k}-T^*Tx_{n_j}\|2C<\varepsilon.\end{aligned}$$

因此，$\{Tx_{n_k}\}$ 收敛，故 T 是紧的.

37. 提示：定义 $T_n:l^\infty\to l^\infty$ 如下：对于任意的 $x=(\xi_1,\xi_2,\cdots)$，$T_nx=(\xi_1,\xi_2/2,\cdots,\xi_n/n,0,\cdots)$，可以得到

$$\|(T-T_n)x\|=\sup_{j>n}\frac{|\xi_j|}{j}\leqslant\frac{\|x\|}{n+1}.$$

所以，$\|T_n-T\|\leqslant\dfrac{1}{n+1}\to0$.

38. 提示：取 X 的一维子空间 $X_1=\{\alpha x_0:\alpha\text{ 为实数}\}$，在 X_1 上定义泛函 $f_1(\alpha x_0)=\alpha\|x_0\|$，可得 f_1 线性且 $\|f_1\|_{X_1}=1$. 利用哈恩-巴拿赫定理 4.15，存在 X 上有界线性泛函 f，使 f 是 f_1 的延拓，且 $\|f\|=\|f_1\|_{X_1}=1$. 故 $f(x_0)=f_1(x_0)=\|x_0\|$.

39. 提示：由 $\|e_n\|=1$，知 $\{e_n\}$ 不强收敛于 0. 因为 $(l^2)^*=l^2$，$\forall f\in X^*$，存在 $\eta=(\eta_1,\eta_2,\cdots)\in l^2$，有

$$f(x)=\sum_{n=1}^{\infty}x_n\eta_n,\quad x=(x_1,x_2,\cdots)\in l^2,$$

于是 $f(e_n)=\eta_n\to 0(n\to\infty)$，即 $e_n\xrightarrow{弱}0$.

40. 提示：由 $\|f_n\|=\max\limits_{0\leqslant t\leqslant 2\pi}|\sin nt|=1$，知 $\{f_n\}$ 不强收敛于 0. 当 x 是三角多项式时，由分部积分得

$$f_n(x)=\frac{1}{n}\int_0^{2\pi}x'(t)\cos nt\,\mathrm{d}t\to 0,\quad n\to\infty.$$

从 $\|f_n\|=1$ 及三角多项式全体在 $L^1[0,\pi]$ 中稠密知，$\forall x\in L^1[0,\pi]$，有 $f_n(x)\to 0(n\to\infty)$.

41. 提示：对于 $x\in L^p[a,b]$，由赫尔德不等式，有

$$\begin{aligned}\|kx\|_q&=\left(\int_a^b|(kx)(s)|^q\mathrm{d}s\right)^{1/q}\\&\leqslant\left\{\int_a^b\left(\int_a^b|k(s,t)|^q\mathrm{d}t\right)\left(\int_a^b|x(t)|^p\mathrm{d}t\right)^{q/p}\mathrm{d}s\right\}^{1/q}\\&=\left\{\int_a^b\int_a^b|k(s,t)|^q\mathrm{d}t\mathrm{d}s\right\}^{1/q}\|x\|_p.\end{aligned}$$

即 k 线性有界，且 $\|k\|\leqslant\left\{\int_a^b\int_a^b|k(s,t)|^q\mathrm{d}t\mathrm{d}s\right\}^{1/q}$.

又因 $(L^q[a,b])^*=L^p[a,b]$，故 $\forall g\in L^*[a,b]$，$x\in L^p[a,b]$，有

$$\begin{aligned}g(kx)&=\int_a^b(kx)(t)g(t)\mathrm{d}t\\&=\int_a^b\left(\int_a^b k(t,s)g(t)\mathrm{d}t\right)x(s)\mathrm{d}s.\end{aligned}$$

但 $g(kx)=k^*g(x)$，$k^*g\in(L^p[a,b])^*=L^q[a,b]$.

故
$$(k^*g)(s)=\int_a^b k(t,s)g(t)\mathrm{d}t.$$

42. 提示：设 $f_n,f\in X$，使有 $\|f_n-f\|\to 0$，$\|Bf_n-g\|\to 0$，则 $\forall x\in X$，有

$$(Bf_n)(x)=f_n(Ax)\to f(Ax)=(Bf)(x)$$

及
$$(Bf_n)(x)=g(x).$$

故 $Bf=g$，于是 B 是闭算子，由闭图像定理知 B 是有界线性算子.

再由哈恩-巴拿赫定理，$\forall x\in X$，可取 $f\in X^*$，$\|f\|=1$，使有 $f(Ax)=\|Ax\|$，故

$$\|Ax\|=f(Ax)=(Bf)(x)\leqslant\|B\|\|x\|.$$

所以，A 有界.

43. 提示：必要性. 由 $x_n\xrightarrow{弱}x_0$ 知，$\forall f\in X^*$，$f(x_n)\to f(x_0)$，于是 $x_n^{**}(f)\to x_0^{**}(f)$，故由一致有界原理得 $\sup\limits_n\|x_n\|=\sup\limits_n\|x^{**}\|<\infty$. 即(1)成立.(2)显然.

充分性. 由(1)、(2)知，$\forall f\in\Gamma$，有

$$x_n^{**}(f)\to x_0^{**}(f),\quad n\to\infty.$$

因 x_n^{**}，x_0^{**} 均线性，故上式对一切 $f\in\mathrm{span}\Gamma$ 成立. 又 $\overline{\mathrm{span}\Gamma}=X^*$，$\sup\limits_n\|x_n^{**}\|<\infty$，故

$\forall f\in X, x_n^{**}(f)\to x_0^{**}(f)$,即 $f(x_n)\to f(x_0)$,所以 $x_n \xrightarrow{弱} x_0$.

44. 提示:充分性. 设 T^{-1}有界,$\forall g\in X^*$,令 $f(y)=g(T^{-1}y), y\in TX$, f 是 TX 上线性算子. 从 $|f(y)|\leqslant\|g\|\|T\|^{-1}\|y\|$,知 $f\in(TX)^*$. 由泛函延拓定理将 f 延拓为 Y^* 中的元,仍记为 f. 又 $\forall x\in X$,有

$$f(Tx)=g(T^{-1}Tx)=g(x).$$

故 $g=T^*f$,得 $T^*Y^*=X^*$.

必要性. 用反证法. 设 T 在其值域上没有逆算子. 必 $\exists X$ 中点列 $\{x_n\}$, $\|x_n\|=1$,但 $\|Tx_n\|\to 0$. 令

$$Z_n=\frac{x_n}{\sqrt{\|Tx_n\|+1/n}},$$

则 $\|Z_n\|\to\infty$ 且 $\|TZ_n\|\to 0(n\to\infty)$. $\forall g\in X^*$,取 $f\in Y^*$,使 $T^*f=g$,于是

$$\lim_n(Z_n)=\lim_n f(TZ_n)=0.$$

即 $\{Z_n\}$ 弱收敛于 0,由一致有界原理,$\{\|Z_n\|\}$ 有界,矛盾!

习题 5

1. 提示:因 A 的特征方程为

$$\begin{vmatrix} \alpha_{11}-\lambda & \alpha_{12} & \cdots & \alpha_{1n} \\ \alpha_{21} & \alpha_{22}-\lambda & \cdots & \alpha_{2n} \\ \vdots & \vdots & & \vdots \\ \alpha_{n1} & \alpha_{n2} & \cdots & \alpha_{nn}-\lambda \end{vmatrix}=\beta_n\lambda^n+\beta_{n-1}\lambda^{n-1}+\cdots+\beta_0=0.$$

故 $\beta_n=(-1)^n, \beta_{n-1}=(-1)^{n-1}(\alpha_{11}+\alpha_{22}+\cdots+\alpha_{nn}), \beta_0=\det A$.

于是 $\operatorname{trace}A=\lambda_1+\lambda_2+\cdots+\lambda_n=-\dfrac{\beta_{n-1}}{\beta_n}=\alpha_{11}+\alpha_{22}+\cdots+\alpha_{nn}$,

$$\lambda_1\lambda_2\cdots\lambda_n=(-1)^n\frac{\beta_0}{\beta_n}=\det A.$$

2. 提示:因 A^{-1}存在$\Leftrightarrow\det A=\lambda_1\lambda_2\cdots\lambda_n\neq 0$,故 A^{-1}存在$\Leftrightarrow\lambda_1,\lambda_2,\cdots,\lambda_n$ 均不为零.

若 $\lambda_1,\lambda_2,\cdots,\lambda_n$ 为 A 的特征值,即 $Ax_k=\lambda_k x_k$, $x_k\in\mathbf{R}^n$,由 A^{-1}存在知 $x_k=\lambda_k A^{-1}x_k$,即 $A^{-1}x_k=\dfrac{1}{\lambda_k}x_k$,所以$\dfrac{1}{\lambda_k}(1\leqslant k\leqslant n)$是 A^{-1}的特征值.

3. 提示:易知 $Ax=-x''=\lambda x$ 的通解为

$$x(t)=a\cos\sqrt{\lambda}t+b\sin\sqrt{\lambda}t.$$

当 $\lambda\neq(2n\pi)^2, n=0,\pm1,\pm2,\cdots$时,通解中除恒为零外,不可能有函数属于 $D(A)$.

当 $\lambda=(2n\pi)^2, n=0,\pm1,\pm2,\cdots$时,上述通解属于 $D(A)$. 故算子 A 有特征值$(2n\pi)^2$, $n=0,\pm1,\pm2,\cdots$;相应的特征向量空间的基为 $\cos 2n\pi t$ 与 $\sin 2n\pi t$.

4. 提示：当$|\lambda| \geqslant \|T\|$时，由于$\|T\|/|\lambda|<1$，由定理 5.4 知

$$\left(\boldsymbol{I}-\frac{T}{\lambda}\right)^{-1}=\sum_{k=0}^{\infty}\left(\frac{T}{\lambda}\right)^{k} \in B(X).$$

故
$$R_{\lambda}(T)=\frac{1}{\lambda}\left(\boldsymbol{I}-\frac{T}{\lambda}\right)^{-1}=\sum_{k=0}^{\infty}(T^{k}/\lambda^{k+1}) \in B(X),$$

从而

$$\|R_{\lambda}(T)\|=\frac{1}{|\lambda|}\left\|\left(\boldsymbol{I}-\frac{T}{\lambda}\right)^{-1}\right\| \leqslant \frac{1}{|\lambda|-\|T\|}.$$

5. 提示：由于

$$\|Tx\|=\sum_{k=1}^{\infty}|x_{k}|=\|x\|,$$

因此，T 是有界线性算子并且$\|T\|=1$. 从而当$|\lambda|>\|T\|=1$ 时，$\lambda \in \rho(T)$.

设$(\lambda \boldsymbol{I}-T)x=0$，即$(\lambda x_1, \lambda x_2+x_1, \lambda x_3+x_2, \cdots, \lambda x_n+x_{n-1}, \cdots)=0$，因此，$\lambda x_1=0$. 若$\lambda=0$，则由 $\lambda x_2+x_1=0$ 知 $x_1=0$，依次得到 $x_1=x_2=\cdots=0$. 若 $\lambda \neq 0$，则 $x_1=0$. 由 $\lambda x_2+x_1=0$ 可得 $x_2=0$，依次得到 $x_1=x_2=\cdots=0$. 所以对于任何 λ，方程$(\lambda \boldsymbol{I}-T)x=0$ 都只有零解. 这表明 T 没有特征值.

考察$|\lambda| \leqslant 1$ 时的情况. 若 $\lambda=0$，则 $R(\lambda \boldsymbol{I}-T)=R(T) \neq l^1$. 设 $0<|\lambda| \leqslant 1$，考察方程$(\lambda \boldsymbol{I}-T)x=y$. 取 $y=(\alpha, 0, \cdots)$，$\alpha \neq 0$，则有

$$x_1=\frac{\alpha}{\lambda}, x_2=-\frac{\alpha}{\lambda^2}, \cdots, \quad x_n=(-1)^{n-1}\frac{\alpha}{\lambda^n}, \cdots.$$

因为级数 $\sum_{k=1}^{\infty}|x_k|=\sum_{k=1}^{\infty}\frac{1}{|\lambda|^k}|\alpha|$ 是发散的（注意$\frac{1}{|\lambda|^k} \to \infty$），所以不存在 $x \in l^1$ 满足此方程，故 $R(\lambda \boldsymbol{I}-T) \neq l^1$. 因此，当$|\lambda| \leqslant 1$ 时，$\lambda \in \sigma(T)$.

6. 提示：因为$\|T(x_1, x_2, \cdots)\| \leqslant \|x\|$，所以，$\|T\| \leqslant 1$. 但因$\|Te_1\|=\|e_2\|=1$，故$\|T\|=1$. $T^*=T$. 定义

$$T_n x=\left(x_2, x_1, \frac{1}{2}x_4, \frac{1}{2}x_3, \cdots, \frac{1}{n}x_{2n}, \frac{1}{n}x_{2n-1}, 0, 0, \cdots\right),$$

因此，$T_n \to T$. 所以 T 是紧的. $\sigma_p(T)=\left\{1, \frac{1}{2}, \cdots, \frac{1}{n}, \cdots\right\}$. 对于 $\lambda=1/n$，特征空间 E_λ 的基向量为$(0, \cdots, 0, 1, 1, 0, \cdots)$，第 $2n$ 和 $2n-1$ 位置是 1 其余位置为 0. $\sigma(T)=\left\{0, 1, \frac{1}{2}, \cdots, \frac{1}{n}, \cdots\right\}$. $\rho(T)=\boldsymbol{C}-\left\{0, 1, \frac{1}{2}, \cdots, \frac{1}{n}, \cdots\right\}$.

7. 提示：$T|_X$ 的自伴性由 t 是实的便可以推出，并且对于 $L^2([0,1])$上的 T，其自伴性也可以由内积的积分表示推出，这里的积分是一个勒贝格积分. $R(\lambda; T)x(t)=(t-\lambda)^{-1}x(t)$说明了 $\sigma(T)=[0,1]$，并且对于$\lambda \in [0,1]$，可以看出

$$T_\lambda x(t)=(t-\lambda)x(t)=0,$$

因此，对于一切 $t \neq \lambda$ 有 $x(t)=0$，即就是说 $x \equiv 0$，所以 λ 不可能是 T 的特征值.

8. 提示：$T=0$ 有特征值 0. 设 $T \neq 0$，则 m 与 M 不全为零，但对于紧算子来说非零的

谱点一定是特征值.

9. 提示:$(\lambda \boldsymbol{I}-\tau_h)f(x)=0\Leftrightarrow\lambda f(x)=f(x-h)\Leftrightarrow f\equiv 0$,所以 $\sigma_p(\tau_h)=\varnothing$.

10. 提示:

$$\|Tx\|^2=\left\|T\left(\sum_{k=1}^{\infty}a_k e_k\right)\right\|^2=\left\|\sum_{k=1}^{\infty}r_k a_k e_k\right\|^2=\sum_{k=1}^{\infty}|r_k a_k|^2$$

$$\leqslant\sum_{k=1}^{\infty}|a_k|^2=\|x\|^2.$$

$$T^*\left(\sum_{k=1}^{\infty}a_k e_k\right)=\sum_{k=1}^{\infty}\overline{r_k}a_k e_k=\sum_{k=1}^{\infty}r_k a_k e_k.$$

$Te_k=r_k e_k\Rightarrow\{r_k\}\subset\sigma_p(T)$. 由于 $\sigma(T)$ 是闭的,所以 $\sigma(T)\supset[0,1]$,$\|T\|\geqslant 1$. 故 $\sigma(T)=[0,1]$,$\|T\|=1$. 但因复希尔伯特空间 X 上自伴线性算子的剩余谱 $\sigma_r(T)$ 是空集,因此,$\sigma_c(T)=[0,1]-\{r_k\}$.

11. 提示:直接验证.

12. 提示:$\sigma(T)$ 是 v 的值域,但因为 v 是连续的,在紧集 $[0,1]$ 上有极大值和极小值,故 $\sigma(T)$ 是一个闭区间.

13. 提示:$Tx=vx$,此处 $v(t)=a+(b-a)t$.

14. 提示:$\sigma_p(T)=\{\alpha_n\}$,但因 $\sigma(T)$ 是闭的,所以 $\sigma(T)=[0,1]$.

15. 提示:T 的定义参照第 14 题. 由于 $\mathbf{C}$ 是可分的,所以 $\mathbf{K}$ 也是可分的. 设 $\{\alpha_n\}$ 在 $\mathbf{K}$ 中稠密,则 α_n 都是 T 的特征值,而且 $\sigma(T)=\mathbf{K}$.

16. 提示:否,因为 $(1,\lambda,\lambda^2,\cdots)\notin l^p(p<\infty)$.

17. 提示:对应于 $\lambda=0$ 的特征向量是 $(1,0,\cdots)$. 如果 $\lambda\neq 0$,则由 $Tx=\lambda x$,可得 $\xi_{n+1}=n!\ \lambda^n\xi_1$,并且由 $x\in l^2$ 可得 $\xi_1=0$,于是 $x=0$.

18. 提示:$Tx=\lambda x$,$0=\lambda\xi_1$,$\xi_{n-1}/(n-1)=\lambda\xi_n(n=2,3,\cdots)$,$x=0$. 每个 $\lambda\neq 0$ 都属于 $\rho(T)$. 如果 $\lambda=0$,则 $\eta_1=0$,其中 $Tx=(\eta_n)$,$\overline{R(T)}\neq l^2$,$0\notin\sigma_c(T)$,因此 $0\in\sigma_r(T)$,这是由于 $\sigma_p(T)=\varnothing$.

19. 提示:(1) $\|T\|=1$,$\sigma_p(T)=\{\lambda:\lambda\in\mathbf{C},|\lambda|<1\}$. 因为当 $|\lambda|=1$ 时,$(1,\lambda,0,\lambda^2,0,0,0,\lambda^3,\cdots)\notin l^2$,所以 $|\lambda|=1$ 不是 T 的特征值.

(2) $T^*(x_1,x_2,\cdots)=(0,x_1,0,x_2,0,\cdots)$. $TT^*(x_1,x_2,\cdots)=(x_1,x_2,\cdots)$,$T^*T(x_1,x_2,\cdots)=(0,x_2,0,x_4,0,\cdots)$.

(3) $\sigma(T)=\{\lambda:\lambda\in\mathbf{C},|\lambda|\leqslant 1\}$,$\rho(T)=\{\lambda:\lambda\in\mathbf{C},|\lambda|>1\}$.

20. 提示:$\lambda=-n^2(n\in\mathbf{N})$ 是 T 的特征值,于是 T 的谱无界.

21. 提示:否则 $\exists\,\varepsilon>0$,$T_n\in B(X)$,$\lambda_n\in\sigma(T_n)$,使 $\|T_n-T\|\to 0$,$d(\lambda_n,\sigma(T))\geqslant\varepsilon$. 不妨设 $\lambda_n\to\lambda$,则 $\lambda\in\rho(T)$,当 n 充分大时 $\lambda_n I-T_n$ 可逆!

22. 提示:$(Ax,y)\equiv(x,Ay)\Leftrightarrow\langle TAx,y\rangle\equiv\langle Tx,Ay\rangle\Leftrightarrow TA=A^*T$.

参考文献

[1] 夏道行,等.实变函数论与泛函分析.北京:高等教育出版社,1985.

[2] 王声望,等.实变函数与泛函分析概要.北京:高等教育出版社,1992.

[3] 葛显良.应用泛函分析.杭州:浙江大学出版社,1996.

[4] 刘炳初.泛函分析.北京:科学出版社,1998.

[5] V I Lebedev. An Introduction to Functional Analysis in Computational Mathematics. Birkhäuser,Boston. Basel. Berlin,1997.

[6] M Pedersen. Functional Analysis in Applied Mathematics and Engineering. Champman & Hall/CRC, Boca Raton London New York Washington, D. C. ,2000.

[7] 胡适耕.泛函分析.北京:高等教育出版社,2001.

[8] 许天周.应用泛函分析.北京:科学出版社,2002.

[9] 宋国柱.实变函数与泛函分析习题精解.北京:科学出版社,2004.

[10] 孙清华,等.泛函分析内容、方法与技巧.武汉:华中科技大学出版社,2005.

[11] Li Yaang Rong. Conditions on Generating Contractive Semigroups For Birth-Death Matrices. ACTA ANALYSIS FUNCTIONALIS APPLICATA,2001, 3(1):24-27.

[12] 艾尼·吾甫尔,李学志.常微分方程形式的 M/M/1 排队模型的一个注.应用泛函分析学报,1999,(1):69-74.

[13] 李杨荣.M/M/1 排队模型的 l^1 动态解及其稳定性.应用泛函分析学报,2000,(2):151-155.

[14] 郑友泉,冯振明,吴杰.一种支持分级服务和最小带宽保证的改进 TCP 算法.通信学报,2001,(3):46-50.

[15] 孟洛明,等.现代网络管理技术.北京:北京邮电大学出版社,2001.

[16] B Stiller,P Reichl,S Leinen. Pricing and Cost Recovery for Internet Services:Practical Review,Classification and Application of Relevant Models. NETNOMICS-Economic Research and Electronic Networking,2001,3(1):149-171.

[17] P Reichl,P Flury,J Gerke,B Stiller. How to Overcome the Feasibility Prob-

lem for Tariffing Internet Services: The Cumulus Pricing Scheme. IEEE International Conference on Communications, Helsinki, Finland, 2001, 6: 11-14.

[18] 章志斌，章义莳. Hahn-Banach 泛函延拓定理及其应用. 安庆师范学院学报(自然科学版)，2004，10(2)：33-36.

[19] 叶培大，吴彝尊. 光波导技术基本理论. 北京：人民邮电出版社，1981.

[20] Brent Parr, Byunglok Echo, et al. A Novel Ultra-wideband Pulse Design Algorithm. IEEE Communications Letters, 2003, 5: 219-221.

[21] Revision of Part 15 the Commission's Rules Regarding Ultra-band Transmission Systems. FCC2002, ET Docket: 98-153.

[22] Moe Z Win. Ultra-Wide Bandwidth Time-Hopping Spread-Spectrum Impulse Radio for Wireless Multiple-Access Communications. IEEE transactions on communications, 2000, 48(4): 679-691.